U0227646

葠窝水库志

辽宁省葠窝水库管理局　编

黄河水利出版社
·郑州·

内 容 提 要

葠窝水库是太子河流域内主要的控制性工程,国家大(Ⅱ)型水利枢纽工程。《葠窝水库志》以通俗流畅的史志笔法,将葠窝水库建设初期及建库40年来重要史实浓缩为五篇,读者可以通过本书全面翔实地了解葠窝水库的规划设计与建设、运行管理、行政管理、党群建设与荣誉典范、水库与库区地域历史文化、大事记和重要文件附录等。本书图文并茂、表格及统计数字精准得当,是了解、认识和研究葠窝水库水利水电工程建设、历史文化和管理经验的一部专著,同时还可供水利、电力等技术管理人员及大专院校师生参考,作为治库管水的工具书。

图书在版编目(CIP)数据

葠窝水库志/辽宁省葠窝水库管理局编.—郑州:黄河水利出版社,2012.9

ISBN 978-7-5509-0350-0

Ⅰ.①葠… Ⅱ.①辽… Ⅲ.①水库-水利史-辽宁省 Ⅳ.①TV632.31

中国版本图书馆CIP数据核字(2012)第215178号

出 版 社:黄河水利出版社　　网址:www.yrcp.com

地址:河南省郑州市顺河路黄委会综合楼14层　　邮政编码:450003

发行单位:黄河水利出版社

发行部电话:0371-66026940、66020550、66028024、66022620(传真)

E-mail:hhslcbs@126.com

承印单位:河南省瑞光印务股份有限公司

开本:787 mm×1 092 mm　1/16

印张:25.50　　插页:15

字数:590千字　　印数:1—1 000

版次:2012年9月第1版　　印次:2012年9月第1次印刷

定价:129.00元

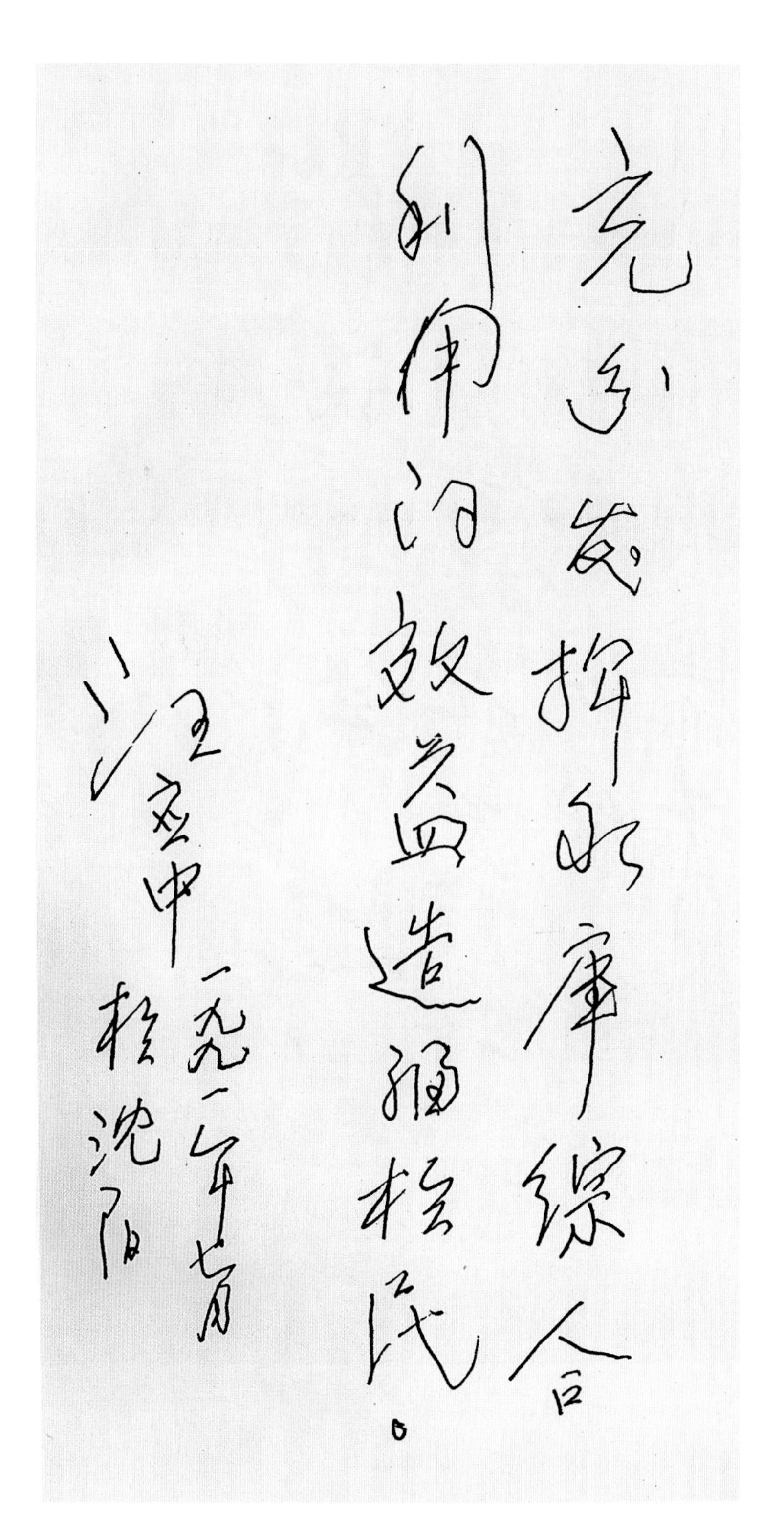

辽宁省军区原副司令员、葠窝水库会战指挥部总指挥汪应中题词

辽宁省政协原主席肖作福题词

治水兴库 灿烁史册
——贺《葠窝水库志》
付梓出版
冯友松敬题
二〇一二年七月

辽宁省人大常委会原副主任冯友松题词

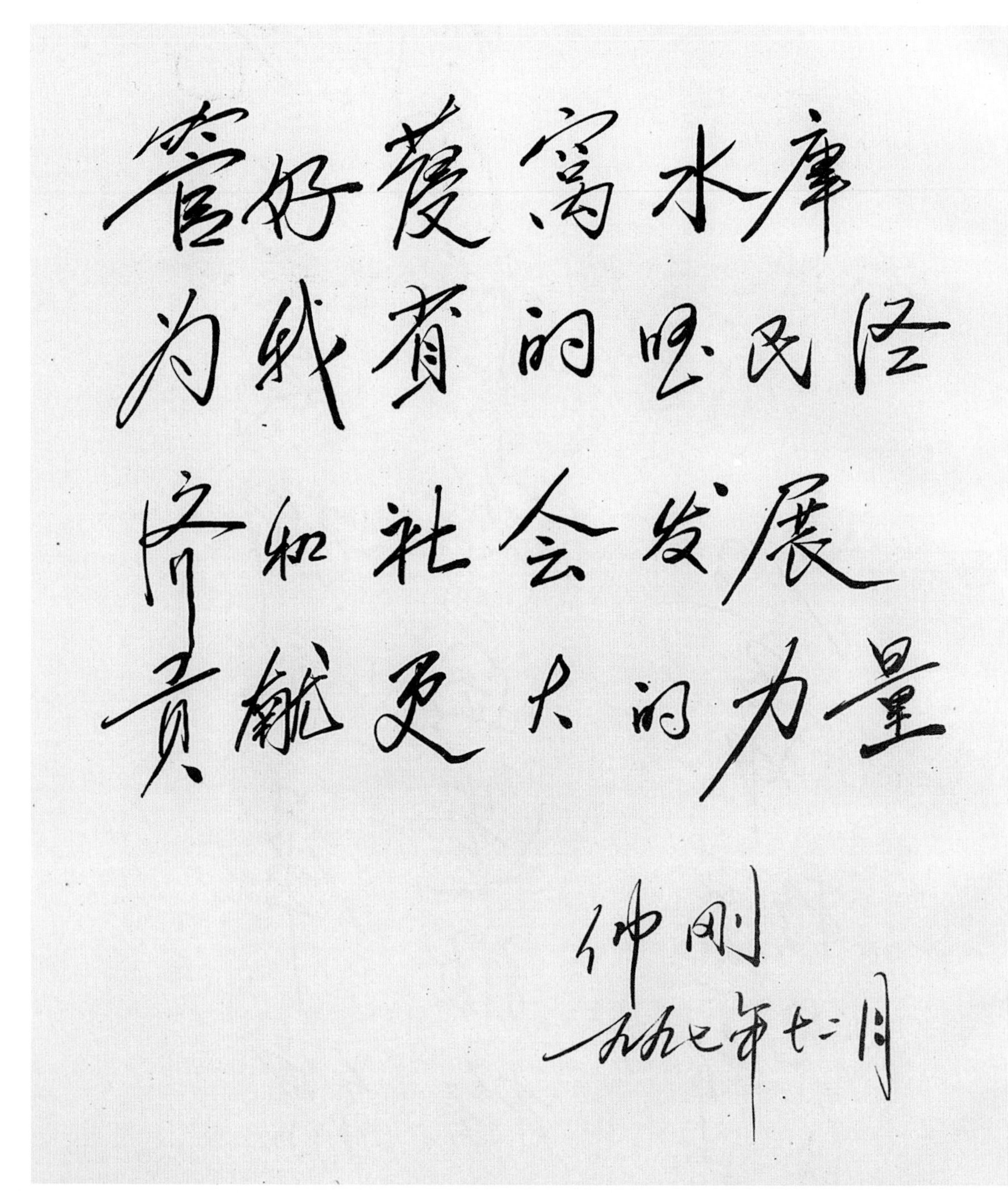

辽宁省水利厅原厅长仲刚题词

1990年7月10日，辽宁省省长闻世震（左一）在水利厅厅长曲立正（右一）陪同下到葠窝水库检查指导防汛工作

1989年7月6日，辽宁省副省长肖作福（中）在水利厅副厅长李福绵（右二）及局长王保泽（左三）陪同下到葠窝水库检查指导防汛工作

2002年4月30日，水利部副部长鄂竟平（右二）在副省长杨新华及水利厅厅长仲刚（左二）等陪同下，到葠窝水库视察大坝除险加固工程进展情况，并与工人亲切交谈。

2000年8月，水利部副部长（时任水利部规划计划司副司长）矫勇（中）视察大坝除险加固工程工地

2006年5月11日，辽宁省副省长胡晓华（右一）在水利厅厅长仲刚（中）陪同下检查防汛工作

2010年8月4月，辽宁省副省长邴志刚（左三）在辽阳市市长唐志国和局长洪加明陪同下，到葠窝水库检查指导防汛工作

2012年7月5日，辽宁省副省长赵化明（左一）在水利厅厅长史会云（左二）的陪同下到葠窝水库检查防汛工作

2001年4月3日，松辽委副主任李金祥审查大坝除险加固工程初设现场

2001年11月20日，水利厅厅长仲刚及水利厅总工程师邹广岐视察大坝除险加固工程现场

2011年10月29日，水利厅厅长史会云（中）在辽宁省江河局、辽宁省供水局负责人和局长洪加明陪同下，到葠窝水库检查防汛工作

2005年5月31日，辽阳市市委书记孙远良（左二）到葠窝水库视察

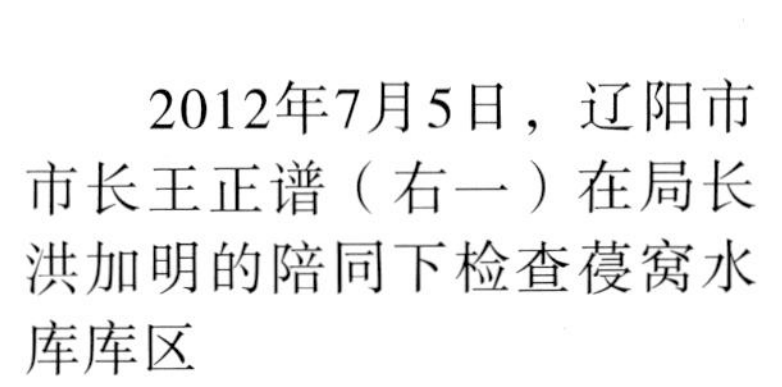

2012年7月5日，辽阳市市长王正谱（右一）在局长洪加明的陪同下检查葠窝水库库区

局长洪加明

书记穆国华

现任（第十三届）领导班子(2012.6.27)

第十二届领导班子(2003.9)

葠窝水库建成40年，在辽宁省水利厅党组和水库历届领导班子正确领导下，全体职工奋发图强、积极进取，两个文明建设取得了丰硕成果，获得了“辽宁省文明单位标兵”、“辽宁省先进集体”、“辽宁省文明单位”、“全国水利系统安全生产先进单位”、“全国安康杯竞赛优胜单位”等诸多荣誉。

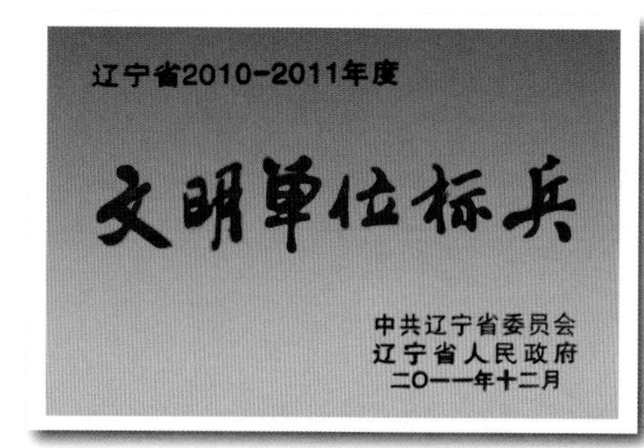

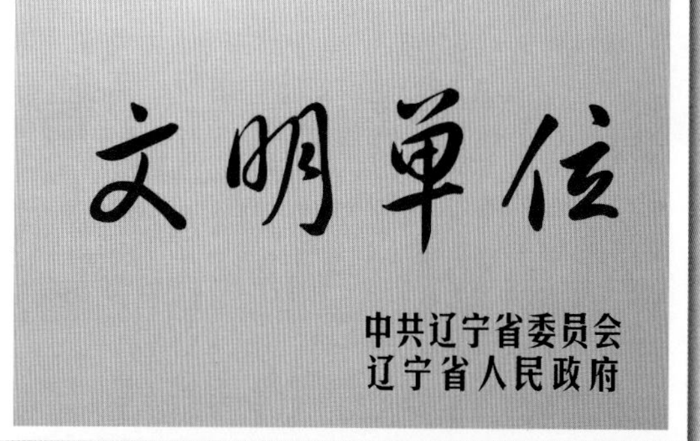

松辽流域水库管理
先进单位
水利部松辽水利委员会
1996年9月

全国水利系统水利管理
先进单位
水利部水利管理司
一九九六年十二月二日

全省水利先进单位
辽宁省水利厅
一九九三年十二月

全省水利系统
文明单位
辽宁省水利厅
一九九八年三月

二0一0年度安全生产
先进单位
辽宁省水利厅
二0一一年二月

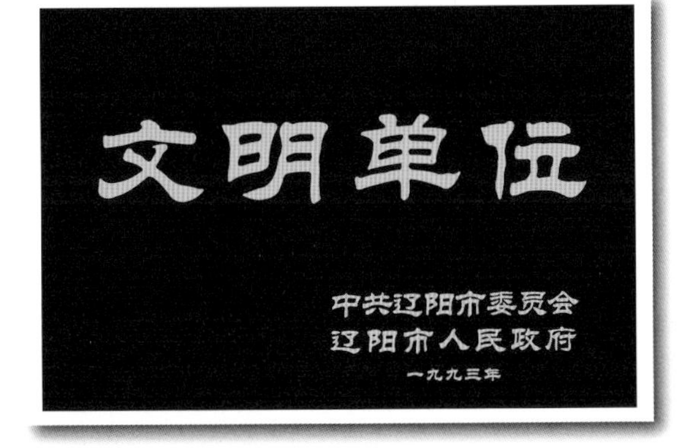

2006-2008年度
先进集体
辽阳市人民政府
二OO九年四月

2006-2011年度
先进党委
中共辽阳市委员会
二0一一年七月

二O一O年安全生产工作
先进单位
辽阳市人民政府
二O一一年一月

AAA
国家级旅游景区
NATIONAL TOURIST ATTRACTION
全国旅游景区质量等级评定委员会
CHINA NATIONAL TOURIST ATTRACTIONS QUALITY EVALUATION COMMITTEE
全国工业旅游示范点
DEMONSTRATION BASE OF NATIONAL INDUSTRIAL TOURISM
全国工农业旅游示范点评定委员会

开工动员

土石方开挖

合龙工地

截流成功

混凝土浇筑

闸门安装

首次开闸放水

水工试验

钢筋绑扎

水库全景

晚霞

山清水秀

坝下广场

爱晚亭

爱国主义教育基地

荷花池

桃李园

海燕亭（位移观测）

建设者墙

入库山门

水库坝面

户外健身场地

篮球场地

森林度假村

启闭门机

防洪设备启闭长廊

泄洪（2010.8.20）

水情自动测报雨量站

发电机组

中央控制室

大坝真空激光观测系统——发射端山洞

大坝真空激光观测系统——发射端设备

大坝真空激光观测系统——接收端山洞

大坝真空激光观测系统——接收端设备

古代新石器晚期文化遗址

衍水古渡口

华表柱

南沙烽火台

铁瓦寺遗址

望海双泉寺遗址

葠窝水库流域示意图

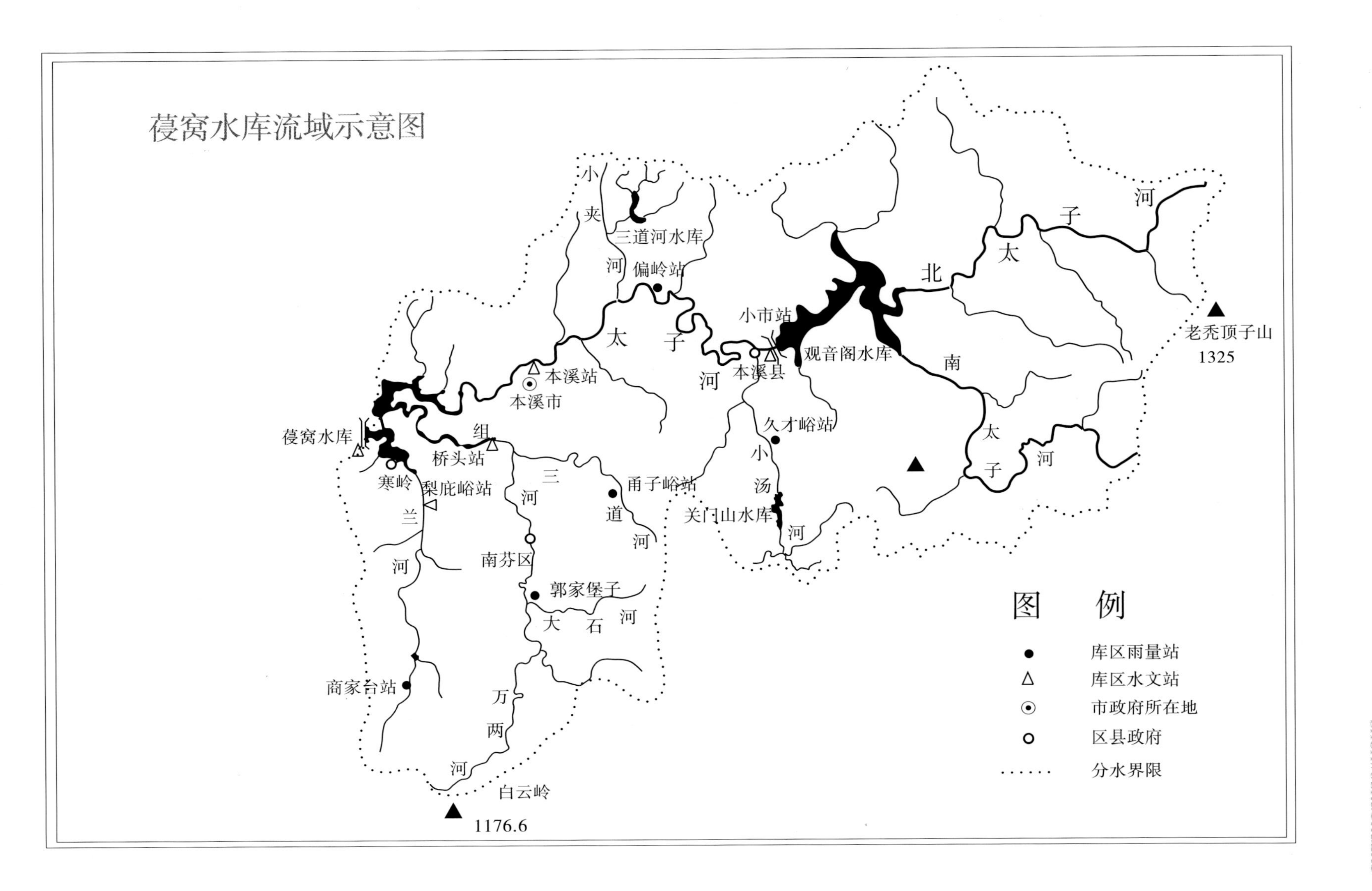
老秃顶子山
1325
北
太
子
河
南
太
子
河
观音阁水库
小市站
本溪县
久才峪站
小
汤
河
关门山水库
太
子
河
偏岭站
三道河水库
小
夹
河
本溪站
本溪市
葠窝水库
组
桥头站
寒岭
梨庇峪站
兰
河
甬子峪站
三
河
道
河
南芬区
郭家堡子
大
石
河
商家台站
万
两
河
白云岭
1176.6
图例
库区雨量站
库区水文站
市政府所在地
区县政府
分水界限

葠窝水库志参编人员

《葠窝水库志》编撰委员会

主　任　洪加明　王　健

副主任　王远迪　朱洪利　宋　涛　朱明义　李道庆

总　编　洪加明

主　编　李道庆　刘桂丽

副主编（以姓氏笔画为序）

王　飞　白子岩　孙忠文　吴登科　张晓梅　时劲峰
李文来　周文祥　尚尔君　黄　剑

编　委（以姓氏笔画为序）

王淑敏　孔令柱　冯超明　刘海涛　李海军　李永敏
应宝荣　汪慧颖　谷凤喆　郑　伟　武雪梅　姜国忠
胡伟胜　胡立策　赵　静　凌贵珍　董连鹏

参编人员（以姓氏笔画为序）

于俊厚　孔令柱　王海华　王　辉　叶书华　田延军
田洪静　任启胜　关显龙　刘日升　刘　伟　孙大伟
孙延芬　朱月华　齐　涛　宋　艳　张丽艳　张桂欣
张吉英　李丽华　李振发　李祥飞　李德晋　周　伟
胡孝军　赵丽英　赵丽萍　栾景广　袁加维　贾文志
郭晨辉　顾丽萍　高玉桓　隋丽君

鉴审审修顾问　王英华

顾　问　冯国治　袁世茂

序

葠窝水库建成四十年,《葠窝水库志》付梓出版。感谢四十年来在葠窝水库的建设和发展历程中付出聪明才智与辛勤汗水的水利工作者们！谨以此书作为献礼,以资纪念。

葠窝水库兴建于20世纪70年代的“文化大革命”时期,当时就存在着设计与施工质量的不足,虽然历经了两次除险加固,但安全隐患问题并未得到彻底解决,四十年来,水库管理者从未懈怠过对坝体安全的精心养护,从未放松过对葠窝水库肩负“防洪兴利、造福于民”历史使命的追求。葠窝水库历届领导在辽宁省水利厅的亲切关怀和正确领导下,改革创新,强化管理,治水兴库,悉心监护,充分发挥水库的防洪、灌溉、供水和发电等综合功能,并得到有效的利用,改变了太子河沿岸洪涝与干旱灾害频繁发生的历史状况,创造了显著的经济效益,发挥了巨大的社会效益,为辽宁省和地方区域经济发展做出了特殊的贡献。

葠窝水库自1972年落闸蓄水,1973年投入运行以来,共拦蓄1 000 m^3/s以上洪水36次,3 000 m^3/s以上洪水平均削峰达到65%,最大削峰达到80%。由于葠窝水库成功地调蓄洪水、削减洪峰,保证了太子河洪峰安全泄流,使水库下游两岸人民和工农业生产免于洪水侵害,把对国家和人民生命财产造成的损失降至最低限度。累计供水达347亿m^3,累计发电量30亿kWh,实现总收入87 062万元。葠窝水库四十年来润泽和培育了一代又一代水利工作者。

四十年来,葠窝水库历届领导集体励精图治,携手奋进,发扬自强不息、艰苦奋斗的进取精神,把葠窝水库各项事业推上了健康、文明、和谐、富强、持续进步的发展轨道,使水库管理局各项事业蓬勃发展,谱写了葠窝水库开拓进取、与时俱进的壮丽篇章。在保证水库科学调度、安全运行的前提下,充分发挥自身资源优势,全面发展水电生产与综合经营,不断提高水库综合实力,水库效益从无到有,经济实力从弱到强。葠窝水库正以崭新的面貌、勃发的英姿、稳健的步伐走向更加灿烂美好的明天！

葠窝水库在加强运行管理、改善库区容貌、增强经济实力的同时,推进经济体制改革、健全管理体制、完善机制建设、实施机构重组,为水库的创新发展注入了生机和活力。同时,加大力度整治水库周边环境,规范企业污染水库水质的违法行为,努力推进葠窝水库第三次大坝加固的工作进程,抢抓机遇,乘势而上。我们相信在葠窝水库风景区已被批准为“国家AAA级景区”和“全国工业游示范点”的基础上,水库管理局领导携同广大职工定会把葠窝水库建设得山更绿、水更清、人水更和谐!让太子河上的这颗璀璨明珠更加光彩夺目!

四十年来,葠窝水库的物质和精神文明建设齐抓共管,协调并进,实行“两手抓,两手都要硬”,党政和谐互助,干部廉洁勤政,关心职工生活,帮扶弱势群体。在实施铸造团队精神、提升企业文化、树立水库形象等过程中,展现了葠窝人发奋图强、求真务实的精神风貌,通过水库管理局不断地探索、创新和完善,逐步培养和形成了具有葠窝人特点的企业文化与“团结奋进、开拓创新、务实奉献、争做一流”的葠窝水库精神。葠窝水库先后荣获了“全省水利先进单位”、“全省水利系统文明单位”、“辽宁省文明单位”、“辽宁省先进集体”、“辽宁省文明单位标兵”、“松辽流域水库管理先进单位”、“全国水利系统水利管理先进单位”、“全国水利系统安全生产先进单位”、“全国安康杯竞赛优胜单位”等荣誉。

《葠窝水库志》在编撰过程中,几经酝酿,几经修改,数易其稿,凝聚着全体编撰人员的辛勤劳动和汗水。此志书科学、系统、翔实地记述了葠窝水库建设与发展的重要历史,再现了水库建设宏伟壮观的施工场面和水利建设者们战天斗地、勇于牺牲的拦河筑坝精神;客观地展示了水库运行与发展四十载的辉煌历程和管理者奋勇拼搏、无私奉献的水利人风采。值此《葠窝水库志》出版之际,向关心支持过此志书编撰和出版的朋友表示衷心感谢!希望这部志书出版发行之后,能够成为治库管水的工具书,发挥服务当代、以史鉴今的重要作用。

回顾四十年的发展历程,葠窝水库现任领导集体任重而道远,倍感肩负使命且责任重大。我们将承前启后、继往开来,不辱使命、责无旁贷地把葠窝水库建设和管理好,为辽宁水利事业的发展做出更大的贡献,创造出葠窝水库更加美好的未来!

辽宁省葠窝水库管理局局长

2012 年 7 月 18 日

凡　例

一、体例。本志书是一部专业志，全书以志为主，全志除序、概述、大事记、附录、编后记外，正志部分分水库规划设计与建设、运行管理、行政管理、党群建设与荣誉典范、水库与库区地域历史文化等五篇。均以篇、章、节为序排列，并辅以记、图、表、录。采用以类系事、横排竖写的方法，尽量做到纵横兼顾。

二、时限。上限自1960年，为照顾内容的完整性和连续性，部分内容适当上溯。下限至2010年底，个别内容略有延伸。1970年以后为编志重点。

三、大事记。大事记采用编年体和记事本末体相结合的体裁，以时为经，以事为纬。一般以事件发生的先后按年、月、日顺序排列。同一事件在不同时间发生的，则尽量以追述和补述的办法编排在一个条目中。时间不明确但可以肯定月份的，置于该月最后。一旦发生两个以上事件（或同月而无确定日期的），则从第二个条目起以△号表示。全年综合事件和大事记年内无明确日期的，放在该年最后，以•号表示。

四、称谓。本志记述采用第三人称编写。行政区划、机构、地名等均按当时称谓。人物以事发时职务相称或直书其名。

五、图表。附于各有关章节之中，并力求按入志要求选用。

六、附录。与本志密切相关，又不能编入正志的文件，则收录于附录之中。

七、水准高程系统。本志书一律采用黄海水准高程系统。

八、注释。本志书采用篇末注或夹注。

九、数字计量单位与符号。本志书所采用的计量单位、文字符号、数字，基本按国家规定的统一规范书写。为保持历史统计口径一致，少数历史资料的计量单位，仍采用了当时的计量单位。

十、资料来源。主要来自本单位的各类档案，省市水利部门、省市档案馆等有关单位和调查口碑。

目 录

第二篇 运行管理

第三篇　行政管理

第四篇 党群建设与荣誉典范

第五篇 水库与库区地域历史文化

概 述

一

太子河发源于新宾县红石砬子山，是辽河流域左侧一大支流，与浑河共称东部独立水系。太子河全长 413 km，流域面积 13 883 km^2。地理坐标为北纬 40°29′~41°39′，东经 122°26′~124°53′。

太子河流域属寒温带大陆性季风型气候。多年平均气温 6.2 ℃，最高气温 35.5 ℃，最低气温 -37.9 ℃；月平均气温最低（1 月）为 -14.3 ℃，最高（7 月）为 23.1 ℃；年均蒸发量 1 370 mm；降雨量年际变化较大，年内分布极不均匀，主要集中在 6~9 月，约占全年降水量的 72%，7~8 月占全年降水量的 60%左右，年均降水 800 mm 以上；多年平均径流量 40.57 亿 m^3。

太子河具有水量丰实、洪峰偏大、洪灾较多等特点，素称不驯之河。据史料记载，自 1888 年的 100 多年间，太子河共发生 8 次特大洪水。辽阳站自 1870 年以来的统计数据，发生 10 000 m^3/s 以上洪水共 7 次，其中 1960 年高达 18 100 m^3/s，居辽河流域之首。淹地 28.4 万 hm^2，受灾人口 55.5 万人（其中死亡 1 700 多人），房屋倒塌 11.5 万间，减产粮食 29.75 万 t；长大、辽溪铁路被冲断，大量桥梁建筑和输电线路被冲毁。本溪、辽阳、鞍山的部分工业生产被迫停产，洪水造成的直接经济损失达 4 亿多元。这次特大洪水还对正在施工中的葠窝水库，造成 393 万元的物资损失和停工下马的严重后果。太子河水灾，已成为制约辽宁农业经济发展的主要因素之一。因此，根治太子河水患灾害，造福太子河两岸人民，已成为辽宁人民最热切的期盼和强烈的愿望。

早在 1934 年伪满时期就有过修建葠窝水库的打算，并且进行了建库勘查测量、地质钻探等工作，1942 年编写的《太子河治水工事计划》和《辽河水系治水工程计划概要》中，都明确列有修建太子河葠窝水库工程的项目，由于日本的侵略和资金缺乏等未能实现。

新中国成立后的 1951 年，在党中央和当地政府的高度重视与关怀下，正式开始了葠窝水库的规划和筹建工作。经过 1960 年一次特大水患停工下马、六次水库初设修改，于 1969 年 12 月，中央审查通过了《葠窝水库设计任务书》。

1970 年 10 月 16 日，经国务院批准正式兴建葠窝水库。

二

葠窝水库是太子河流域内主要的控制性工程，其功能以防洪、灌溉为主，并改善下游农田排涝条件、供给工业用水、结合灌溉与工业用水发电的国家大（Ⅱ）型水利枢纽工程。水库控制面积 6 175 km^2，占太子河流域面积的 44.5%。水库坝址位于辽阳市弓长岭区安平乡境内太子河干流中部，在本溪与辽阳两市之间，距辽阳市 39 km。坝址地理位置为东经 123°31′，北纬 41°14′。

葠窝水库按百年一遇洪水设计，千年一遇洪水校核。最高洪水位102.0 m，最大库容7.91亿m^3；正常高水位96.6 m，兴利库容5.33亿m^3；防洪限制水位77.8 m，调洪库容7.26亿m^3；净调节水量7.80亿m^3。主体工程由重力式混凝土挡水坝、溢流坝、电站坝段和底孔四部分组成。坝顶高程103.5 m，最大坝高50.3 m，坝顶全长532 m。溢流坝上设14个溢流孔，采用弧形钢闸门控制。闸墩中间布置6个泄流底孔，以平板闸门控制。最大泄量为23 150 m^3/s，采用差动式高低坎挑流消能。水电站为坝后式，装机三台，总装机容量为37 200 kW，设计年发电量8 000万kWh。

水库建成后，初期在葠窝、汤河两座水库联合调度下，取得了防洪与兴利方面的重大效益。年农业供水量10亿m^3，工业供水量1.12亿m^3；同时还对保护下游辽阳、鞍山、海城、营口、盘锦等城市及长大、沈大高速公路发挥着重要作用；通过水库的调节作用，使葠窝站20年一遇洪峰流量由9 050 m^3/s削减为3 720 m^3/s；100年一遇洪峰流量由15 300 m^3/s削减为9 820 m^3/s。配合下游堤防整修，使太子河下游农田防洪由现状5年一遇提高到20年一遇标准，保护农田10.9万hm^2；辽阳市城市防洪由现状20年一遇提高到100年一遇标准；1996年，上游的观音阁水库建成后，使下游农田及城市防护标准相应提高到50年一遇和100年一遇；2004年，水库大坝经过两次加固后，通过与观音阁水库的联合调度，设计标准由100年一遇提高到300年一遇，校核标准由1 000年一遇提高到10 000年一遇。

葠窝水库自1973年投入运行后，成功地发挥了拦蓄调节作用。多次减轻、消除了洪水对水库下游的威胁；1999～2002年连续四年大旱，经过水库优化调度，基本确保了下游10.7万hm^2水田的丰收；水库的防洪效益尤为突出，共拦蓄1 000 m^3/s以上洪水36次。1975年太子河再次发生较大洪水，峰量较大，水库充分发挥了拦蓄错峰减灾的重大作用，泄量1 600 m^3/s，削减洪峰61%，安全度汛，保证了下游人民生命的安全、财产免受损失，避免了严重水患的发生。1973、1975、1977、1981、1982、1985、1986、1994、1995、2010年洪水较大，峰量都在3 000 m^3/s以上；1986年洪水峰值4 600 m^3/s，达到水库运行以来最大值，最大下泄流量2 250 m^3/s，削减洪峰51%；1994、1995年洪水，平均削减洪峰61%。2010年发生了6次入库流量超过1 000 m^3/s的洪水，平均削峰率为41%，最大削峰71%，其中对三次较大洪水的拦蓄量为4.91亿m^3，汛期水位达到建库以来的最高值98.91 m，水库最大泄流量2 120 m^3/s，河滩地虽受损，但为以后的河道清障及生态建设创造了有利条件。

四十年来，葠窝水库发挥了巨大的社会效益，创造了显著的经济效益；明显改变了太子河沿岸旱时无水、遇涝成灾的自然状态；充分体现了水利事业特别是水利工程建设"功在当代、利在千秋、造福民生、惠及子孙"的丰富内涵。

三

葠窝水库修建于20世纪70年代"文化大革命"后期，整个施工过程具有鲜明的时代特点。辽宁省革命委员会于1970年11月18日组建了葠窝水库施工会战指挥部，施工队伍于1970年11月4日全部进场，由辽宁省农田水利建设工程一、二、三团及辽阳、海城、营口、沈阳等地区的民兵组织联合组成，计17 000多人。广大工人、战士和民兵怀着早日实现根治水患、造福人民的强烈愿望,发扬自力更生、艰苦奋斗的精神,历时两年,于1972年10月1日主体工程基本竣工,11月1日底孔和电站闸门落闸蓄水;1973年6月,电站机组开始安装,1974年7月1日,葠窝电厂3台机组全部安装完成并网发电;1974年10月工程全面竣工。但由于受时代背景限制,加之施工设备简陋、技术经验不足,存在一些设计和施工质量缺憾。当时工地在“三年任务两年完,两年工期再提前”的口号鼓舞下,采取“土洋结合”、“施工大会战”的办法,施工高峰期17 000多人全部同时参战。浇筑大坝混凝土并没严格按照施工工艺和流程来控制,结果导致坝体出现大量裂缝和渗漏问题,为水库后来的运行和管理遗留了很多隐患。

水库建成后经过5年左右的运行,裂缝已增加到800余条,其中有104条的贯穿性裂缝严重影响了大坝的安全和稳定,迫使正常高水位降至93.5 m(设计96.6 m),最高洪水位降至95.5 m(设计102.0 m),水库达到安全运行非常困难,无法发挥应有的效益。自1980年以来,水电部、辽宁省水利厅多次派专家到现场勘察研究,对葠窝水库大坝提出补救措施,但由于受技术条件和资金限制,没有落实。1982年,葠窝水库被列为全国43座病险水库之一。1985年水利部为加大加固力度,派全国权威专家对葠窝水库大坝工程质量进行检测评估,认为工程质量直接影响了大坝的安全运行,因此投资1 403万元,开始了第一次除险加固。这次加固的任务主要是解决大坝坝体稳定和裂缝漏水,同时针对金属结构方面存在的问题,并结合观音阁水库建成后,葠窝水库与观音阁水库联合运用的条件,进行了金属结构的改造与大坝加固。经过这次大坝加固,大坝恢复了正常高水位运行,水库各方面的事业随着库水位的恢复也得到了很大的发展,经济效益和水库运行初期相比有明显的提高。

葠窝水库第一次除险加固后,水库的病险问题并没有得到彻底的解决,尚存在溢流面冻融破坏、坝体上游面防渗、坝基渗漏等问题,防洪标准低的问题待上游修建观音阁水库后可提高至万年一遇。1999年3月,葠窝水库管理局领导考虑到第一次加固的遗留问题,会同省水利厅组织专家组对葠窝水库大坝进行了安全鉴定,松辽委于1999年、2001年两次批复了对葠窝水库进行除险加固的初步设计和概算,两次投资计5 300.76万元。这次加固主要对工程质量缺陷、自动化设施的完善和水库容貌的改观等方面进行了解决,针对溢流面冻融破坏、大坝渗漏、弧门检修门和底孔启闭设备更换等问题进行了技术处理,同时结合工程措施大力改善库区容貌。经过工程建设者们三年多的攻坚克难,于2003年9月外业通过竣工验收。

葠窝水库大坝经过两次加固后,工程安全有了根本上的保障,各方面功能得到了很大的改善,库区面貌焕然一新,加之水库后期对库区环境的建设、陆续的绿化与美化,如今变得亮丽而颖致。当时成功地安装了大坝闸门集中控制和远程监视系统、数字化微波通信系统、水情自动化测报防汛系统、大坝真空激光自动化监测系统等现代化管理设施,发挥了独特的自动化管理功效。后期水库在此次自动化建设基础上增加了水库局域网建设、水库与办公区视频监控系统、办公自动化系统、水量自动计量及远程传输系统等,建成一体化的数字信息平台,这些自动化管理设施的建设和完善,对水库管理局工程管理的自动化、数字化发展具有一定的推动作用。

用专业创造精品工程,用责任成就辉煌业绩。葠窝水库的两次大坝加固工程成就了工程技术人员的专业理论与实践应用的完美结合，练就了一支业务强、技术精、综合素质高的专业人员队伍，参加工程建设共60余人。二次加固工程竣工后被评为“水利工程建设项目管理工作先进集体”。大坝工程加固期间，技术人员的加固技术不断得到提高并有所创新，特别是混凝土大坝裂缝、横缝、水平施工缝渗漏处理技术达到了国内先进水平，为混凝土大坝病害的防治、修补领域开辟了一条新路。申报的“膨胀浆塞法大坝横缝堵漏技术”科研项目，在1998年获辽宁省人民政府科学技术进步二等奖；建立的防汛调度同步卫星、大坝监测自动化系统和安装的用引张线法大坝自动化监测系统，当时都是国内领先技术，参加技术培训并成为专业领军人才近10人。“葠窝大坝外部变形监测分析评价系统的研究与应用”科研项目，2009年6月获辽阳市人民政府科学技术进步一等奖。

多年来，水库管理局遵循“以经济建设为中心、以科技创新为先导”的指导方针，在使用人才的同时，更注重培育人才。截至2010年年底，全局共有93人参加后续学历教育，其中，硕士研究生4人，本科生42人，专科生48人，中专生31人；各类专业队伍也逐步壮大，从1983年技术干部仅有13人，且只包含两三个专业，发展到119人，其中教授级高级职称9人，高级职称40人，中级职称35人，初级职称35人，且专业齐全，岗位合理，发挥着主力军的作用。科研项目获市级科学技术进步一等奖以上8项。为水库科技健康持续发展储备了深厚的技术实力，对水库的科技进步起到了全面的推动作用。

四

四十年来，葠窝水库管理局历届领导带领水库职工发扬“献身、负责、求实”的水利精神。殚精竭虑谋发展，兢兢业业搞建设。在水库关键转折和重大决策面前，运筹帷幄、高瞻远瞩，把握和引领水库走上和谐、富裕、繁荣、宽广的发展道路。

水库的经济发展和建设管理在大坝病险逐步得到改善、水库运行功能有所提高的基础上，有了空前的变化与发展。水库经过第一次加固后，供水能力逐渐增强、效益逐步提高。特别是第二次加固后与观音阁水库的联合调度，蓄水能力有所改观，为水库开拓了更为广阔的供水市场和发展前景，除工、农业用水外，增加了私营采选矿企业的供水收费。供水计量管理手段由最初的派人到水点看水改变为安表“科学计量、按量收费”；农业水费征收因地制宜，采取“抓大户、抓重点、抓难点、抓增长点”的有力措施；连续15年超额完成省供水局下达的水费收缴指标；年供水量由6亿m^3增至12亿m^3，水费年收入由70多万元增至4 200多万元。累计供水量347亿m^3、水费收入6亿多元，成为水库管理局最主要的经济收入支柱。供水效益的大幅度提高，增强了水库的经济实力和发展潜力，为水库下游工农业生产、人民生活服务和水库正常运营管理提供了巨大的支持与保障。

水库电站自1973年年底运行以来，大修约15次、技术改造10余次；自1985年首次突破年供电量1亿kWh大关，至2010年年底再创8次超1亿kWh；1994年，水库职工采取集体集资入股的形式，兴建了两台装机容量为640 kW的发电机组，机组从3台增至5台；1999～2002年，对3台机组进行增容改造，总装机容量从37 200 kW增至43 800 kW；1999年，为使电站适应企业发展需求、增强企业生产能力，按民营全部股份制改造，水利系统近4 000名职工入股。年收入从1981年的218万元，提高至2010年年底历史最高值3 497万元；累计发电量305 789万kWh，累计收入31 321万元；年纳税总额突破800万元,年分红率高达29.76%。企业效益的提高、职工股份分红利率逐步递增,增强了职工对企业的责任心和使命感。截至2010年年底,葠窝发电厂已成为东北小水电系统最大的发电企业,年利润总额超1 000万元,为水库的经济振兴和职工利益做出了特殊的贡献。

在加大水库供水和发电生产管理的同时,作为水库经济辅助来源的综合经营也得到了发展和繁荣,特别是第一次加固前后的十年时间里都处于鼎盛时期。期间以经济效益为中心,以电力深加工为龙头,以工程维修业为主,兼办农业和商业,形成工、农、商全面发展的格局,兴办炭素厂、碳化硅厂、电镁厂及机械设计加工厂等;水库福利农场养殖业、种植业和果林业蓬勃发展,为改善职工生活、增加水库收入,做出了一定的贡献;先后成立了适应市场经济发展的机电维修队、灌浆施工队、工程测量队、北方大坝防渗堵漏处理分公司等,推动了水库经济的发展、充分体现了科技成果转化为现实生产力的实际作用;1996年,水库管理局为实现"三业并举、两地开发"的目标规划,自筹资金1 800万元在辽阳市内购买了集办公、餐饮、住宿多功能于一体,面积7 346.76 m^2 的综合性服务楼,安置了部分富余全民职工,解决了部分集体职工和子女就业,稳定了职工队伍,减轻了水库的负担;2005年,充分利用第二次加固的良好契机,对旅游设施进行了系统改造和修建,先后获"全国工业游示范点"和"国家AAA级景区"荣誉,打造集品牌旅游、特色游、科技游于一体的旅游体系,安置了部分子女就业,略有盈利,为水库旅游产业发展起到了一定的促进作用;2009年,水库管理局为使闲置资产盘活,发挥自身资源优势、拓宽水库发展渠道、增加经济收入,成立了经营开发处,至2010年年底创收400余万元。其中虽有失败项目,但也充分体现了葠窝水库职工积极探索、努力开拓、汲取吸收、大胆创新的敬业精神。

五

四十年来,葠窝水库的运行管理、库区容貌和经济实力发生了巨大的变化。在确保工程安全运行、完善与发展经济体制改革的同时,进一步深化了水库管理体制改革与机制建设。调整机构、优化组合;引入激励竞争机制,实行人事制度改革,2001年起中层干部实行竞聘上岗,打破身份界限,按公开、公正、公平的原则,选拔德才兼备、群众公认的行政管理干部。现有行政领导干部(中层)50人,在水库各个部门发挥着管理才能,起到了统领的作用,为水库不同时期的发展和建设做出了很大贡献。2007年,职工定岗定编,实行岗位标准化管理;技术干部实行岗位竞争聘任。2010年,完善分配制度,制定相应的考核办法和奖惩制度,水库管理体制更加趋于完善,员工为企业自主奉献的积极性有了很大提高。水库由建库之初的县团级建制,隶属地方管理,科级建制机构,发展为省直属单位,处级建制机构,由当初最早的6个内设机构发展到17个;由建库初期的387人缩编精简至235人。

葠窝水库在狠抓物质文明建设的同时,精神文明建设也齐头并进,硕果累累。大力开展了干部廉政与防腐、社会治安综合治理、扶贫帮困温暖工程、争创文明单位、创先争优活动、企业文化建设、先进典型示范与宣传等工作,培养和弘扬了具有水利人特点的职工企业精神。葠窝水库曾被评为"辽阳市文明单位"、"辽阳市模范职工之家"、"辽阳市先进集体"、"辽阳市先进党委"、"辽阳市安全生产工作先进单位"、"辽宁省水利厅安全生产先进单位"、"辽宁省十五水利工程建设项目管理工作先进集体"、"全省水利系统文明单位”、“全省水利先进单位”、“全国水利系统水利管理先进单位”、“松辽流域水库管理先进单位”、“辽宁省先进集体”、“辽宁省文明单位”、“辽宁省文明单位标兵”、“全国水利系统安全生产先进单位”、“全国安康杯竞赛优胜单位”、“全国工业游示范点”、“国家AAA级旅游景区”等。共获得省(厅)级以上荣誉45项、市级荣誉44项,在葠窝水库建设与发展史上添写了浓墨重彩的一笔。

“上善若水,厚德载物”。在发展水库经济建设的同时,水库管理局领导时刻关注并解决困扰职工切身利益的难题,关爱职工身心健康,不断改善职工住房、解决子女就业问题;对职工养老保险、卫生医疗,福利分房、房改和公积金等问题制定了相关的惠民政策;建立各种文化场所和活动设施、改善办公环境和条件;加强对离退休老干部的管理。先后修建和购置楼房235户,平房147户,面积22 337.04 m^2,解决家属及子女就业上百人,农转非240人。对许多诸如大集体企业人员安置问题、提高贫困职工生活质量问题、解决更多子女就业问题等,水库管理局领导正积极寻求解决途径和办法。事实证明,在密切关心职工群众生活的同时,也更加有力地践行了领导者“立党为公、执政为民”的服务宗旨。

葠窝水库几代人共同走过的四十年发展历程,是一个不断创造业绩、历练人才的历程,更是一个不断汲取教训、积累经验的历程;不仅充分体现了老一辈水利建设者“忘我、无私、克难、奉献”的优秀品质,也更加彰显了现代水利人“团结、互助、求真、务实”的高尚情怀。

展望未来,新起点、新高度、新跨越,葠窝水库将在辽宁省水利厅和上级有关部门的正确领导下,把握2011年中央一号文件和中央水利工作会议政策精神的有利契机,利用水库自身优势和丰富的水电资源、山奇水秀的自然资源和源远流长的太子河流域人水文化,抓住库区周边环境整治和第三次大坝加固的可喜机遇,迎纳新的商机,开拓新的发展空间,一定会为水利事业的发展与促进地区经济的振兴做出更大的贡献。

第一篇　水库规划设计与建设

志书此篇主要记述了水库流域自然地理状况，水库规划、查勘、设计、施工、竣工验收等整个建设过程的重要历史史实，并客观地记述了水库建设期间存在的设计和施工质量缺憾。

在葠窝水库建成以前，太子河水患灾害严重，且洪涝灾害和旱灾常常交替出现。新中国成立后，党中央和人民政府为了减轻洪水对人民生命财产造成的威胁，振兴辽宁经济，对太子河流域内主要控制性水利工程建设极为重视。为建造葠窝水库，特指派辽宁省水利部门多次组织力量对水库坝址的地形、地貌、地质、水文、枢纽建筑物布置等进行查勘，编制并修改《葠窝水库设计任务书》，期间中央水电部、冶金工业部、煤炭工业部、地质部等部门相关人员都曾亲临现场并进行实地审查。

水库建设初期，对淹没区内辽阳、本溪两市居民住户实行动迁及安置，对占用居民房屋、林耕地、输电线路、公路等按当时政府相关政策进行赔偿。建设期间，参加会战的指战员和民兵风雨兼程，历经720多个日夜，混凝土坝浇筑、启闭设备制造安装、大坝闸门施工和水电站建设等主体工程基本完成，用智慧和汗水在太子河畔创造了辽宁历史上的筑坝奇迹，并且成功地发挥了拦蓄调节作用。

第一章 水库流域自然地理状况

太子河是辽宁省南部的主要河流,与浑河共同组成浑太水系,是辽河流域两个独立水系之一,二者在三岔河汇流后经大辽河于营口入渤海。流域地形以山丘为主,属于长白山支脉——千山山脉的东北端,大小支流分布其中,较大的有9条,水资源丰沛,但年内、年际间分布不均,极易形成洪涝和旱灾。流域内工农业比较发达,境内有本溪市、鞍山市和辽阳市等大城市,新中国成立后,为使沿岸的防洪安全得到保证,水资源得到充分利用,陆续兴建了大、中、小型水利工程。

第一节 地形地质

一、地形地貌与山脉

水库以上流域属于辽宁东部山区,由于受纬向构造和扭动构造的控制,自地质历史的第三纪以来逐渐形成以东西向和北东—南西向联结组合为主的山川走向。按海拔和相对标高测定,地貌主要特征是以中低山地形为主,西北部边缘有局部丘陵地形。流域总趋势为南高北低,而东西相比又东高西低。其地貌组成以湿润流水作用的山地侵蚀构造地貌为主,间杂一部分剥蚀构造地貌,在河谷宽阔处有零星的剥蚀堆积地貌。

流域内的山地属于长白山支脉——千山山脉的东北端。千山山脉自吉林省通化市龙岗山向西南支出,盘结数百千米,总体走向为东北—西南向,形成浑江、太子河、浑河的天然分水岭,海拔500.0~1 300.0 m,最高山峰为老秃顶子,海拔为1 367.3 m,位于观音阁水库上游。观音阁—葠窝区间最高峰为白云岭,海拔1 176.6 m,位于辽阳与凤城交界处。

流域内森林茂盛,是辽东天然次生林区。其中有大量红松、油松、落叶松以及柞、桦、椴、榆、柳等珍贵木材。

二、地质

(一)库区地质

1. 地层

库区分布的岩系种类繁多,大体有以下几类:

(1)第四系:砂卵石、沙土、黏土等,分布于沿河两岸。

(2)自主系:上部为砂页岩护层,下部为页岩、流纹岩、鞍山岩及沙砾岩。主要分布于辽阳至本溪的铁路沿线。

(3)中、下奥陶系:上部为厚层灰岩,下部为竹叶状灰岩及薄层灰岩。主要分布在田官屯至小漩分水岭北部。

(4)震旦系:有石英岩、泥灰岩、页岩等,分布在南芬一带。

(5)前震旦系:以石英片岩、长英角岩、石英云母片岩为主,分布在库区中部。

2. 构造

库区构造位于中朝古陆,辽东台背斜的太子河沉降带中,库区内分三个构造单位:①辽阳向斜;②太子河断裂带;③葠窝背斜。

(二)坝址地质

1. 地层

库区仅有前震旦系大孤山统变质岩、不整合盖在变质岩上的震旦系钓鱼台统石英岩和第四系松散岩层,变质岩中有岩脉穿插。坝址区变质岩属于低级区域变质岩系,特征是粒度细、致密、岩性单一、层理不明显。坝基即位于此变质岩上,它们是:石英变粒岩,质地坚硬,灰黑色隐晶质,结构细密,节理发育,在坝址区分布广泛;黑云母石英变粒岩,组织致密、坚硬,但裂隙发育,抗风化较弱,多分布在左岸坝肩;黑云母绿泥石片岩,呈黄绿色,抗风化力弱,节理明显,呈条带状分布,风化深度超过变粒岩5~6 m以上,遇此条带,均呈深槽式风化囊;石英岩岩脉,呈乳白色,多从节理裂隙侵入,线状分布,宽度1~5 cm。

2. 构造

坝址区位于华北地台辽东台背斜太子河沉降带中的鞍山期紧密褶皱带。坝址则位于葠窝背斜。库区较大断层有11条,其构造对坝址有影响的主要是葠窝正断层(AF9)。它从坝址上游左岸距坝端约1 km处通过,形成若干平行于AF9的断层(即F8、F10、F13等),并造成左岸构造裂隙发育,风化加深。经基坑开挖共发现断层35条,宽度5~180 cm,延伸长度10~200 m以上不等。坝址岩体构造线,多为平行坝轴线的平推断层、逆断层和剪切节理,而节理裂隙紧密,无充填物或少充填物,具备筑坝地质条件。

第二节　水文气象

太子河是辽河流域左侧一大支流,与浑河共称东部独立水系。1958年整修辽河大堤时,在盘锦六间房处,将外辽河堵死,让辽河走双台子河道。从此,浑河、太子河在海城三岔河汇合后入大辽河,并从营口县西独立入海。自成浑河、太子河水系,简称浑太水系。

太子河上游分为南北两支。南支称南太子河,发源于本溪县东草帽顶子山;北支称北太子河,发源于抚顺市新宾县红石砬子山。南北二支在南甸子镇马城子村汇合为太子河干流,过小市后有小汤河、小夹河相继汇入,尔后,河流转向南至本溪市。本溪以上河段,山高林密,植被良好,水流清澈。本溪以下,山高坡陡,河道弯曲,河谷侧切,河水受到城市污水污染。在坝前左岸,细河和兰河两支流先后汇入,形成水库三个蓄水入口。大坝以下至小屯镇附近,又有汤河注入。小屯镇以下,太子河进入平原区。从辽阳市东北绕过后,在右岸纳入北沙河,河道开始转南;在小林子至三岔河区间,左岸先后有柳壕、南沙、运粮、杨柳、三通、五道、海城等河流汇入。至海城县的三岔河汇入浑河,经大辽河入海。

太子河全长413 km,流域面积13 883 km^2。地理坐标为北纬40°29′~41°39′,东经122°26′~124°53′。流域山地占69%,丘陵占6.1%,平原占24.9%。流域有人口约544万人,其中城市人口251万人。流域水资源丰实。年均降水800 mm以上。多年平均径流量40.57亿m^3。尤其7~8月的多年平均径流量,竟占辽河流域同期径流量的1/4左右,而太子河流域面积仅占辽河流域总面积的7%。

由于太子河上游河道比降较大(本溪附近为1/670),河水流速较快,因而太子河较辽河其他支流洪水发生的次数多,洪峰也偏高。自1888年以来的100多年间,太子河共发生8次特大洪水,而浑河同期只发生5次特大洪水,清河只有4次,辽阳站自1870年以来的统计,发生10 000 m^3/s以上洪水共7次。其中1960年高达18 100 m^3/s,居辽河流域之首。

太子河流域属寒温带大陆性季风型气候。多年平均气温6.2 ℃,最高气温35.5 ℃,最低气温-37.9 ℃;月平均气温最低(1月)为-14.3 ℃;最高(7月)为23.1 ℃;河流多年平均封冻期为100 d;年均蒸发量为1 370 mm;月平均相对湿度最大(8月)为81%,最小(5月)为57%;年平均风速2.5 m/s,最大风速18 m/s。流域地区冬季漫长而严寒,夏季炎热而多雨。降水量年际变化较大,年内分布极不均匀,主要集中在6~9月,约占全年降水量的72%,7~8月尤为集中,占全年降水量的60%左右。太子河流域自然地理水文气象特征值见表1-1-1。

表1-1-1　太子河流域自然地理水文气象特征值

<table>
<tr><th colspan="2">项目</th><th>单位</th><th>数值</th><th colspan="3">项目</th><th>单位</th><th>数值</th></tr>
<tr><td rowspan="4">地理位置</td><td rowspan="2">葠窝</td><td>东经</td><td>123°31′</td><td rowspan="6">降雨</td><td colspan="2">全流域均值</td><td>mm</td><td>850</td></tr>
<tr><td>北纬</td><td>41°14′</td><td colspan="2">坝以上均值</td><td>mm</td><td>822</td></tr>
<tr><td rowspan="2">全流域</td><td>东经</td><td>122°26′~124°53′</td><td colspan="2">年均最大值</td><td>mm</td><td>1 110</td></tr>
<tr><td>北纬</td><td>40°29′~41°39′</td><td colspan="2">年均最小值</td><td>mm</td><td>608</td></tr>
<tr><td rowspan="14">河长</td><td>发源地</td><td></td><td>新宾红石砬子山</td><td colspan="2">单站最大一次降水</td><td>mm</td><td>379</td></tr>
<tr><td>总长</td><td>km</td><td>413.0</td><td colspan="2">7~8月占全年</td><td>%</td><td>60</td></tr>
<tr><td>坝以上</td><td>km</td><td>213.0</td><td rowspan="2">蒸发</td><td colspan="2">全流域平均</td><td>mm</td><td>1 200</td></tr>
<tr><td>占有总长比</td><td>%</td><td>52.0</td><td colspan="2">库水面</td><td>mm</td><td>1 400</td></tr>
<tr><td>兰河长</td><td>km</td><td>66.5</td><td rowspan="8">气温</td><td colspan="2"></td><td></td><td>本溪　辽阳</td></tr>
<tr><td>细河长</td><td>km</td><td>119.5</td><td colspan="2">7月平均</td><td>℃</td><td>24.3　24.8</td></tr>
<tr><td>坝址—辽阳</td><td>km</td><td>50.0</td><td colspan="2">8月平均</td><td>℃</td><td>23.2　23.6</td></tr>
<tr><td>汤河</td><td>km</td><td>90.9</td><td colspan="2">9月平均</td><td>℃</td><td>17.1　17.5</td></tr>
<tr><td>坝址—本溪</td><td>km</td><td>39.0</td><td colspan="2">1月平均</td><td>℃</td><td>-11.0~-11.2</td></tr>
<tr><td>北沙河</td><td>km</td><td>117.0</td><td colspan="2">最高(7月)</td><td>℃</td><td>36.4　38.0</td></tr>
<tr><td>运粮河</td><td>km</td><td>43.5</td><td colspan="2">最低(2月)</td><td>℃</td><td>-29.0~-30.0</td></tr>
<tr><td>南沙河</td><td>km</td><td>34.0</td><td colspan="2">一日变差(最大)</td><td>℃</td><td>—</td></tr>
<tr><td>海城河</td><td>km</td><td>96.2</td><td rowspan="4">风速</td><td rowspan="2">本溪</td><td>最大</td><td>m/s</td><td>21.0</td></tr>
<tr><td>五道河</td><td>km</td><td>—</td><td>平均</td><td>m/s</td><td>2.8</td></tr>
<tr><td rowspan="7">流域面积</td><td>太子河</td><td>km²</td><td>13 883</td><td rowspan="2">辽阳</td><td>最大</td><td>m/s</td><td>18.0</td></tr>
<tr><td>坝以上</td><td>km²</td><td>6 175</td><td>平均</td><td>m/s</td><td>2.9</td></tr>
<tr><td>小市以上</td><td>km²</td><td>2 796</td><td rowspan="5">水情</td><td colspan="2">封河日期</td><td></td><td>12月中旬</td></tr>
<tr><td>桥头以上</td><td>km²</td><td>1 023</td><td colspan="2">开河日期</td><td></td><td>3月下旬</td></tr>
<tr><td>梨庇峪以上</td><td>km²</td><td>417</td><td colspan="2">库最大冰厚</td><td>m</td><td>0.6~0.7</td></tr>
<tr><td>本溪以上</td><td>km²</td><td>4 324</td><td colspan="2">开库日期</td><td></td><td>4月上旬</td></tr>
<tr><td>坝址—辽阳</td><td>km²</td><td>1 907</td><td colspan="2">封库日期</td><td></td><td>12月下旬</td></tr>
</table>

续表 1-1-1

项目			单位	数值	项目		单位	数值
参数河道比降		河道弯曲系数		1.23	年平均相对湿度		%	63
		河网密度	1/km	0.085 5	水库径流量	多年平均	亿 m^3	24.5
		至细河口	‰			灌溉期	亿 m^3	10.5
		至坝址	‰			多年平均径流深	mm	397
		本溪辽阳	‰			多年平均流量	m^3/s	78
		小市坝址	‰	1.38～2.60		年径流系数		0.36
		细河坝址	‰			变差系数		0.45
		兰河坝址	‰			建库后最大径流量	亿 m^3	51.26
		全流域	‰			历史最小径流量	亿 m^3	8.49
含沙量	坝址以上	多年平均输沙量	万 t	194	坝址以上地形地貌	山地占比重	%	66
		多年平均含沙量	kg/m^3	0.616		平均山岭高度	m	500～1300
		1982 年淤积量	亿 m^3	0.15		森林覆盖率	%	51.6

第三节　历史上太子河流域的水旱灾害

太子河与浑河流域毗邻，两河往往并行而下同时涨水，相互顶托，形成双水系洪区，而且对辽河下游水灾的关系密切。两河历年水灾面积，约占辽河下游水灾面积的1/2。早在伪满时期的1935～1937年，辽河流域下游每年平均淹地达14.7万hm^2，都与浑太流域的洪水有关。新中国成立初期的1949～1951年，尽管每年都修筑堤防，由于浑太流域未曾根治，大片耕地不能避免被淹，尤其1960年太子河流域发生的特大洪水灾害最为惨重，淹地28.4万hm^2，受灾人口55.5万人（其中死亡1 700多人），房屋倒塌11.5万间，减产粮食29.75万t；长大、辽溪铁路被冲断，大量桥梁建筑和输电线路被冲毁。本溪、辽阳、鞍山的部分工业生产一度被迫停产，洪水造成的直接经济损失达4亿多元。这次洪水还对正在施工中的葠窝水库造成近400万元的物资损失和停工下马的严重后果。因此，太子河水灾已成为制约辽宁农业经济发展的因素之一。

早在新中国成立初期的水库规划设计前期就做过水旱灾害方面的调查和分析，水库建成后至2010年，彻底改变了太子河泛滥成灾的自然状况。根据辽阳县志的记载，把太子河流域历史上发生典型的水旱灾害记录如下。

一、水灾

238年（魏景初二年闰八月），“霖雨三十余日”，襄平“城中粮尽，人相食”。

辽代（907～1125年），只有两年的洪涝灾害资料流传于世，其中记载辽太平十一年（1031年），“辽东大雨水，诸河横流，皆失故道”。

金代（1115～1234年），仅存洪涝灾害资料2份（次），其中记载金大定元年（1161年）“东京道东梁水（太子河）涨溢，水与城（今辽阳老城）等”。

元代（1271～1368年），记载辽阳地区洪涝灾害26次。其中记载元大德七年（1303

年）辽阳等地“大雨水、坏田庐，男女死者 119 人”。元泰定三年（1326 年），辽阳等地“大水，坏民田，溺死者 158 人。”延祐三年（1316 年）至泰定四年（1327 年）的 12 年中，有 10 年发生洪涝灾害，洪涝期间，沿河一带“尽成泽国”。

明代（1368～1644 年），共记载 32 年洪涝灾害。

1557 年（嘉靖三十六年），“广宁（北镇）、海州（海城）、定辽（辽阳）、沈阳、盖州（盖县）、三万（开原）、辽海（昌图）……诸卫所水灾”，“淫雨连月，禾尽淹没”。“大水之后，一望成湖，籽粒未收，远近居民，家家缺粮，卖妻弃子，流离载道，入冬以来，日甚一日，民愈窘迫，始则掘食土面，继而遂至相食，积殍狼籍”。

1559 年（嘉靖三十八年），辽境大水，“军民疫死者无数”。《明实录》载：“往时虽罹灾害，或止数城，或仅数月，未有全镇被灾三岁不登如今日者……巷无炊烟，野多暴骨，萧条惨楚，目不忍视……母弃生儿，父食死子。父老相传咸谓百年未有之灾”。

清代（1644～1911 年），有 73 年的水灾记录，清代前期洪涝灾害资料较少，后期资料较丰富。辽阳地区为害较重的洪涝灾害有 13 次。

1693 年（康熙三十二年），“水灾，禾稼不登”。“城西大小黄泥坑（洼）淤为平川”。

1886 年（光绪十二年），辽阳、海城、牛庄等“10 厅 30 县”被水围困。

1888 年（光绪十四年），5、6 月大旱，“七月连日大雨，房屋多倒塌，田禾被淹，灾民多以秫秆磨面充饥”。大水“平地深丈余，高丽门外城砖没 13 层”，小北河村至唐马寨一带只露树梢，“辽阳、营口、牛庄等处绵亘千里，都成泽国”。

1907 年（光绪三十三年）6 月，辽阳河水暴涨，河堤开决，平地水深数尺。一、二、三区被淹 17 屯，重灾土地 7 833.4 亩[1]，颗粒未收。

1909 年（宣统元年）夏日“连降大雨，浊浪排空，声如牛吼，远闻十余里，平地水深过丈，唐马寨、柳壕、黄泥洼、刘二堡等地河水汇聚，奔腾南下，坝顶行舟，水天一色。有的村庄被一扫而光”。大水过后，满目凄凉。

1911 年（宣统三年），“正月以来，大雪降落异常，春融之际，遍地成波，麦未成熟，被水淹没如同未种。壮者逃之四方，老弱渐转沟壑，幼者嗷嗷待哺，惨不忍闻。6 月，太子河堤坝决口，平地深水一丈有余，浅者六七尺不等，四顾汪洋，尽成泽国，此宣统元年尤为惨重”。

民国时期（1912 年至 1949 年 9 月 30 日），辽阳地区共有 14 次洪涝灾害记录，灾情较重的有 9 次。

1918 年（民国七年）8 月 26 日，蓝家、首山一带降大暴雨，首山峰北之荒甸屯，“平均水深 5 至 7 尺，辽阳城南，望之如海”。刘二堡一带堤坝决口 6 处，孟柳壕及其周围水深“两丈有余，边墙子至刘二堡一带浊浪滚滚，只露大树梢，过往碑至唐马寨处，呼救之声，不绝于耳”。

1922 年（民国十一年）8 月 23 日，北边墙子、小川城、小骆驼背之三角地带，因刘二堡小西地、孟家水口之间决堤而“汪洋成川，豆苗无存，高粱全颓于水中”。

1923 年（民国十二年）8 月 10 日至 20 日，太子河流域一次降雨 200 mm。山洪暴发，

[1] 1 亩 = 1/15 hm^2 ≈666.67 m^2。

河水猛涨，辽阳境内堤坝冲开10余处，大量房屋被冲倒，数万亩庄稼被淹没。太子河高丽门河段，流量高达11 300 m^3/s，是辽阳有记录资料以来第三次超过10 000 m^3/s。铁路中断，城内进水。此次大水是1888年以来未曾有过的大水灾。北边墙至青鱼湾、西泗河、前蚂蜂泡一带，田禾均被淹没。

1926年（民国十五年）8月，北边墙子、李家窝棚、南边墙子、刘柳壕和孟柳壕等35个村屯被淹，“积水约三四尺至一丈二尺不等”，受灾土地9.8万亩。

1929年（民国十八年）8月，阴雨少晴，农历七月初一晚至初二上午，大雨如注，山洪未至，乡路水已齐腰，山水咆哮，声若雷鸣，民皆惊恐，水头过处，山丘谷地之间树木、村舍多没于浪涛之中，塔子岭、甜水、水泉、吉洞峪、隆昌、八会、上麻屯、亮甲、河栏一带，水势之大难以言状，刚家堡平地水深丈余，形成泥石流，宋某全家27口人不及逃避，被埋13口，稠林子村屈庆玉夫妻迟走一步，大人及两个孩子全被淹死，李荒沟（今属甜水乡古家子村）顾恩翠家5个孩子全被洪水葬于沙砾之中。贾家村、罗家村、河栏沟、亮甲山一带浪峰二丈有余，夜间石滚如吼并撞出火花，“怪异丛生，神人难测”。中堡村王家崴子（河西）只露房脊。亮甲区公所40石仓谷、120套军服均被冲走。二道河、鸡鸣寺（中部和北部）、大甸子、头一站被洪涛连成一片。水泉、甜水、孤家子一带“山洪汹涌，冲走人、畜、财物难以计算”。沿河一带，灾情更甚，多处坝顶行舟，方圆数十里，举目无青，灾民多乘草木筏子、小船逃生，哭号求救之声不绝于耳，大水过后，耕田、道路难辨，民舍多颓成堆，树梢挂泥。这次水灾农作物被淹，电柱冲倒，几十万间房屋被淹，近百万农田绝收，人畜死亡严重。

1949年6月7日至8日，辽阳地区连降暴雨，沈旦内河决口，淹地2万亩。7月20日，河水泛滥，太子河右岸唐马寨区大骆驼背村东沙质坝渗水，21日小北河区马家堡子段，左岸刘二堡区田坨子段大堤决口，浑河左岸唐马寨区三尖泡、田家屯段2处决口，柳壕河右岸鲤鱼泡，运粮河左右岸孟套子、马家、三岔子、六间房，南沙河的兰家窑、小河沿相继决口，境内有50个村被水围困，10万人受灾，7人丧生，30万余亩耕地被淹，60余间房屋被冲倒。

1950年6月8日，境内北沙河右岸后烟台、大新庄两处决口，两股洪水在后烟台与小新庄间汇合西流入浑河，15个村受淹，其中单庄子、王家等6个村重灾，15 000亩耕地毁种补种；7月21日，北沙河右岸大新庄、后烟台附近又决口，耕地受灾70 108亩，减产7成以上。太子河、浑河堤坝相继决口，太子河右岸马家堡子、左岸田坨子，浑河左岸三间泡、田家屯，柳壕河右岸鲤鱼泡，运粮河左岸孟套子、六间房堤坝溃决。40余万亩耕地被淹，灾民10万人。

1951年8月3日至4日，连日阴雨，河水暴涨，辽阳境内北沙河岸的前烟台、房干堡，柳壕河右岸的黑鱼泡一带及太子河左岸的田坨子、二道冈，运粮河右岸的横道河子等坝段，先后决口10处，被淹土地约2.4万垧，减产70%以上。

1953年7月21日，辽阳普降暴雨，河水猛涨，大、中、小河堤防相继决口76处，淹地42.9万亩，受灾139个村，3.2万户，19万人，冲毁房屋2 840间。8月20日，运粮河左岸二台子、柳壕河左岸老桥房、南沙河半拉山子等处堤防决口。21日，太子河洪峰流量为3 440 m^3/s，太子河左岸锅坑子、下口子两处决口。23日，浑河左岸沙岗子决口，一处长150 m，水深达3 m，冲倒房屋8间，冲走2人，淹地38.3万亩。

1954 年 8 月下旬，辽阳境内连降大雨，山洪暴发。28 日，浑河、太子河、运粮河、南沙河等大小河流防洪堤坝 30 处决口。69 个村受灾，洪涝 273 430 亩，冲倒房屋 126 间，其中穆家、唐马寨、柳壕、刘二堡等地区受灾严重。

1957 年 8 月，境内降大雨、暴雨，内涝耕地 16 万亩，是新中国成立以来内涝最重的一年。

1959 年 7 月下旬，连降大雨和暴雨，洪涝重灾 1 200 亩。

1960 年 8 月 4 日，暴雨，全市遭受特大洪水灾害。太子河水位最高达 27.8 m，洪峰高达 27.94 m，超过保证水位(24.3 m)3.64 m，特大洪峰流量达 18 100 m^3/s。受灾人口 35 万人，农作物受灾面积 130 万亩，冲倒房屋 4 万间，死亡 657 人。同日午后，高丽门外太子河木桥被冲毁。

1962 年 8 月 7 日，辽阳、本溪地区连降大雨，太子河水位猛涨。8 月 21 日，辽阳高丽门水文站水位 23 m，流量 1 760 m^3/s。城东高丽门大桥阻碍洪水宣泄，对市内威胁很大。经省防汛指挥部批准，于 9 月 4 日将长 263 m、宽 6 m 的 50 孔大桥拆除 28 孔，共长 140 m。受淹耕地 10 000 亩。

1964 年 7 月下旬至 8 月中旬，阴雨连绵，境内 9 条河流堤防决口 20 处，外水成灾 135 510亩，内涝成灾 235 309 亩，共受灾 370 819 亩。

1971 年 7 月 31 日，降大雨，8 月 4 日杨木沟左岸决口，灯塔境内受灾面积 700 亩，其中颗粒不收 320 亩。夏秋季节运粮河坝开，穆家、唐马寨一带受灾，作物成灾面积 28.88 万亩，浸泡粮食 4.2 万 kg，倒塌房屋 1 225 间。

1984 年 8 月 4 日至 13 日，辽阳连降三次大暴雨，东部山区降水为 150 ~ 200 mm，西部沿河为 290 ~ 384 mm，沿河 18 个乡镇一片汪洋，50 万亩耕地积水，部分耕地水深 1 m 多，有 13.2 万亩农作物受灾，近 3 万亩绝收。有 180 个村，3 687 亩养鱼池塘漫堰溢流，鱼苗、鱼种损失严重，倒塌房屋 37 间，死亡 7 人。

1994 年 8 月 15 日至 16 日，暴雨、大风灾害，最大瞬时风速 18 m/s，辽阳部分农田被淹，内涝、倒伏成灾。玉米减产 5 成左右，水稻减产 2 成。

1995 年，辽阳遭逢百年不遇的特大洪水灾害，自 7 月 29 日凌晨 2 时起沿河流域普降有史以来少有的高强度大暴雨，全市地区平均降水量达 124.3 mm，北沙河出现 1 770 m^3/s的洪峰流量，大大超过其 809 m^3/s 的抗洪能力。浑河水系发生自 1888 年以来最大洪水，黄腊坨水文站出现 5 770 m^3/s 洪峰流量，远远超出了辽阳坝段 2 500 m^3/s 的抗洪能力。境内大、中、小河流全面告急，相继漫堤决口 23 处，计 29 个乡(镇)，388 个村受灾，其中重灾 12 个乡(镇)，151 个村。受害人口 54.33 万人，成灾人口 48.2 万人，重灾人口 22.45 万人，特灾人口 13.2 万人。

全市经济损失 72.3 亿元，其中农业损失 22.1 亿元。受灾面积 153.1 万亩，占农作物播种面积的 67.9%，粮食减产 4.9 亿 kg。冲毁鱼塘 4.57 万亩，跑鱼 3 万 t；淹死畜禽 774 万头(只)；堤坝、闸站等水利工程损失 8.27 亿元；1.7 万余家乡镇企业停产，损失 4.97 亿元；其他各业损失 5.46 亿元；人民群众财产损失 22.11 亿元，过水房屋 23.9 万间，倒塌民舍 12 万间；抢险救灾消耗物资和药品 2.03 亿元。

二、旱灾

旱灾多发生在春季和夏季，秋季较少。

1950 年 5 月，旱情较重，丘陵地带河干井枯。

1951 年 5 月大旱，大风、干燥，大路烟台 4 个水泡干 3 个，9 眼井干 6 眼，山区干旱达 18 cm，平原深达 12 cm，春麦叶黄 2～3 片，豌豆旱得不开花，小麦、豌豆减产 3～4 成。平原一些水田裂缝深达 13.3 cm，山顶部树木约有 20% 发黄。

1958 年伏旱最重，是年继春旱之后，从 5 月 22 日起连续 73 天没下透雨，水田干旱裂缝达 13 cm。

1978 年伏旱，是年 6 月，西部佟二堡、沈旦堡、王家、西马峰、邵二台公社旱情较重，受灾面积 9.45 万亩，减产 3 成。

1963 年秋旱，自 8 月入秋以后东部铧子公社 34 天未降雨，山坡地出现一指宽的裂缝，大豆成片枯死，玉米带皮立秆，高粱叶一黄到顶，干旱成灾 58 600 亩，减产 4 成以上占 64%

1984 年 6、7 月，锅坑子、六弓台、代耳湾和南甸子等村屯旱象严重，受灾面积 1 690 亩，减产 11.85 万 kg。

1997 年 6 月中旬至 8 月中旬连续 32 天≥33 ℃高温少雨，≥35 ℃高温天气达 8 天，而 7 月的降水量仅为历年同期的 45%，高温、干旱程度为辽阳有资料记载以来最严重的年份，导致农作物减产，病虫害发生较重。

第四节　流域内蓄水工程

水库以上流域共建有大型水库 1 座（观音阁水库），中型水库 2 座（关门山水库、三道河水库），小型水库 13 座。

一、大型水库

观音阁水库位于辽河流域太子河干流上，坝址距下游本溪县城 3 km，距上游本溪市 61 km，控制流域面积 2 795 km^2，总库容为 21.68 亿 m^3。观音阁水库与相距 100 km 的下游葠窝水库形成太子河干流梯级开发。历史最高水位为 255.77 m，出现在 1995 年 8 月 31 日。

观音阁水库枢纽由挡水坝段、溢流坝段、底孔坝段及电站坝段组成。枢纽的主要任务是以城市、工业供水和防洪为主，兼有灌溉、发电、养鱼等综合效益。

观音阁水库多年平均调节水量 9.47 亿 m^3，与下游葠窝、汤河水库联合运用，配合区间来水进行补偿调节，增加供水量 11.73 亿 m^3。城市及工业用水占 70%，为 7.9 亿 m^3，使本溪、辽阳、鞍山、营口供水紧张状况大为缓解；农业用水占 30%，为 3.83 亿 m^3，在盐碱地改良发展水田 2.67 万 hm^2。利用工农业供水发电装机容量 19.5 MW；养鱼年产量 71 万 kg。

水库建成后提高了城市防洪标准。本溪市从 50 年一遇提高到 500 年一遇；辽阳市城市防洪标准达到100年一遇。本溪农田防洪标准配合太子河堤防工程整修由5年一遇提高到50年一遇。辽阳农田防洪标准辽阳从20年一遇提高到50年一遇。下游葠窝水库大坝校核洪水标准也从1 000年一遇提高到规范要求的10 000年一遇。

二、中型水库

(一)关门山水库

关门山水库位于太子河一级支流小汤河中游,距本溪县城25 km。坝址以上控制流域面积169 km^2,总库容8 100万 m^3。水利枢纽工程,由大坝、溢洪道、电站、输水发电隧洞等建筑物组成。

(二)三道河水库

三道河水库位于太子河一级支流小夹河上游,是本溪县修建的中型水库。控制流域面积77 km^2,总库容2 956万 m^3。

三、小型水库

葠窝水库以上流域小型水库具体情况见表1-1-2。

表1-1-2　葠窝水库以上流域小型水库一览表

水库名称	所在河流	集雨面积(km^2)	坝型	最大坝高(m)	总库容(万 m^3)	汛限水位(m)	防洪标准设计(年)
兴隆山	卧龙河	22.00	浆砌石拱坝	22.40	160.00	321.50	20
东风	新兴河	13.00	黏土心墙	11.20	129.00	15.00	300
大石湖	小汤河	16.40	混凝土坝	17.40	33.50	18.30	20
塔峪	南沙河支流	1.20	黏土心墙	10.00	37.50	98.50	20
塔峪2号	南沙河支流	0.88	黏土心墙	10.80	10.55	198.90	10
胜利	南沙河支流	1.56	黏土心墙	12.00	20.20	198.60	10
台地	南沙河支流	1.03	黏土心墙	8.25	15.60	101.05	20
平安岭	南沙河支流	0.91	土坝	8.30	13.80	95.00	20
东高堡	南沙河支流	0.87	黏土心墙	10.70	13.30	101.90	10
旧孩岭	南沙河支流	2.73	黏土心墙	11.12	11.90	102.30	10
新岭	南沙河支流	1.14	黏土心墙	11.84	17.70	219.70	20
转弯子	火连寨河	2.13	黏土心墙	13.90	29.30	232.00	20
施家	大石河	2.18	浆砌石拱坝	24.80	31.00	35.00	20

第二章　规划与勘察

历史上的太子河旱涝灾害严重殃及周边百姓，成为制约辽宁农业经济发展的重要因素。浑、太两河历年水灾面积约占辽河下游水灾面积的1/2，伪满时期辽河流域下游每年平均淹地达14.7万hm^2。新中国成立后的1951年，正式开始了对葠窝水库的规划和筹建工作。1969年12月，审查通过了《葠窝水库设计任务书》，辽宁人民终于迎来了征服自然、改变太子河沿岸民众命运的关键契机。1970年10月16日，经国务院批准正式兴建葠窝水库，中共辽宁省革命委员会决定按此任务书施工，兴建葠窝水库。

第一节　勘察钻探

早在1934年伪满时期就对太子河流域进行了勘查测量，1938年伪太子河工程处进行了地质钻探工作。新中国成立后的坝址及库区地质勘察钻探工作，始于1951年3月，先后由地质部121地质队和省水电设计院地勘二队、三队、山地工程队等单位完成。1957年水库设计标准发生变更，第二次全面进行了地质勘察工作；由于1960年8月初洪水冲毁正在修建中的葠窝水库，1960年10月14日，省水电设计院成立葠窝水库山地工程队，在Ⅳ坝线附近进行了大量的坑、槽、井、峒探工作。

在坝址选择中，曾对葠窝四条坝线进行方案比较。当选定Ⅳ坝线并提出初步设计后，水电部在批复意见中指出，大坝上游面底脚位于F20、F24断层之上，坝轴线应向下游移动10 m。随后，山地工程队又进行了Ⅳ坝－1坝线（在Ⅳ坝线下游30 m处）的槽、井、峒探，最后选定Ⅳ－1坝线，并得到水电部水电总局工作组的认定。

坝基勘察钻探完成的总工作量：钻孔284个（进尺11 003 m），挖探槽8个，挖平峒3个，打竖井8个。测绘地质图1∶2 000比例尺5 km^2；1∶1 000比例尺5 km^2；1∶10 000比例尺18 km^2。

库区勘察钻探完成的总工作量：钻孔131个（进尺4 050 m）；测绘地质图：1∶10万比例尺530 km^2；1∶1万比例尺33.5 km^2；1∶5 000比例尺20 km^2。

第二节　设计规划

葠窝水库作为太子河流域以防洪为主的重要控制性工程，以治理水患为出发点，1942年就编写了《太子河治水工事计划》，准备在1943年动工兴建葠窝水库，1948年完成。期间，由于日本侵略者的失败而未能付诸实施。1942年12月国民政府东北水利工程总局在《辽河水系治水工程计划概要》中，也明确列有修建太子河葠窝水库工程项目。

中华人民共和国成立后，东北人民政府水利总局在《东北水利事业过去情况与今后之计划》中拟定，在第一个五年计划期间修建太子河葠窝水库。1951年1月，东北人民政府水利总局编制了《太子河葠窝水库初步设计书》,并进行了部分施工准备工作,后因原设计所确定的最高库水位108.2 m对本溪市的淹没影响未得到解决,导致了工程停工。1959年由辽宁省水利电力勘测设计院编报了《葠窝水库初步设计》,1960年3月经水利电力部建设总局审查通过并同意修建葠窝水库,当年8月初太子河发生特大洪水,迫使工程停工。由于设计标准变更,1961年又重新编制初步设计报水电部审查。在国民经济实行"调整、巩固、充实、提高"的八字方针之后,于1962年宣布葠窝水库停工下马。

1963年9月水电部以水电水字〔1963〕第177号文对葠窝水库初步设计作了批复,除基本同意原设计外,并指出"本工程上游为本溪市,下游为鞍山市,因此对上游的回水及浸没影响,对鞍山的供水可能造成影响,必须细致研究,谨慎处理"。本着上述精神,1967年4月由辽宁省水利电力勘测设计院编报了《葠窝水库技术设计》。在这项设计编制过程中,曾做了比较细致的调查研究工作,并多次与本溪、鞍钢等有关单位进行磋商,一些原则问题均得到了基本解决。同年,水电部以水电水设字〔1967〕第72号文,对葠窝水库技术设计作了批复,并转发了葠窝水库设计座谈会纪要,基本上同意了上述的技术设计。1969年辽宁省革命委员会决定,在汤河水库拦洪后即集中力量兴建葠窝水库。1969~1970年,辽宁省水利电力勘测设计院(当时叫"辽宁省革命委员会水利局农田水利建设服务站")先后四次编制葠窝水库设计任务书,报请中央审批。中央对此工程十分重视,除几次在北京听取汇报外,并于1969年组成四部(水电部、冶金工业部、煤炭工业部、地质部)联合调查组,到现场进行审查。

1969年12月,《葠窝水库设计任务书》审查通过,中共辽宁省革命委员会决定按此任务书施工兴建。1970年10月16日,经国务院批准正式兴建葠窝水库。

第三节 筹建规划

早在伪满时期的1934年,即已着手对太子河流域进行了勘查测量,1938年成立了伪太子河工程处并进行了地质钻探和葠窝水库筹建工作。

1951年1月,东北人民政府水利总局组建浑太水库工程队。刘柏年任队长,许四复任副队长,并在南沙土坎建了570 m^2 的办公楼、840 m^2 的仓库和南沙至安平的对外公路。

1952年10月22日,东北人民政府农业部以农人字〔1952〕169号文,将浑河水库工程队改为浑太水库工程局,负责浑太流域各大水库的规划、设计和施工。倪汉章任局长,刘柏年任工程师。

1953年4月,浑太工程局委员会成立,倪汉章任书记,鲁平任副书记,下设一个党总支,11个党支部。

1959年10月30日,辽宁省革命委员会决定修建葠窝水库,并决定将浑沙工程处和汤河沿工程处合并,组建葠窝水库工程局,负责葠窝水库的筹建与施工任务。行政编制482人、党群编制68人,按万名生产工人的5.5%定员干部编制为550人;11月24日,辽阳市委批准葠窝水库工程局第一届党委常委成员:王大军、徐振东、张树廷、范洪林、杨成印;1960年8月3日,太子河流域普降特大暴雨,正修筑的大坝围堰全部被毁,施工现场铁路冲毁,沙土坎大桥全部冲倒,机械设备被淹,被迫停工。

1960年8月29日,辽宁省水利电力厅向省编制委员会上报厅直单位机构调整,撤销葠窝水库工程局,成立葠窝水库筹备处。葠窝水库筹备处共精简5 242人,占职工总数的73%,其中精简干部477人,占干部总数的53%,精简工人4 775人,占工人总数的79%。

1969年年底,辽宁省革命委员会决定并责成辽宁省军区副司令员汪应中主持葠窝水库筹建工作;1970年3月21日,辽宁省革命委员会决定葠窝水库的施工以辽建二团为主,一、三团配合,成立以朱福河、纪长铎、宋介平、常金须、李少达等人组成的临时班子,负责葠窝水库上马前的筹备工作,从此拉开了兴建葠窝水库的序幕。葠窝水库工程筹建临时机构设置情况见表1-2-1。

表1-2-1 葠窝水库工程筹建临时机构设置

日期	临时工程	隶属部门
1938年	伪太子河工程处	侵占中国东北的日本辖区
1951年1月	浑太水库工程队	东北人民政府水利总局
1952年10月22日	浑太水库工程局	东北人民政府农业部
1959年10月30日	葠窝水库工程局	辽宁省水利电力局
1970年3月21日	葠窝水库筹备处	辽宁省水利水电厅

参考资料

1.《葠窝水库志》(1960~1994),志书编撰委员会,1998年7月。

2.《葠窝水库技术档案》(一),葠窝水库管理局,1986年12月。

第三章　水库设计

葠窝水库设计主要包括混凝土重力坝设计、金属结构设计和电站设计三部分。大坝设计任务书由辽宁省革命委员会水利局农田水利服务站承担。水库会战指挥部成立后，大坝设计工作由军代表、工人及贫下中农代表、技术干部组成的三结合领导小组负责。在“发动群众开展革命大批判”、“打破框框”的氛围下，对1967年原《葠窝水库技术设计》进行了修改，按照修改后的方案进行施工。电站设计部分由水电部东北勘测设计院承担，于1970年12月完成设计任务。

第一节　混凝土重力坝设计

葠窝水库混凝土重力坝设计主要内容：枢纽布置、溢流坝段设计、观测设计、稳定分析与应力计算、坝基摩擦系数和消能形式的选择等。

一、主要设计方案的确定

（1）根据中央四部联合调查组意见，水库的校核标准由5 000年改为1 000年，因而水库最高库水位由103.2 m改为102.0 m，相应坝顶高程由105.5 m改为103.5 m，滚水坝溢流孔由5孔改为14孔。

（2）根据葠窝水库坝址岩石与混凝土重力坝对基础的要求，坝基开挖岩面线由微风化岩变为弱风化岩，摩擦系数由0.55～0.65改为0.65～0.68。

（3）大坝溢流孔和底孔消能问题，原设计准备采用静水池方案，经水工模型试验，改为挑流消能方案。

（4）因为每年有1～2个月水位在滚水坝堰顶以下，这时可以安排检修弧形闸门，所以取消了滚水坝上的检修闸门。

（5）水工模型试验证明，实用断面堰型与孔口出流堰型的坝面负压值基本相似，经比较选用了实用断面堰型。

二、枢纽布置

坝址线选择：为躲开2号竖井附近的断层破碎带，将四坝线下移30 m，选定Ⅳ－1坝线为坝轴线；坝型选择有两个方案：宽缝重力坝和重力坝，主要考虑施工难度和抗裂能力因素确定坝型为混凝土重力坝；挡水坝段伸缩缝间距为15.0～18.0 m、溢流坝段为18.0～19.0 m、电站坝段为13.5 m。

大坝最大坝高50.3 m，坝长532.0 m，分成31个坝段：右岸1～3号坝段为挡水坝段，长47.0 m；河床4～18号为溢流坝段，长274.2 m；19～21号为电站坝段，长40.5 m；左岸22～31号为挡水坝段，长170.3 m。挡水坝选定的外部尺寸：坝顶高程103.5 m，坝顶宽

6.0 m，底宽 60.0 m；右岸挡水坝上游面为垂直面，下游面坡比为 1∶0.7；左岸挡水坝上游面在 67.0 m 高程以上为垂直面，67.0 m 高程以下为 1∶0.1 折坡；下游面坡比为 1∶0.7。

大坝内部为进行基础灌浆、排水与坝体观测，设置 6 条廊道：3～25 号坝段，在54.7～71.0 m 高程间，设置一条纵向灌浆廊道，廊道中心距坝轴线 5.1 m；4～25 号坝段，在 55.5～69.0 m 高程间，设置一条纵向排水廊道，廊道中心距坝轴线 17.0～24.9 m；2～27 号坝段，在 76.0～86.0 m 高程之间，设置一条纵向观测廊道，廊道中心距坝轴线 4.6～11.1 m；5～17 号、17～23 号坝段，在 54.7～58.9 m 高程间，与灌浆廊道相通，设置3 条横向观测廊道。

附属建筑物设置：上坝公路设在坝的左岸，与 29 号、30 号坝段相接；为防止闸门结冰，采用空压机吹风破冰措施，在大坝右端 1 号坝段顶部设空压机室；溢流坝顶设 14 台弧形门固定式启闭机，6 台底孔工作门固定式启闭机，一台底孔检修门移动式门式启闭机；电站坝段设 3 台固定式启闭机；坝顶上下游边缘均设混凝土栏杆与灯柱；回车场设在 4 号坝段；在 22 号坝段设电梯楼一处；在 21 号坝段设启闭机配电楼一栋；左岸开辟上坝公路一条，直通水库管理局，长 2.7 km，并与姑葠线相接。

大坝枢纽布置见图 1-3-1，挡水坝段设计见图 1-3-2，电站坝段设计见图 1-3-3。

三、分缝与分块

葠窝水库坝段的划分（即伸缩缝间距），考虑了三个条件：

（1）枢纽布置要求。水库大坝坝顶总长为 532.0 m，其中在河床部位约 350.0 m，主要布置溢流坝段和电站坝段。6 个底孔在 6 个 9 m 宽的宽闸墩中通过，宽墩中还有底孔的工作门槽、检修门槽和通气孔等，伸缩缝不能在闸墩中间和边缘通过，只能通过闸孔中间的某一部位；电站坝段压力管道直径为 4.4 m，管道两边要求一边留一倍管径混凝土，因此有几组坝段横缝间距不应小于 13.2 m。

（2）温度及收缩应力要求。若横缝间距过大常在坝体内造成巨大的温度裂缝，所以横缝间距（即坝段长度）不宜过大。国内外混凝土坝横缝间距在 15.0～27.0 m，大多数为 15.0～20.0 m，仅在特殊情况下，采用低到 8.0～10.0 m 或高到 20.0～24.0 m。

（3）施工条件。葠窝水库混凝土溢流坝最大底宽 40.0 m，挡水坝最大底宽 38.5 m，采用通仓浇筑方法，混凝土拌和和浇筑系统采用右岸 0.8 m^3 和 0.4 m^3 的小拌和机群，左岸安装 8 台 0.8 m^3 拌和机的拌和楼，皮带运送混凝土，满堂红架子，双轮车、皮带、溜筒入仓，没有大型施工机械，这套施工方法要求场面不宜过大。根据国内外混凝土坝分缝经验，结合葠窝水库具体条件，确定挡水坝段横缝间距 15.0～18.0 m；溢流坝段 18.0～19.0 m；电站坝段 13.5 m。

施工设计采用通仓浇筑，未设纵缝，仅在溢流坝与挑流鼻坎之间设一永久伸缩缝。

四、坝体混凝土的设计及分区

（一）混凝土的设计强度和龄期

坝体应力计算结果表明，坝体最大正应力分别为：挡水坝段为 1.2 MPa，滚水坝段为 1.22 MPa，电站坝段为 1.33 MPa。

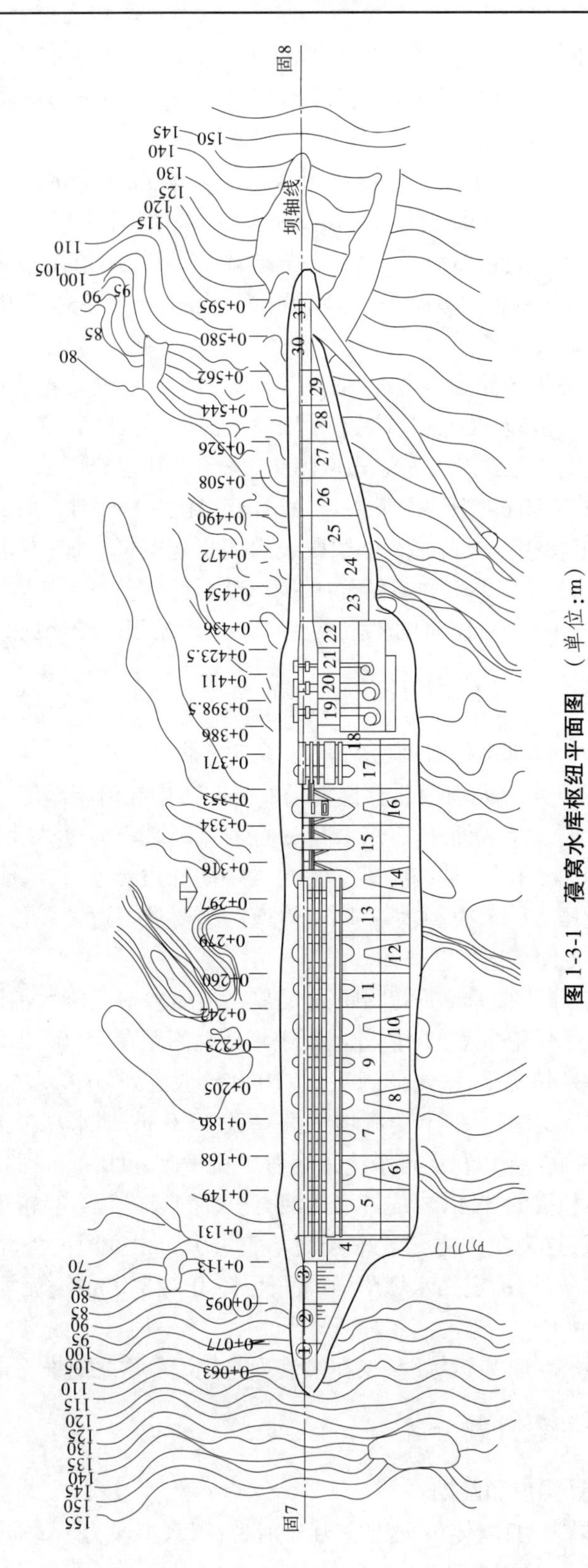

图 1-3-1　葠窝水库枢纽平面图　（单位：m）

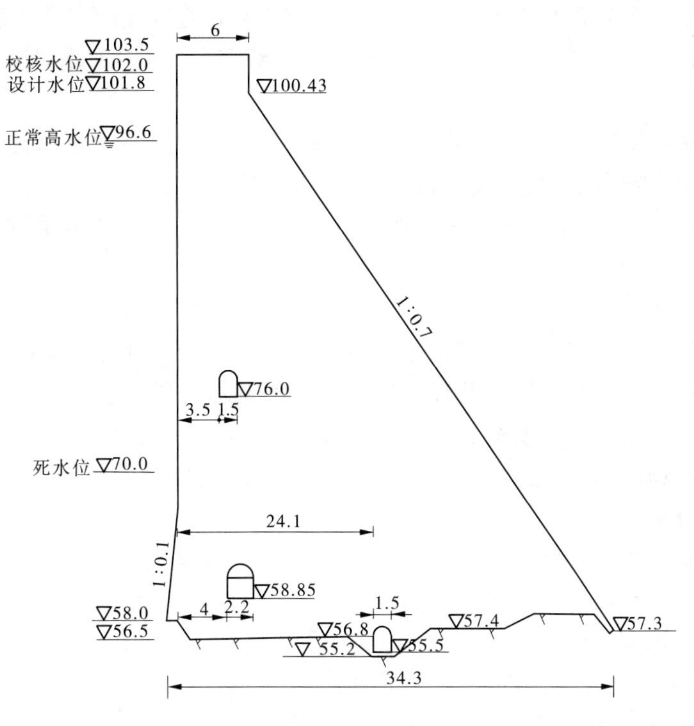

图 1-3-2　挡水坝段剖面示意图　（单位:m）

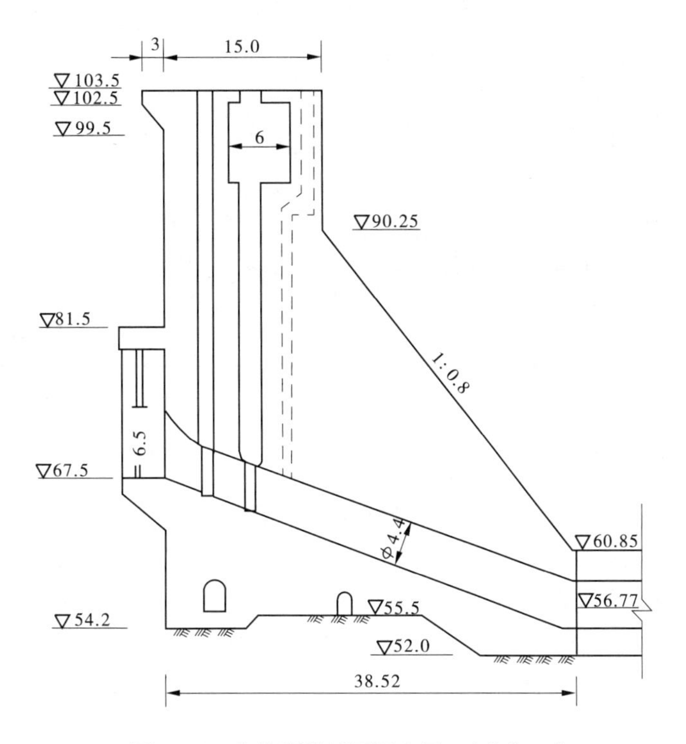

图 1-3-3　电站坝段剖面示意图　（单位:m）

圆柱体强度换算为立方体强度应乘以 1.86 倍系数。若取强度安全系数为 7.5 时，则葠窝水库外部混凝土强度为 $1.33 \times 1.86 \times 7.5 = 18.55$ (MPa)，故外部混凝土标号取为 R200。

根据水工建筑物的要求，大坝混凝土标号不应低于 100 号，故坝体内部混凝土取为 100 号。孔口周边混凝土的各项指标，按结构受力条件要求来确定。由于混凝土浇筑后，不久即承受局部荷载以及温度、收缩应力，早期强度不宜太低。坝体外部混凝土采用 28 d 龄期，内部采用 90 d 龄期。

（二）抗渗标号

坝体上游面、下游尾水位以下和基础混凝土有抗渗要求。坝体上游面防渗厚度为 3 m，作用水头 40 m，水力坡降相当于 13～14。根据水工建筑物规范要求，水力坡降在 10～30，抗渗指标不应低于 S_8，故上游面抗渗标号取为 S_8。由于基础 $R_{90}200$ 号混凝土较厚，故抗渗标号采用 S_6；其他有抗渗要求部位混凝土，抗渗标号取为 S_4。

（三）抗冻标号

葠窝地区最冷月月平均气温为 −14 ℃。根据水工规范规定："最冷月月平均气温低于 −10 ℃为严寒地区，冬季水位变化区的水位变化次数小于 50 次者，抗冻标号取为 D100。"葠窝水库即属上述情况，因此抗冻标号采用 D100，对闸墩与挑坎部分取为 D50。

另外，考虑到施工条件，对同一水平层混凝土，浇筑时不能多于两种分区标号，最后选定的大坝混凝土分区情况见表 1-3-1。

表 1-3-1　大坝混凝土分区

区域	部位	混凝土标号
1	滚水坝上游面、溢流面、闸墩挑坎溢流面下游面 挡水坝上游面，下游面底孔周边，底孔门槽周边	$R_{28}200D100S_8$
2	滚水坝、挡水坝基础部分	$R_{90}200D25S_6$
3	挡水坝顶部闸墩尾部	$R_{28}150D50S_4$
4	滚水坝内部	$R_{90}100S_2$
5	挑坎内部	$R_{90}150D50S_4$

五、坝体稳定分析

坝体稳定分析时，确定坝体与岩石接触面为最危险滑动面。按不计混凝土与岩石间有凝聚力的作用公式计算抗滑稳定，采用公式 $K_1 = \sum W \cdot f / \sum P$，得出抗滑稳定安全系数：正常情况：$K > 1.20$；设计情况：$K = 1.05 \sim 1.10$；校核情况：$K = 1.00 \sim 1.05$。

根据计算结果，典型坝段基本上符合稳定要求。

六、坝体应力计算

采用材料力学方法——"基本因素法"计算。

坝体应力计算考虑了以下三种情况。

(1)设计情况:上游为百年水位 101.8 m,下游尾水位 68.5 m。荷载有自重、水压力、浪压力。

(2)正常情况:上游为正常高水位 96.6 m,下游尾水位 60.0 m。荷载有自重、水压力、冰压力。

(3)施工期的库空情况:上游水位 60.0 m,下游水位 60.0 m。荷载有自重、水压力。

计算时对挡水坝、电厂段(大机、小机)、滚水坝(有、无底孔)有代表性断面,进行应力分析,并得出结论:

挡水坝、电站段、滚水坝在运用条件下,在不计入扬压力时,迎水面坝体内各计算断面(滚水坝高程 80.0 m 断面除外)的主应力均为压应力,其值均大于作用水头的 1/4 倍,满足规范规定。

在运用条件下,坝基最大主压应力值在设计情况下,挡水坝为 1.04 MPa,电厂段为 1.02 MPa,滚水坝(无底孔)为 0.81 MPa,滚水坝(有底孔)为 0.87 MPa;正常运用情况下,挡水坝为 0.75 MPa,电厂段为 0.96 MPa,滚水坝(无底孔)为 0.76 MPa,滚水坝(有底孔)为 0.83 MPa,均未超过基础允许压应力。各坝段在上述两种情况下,上游坝踵均未出现拉应力,且保持一定的压应力。

在库空情况下,坝基均未出现拉应力,且保持一定的压应力:挡水坝为 1.21 MPa,电厂段为 1.36 MPa,滚水坝(无底孔)为 1.04 MPa,滚水坝(有底孔) 为 1.23 MPa。在应力计算中电厂段与滚水坝在下游面坝体个别部位出现拉应力,其最大值电厂段为 -0.09 MPa,滚水坝为 -0.002 MPa。按规范规定下游坝面允许出现暂时性不大的拉应力,其值不超过 0.2 MPa,故满足规范要求。

挡水坝沿基础面(高程 56.0 m)接近下游坝面处,第二主应力出现 0.13 MPa 拉应力,其值甚小,对坝体无危害。

滚水坝在设计情况下,高程 80.0 m 断面迎水面第一主应力出现拉应力,其最大值滚水坝(无底孔)为 -0.12 MPa,滚水坝(有底孔)为 -0.16 MPa。在规范中规定:“在运用情况下,滚水坝顶部当局部拉应力难以避免时,可配置专门钢筋。”

七、溢流坝段设计

溢流坝段由滚水坝和泄水底孔组成。溢流面曲线的选择:经大孔口出流和非真空实用断面溢流堰两种形式的对比试验,最后选用后者,堰顶高程确定为 84.80 m,总净宽 168 m,分 14 孔,每孔设 12 m × 12 m 弧形闸门一扇。为控制泄洪单宽流量,在闸门上部 96.80 ~ 102.51 m 高程间,设有 5.71 m 高钢筋混凝土胸墙。桩号 0 + 1.60 到 0 + 3.80 m 部位,采用装配式钢筋混凝土构件,截面形状为 H 形(每个闸孔 7 根)和 U 形(每个闸孔 1 根)叠梁。堰顶设两个边墩(厚度 3 m),13 个中墩。中墩间隔布设 6 个宽墩(厚度 9 m)和 7 个窄墩(厚度 4 m)。闸墩上安有交通桥和工作桥,闸墩长度 23 m。坝段间伸缩缝设在闸孔中间,距宽墩 5 m,距窄墩 7 m。

为宣泄小洪水、放空水库、排沙、施工导流,在滚水坝段宽墩内,设置 6 个永久性底孔,底孔位于坝段中间,全长 43.34 m,设计时为使水流平顺,分成四个部分:进口渐变段(桩号 0 - 4.00 ~ 0 + 5.00 m);直段部分(桩号 0 + 5.00 ~ 0 + 17.66 m);出口渐变段(桩号 0 +

17.66～0＋32.66 m)；出口明流段(桩号0＋32.66～0＋44.00 m)。根据抗裂及裂缝开展宽度计算，底孔底板选定为3.5 m，其裂缝宽度小于0.2 mm，满足水工混凝土要求。为消除矩形孔口在四个角点的应力集中，做成75 cm×50 cm的倒角。在进口渐变段由于倒角尺寸不变，因此顶部两倒角为两个弧面，底部两倒角为二扭曲面。出口明流段由于应力集中逐渐减小，并需与挑坎相接，故倒角由75 cm×50 cm以直线形式渐变到零。根据底孔偏光弹性试验结果与各种计算方法分析认为，3.5 m×8.0 m矩形断面底孔孔口尺寸虽然较大，但属于平面孔口应力状态，仅进口4 m段位于9 m宽墩内；出口为开敞式，应按其他结构考虑。钢筋分布采用Φ16@20。

为满足坝顶交通与布置启闭机要求，溢流坝段闸墩顶部设置交通桥与工作桥，主要包括交通桥、底孔检修门启闭机桥、底孔工作门启闭机梁和弧形门启闭机桥。

溢流坝段设计见图1-3-4。

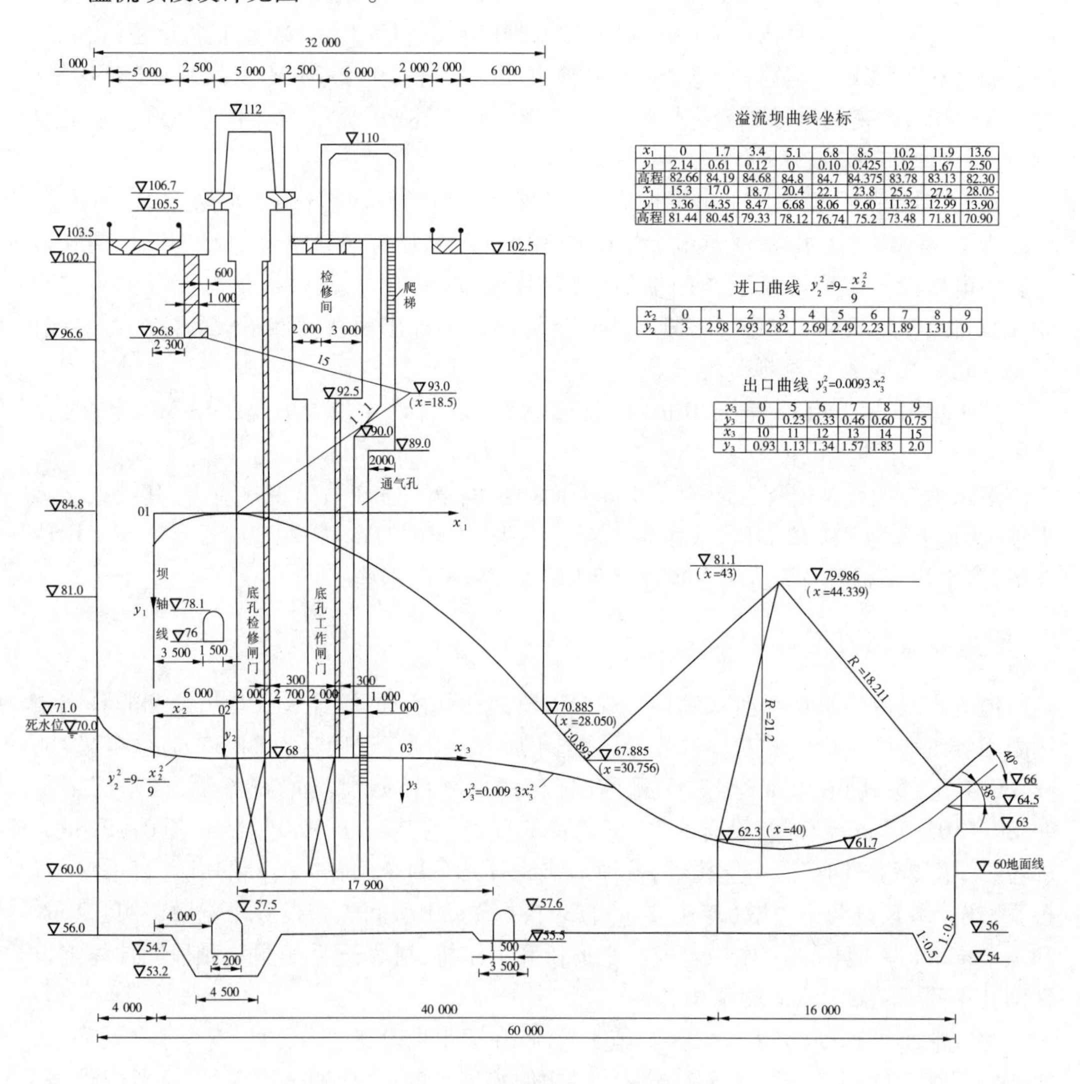

溢流坝曲线坐标

x_1	0	1.7	3.4	5.1	6.8	8.5	10.2	11.9	13.6
y_1	2.14	0.61	0.12	0	0.10	0.425	1.02	1.67	2.50
高程	82.66	84.19	84.68	84.8	84.7	84.375	83.78	83.13	82.30
x_1	15.3	17.0	18.7	20.4	22.1	23.8	25.5	27.2	28.05
y_1	3.36	4.35	8.47	6.68	8.06	9.60	11.32	12.99	13.90
高程	81.44	80.45	79.33	78.12	76.74	75.2	73.48	71.81	70.90

进口曲线 $y_2^2=9-\frac{x_2^2}{9}$

x_2	0	1	2	3	4	5	6	7	8	9
y_2	3	2.98	2.93	2.82	2.69	2.49	2.23	1.89	1.31	0

出口曲线 $y_3^2=0.0093x_3^2$

x_3	0	5	6	7	8	9
y_3	0	0.23	0.33	0.46	0.60	0.75
x_3	10	11	12	13	14	15
y_3	0.93	1.13	1.34	1.57	1.83	2.0

图1-3-4　有底孔溢流坝断面图

八、下游消能形式的选择

葠窝水库为不完全年调节水库,库容小、泄洪量大且河道狭窄,因此选择消能形式的难度较大,1961 年的初步设计,曾选择高鼻坎挑流方案,后来在技术设计阶段,由于上述方案的挑射距离小,冲刷坑不利于坝身稳定和电站的安全,遂委托北京水利水电科学研究院进行长鼻坎和静水池消能对比试验。试验结果肯定了后者,技术设计也采用了这一方案。但经底孔泄流复核试验,静水池需 10 m 深,增加石方开挖量 12 万 m^3,如将底孔在溢洪道左侧单独布置,将挤占电站位置并增加电站的基础开挖量,因而该方案未获得令人满意的结果。

水库开工后,会战指挥部把选择消能形式的任务落实给省水利局农田水利服务站试验班。经"三结合"领导小组研究确定,进行挑流消能对比试验,反复经过 6 次试验,选定了高低坎挑流消能方案。底孔挑坎呈渐变扩散状(宽度从 4 ~ 15 m),坎顶为 64. 50 m 高程,挑射角 38°,反弧半径 21. 20 m。溢流堰挑坎坎顶为 66. 00 m 高程,宽 22 m,挑射角 40°,反弧半径 18. 21 m,反弧底 61. 70 m 高程,溢流堰面曲线与反弧顺接。

九、观测设计

为验证设计和试验的正确性,以确定大坝及其结构安全程度,需进行大坝安全监测。观测设计分为坝体内部观测、坝体外部观测(动态观测)和水力学观测三个部分。

为了掌握大坝内部混凝土的工作状况,在大坝内部观测布置时,坝体内共埋设了 205 支观测仪器。其中:温度计 55 支,应变计 99 支,钢筋计 13 支,渗压计 20 支,测缝计 18 支。这些仪器都是南京水工仪器厂生产的差动电阻式仪器。根据坝段的位置、特点和基础条件,选定了 15 号和 23 号两个坝段为典型坝段,又选定 16 号坝段为底孔钢筋计的布置坝段。

大坝外部观测包括水平位移、沉陷、挠度、扬压力、绕坝渗漏等五项。观测采用视准线法,在挡水坝和溢流坝段分别设置。观测周期为 1976 年前半月一次,1976 年后根据坝的具体情况而定。设置了坝顶和基础两种沉陷观测,坝顶的沉陷观测在坝顶,每个坝段上埋设一个沉陷标点;坝基沉陷观测在灌浆廊道中,每个坝段埋设一个沉陷观测标点,基础沉陷观测次数在 1976 年前为每 15 d 一次。在 18 号坝段和 19 号坝段之间以及 23 号坝段设置悬垂仪,观测坝体的挠度。在 22 号坝段中设一个 2 m×1. 5 m 的吊物孔,在吊物孔中设置一条正垂仪,以便测得不同高程的坝体挠度。在 18 号坝段和 19 号坝段的竖井中的正垂仪和倒垂仪的联合运用,可测出坝体的绝对挠度值。

扬压力是大坝的主要荷载之一,扬压力观测值是分析大坝安全运用程度的重要数据,也是验证设计扬压力图形正确与否的数据。根据《水工建筑物观测技术手册》规定,大坝至少选用 3 个坝段进行扬压力观测。葠窝坝址比较短,坝址岩石比较均一,基本上可分为南岸和北岸两个区域,故选取 5 号坝段、17 号坝段和 23 号坝段三个代表性坝段进行扬压力观测,基本可以反映大坝的扬压力分布情况。

十、坝基摩擦系数的选择

1960 年 1 月曾请苏联专家到工地研究摩擦系数的选择问题，结果确定 f 值为 0. 60 ~ 0. 65；1961 年 5 月又请原水电部总局工作组到工地勘察确定，石英变粒岩 $f = 0.60$ ~ 0. 65，断层破碎带 $f < 0.50$；1961 年 9 月的初步设计文件确定，右岸坝基微风化岩 $f = 0.65$，左岸坝基微风化岩 $f = 0.60$，断层破碎带 $f = 0.50$；1967 年 3 月技术设计又规定，右岸 0 ~ 0 + 340 一段微风化岩 $f = 0.65$，左岸 0 + 340 ~ 0 + 480 一段微风化岩 $f = 0.60$，0 + 480 ~ 0 + 736 一段弱风化岩 $f = 0.55$。

经过分析计算和比较，葠窝水库重力坝施工设计最终使用摩擦系数值分别为：右岸弱风化变粒岩 $f = 0.68$，左岸弱风化变粒岩 $f = 0.65$，断层破碎带 $f = 0.55$ ~ 0. 60。

第二节　水电站设计

一、电站设计

水电站的设计工作，由水电部东北勘测设计院承担，于 1970 年 12 月派出现场设计组，在工地会战指挥部领导下，圆满地完成了葠窝水电站的设计工作。

（一）电站工作性质及运行特性

1. 电站工作性质

葠窝电厂是利用灌溉用水、工业用水、防洪泄流进行发电的季节性电站，主要发电时间集中在 4 ~ 9 月，在电力系统中作为重要容量以代替火电耗煤电站，不发电时机组可作调相机运行。电站建成后与辽阳市电业局管辖区“耿葠东西线”（44 kV）连接并入国家电网。

2. 电站运行特性

电站的水能设计，选定总装机容量为 37 200 kW。设计中因水头变化幅度较大，最高水头达到 37. 5 m，最低水头为 15. 0 m，所以在机组选型上选定了两台型号为 ZZ587 - LH - 330的轴流转桨式水轮机和一台型号为 HL123 - LJ - 140 的混流式水轮机，并分别配备两台容量 17 000 kW（型号为 TS - 550/80 - 28）和一台容量为 3 200 kW（型号为 TS - 325/36 - 20）的同步发电机。设计年发电总量为 8 000 万 kWh，机组平均利用时数为 2 270 h。电站发电机运行特性见表 1-3-2。水轮机运行特性见表 1-3-3。

表 1-3-2　电站发电机运行特性

序号	名称	单位	1、2 号机组	3 号机组
1	型号		TS - 550/80 - 28	TS - 325/36 - 20
2	额定容量	kVA	21 250	4 000
3	额定电压	kV	6. 3	6. 3
4	额定电流	A	1 950	366

续表 1-3-2

序号	名称	单位	1、2 号机组	3 号机组
5	额定功率因数		0. 8	0. 8
6	额定频率	Hz	50	50
7	额定转速	r/min	214. 3	300. 0
	飞逸转速	r/min	430	670
	允许飞逸转速持续时间	min	2	2
8	旋转方向		俯视顺时针	
9	额定有功	kW	20 000	3 800
10	转子额定励磁电流	A	571	378(4 000 kW)
	转子额定励磁电压	V	217. 5	98. 0
	转子空载励磁电流	A	288/304	162

表 1-3-3　水轮机运行特性

序号	名称	单位	1、2 号机	3 号机
1	型号		ZZ587 – LH – 330	HL123 – LJ – 140
2	额定出力	kW	17 750	3 380
3	额定转速	r/min	214. 3	300. 0
4	最高水头	m	36	37
5	设计水头	m	28. 5	30. 5
6	最低水头	m	13. 0	17. 3
7	设计流量	m^3/s	71. 1	12. 6
8	最大流量	m^3/s	72. 2	
9	飞逸转速	r/min	430	670
10	吸出高度	m	–2. 9	1. 1
11	转速上升率	%	不大于 38	不大于 45
12	蜗壳最大水压	m H_2O	46	65
13	转轮直径	m	3. 3	1. 4
14	轮叶接力器直径	mm	1 225	—
15	轮叶最大行程	mm	104	—
16	导叶接力器直径	mm	350	320
17	导叶接力器最大行程	mm	502	214
18	水轮机安装高程	m	56. 95	60. 50

(二)水工设计

水工部分包括主厂房、副厂房、引水管道、变电站及尾水渠。

1. 主厂房布置及结构设计

主厂房水上部分宽22.45 m、水下部分宽16.12 m,长45.5 m。主厂房分4层,即发电机层、水轮机层、蜗壳层和水泵室(集水井)。发电机层地面高程为66.65 m,布置有2台17 000 kW(1、2号机组)和1台3 200 kW(3号机组)的立式水轮发电机组,1台2×50 t双主钩电动双梁桥式起重机,1号、2号机上游分别布置型号为DST-100电液液压调速器,机械柜和电气柜以及机旁盘各7块(包括表计盘、机组保护盘、励磁盘等),压油装置(YS-2.5)布置在-X轴方向。3号机上游侧布置有5块机旁盘,-X方向布置有型号为CT-40的调速系统,南侧为安装间。本层布置2个楼梯通往水轮机层。水轮机层地面高程为61.85 m,本层空间高为4.80 m,布置3台机组的机墩及风罩。本层通道主要在下游,下游主要布置为油、水、气系统,油、气均有总管与油库及空压室相通。靠下游地面以上50 cm,布置一条直径为30 cm的全厂供水总管。上游发电机层楼板下面均为电缆架。电缆经上游墙孔洞进入电缆道,电缆道在下游坝面上底高程为63.85 m。1号、2号机坑进入门均在-X向,宽度为1.20 m。空压机室,在3号机南侧,地面高程为61.85 m,装有两台低压压气机和3只$V=5.6\ m^3$、压力为8 kg/cm^2的储气罐。另外,设两台高压压气机,有管路直接供给调速器压油罐用气。蓄电池室在空压机室上游侧,供直流操作和继电保护电源。室内设有上下水道,并设通风机直接排气到厂外。蜗壳层在水轮机层下面,1号、2号蜗壳中心高程为58.26 m,进口直径4.60 m,3号蜗壳中心高程为60.50 m,直径为1.75 m,3个蜗壳均为圆形断面。1号、2号压力管直径4.40 m,3号压力管直径2.0 m。油库、油处理室设在安装间最底层,高程为57.05 m,设4只油桶,透平油桶直径2.30 m,有总管通向水轮机层下游再分别送往机组各处。油处理室设压力滤油机2台,滤纸烘箱等零星油处理设备。

2. 副厂房布置及设计

副厂房地面高程为70.85 m,副厂房一层为电气设备及中控室,二层设电工班、仪表室、油化验室、男女运转人员休息室及厕所等,有楼梯通往母线室。第一层主机间上游布置有6.3 kV母线开关室,有2个门与主机间相通,上下游方向宽4.40 m,靠上游有1.90 m宽通道,通道顶部为3条母线,下游为13道25 cm厚砖墙隔成若干隔间。靠北端为400 V厂用动力盘室,其余隔间为3台机主引出线出口,少油断路器和一组母线联络少油断路器,2台320 kVA干式厂用变压器以及工具间等,过道最南端有一个小间为母线井,由此向下经中央控制室下电缆层引向厂外接变压器。中央控制室在安装间上游侧21号坝段下游坝面上,地面为水磨石,高程为66.65 m。室内设二排继电器保护盘,共12块。六块控制盘呈圆弧形布置,其圆弧半径为8.50 m。

3. 坝内引水管道布置与设计

19~21号坝段为引水坝段,与1号、2号、3号机组相对应,进水口中心高程分别为70.69 m、74.42 m(前者数字为1号机和2号机的,后者数字为3号机的,以下同)。出口中心高程为58.26 m、58.85 m。引水管道斜穿坝体,直径1号、2号为4.40 m,3号为2.0 m,与水平面成18°、21°,1号、2号机管道位于坝段中心,3号机管道偏于坝段一侧。在管道末端混凝土最薄处:1 号、2 号机顶部厚 3.4 m,底部 2.85 m,3 号机顶部 2.20 m,底部为 1.65 m。进水口前设有平板式拦污栅,3 m×12 m(宽×高)3 扇,1.95 m×7 m 2 扇,拦污栅垂直置于立柱和边墙上。引水管道设检修门槽和工作门槽各一道。1 号、2 号机各设 4 m×4.63 m 事故工作闸门一扇,且分别为固定式电动 80 t 启门机操作。3 号机进口设 1.65 m×2.14 m(宽×高)检修闸门及 1.65 m×2.14 m 事故工作闸门各一扇。坝顶设有固定式电动 16 t 启门机一台进行操作。为避免因工作闸门下落时管道形成真空,在闸门后分别设有直径 135 cm、80 cm 的通气孔,自坝顶直通管道。

4. 变电站设计

变电站布置于厂房左侧第 22～24 号坝段下游高程 66.65 m 平台上,长约 42 m,宽约 24 m,地面高程与厂前区相平。变电站设 50 000 kVA 主变压器及 500 kVA 地区变压器各一台。主变压器低压侧与厂内 6.3 kV 母线相连,高压侧以 44 kV 电压经进线架、母线架由出线架分三回线路送出。两回线送往耿家屯一次变电所与东北主电力系统相连,另一回线供铧子煤矿。地区变压器高压侧以 6.3 kV 电缆经电缆沟与厂内母线相连,低压侧以 3 kV 电压一回线路送往本地区。变电站构架采用单层结构形式,进出线架及母线架采用定形设计送电线路钢筋混凝土电杆与简单钢桁架组合结构。其他电气设备构架采用混凝土预制构件。其他较小设备如电流电压互感器、避雷器、隔离开关等坐落于回填石渣上,其基础处理埋设深度在冰冻层以下。为防止主变压器火灾事故扩大,在变压器下设有事故排油坑,坑底埋设一根直径为 100 mm 的排油管与厂前排水沟相连,当变压器发生事故时,可将油排入尾水渠内。变电站上游沿坝面及左侧沿山坡边设有排水沟,与厂前排水沟相连,以防坝面及山坡雨水冲淤变电站,下游侧做围墙栏杆一道,便于安全管理。

5. 尾水管设计

1 号、2 号机尾水管为 4C 型,其高度为 6.01 m,长度为 14.85 m,为了结构上的需要,在尾水管平面中心加一道中墩,厚度为 1.20 m,分成双孔出水,安装高程的要求决定尾水管最低高程为 50.25 m。扩散段底板均以 6°45′角度上翘,以减少岩石开挖量和减少与 3 号机尾水管出口的高差,顶板上翘角度为 20°。3 号机尾水管为 4H 型,其最低高程为 56.56 m,底板为水平,顶板上翘角度为 12°9′,其长度为 14.10 m。为了施工方便,3 台尾水管均采取对称式布置,3 台尾水管上游各设一个尾管蜗壳进人室,由此房间可进入尾水管及蜗壳。各室均有蜗壳放空排水管排水阀门,1 号、2 号机为直径 30 cm 排水管,3 号机为直径 15 cm 排水管。1 号、2 号机高程为 54.25 m,3 号机高程为 57.45 m,均有钢转梯及吊物孔通向水轮机层。

(三)电工设计

电工设计主要分一次设备和二次设备两部分。电站主接线布置见图 1-3-5。

1. 一次设备的设计

一次设备设计主要由电站基本情况及系统连接、电气主接线、厂用交流电、变电站四部分组成。

(1)电站基本情况及系统连接:电站装有 3 台同步发电机组,其中有 2 台为 TS－550/80－28型和 1 台为 TS－325/36－20 型悬式同步水轮发电机。电站的出口线电压为 44 kV,出线三回路,其中两回路出线接至耿家屯一次变电所,线路长 14.7 km,另一回路出线

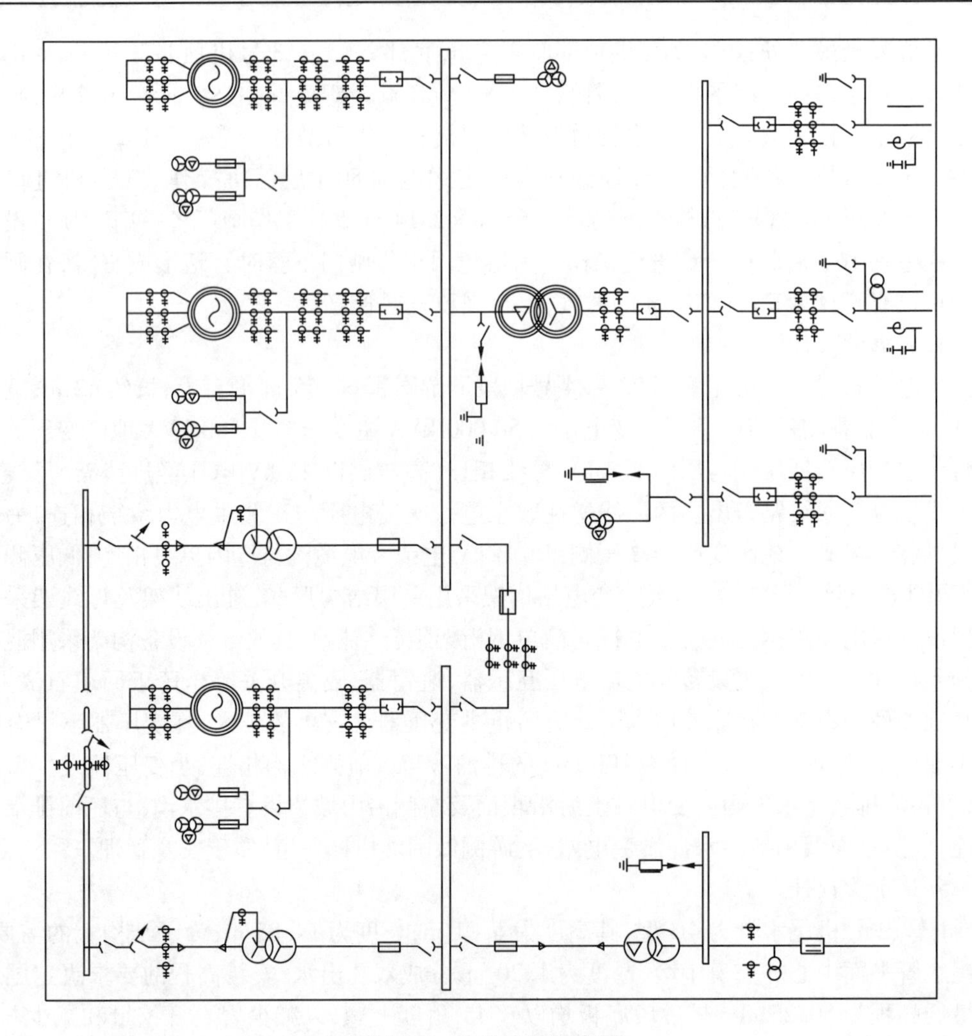

图 1-3-5　电站主接线布置

送往铧子煤矿(因多种原因该回出线未架线),线路长 20 km。

(2)电气主接线:根据电站运行特性及系统对电站的连接要求,电气主接线的 44 kV 电压侧采用单母线连接。对主变压器及发电机电压母线的结线,经方案比较并根据水库会战指挥部的意见确定采用一台升压变压器方案。44 kV 断路器采用 SW2 - 60/1000 型少油断路器,变压器按标准容量系列选用 SFPD1 - 50000/40 三相强迫油循环风冷电力变压器,其额定容量为 50 000 kVA,YO/△ - 11 结线。每台发电机各经一台 SN4 - 10/4000 型少油断路器接至 6. 3 kV 汇流母线上。因电站没有外来厂用电源,为了提高用电的可靠性,6. 3 kV 汇流母线分段运行。

(3)厂用交流电设计:经过分析电站在各种运行方式下的厂用负荷统计值,选用两台容量为 320 kVA(型号为 SG - 320/6)的干式变压器,两台变压器互作隐式备用。两台厂用变压器低压侧各经 DW10 - 1000/3 型空气开关接至 0. 4 kV 厂用电主盘的两段母线上。两段母线之间以 DW2 - 1500/3 型自动空气开关进行联络,并设置备用电源自动投入装置。正常情况下,主盘的两段母线分段运行,当某一台变压器故障或高压侧失去电源时,联络开关自动投入，由另一台变压器担负全部重要厂用负荷。厂用电采用三相四线制，动力电源电压为380 V，照明电源为220 V。

（4）变电站的设计：主升压变压器的位置在考虑缩短厂坝距离、厂区内外交通、变压器低压引线布置等因素，布置在安装间的南侧。44 kV配电装置，安装在厂房南侧22号至24号坝段坡下。由于44 kV属于非标准电压，且大部分变电设备选用60 kV电压等级设备，因此变电站按60 kV电压标准进行布置和校验。

2.二次设备设计

二次设备设计主要由机组及辅助设备自动控制系统、继电保护及自动装置、发电机励磁系统、同期系统、直流系统五部分组成。

（1）机组及辅助设备自动控制系统的设计：两台大机组调速器型号为DST－100型的电液双调调速器。该调速器由电气柜和机械柜两部分组成。在电气柜上设有控制继电器，功给和频给电位器及反映机组转速的测频回路。机械柜上设有紧急停机电磁阀和电调锁定电磁阀，当机组事故或电调电子管灯丝烧断与永磁机电压降低时，两电磁阀分别投入对电调和机组实现自动保护。

（2）继电保护及自动装置的设计：发电机保护主要有防止发电机定子线圈及引线短路的纵联差动保护，防止由于外部短路引起的定子线圈过电流的负序过流和低压闭锁的过电流保护，防止在突然甩负荷或其他原因引起的定子线圈电压过高的过电压保护，防止机组非对称和过负荷运行的正、负序过负荷保护，防止发电机转子接地的转子一点接地保护，放在发电机定子线圈单相接地的定子一点接地保护，防止机组因失磁而引起进相运行的失磁保护。变压器保护主要有为了放在变压器内部短路、区间短路的纵联差动保护，防止变压器区间短路和内部故障的瓦斯保护以及变压器后备保护。

（3）发电机励磁系统的设计：两台大机组（1号、2号机组）的励磁系统由直流励磁机、发电机灭磁开关、磁场变阻器及KKT型自动励磁调节器组成。KKT型自动励磁调节器是将可控硅串入励磁机的自并激回路中，用励磁机本身作为调节其功率的电源，根据发电机端电压μ_F与给定值的偏差Δu，以定频调宽的脉冲调解方式，自动调节其可控硅KKF1在每一周期内的导通时间，从而实现调节励磁电流的大小和维持机端电压不变的目的。3号机组励磁调节器采用S－LKIZ－1型单相相复励调节器，该调节器兼有复励与校正两种作用。

（4）同期系统的设计：本电站选定发电机出口开关和44 kV耿二线路作为同期点，同期方式共两种，以自动准同期为主，以手动准同期为备用，通过切换同期开关TK选择同期方式。手动准同期选用MZ－10型组合同期表，为防止误操作，安装有同期闭锁装置。当用44 kV耿二线路开关同期时，应先将机组升压后，出口及主变压器高压侧开关合上，其他操作与上面相同。自动准同期装置为ZZQ－3A型，装置的导前时间为0.1～0.6 s，频差锁定为0.4周，电压差锁定为±15%。

（5）直流系统的设计：电站的直流系统电源由汽车蓄电池和硅整流合闸电源装置两部分组成，在厂用交流电源正常时，开关合闸电源均由硅整流合闸装置供给，这将减少汽车蓄电池的冲击放电次数和充电循环次数，使蓄电池的寿命也有所增加。

3.水力机械设计

水力机械部分的设计主要由水轮机设备的选择、技术供水系统的设计、压气系统的设计、油系统的设计、起重机及机修设备的设计五部分组成。

（1）水轮机设备的选择：为了加快制造厂的制造速度以利于电站早日发电，尽量套用已有机组机型。根据水库为年调节水库，它的任务是防洪、灌溉、工业用水及发电的特点和实际需要，电站机组选用了两台与湖北阳辛电站同一机型的机组，用于灌溉及汛期发电，在枯水期担负调相任务。水轮机型号为 ZZ587 – LH – 330，与其配套的发电机型号为 TS – 550/80 – 28，调速器及压油装置型号为 DST – 100，YS – 2.5。另外，选用一台与广西青狮滩电站同一型号的机组，其水轮机型号为 HL123 – LJ – 140，与其配套的发电机型号为 TS – 325/36 – 20，调速器型号为 CT – 40，这套机组可常年发电。

（2）技术供水系统的设计：机组工业用水采用自流单元供水方式，取水口设在每台机组压力管道进水口检修闸门槽和工作门槽之间的侧壁上。管径为 250 mm 的三条引水管进入厂内后由一条管径 300 mm 的干管联络起来。另外，在 3 号机蜗壳 – Y 方向上又引一条管径 300 mm 的取水管也与干管相连，可以互为备用。同时，每机组之间设有阀门联络，也可以互相分开。每台机组的供水总管分别从全厂供水干管上引出，其中，1 号、2 号机组供水管径为 300 mm，3 号机组供水管径为 150 mm。当电站运行水头低于不能自流供水时，则利用两台 10Sh – 9A 型的检修排水泵兼作备用水源。电站消防水包括发电机、厂内油库及主机间的消防用水。消防水水源也采用自流供水方式，不单独设取水口，由全厂供水干管上引管径 100 mm 的管作为消防供水总管。

（3）压气系统的设计：本电站设有高压和低压 2 个气系统，其中高压气系统压力 30 kg/cm^2，供机组压油装置用气，低压气系统工作压力 8 kg/cm^2，供机组制动、调相及检修用气等。根据压油槽用气要求，经计算，选用两台 CZ20/30 型高压压气机，其生产率为 20 m^3/h，二级出口压力 30 kg/cm^2，两台压气机一台工作，一台备用。系统中不设储气罐，由空气机经气水分离器向压油槽充气。低压气系统采用两台 1V – 3/8 型空压机，生产率 180 cm^3/h、压力 8 kg/cm^2，3 只容积为 5.6 m^3、压力 8 kg/cm^2 的储气罐，两台空压机互为备用，自动控制。所有压气系统的压气机和储气罐均设在安装间下 61.85 m 高程的空压机室内。

（4）油系统的设计：电站油系统设计分为透平油系统设计和绝缘油系统设计两部分。透平油系统包括油库、油处理室、油处理设备及与机组各部用油设备相连的各干支油管等。透平油系统选用两只容积为 12 m^3 的油桶，其中一只作为清油桶，另一只油桶用于机组检修时排油、贮存污油并兼作接收新油，油桶做成密闭式的，设有硅胶呼吸器。并选择了一台 100 型的压力滤油机作油处理设备。本电站装有 1 台 SFPL50000/40 型主变压器，4 台 SW2 – 60/100 型少油开关，因此绝缘油系统按 1 台主变压器和 4 台少油开关用油考虑。绝缘油系统中选用了两只容积为 8 m^3 的油桶，其中一只贮备清油，另一只接收污油。

（5）起重机及机修设备的设计：为了设备的安装与检修，设计采用双主钩电动双梁桥式起重机 1 台。其起重量为 2 × 50 t，跨距为 13 m，主钩起升高度为 26 m，主钩起升速度为 1.0 m/min，大车行走速度为 33.5 m/min。桥式起重机起吊重量是按起吊最重部件即发电机转子来确定的，本电站安装的 17 000 kW 机组发电机转子重 96 t，起吊 96 t 重的发电机转子时，用本台起重机需要拆掉两主钩，借助平衡梁联合起吊，平衡梁重 3.25 t，故总重不超过 100 t。

第三节　金属结构设计

溢流坝段金属结构设计包括溢流孔和底孔两部分。

一、溢流孔

在溢流坝段,设有 14 个溢流孔,每孔均采用 12×12—17.5 m 潜孔弧形工作闸门,启门力为 151.0 t,选用 2×80 t 平板固定卷扬式启闭机。用 2×80 t 固定卷扬式启闭机启闭。由于每年汛前水库水位均在堰顶以下,有足够的时间对闸门进行检修,故未设检修闸门。溢流孔闸门不能承受冰的压力,为此设置了压缩空气泡法破冰系统,选用 3 台 6 m^3 的空压机。

钢闸门按二级标准设计,门体选用 16 锰钢材料,柱形铰采用 45 号铸钢材料,设计水头 17.5 m,闸门承受水平水压力 1 670 t,垂直水压力 396.5 t,面板厚度 12 mm,闸门由主梁、次梁、面板以及斜支臂和柱形铰等组成。闸门座采用半牛腿隐蔽式柱形支铰。每个支铰承受压力 858 t。柱形铰所采用材料为 ZG45 铸钢,铰轴为 35 号钢,轴瓦为铝铁青铜。

闸门吊耳设于闸门下主梁后翼缘上,吊点间距 10.6 m。钢丝绳从启闭机引出后,经 101.0 m 高程的悬臂吊梁固定滑轮组,与吊耳动滑轮组相连接。

设计基本特性:

(1)闸门级别:Ⅱ级;

(2)孔口性质:潜孔;

(3)孔口尺寸(宽×高):12 m×12 m;

(4)设计水头:17.5 m(按百年一遇水位 101.8 m 全关挡水);

(5)孔口数量:14 孔;

(6)闸门底坎高程:84.8 m;

(7)水容重:1 t/m^3;

(8)操作条件:动水启闭并调节流量。

设计依据:此设计是按水电部 1964 年研究定稿的《水工建筑物钢闸门设计规范》,参照钢木结构资料进行的。弧形闸门允许应力(已乘闸门级别系数 0.9)见表 1-3-4。

表 1-3-4　弧形闸门允许应力　(单位:kg/cm^2)

应力种类	板厚>16 mm	板厚≤16 mm
拉、压、弯应力[σ]	1 980	2 100
剪应力[τ]	1 238	1 315
局部承压应力[σ_{jb}]	3 300	3 500
局部紧接承压应力[σ_{jj}]	1 610	1 710

二、底孔

在 6 号、8 号、10 号、12 号、14 号、16 号坝段的大闸墩内设有 6 个底孔,每孔设置

3.5×8—38 m的平板定轮式工作闸门,结构采用16锰钢,采用QPQ－1×200 t固定卷扬式启闭机启闭。为了便于检修工作门及其门槽,在每个底孔工作门前设有一道检修门槽,六孔共用一扇事故检修门,其尺寸与工作门相同,结构上设有充水装置。检修门用一台1×100 t门机起吊。闸门按二级标准设计。本闸门系板梁焊接结构,利用水柱压力闭门。门叶分上、中、下三节。面板除上节门叶上部设在背水面外,其余均设在迎水面。顶水封设三道,分别设在上节门叶的小顶梁及中、下节门叶的上主梁后翼板上。设计水头38.0 m,闸门总静水压力为1 020 t。操作条件为动水启闭,全开全关,不能任意调节闸门的开启。在正常水位96.6 m时,计算启门力为212.4 t,超过启闭机额定容量,因此启门水位限定不超过93.0 m高程。底孔事故检修门,六孔共用一扇,尺寸与工作门相同,用一台100 t轨道行走式门机起吊。为了门机行走方便,在4～18号坝段顶上设有门机轨道,轨距为4.0 m,为了不影响溢流坝弧门的启闭,门机采用高低门架,高腿轨道高程为103.5 m,低腿轨道高程为107.2 m。

设计基本特性:

(1)闸门级别:Ⅱ级;

(2)孔口尺寸:(宽×高)3.5 m×8 m;

(3)孔口数量:6孔;

(4)闸门数量:6扇;

(5)孔口性质:潜孔;

(6)底坎高程:60.0 m;

(7)正常高水位:96.6 m;

(8)设计水头:38.0 m;

(9)操作条件:动水启闭;

(10)水的容重:1.0 t/m^3。

设计依据:设计是按水电部1964年研究定稿的《水工建筑物钢闸门设计规范》进行的,对规范中未明确的材料,其容许应力参照规范中Aa钢的容许应力与其屈服极限的比值,用类比法确定。底孔平板闸门允许应力如表1-3-5所示。

表1-3-5　底孔平板闸门允许应力　(单位:kg/cm^2)

应力种类	板厚$\delta \leq 16$ mm	板厚$\delta = 17 \sim 25$ mm	机械零件
拉、压、弯应力[σ]	2 100	1 980	1 450
剪应力[τ]	1 315	1 238	950
局部承压应力[σ_{jb}]	3 500	3 300	2 180
局部紧接承压应力[σ_{jj}]	1 710	1 610	1 160
孔壁拉应力[σ_k]			1 750

三、溢流坝及底孔闸门运用方式

经计算比较溢流坝顶高程为84.8 m,上设5.7 m胸墙,挡水闸门尺寸以采取12 m×

12 m(高×宽)为宜,根据上下游对水库水位与泄流量要求,比较13、14、15孔闸门方案,最后选定溢流坝顶闸门14孔。为使泄流均匀,以保证大坝安全,要求闸门有调节流量的能力。

为满足泄放前期洪水、泄洪、排沙、施工导流、放空水库等要求,在溢流坝闸墩内设底孔。根据目前国内闸门与启闭机制造情况及大坝布置要求,底孔尺寸选用3.5 m×8.0 m(宽×高),底孔孔底高程为60.0 m。经对底孔孔数5、6、7孔比较,最后选为6孔。

为研究枢纽建筑物本身安全问题,以确定水库在各种频率下水位与泄流量,进行枢纽设计洪水调节计算。根据全区防洪设计洪水控制运用方式(闸门全部开启时间需要1 h),对枢纽洪水进行计算,计算方法仍采用试算法。水库设计洪水调节计算成果见表1-3-6。

表1-3-6　水库设计洪水调节计算成果

频率(%)	入库流量(m^3/s)	泄流量(m^3/s)					库容(亿m^3)	库水位(m)	下游水位(m)
		底孔		滚水坝					
		开启孔数	泄量	开启孔数	泄量	总泄量			
5	9 050	6	3 000	2孔开3 m	720	3 720	5.934	97.8	64.3
2	12 600	6	2 960	2孔开6 m 12孔开3 m	5 980	8 940	6.481	99.0	67.9
1	15 300	6	3 090	2孔开6 m 12孔开3 m	6 720	9 810	7.796	101.8	68.5
0.1	24 800	6	2 750	14孔全开	20 400	23 150	7.910	102.0	75.5

此次计算的底孔泄流曲线是按底流型式做出的,因而下游水位增高时,对底孔泄流有影响。目前采用挑流型式,下游水位对泄流量影响很小,因而原底孔泄流曲线应进行修正。但考虑底孔泄流量占总泄流量比例较小,对调洪计算成果影响不大,此次未加修正。

灌溉期一般用水经电站泄放,即可满足要求,如遇特殊情况,不能满足灌溉用水要求时,可开启溢流坝弧门泄放。如水库水位在溢流堰顶以下时,可开启底孔闸门泄放,但底孔闸门只能全开全关,不能任意开度调节。

第四节　水文分析与水力计算

一、水文分析

太子河年径流资料计28年,在计算中对灌溉用水量又重新作了分析,水文年选为头年的6月至次年5月,按频率计算法进行计算。通过对28年实测资料的分析,太子河径流量最大年比最小年大4倍左右,年内分配又极不均匀,7~9月径流占全年水量64%左右,而其他9个月仅占36%;7~8月占全年水量一半左右。葠窝站1934~1966年月径流量见表1-3-7。

表 1-3-7　葠窝站 1934 ~ 1966 年月径流量　　（单位:亿 m^3）

年份	1月	2月	3月	4月	5月	6月	7月	8月	9月	10月	11月	12月	水文年（6月至次年5月）
1934				0.88	1.13	2.25	4.40	4.23	0.99	0.57	0.51	0.36	14.75
1935	0.31	0.17	0.33	0.27	0.36	4.01	19.19	4.52	0.94	1.57	1.49	0.66	37.90
1936	0.36	0.32	0.68	1.74	2.42	2.70	4.21	4.12	3.37	1.59	1.07	0.67	25.47
1937	0.37	0.32	0.51	5.08	1.46	0.64	0.73	16.98	3.49	1.00	0.59	0.42	28.90
1938	0.23	0.20	0.85	1.19	2.58	2.41	6.18	3.76	1.92	3.39	0.73	0.36	22.09
1939	0.20	0.17	0.37	0.96	1.64	5.48	6.49	2.24	7.80	1.53	0.74	0.45	36.27
1940	0.25	0.22	0.37	0.38	0.32	1.42	3.08	11.89	2.75	0.59	0.61	0.25	25.94
1941	0.14	0.13	1.87	1.09	2.12	3.54	1.10	3.81	1.82	0.94	0.67	0.39	16.45
1942	0.22	0.19	0.44	1.17	2.16	0.46	18.03	4.09	1.24	1.02	1.12	0.43	32.60
1943	0.24	0.20	0.53	2.14	3.10	0.85	0.65	2.28	2.18	0.79	0.49	0.33	10.27
1944	0.18	0.16	0.51	0.67	1.18	1.16	2.08	1.40	1.30	0.72	0.50	0.30	11.55
1945	0.15	0.12	0.49	0.68	2.65								
1949						2.06	5.40	7.34	2.79	2.13	1.89	0.73	28.64
1950	0.40	0.35	0.75	1.88	2.92	2.63	12.06	2.49	0.92	0.56	0.35	0.16	20.39
1951	0.13	0.12	0.27	0.36	0.34	3.39	2.85	19.45	2.21	2.82	1.97	0.86	38.57
1952	0.45	0.28	0.71	1.88	1.70	0.98	1.37	4.14	1.71	1.19	0.90	0.45	13.26
1953	0.22	0.17	0.38	0.57	1.18	4.68	6.72	16.29	1.83	0.76	0.51	0.40	35.28
1954	0.22	0.21	1.33	1.02	1.31	2.24	3.59	18.20	6.85	2.13	1.13	0.66	39.48
1955	0.35	0.36	1.02	0.96	1.99	1.79	11.34	1.44	1.11	0.81	0.65	0.46	22.46
1956	0.19	0.16	0.70	0.72	3.09	2.51	3.56	3.40	4.33	1.30	0.91	0.28	20.91
1957	0.21	0.15	0.71	2.31	1.24	0.80	2.97	9.55	2.19	1.39	0.73	0.41	22.16
1958	0.23	0.20	1.32	1.13	1.24	0.97	0.64	3.21	1.03	0.76	0.46	0.26	9.93
1959	0.15	0.17	0.24	0.72	1.32	1.04	3.86	6.62	2.46	1.92	1.25	0.69	21.46
1960	0.33	0.36	0.60	0.88	1.45	3.66	3.31	25.82	2.99	1.21	0.94	0.39	40.65
1961	0.18	0.16	0.32	0.58	1.09	0.54	4.08	2.89	2.22	1.58	0.78	0.58	18.40
1962	0.27	0.18	0.82	2.21	2.25	0.87	2.75	7.84	2.20	1.41	0.76	0.42	17.87
1963	0.22	0.15	0.31	0.37	0.57	0.46	9.57	2.01	0.72	1.11	1.09	0.50	23.95
1964	0.30	0.23	0.79	5.51	1.66	1.57	8.54	19.61	2.56	0.78	0.54	0.43	37.13
1965	0.25	0.23	0.49	0.58	1.55	0.64	0.55	5.11	0.86	0.52	0.40	0.25	12.48
1966	0.25	0.21	0.66	1.37	1.66								

本溪、葠窝、汤河沿、辽阳等水文站实测洪水资料计 28 年。在设计洪水计算中,考虑了历史洪水的影响。从历史洪水调查及实测资料统计分析,太子河较大洪水发生时间均

在7~8月,有时9月上旬也有发生,因此太子河汛期定为每年7月1日至9月10日。

洪峰,根据历史洪水重现期,按不连续系列曲线读点方法点绘频率曲线。

7 d洪量,根据太子河上下游站实测大洪水资料统计结果,一次洪水历时约7 d。实测28年资料中,葠窝站1942年洪水仅次于1960、1935年,其重现期不好论证,故按28年的第三位处理。根据重现期分析,按不连续系列曲线读点方法点绘曲线。

13 d洪量,根据太子河28年实测资料统计结果,双峰有21次,单峰有7次,经对历年实测资料统计结果,双峰洪水历时约13 d,因此计算了各主要站13 d洪量频率,按连续系列进行计算。考虑按连续系列计算成果偏大,故在适线比较合适的情况下,对上下游13天洪量C_v值作适当调整。

洪水过程线,根据28年实测资料分析,1935、1960年洪水峰型险恶,因此选用1935、1960年两次洪峰为主峰典型试算比较,最后采用1960年单峰型作为典型过程线。放大方法采用峰量同频率洪量加倍洪峰修正方法;太子河全区设计洪水,主要根据防洪工程控制情况进行计算。从实测资料分析,干支流洪水一般不遭遇洪水由辽阳下行呈递减趋势,故太子河可用辽阳作为控制站,计算全区设计洪水。全区洪水计算方法采用频率控制法,由于下游发生区间大洪水是全区设计洪水的不利情况,故均按下游区间设计和上游水库相应的频率标准计算。设计过程线经比较以1960年为险恶,设计中采用1960年为全区设计洪水典型过程线。

太子河属石质山区,风化层向深发展,近年来水力侵蚀趋向严重。河道一般年份虽输沙量不大,但在大年份输沙量有显著的增加。此外,太子河上游本溪市与南芬等地工矿企业的废渣及尾矿,每当大水年份冲入河道,从而增加了水流的含沙量。

二、水利计算

(一)洪水调节计算

太子河洪水过程线的型式,单峰及多峰洪水均有出现,一般单峰洪水历时7 d,双峰历时13 d。洪水多陡涨、陡落,峰高而量相对较小;全区设计洪水与枢纽设计洪水典型,经比较选用1960年型洪水作为设计洪水典型,洪水过程线选用单峰型式;经比较防洪限制水位在主要汛期(7月1日至8月31日),选为77.8 m,相应库容为0.65亿m^3,9月上旬洪水较小,为提前蓄水,可适当提高防洪限制水位,经对实测资料分析,一般枯水年9月上旬可蓄水0.8亿m^3,因此选定9月上旬的防洪限制水位为83.0 m,相应库容1.45亿m^3;当水库遭遇20年一遇洪水时,要求葠窝、汤河两库与下游区间洪水进行错峰,使辽阳以下组合流量不超过5 000 m^3/s,以保证农田安全;当水库遭遇百年一遇洪水时,要求葠窝、汤河两库与下游区间洪水进行错峰,使辽阳组合流量不超过11 000 m^3/s,以保证辽阳城市安全。

(二)特征水位的选择及径流调节计算

死水位按平淤计算,近期死水位高程选为70.0 m,相应库容0.1亿m^3。当上游水库建成后再适当提高死水位高程;考虑提高正常高水位,加大水库调节程度,同时防止正常高水位过高将使本溪市部分地区地下水位壅高较多,经有关部门讨论,选用正常高水位为96.6 m。径流调节计算是按浑河、太子河上大伙房、汤河、葠窝三库联合运用,以两河已有

27年实测(或延长)径流资料,按上下游工农业用水要求和水库调节原则,分区进行长系列操作,灌溉保证率选为75%,工业用水保证率选为95%。计算结果,葠窝水库灌溉效益为水田70万亩,当水库在正常高水位遭受破坏时,农田淹没范围大致在辽阳—刘二堡—新台子以北地区,辽阳市与长大铁路受一定影响,对其他地区影响很小。

参考资料

1.《葠窝水库设计说明书》(上、下),辽宁省水利局勘测设计院,1974年7月。
2.《葠窝水库电站设计说明书》(一、二册),水利电力部东北勘测设计院,1974年8月。

第四章　水库施工

辽宁省革命委员会于1970年11月4日组织施工队伍全部进场,施工队伍由辽宁省农田水利建设工程一、二、三团及辽阳、海城、营口、沈阳等地区的民兵组织联合组成,计17 000多人,他们发扬了自力更生、艰苦奋斗、战天斗地的拦河筑坝精神,历时两年,于1972年10月1日拦河坝达到设计高程,主体工程基本竣工,11月1日底孔和电站闸门落闸蓄水。葠窝水库工程建设的主要工程项目有混凝土坝、大坝闸门、启闭设备制造安装和水电站。总工程量土石方135万m^3、混凝土51万m^3,使用水泥123 112 t、钢材11 758 t、木材31 569 m^3。

第一节　施工条件

一、施工气象条件

根据葠窝测站1950~1965年气象资料及上下游本溪、辽阳测站不连续27年资料,统计分析出多年平均值作为安排施工的依据。

(1)气温:坝址处最高气温历史纪录为37.0 ℃,最低为-36.5 ℃。月平均气温见表1-4-1。

表1-4-1　葠窝地区坝址处月平均气温　(单位:℃)

月份	1	2	3	4	5	6	7	8	9	10	11	12	全年
最高	6.8	15.0	19.0	28.0	33.0	33.8	37.0	35.0	34.0	28.0	19.0	11.4	37.0
最低	-35.0	-36.5	-25.7	-9.5	-2.0	-2.0	10.5	10.0	-1.0	-8.0	-23.0	-32.6	-36.5
平均最高	2.8	5.8	14.4	21.0	30.1	30.1	34.4	33.1	29.9	24.3	16.1	7.8	
平均最低	-31.3	-25.6	-20.0	-5.8	1.7	1.7	13.8	11.8	2.5	-5.0	-16.5	-27.1	
月平均	-13.9	-9.6	-1.8	8.4	16.0	16.0	24.3	22.9	16.9	9.7	-0.3	-9.7	7.0

(2)葠窝地区历年各月平均降水量见表1-4-2。

表1-4-2　葠窝地区历年各月平均降水量

月份	1	2	3	4	5	6	7	8	9	10	11	12	全年
降水量(mm)	8.7	9.3	18.0	38.2	58.3	91.3	213.6	193.5	71.2	44.9	25.0	13.1	785.1
占全年百分比(%)	9.5				85.6				4.9				100

(3)结冰与解冻日期:葠窝水库坝址处多年平均结冰天数为131 d,封冻天数101 d。

其中 11 月中旬开始结冰，11 月下旬开始封冰，次年 3 月上旬开始解冻，3 月下旬融冰。

二、主要工程量

按设计要求，葠窝水库工程建设主要工程量情况见表 1-4-3。

表 1-4-3　葠窝水库工程建设主要工程量

项目	单位	数量
一、拦河坝工程		
（一）土石方开挖	m^3	449 235
1. 土方开挖	m^3	113 816
右岸	m^3	71 352
左岸	m^3	42 464
2. 石方开挖	m^3	335 419
右岸	m^3	162 300
左岸	m^3	173 119
（二）基础处理		
1. 固结灌浆	m	12 000
2. 接触灌浆	m^2	22 200
3. 帷幕灌浆	m	6 800
4. 化学灌浆	m	300
5. 坝基排水孔	m	5 100
（三）混凝土浇筑	m^3	682 586
1. 齿槽	m^3	8 760
2. 断层	m^3	4 030
3. 1 ~ 32 号坝段	m^3	564 400
4. 闸墩	m^3	48 771
5. 胸墙	m^3	1 205
6. 工作桥、检修桥	m^3	1 808
7. 交通桥	m^3	270
8. 坝顶拦墙	m^3	173
9. 护坦	m^3	39 924
10. 右导流墙	m^3	4 133
11. 导流墩	m^3	8 413
12. 防渗平洞	m^3	126
13. 勘探洞处理	m^3	573
二、水电站工程		
（一）土石方开挖	m^3	232 504
1. 土石方开挖	m^3	42 939
2. 石方开挖	m^3	189 565
（二）混凝土浇筑	m^3	26 623
1. 电站厂房	m^3	15 273
2. 进口结构	m^3	796
3. 引水管道	m^3	1 023
4. 左导流墙	m^3	9 449

第二节　大坝工程施工

大坝工程施工包括施工导流、基础处理、断层处理和灌浆、混凝土浇筑与质量控制等主要施工过程和生产技术手段。

一、施工导流与截流

根据总体进度安排，大坝施工导流分两期进行，施工围堰分三次修筑，按十年一遇洪水标准。围堰修筑从右岸开始，纵向围堰位于1号、15号坝段间，并把13号坝段作为纵向围堰的组成部分，上游土围堰与右岸台地相接，坝顶达到62.00 m高程；下游土围堰距坝基开挖线20.50 m，与右岸坡地相连，堰顶达到62.00 m高程，围堰修建期为1970年12月，大部分地段需破冰清基，回填土密实度较差，渗漏严重，因而给混凝土围堰基坑开挖带来巨大困难，经多次修补堵漏并装设24台水泵进行排水，基坑开挖才顺利进行。

第二次是浇筑混凝土围堰和加高培厚上、下游土围堰。从1971年3月开始。混凝土围堰13号坝段起向上游延伸51 m与1960年修成的围堰相接。上游土围堰加高达到68.00 m高程，并用干砌块石护坡；4月中旬开始浇筑13号坝段。下游围堰与坝段衔接部，用块石砌筑围堰（迎水面为浆砌块石），与土围堰接头处，用石笼护坡，堰顶达到67.00 m高程，汛前完成第二次围堰修筑。右岸基坑排水设备见表1-4-4。

表1-4-4　右岸基坑排水设备

泵房号	水泵台数（台）	其中				Q（m^3/h）	泵房位置	备注
		10″	8″	6″	4″			
1	8	2	2	4		1 880	13号坝段外侧，坝基中心土围堰上	混凝土围堰形成后拆除
2	6	1	2	3		1 600	上游混凝土围堰外侧	
3	5		1	3	1	1 000	13号坝段上游，混凝土围堰内侧	
4	5		2	2	1	940	5号坝段下游基础外侧	

按计划，第三次是在1971年汛后修筑左岸围堰，利用右岸的四个底孔进行施工导流，但右岸围堰漏水严重，使基础开挖和坝体浇筑拖后，并在汛期出现了4 300 m^3/s洪峰，英守料场和轻轨干线桥梁等处发生了险情。为了加快工程进度弥补耽误的时间，会战指挥部专门召开了会议，确定在1971年10月1日前，力争右岸3～13号坝段浇筑到74.00 m高程，并安上四个底孔闸门槽，实现底孔导流。1971年8月中旬开始修筑左岸上游围堰，为加快进度，围堰修筑和拆除投入了1 200多人和7台推土机。1971年9月15日，挖开右岸围堰，四个底孔顺利过流。9月27日，组成突击队，开始向围堰龙口进占，两端用石笼和草袋逐步逼近，前后形成合龙套头，为保证合龙顺利进行，在上游侧架起一座能通行坦克的舟桥，用做抛石备料栈台。合龙方案：一是用钢筋石笼平堵龙口，然后抛石断流；二是用混凝土六面体预制块主堵龙口，9月30日指挥部下达合龙总攻令。当时龙口宽度14.5 m，流速5 m/s，开始从左侧用吊车向水中投放钢筋笼，由于钢筋笼一入急流即被冲

扭变形,无法向笼内抛石,后改投 1 m^3 混凝土六面体预制块仍未奏效,块体全被冲走,原定方案宣告失败。此刻已是午后 16 时许。在这紧急关头,工程技术人员周光琛向现场总指挥朱福河提出试用旧混凝土方形脚手集束堵口方案,当即被采纳。第一次用 9 根一捆顺流投放,果然奏效,接着用 20~30 根一捆继续投放,当堵住深水部位之后,快速抛投石块和预制块,终于在当天 23 时 20 分,胜利实现了上游围堰合龙(见图 1-4-1)。10 月 5 日完成了闭气。接着进行下游围堰施工并达到 62.00 m 高程,围堰封闭后,于 10 月 6 日排净了积水,为不影响基坑开挖,在 14~21 号坝段的上游侧和 14~16 号坝段的下游侧,分别修筑了截水堤并配备 19 台抽水能力为 4 570 m^3/h 的各型水泵。随着基础开挖的延伸,上、下游的截水堤也随之延续到左岸山坡脚下。左岸基坑排水设备配置情况见表 1-4-5。

图 1-4-1 截流

表 1-4-5 左岸基坑排水设备配置情况

泵房编号	水泵台数(台)					Q (m^3/h)	安放位置	备注
	合计	10″	8″	6″	2″			
1 号	6		4	2		1 580	14 号坝段上游侧	
2 号	3	1	2			1 140	14 号坝段下游侧	
电站	3				3	60	电站基础下游侧	

二、基础开挖

基础开挖分两期进行,第一期是在 1970 年 12 月 18 日至 1971 年 10 月中旬。开挖右岸 1~13 号坝段和左岸 27~31 号坝段,其中 1~3 号坝段在右岸山坡,地面为 74.3~106 m 高程;4 号坝段位于坡脚,右岸物料进场道路在此通过;其余坝段均在右岸滩地上,地面高程为 60.00 m 左右。基础开挖拟从 13 号坝段开始,自左向右进行。但为了修筑进场公路,架设轻轨铁路桥(高程均为 71.00 m)。人员进场后,先进行了 1~4 号坝段的基础开挖,并于 1971 年 3 月清除了山坡覆盖层,以满足修路架桥的需要。27~31 号坝段位于左岸山坡,地面为 80~113 m 高程。第一期开挖准备工作,正逢严寒季节,修筑围堰,因混有冻土块而漏水,增加了基础开挖的难度,其具体开挖方法是,人工打眼放小炮,将松动的覆盖层清除后,再用风钻打眼、爆破风化岩石,最后用人工清渣。而对于覆盖层较厚的 4 号坝段(覆盖层厚5 m、7 m),出渣则用挖土机装自卸汽车或用拖拉机牵引拖车运输;对于覆盖层较厚,岩石又破碎的27~31号坝段,则采用机械钻孔和竖井爆破;由于8号坝段挑坎齿槽表层风化变质岩已经绿泥化,风钻已无法钻孔,则采用坛子炮爆破,每层炸破深度以不超过1/3开挖深度为限,底部防震保护层厚度不小于1.5 m。为提高人工出渣效率,在5号坝段上游,铺设一条610轻轨斗车线,由卷扬机牵引斗车出渣,再由皮带运输机送至坝址下游。

第二期基础开挖,是在1971年10月上旬至当年年底,包括1号、2号坝段尚未清除的1 000 m^3风化岩和14~26号坝段(包括电站坝段)的基础开挖。两期开挖总量为142.553万m^3。按施工技术要求,基坑上口宽度为70 m;开挖深度,除灌浆廊道、排水廊道、挑坎齿槽和底孔的基础按设计标高外,其他部位均要求达到弱风化岩层。第二期基础开挖,在17号、20号、24号坝段,用皮带运输机向上游出渣,不具备机械作业条件的河床坝段,则用人工向下游出渣,再用推土机集渣,由挖土机装自卸汽车运出(见图1-4-2)。渣料除用于修筑围堰,其余均运至指定的弃渣场。

图1-4-2　左岸人机开挖

整个基础开挖任务,采取分片包干层层落实,任务从实际出发,充分发挥机械的作用和人机配合作业;冬季调动浇筑战区和采用战区的闲置劳力,集中兵力打歼灭战等办法,加快了进度,尤其第二期基础开挖,提前4个月完成了任务。除有标高要求的部位,所有坝段均开挖到弱风化岩面,其中7号和8号坝段,比勘测确定的弱风化岩面高程略低,其余坝段则高出原定岩面高程0.5 m和2.2 m不等。

三、基础处理(断层处理和灌浆)

为使坝体混凝土与地基岩面牢固结合,根据基础处理的技术要求,对基础岩石基面进行了人工处理,岩面比较光滑的进行了人工凿毛或挖掉。大面积的光滑岩面,打浅孔(孔深0.2 m左右),装小药炮(药量0.1 kg左右)松动炸破,人为制造毛面。一个坝段光面高差超过0.4 m和有尖角、反坡的光面,均按施工技术要求进行了处理,对有水锈薄膜不洁净的岩面,都进行了清除。

(一)断层处理

1~3号山坡坝段,为满足抗滑稳定要求,岩面纵向做成台阶式。每阶宽度依其岩性和地质条件,确定为1/5、1/7坝段长度,在2号、3号坝段,埋有16根运料漏斗钢筋混凝土支柱,钢筋深入基岩1.5~2.5 m。考虑支柱能起阻滑作用,故浇筑时埋入坝体内。

经开挖发现,坝基内有35条断层破碎带,宽度5~180 cm,长度10~200 m。进行了破碎带充填物挖除处理,挖深大致等于断裂带宽度,然后用混凝土将断裂带封死。

在7~9号坝段、15~18号坝段下游、电站及电站挡土墙等部位出现的黑云母绿泥石片岩软弱夹层,多分布在石英变粒岩层内。为清除这些软弱夹层,基础挖深分别达到3.5~10.2 m,电站开挖已接近微风化岩,其他部位均达到或接近弱风化岩。

地质勘探遗留的孔、峒、井,均分别作了处理,钻孔用水泥砂浆进行了堵塞;竖井除13号坝段改做排水廊道下游集水井外,其余均进行了彻底清洗并填筑了混凝土;对601峒、603峒及602平峒、支峒峒口,均用浆砌块石进行了封堵;21号坝段11号竖井的支峒,则采取揭开峒顶,清除杂物,洗净岩面等方法,分段回填了混凝土,当坝体温度稳定后,又进行了接触灌浆。

(二)大坝基础帷幕灌浆

葠窝水库混凝土重力坝分为31个坝段分期浇筑施工,总混凝土量51万m^3。在坝体内设3条纵向廊道,其中灌浆廊道位于坝底前部,距坝轴线4 m。廊道高2.8 m,宽2.2 m,与下游平行的排水廊道在3号、5号坝段有共同进出口。观测廊道在上部较高位置,在2号、27号坝段设有出口,大坝基础的帷幕灌浆施工,大部分是在灌浆廊道内进行的。从1971年11月至1973年3月,完成了1~27号坝段的大部分灌浆施工,帷幕基本形成。但是,根据水电部调查组意见和1974年的补强设计要求,曾先后在1974年5月、8月、12月和1975年3月,四次修改了帷幕灌浆要求,于1975年5月移交给水库管理处继续进行。到1980年8月基本结束,完成了1~31号坝段的基础帷幕灌浆,完善了帷幕后的排水系统。1982年9月,整理资料提出施工报告(未印发)并布置第四轮钻孔检查;于1983年9~12月,对5~25号坝段进行第一批27个钻孔的检查;1985年12月对整个基础帷幕灌浆过程进行资料整理、分析和评价。

1.地质概况

大坝基础是古老的前震旦系的变质岩地层,大面积岩石是质地坚硬、结构致密的石英变粒岩、黑云母变粒岩和局部呈条带状分布的黑云母绿泥石片岩,还有石英岩细脉。地层古老,多期构造发育,主要构造体系是走向北东,和坝轴线交角较小的、高角度的逆断层和平推断层,剪切节理发育。坝基内共有断层35条,其中逆断层24条、正断层9条、平推断层2条。可见断层宽度5~180 cm,延伸长度10~200 m。并有如下特征:一是新老断层的切割关系明显。二是沿走向规模变化大,宽处可见断层泥、角粒岩和破碎带,而窄处则没有或少有断层物质,只见断层面。三是随开挖深度有渐弱的趋势。在施工中多数进行了深挖处理。在基础帷幕线上遇有断层13条,其中F40、F011、F012、F10和F8断层,在灌浆施工中,发现有ω值偏高、耗灰量偏大现象,其他各断层无异常现象。

2. 基岩渗透性质

水库初设阶段，根据坝址区123个钻孔455次压水资料统计，为基岩的渗透性质进行分类。混凝土坝建在弱透水和不透水的基础上，天然防渗条件较好。帷幕灌浆标准由$\omega \leqslant 0.03$提高为$\omega \leqslant 0.01$，是可以达到的。

3. 灌浆施工要求

(1)灌浆标准：$\omega \leqslant 0.01$。

(2)检查合格标准：$\omega \leqslant 0.02$，后提高为0.01。

(3)灌浆布孔：单排、孔距3～1.5 m，孔深达到岩面以下15 m，其中只做接触段灌浆的钻孔，孔深可以达到岩面以下3～6 m。孔号一律采用大坝桩号。

(4)灌浆材料及浓度：采用普通600号硅酸盐水泥，水灰比8∶1～1∶1。

(5)灌浆压力：按灌浆孔的上、中、下三段分别采用7、9、11 kg/cm^2。

(6)灌浆方法：自下而上分三段进行，段长5 m。

(7)并浆标准：基岩帷幕段0.4 kg/min，接触帷幕段0.2～0 kg/min，稳定30 min。

4. 灌浆施工

基础帷幕灌浆施工，从1971年11月至1980年8月，先后完成1～31号坝段的基础帷幕第一轮、第二轮、第三轮灌浆施工和检查补灌。完成灌浆钻孔298个，进尺4 907.02 m。其中90%钻孔进行了压水试验，全都进行了水泥灌浆，总灌入水泥量75.29 t。在此基础上，于1983年9～12月又进行了第四轮检查，第一批钻孔27个，进尺243.58 m、压水35次。其中$\omega \leqslant 0.01$的占75%，$\omega \leqslant 0.02$的占96%，合格率比较好。截至1983年年末，共完成钻孔325个，总进尺5 150.00 m，平均孔距1.63 m。

5. 质量分析及评价

(1)关于ω值和单位耗灰量的关系。对$\omega \leqslant 0.02$的83个灌浆孔的耗灰量进行了统计。当$\omega \leqslant 0.02$时，单位耗灰量80%在5～20 kg/m变化。平均单位耗灰量15 kg/m。但也发现有单位耗灰量特大和特小的现象，因此单位耗灰量不应作为评价灌浆质量的标准；但对于没有压水试验的灌浆钻孔，可作参考。所以，质量评价的主要依据应该是ω值。将基础帷幕灌浆、检查的所有钻孔压水试验成果，按施工轮次统计给予评价。随灌浆施工轮次的递增、灌孔的加密，ω逐渐减小，检查合格率在逐次提高。按$\omega \leqslant 0.02$标准，平均合格率由67%提高为97%；按$\omega \leqslant 0.01$标准，平均合格率由46%提高为77%。所以，增加灌浆施工轮次、加密灌浆钻孔距离，是提高帷幕防渗标准的有效方法。

(2)灌浆材料。多年灌浆使用普通600号硅酸盐水泥，效果可以；当然磨细水泥会更好些。

(3)基础扬压力系数偏高。原因是帷幕钻孔$\omega \leqslant 0.01$，没做灌浆处理；第二次是上述帷幕孔灌浆后，在幕后排水孔测验的；第三次是第三轮检查补灌以后，在第二次测验的同一钻孔内进行的，便于比较。从实际资料看出，帷幕灌浆对降低扬压力系数效果明显。但是，帷幕的防渗作用有逐渐变弱、扬压力系数有提高的趋势。所以，对纵向扬压力应逐年进行定孔观测，视其变化，检查帷幕的防渗情况。

(4)基础帷幕灌浆质量评价。分别为合格、基本合格、不合格三类。其中：不合格坝段1个，为31号；基本合格坝段5个，为1号、2号、7号、19号、22号；合格坝段25个，为

3～6号、8～18号、18～21号、23～30号。但是,其中25～30号坝段因扬压力系数较高,绕渗可能性大,应该重视。

6.灌浆与工程质量检查

此次检查,是第四轮检查的第二批检查孔。对不合格坝段重点检查,基本合格坝段一般检查,已经合格的坝段,也要进行少量的抽查。其中25～30号坝段,采取加密灌浆孔措施,提高渗防标准。钻孔、压水、灌浆和封孔按原要求执行。

检查孔共37个,总进尺614.00 m,压水61次。施工分别在坝面、灌浆廊道和观测廊道进口段进行。其中24～26号坝段各检查孔,接触段压水检查合格后,基岩段可以不检查。28～31号坝段各孔,因建筑物影响,需串动2 m以外施工的钻孔可以减掉。此次检查工程量较大,钻灌614.00 m。

四、混凝土浇筑

从施工人员进场到1971年2月,为混凝土浇筑准备阶段,建成了右岸和坝前混凝土生产系统。3月1日开始浇筑混凝土围堰;4月18日开始浇筑13号坝段。初期的施工方法是用输送皮带将混凝土运至6转料漏斗,再用人力小车送料入仓,浇筑层厚度为3 m,仓面呈1∶5斜坡。由于开挖与浇筑同时进行,互有干扰,故浇筑进度较慢,7月19日右岸开挖结束,人员全部转移到混凝土浇筑作业(见图1-4-3)。为适应突然增大的浇筑强度要求和减轻体力劳动强度,改为输送皮带直接入仓为主(见图1-4-4),人推小车入仓为辅,斜坡仓面改为水平仓面,从而大大加快了施工进度。日浇筑强度最高达2 437 m^3,利用坝前生产系统,共浇筑混凝土7.20万m^3。

图1-4-3　大坝混凝土施工现场

为了确保汛期生产安全,自8月8日起,改用右岸生产系统代替坝前生产系统。截至11月7日,浇筑4～13号坝段堰顶以下部位混凝土10.25万m^3。同期利用北山生产系统,在3～13号坝段浇筑了1.12万m^3,左岸拌和楼第一组拌和机,10月30日投产,利用90.00 m和105.00 m高程转料系统,在27～31号坝段浇筑了6 775.30 m^3。截至11月27

图 1-4-4　混凝土皮带运输上料

日，混凝土浇筑全部停止，年总浇筑量为 20.16 万 m^3，其中右岸浇筑 19.30 万 m^3，左岸浇筑 0.86 万 m^3。

为了确保主体工程如期完成施工任务。开挖战区和浇筑战区从 1972 年 3 月 22 日起，共分两路同时浇筑混凝土。右岸利用跨河栈桥，浇筑 14 ~ 18 号坝段的堰顶以下部位；左岸的拌和楼第二组拌和机，于 4 月投入生产。利用 93.90 m 高程马道，浇筑 19 ~ 26 号坝段 90 m 高程以下部位。截至 7 月 10 日进度达到 90.00 m 高程，实现了安全度汛进度计划。

右岸生产系统完成跨河浇筑任务后，栈桥随即拆除，并开始了 1 ~ 4 号坝段和 4 ~ 13 号坝段的闸墩浇筑。截至 7 月 20 日，1 ~ 13 号坝段浇筑任务全部完成。左岸利用 105.00 m 高程马道，浇筑 14 ~ 30 号坝段，截至 10 月底，也浇筑到坝顶。实现了主体工程三年任务两年完成的奋斗目标。1972 年全年共浇筑混凝土 29.92 万 m^3、最高月进度 8.11 万 m^3、最高日进度 4 180.00 m^3、最高班进度 1 624.00 m^3，全部突破了计划指标。

大坝混凝土工程的施工，是在缺少大型专用设备和熟练技术工人、时间紧迫和经验不足的情况下，只能采用土洋结合和人海战术的办法开展起来的。为了保证施工的急需，采取以老带新、边学边干和一专多能的方法来武装施工队伍；采取土法上马、革新设备和自行设计的方法，解决大规模混凝土浇筑缺乏现代化施工器材设备问题。经过广大施工人员的艰苦努力和创造性的劳动，基本实现了主体工程三年任务两年完成的目标，创下了辽宁省水利建设史上一项新的纪录。

五、大坝工程质量

大坝混凝土浇筑一开始，工程质量较差，28 d 龄期 200 号混凝土主要技术指标的保证率值为 74%（小于 85%），离差系数为 C_v = 0.262（大于 0.2），均未达到规定标准。1972

年在总结上年经验教训的基础上，加强施工管理和设备维护，施工质量有了很大提高，强度保证率达到了88%，离差系数 C_v =0.189，均符合规定的标准。但由于受当时历史条件的局限，在注重进度的同时，忽视了按科学办事，突出表现在，施工中基本没有采取温控措施（只在高温季节时对皮带采取过喷水降温），使混凝土温度超过40.0 ℃，最高达49.4 ℃；其次是浇筑层普遍超厚，327个浇筑块，一次浇筑厚度小于1.5 m的仅占10.1%，最大浇筑厚度达10 m，致使坝体出现大量温度裂缝。

（1）R_{28} =200号混凝土，75个芯样150 d抗压强度最高达54.5 MPa；最低仅9.8 MPa，相差悬殊。

（2）R_{28} =200号D100抗冻标号合格率，1971年为41.2%；1972年为72.0%。

（3）100组各种标号的混凝土抗渗试验，均满足设计要求；在钻孔压水试验中，单位吸水率大部分小于0.01 L/(min · m)。

根据对混凝土芯样测定的各项技术指标，表明混凝土的抗渗性能良好。

第三节　金属结构的制作与安装

葠窝水库金属结构包括溢洪道、底孔闸门及启闭设备等。葠窝水库会战指挥部按工程进度安排，1972年年末，底孔闸门安装完毕并落闸蓄水；1973年7月1日前，溢洪道弧形闸门安装完毕。

一、金属结构的制作

金属结构中的发电机组由天津水电设备厂制造，底孔工作门启闭设备由上海水工机械厂制造，弧形门启闭设备由郑州水工机械厂制造。其余的金属结构均由辽宁省革命委员会工交组组织鞍山、本溪、抚顺、辽阳、沈阳等市的有关工厂制造。由指挥部闸门安装组负责技术指导和质量监督。各厂家承担的金属结构制作项目见表1-4-6。

表1-4-6　各厂家承担的金属结构制作项目

厂家名称	承担项目
东电鞍山铁塔厂	弧形闸门(7扇)
鞍钢机修总厂	弧形闸门柱形铰座(28个)
鞍山阀门厂	柱形铰铜瓦(28个)
鞍山铸钢厂	全部铸钢件
辽阳金属结构厂	弧形闸门(7扇)
辽阳太子河大队	弧形闸门吊耳
辽阳文圣区铆焊厂	电站引水钢管
辽阳白塔区铆焊厂	电站闸门
抚顺农田水利机械厂	底孔闸门(4扇)
抚顺市机械厂	底孔闸门(3扇)
本溪重型机械厂	底孔检修门吊、电站闸门、启闭机、底孔门拉杆
沈阳重型机器厂	弧形门柱形铰轴
沈阳电镀厂	弧形门柱形铰轴电镀

(一)底孔闸门的制作

底孔闸门制作始于1972年5月,计划8月底7扇闸门全部完成。但前期制作进度缓慢,当水库闸门安装组8月下旬到厂家调查摸底时,第一扇闸门才开始组装,为此辽宁省革命委员会工交组和机械局专门召开会议,研究解决了钢材等物资供应问题,并确定制作不合格的闸门支承轮暂不作废,集中安装在一两扇闸门上,以后再更换;9月底完成全部底孔工作闸门,10月中旬完成检修闸门,抚顺市机械局按照省革委会工交组的要求,组织了闸门制作大会战,大大加快了进度。但由于会战工人技术水平差异较大,经γ射线对解焊缝的探伤检查,发现有的质量不合格,后来做了处理。门中分上、中、下三节制作,然后进行拼对和组装,经检查验收合格后,运至工地,如期完成了闸门制作任务,保证了年内落闸蓄水。

(二)弧形闸门的制作

弧形闸门制作始于1972年8月,要求1973年5月完成,原安排由辽阳金属结构厂承担制作任务,由于该厂无保温厂房,冬季施工难以保证质量。经会战总指挥汪应中和全国劳模王崇伦调查了解后,决定改由东电鞍山铁塔厂承担全部弧形闸门制作任务,鞍山市革命委员会随即召集市工交组、机械局及有关厂家的领导,进行了工作部署和任务落实,闸门制作所需钢材(16锰钢)的供货单位(武汉钢铁公司及天津钢厂)由于受"文化大革命"的冲击,难以保证按期提供货源,为了不误工期,鞍山市革委会派出工代会主任阚俊杰到鞍钢中钣厂,专门落实轧制16锰钢任务,保证了闸门制作的正常进行。

弧形闸门门叶,分三段拼接制成,每段面板采取拼对焊接,然后放到胎具上冷压成(弧)型,将主、次梁点焊就位后,再放在平地进行焊接,为确保作业质量,专门从沈阳聘请两位著名焊接专家作技术指导,为协助厂家及时解决制作中的技术和物资供应等难题,会战指挥部代表宋彪和金属结构设计组组长钱金强常驻鞍山铁塔厂。会战指挥部派出20多名工人,驻厂学习焊接技术,和厂家一道参加闸门制作,1973年3月底,闸门开始进行总组装,经验收合格后,陆续运往工地,截至6月初,14扇闸门全部制作完成。

二、金属结构的安装

坝上金属结构安装的运输和提升设备,于1972年8月开始筹建,首先在4号坝段坝顶,安装一架提升力为40 t的拔杆;9月,在5号坝段安装一台跨度为20.4 m的大门机(以大连造船厂32.0 m跨度、起重30 t,启吊高度10.5 m的门机图纸,缩短跨度制成的)并沿40 kg/m重轨,活动在溢流坝段区间;10月,在左岸从卸料地沿斜坡道至22号坝顶铺设一条762轻轨道;在三栋房和19号坝段各设一台50马力卷扬机。金属结构安装,由专门成立的安装队负责进行,安装人员以辽建二团为主体,高峰期达300人。

金属结构运至工地后,先在北沙预制件厂进行除锈、刷漆,然后用762机车运往右岸4号坝段或左岸卸料地弄,右岸用40 t拔杆,左岸用卷扬机沿762轻轨将构件提升到坝顶,再用人工或机械移至门柱下,由门机吊运到要求位置。

底孔闸门于10月开始安装,10月20日,1号底孔闸门组装完毕。落闸前对闸门竖井进行了检查,拆除了遗留的模板,清理了门槽内的杂物,次日,闸门顺利落底,随即对其余5个底孔和电站闸门槽进行了检查清理,底孔闸门由大门机吊装,电站闸门则用两木搭吊装,并以导梁作为备用工具。按上述安装方案,2 号、3 号机组闸门顺利落底,但当机组闸门准备放入门槽时,两木搭支柱突然断裂,遂将导梁架在门槽上,1 号机组闸门才安全落底。

为了加快底孔闸门安装进度,争取第二年抗春旱多储备一些水源,安装队工人截至 10 月 31 日下午,除 3 号、4 号底孔因缺拉杆尚未落闸,其余闸门全部落底,至 11 月 1 日清晨拉杆运到工地,最后一扇闸门终于落入底孔(4 号孔),至此,薆窝水库正式开始蓄水。

弧形闸门铰座于 1972 年 7 月开始组装,首先安装弧形门的柱形铰座预埋螺栓定位的精度要求高(±2 mm),螺栓个头大(直径 100 mm,长 3.5 m,重 250 kg),施工困难。经反复研究,后决定采取铰重板与螺栓一次精确就位的办法,即在闸墩 91 m 高程先预埋三排(9 根)工字钢(8 kg/m 轻轨),各焊上两根轻轨,作为固定螺栓的横梁(使螺栓与水平面呈 13°20′水平角),然后,利用 104 马道平台,在牛腿处架设三木搭起重,将螺栓和座板放在横梁上,初步就位后,再用千斤顶和神仙葫芦调整到精确位置,检查测试合格后,再与钢轨焊接固定。

1973 年第一季度,结束溢流坝段的工作桥(见图 1-4-5)、交通桥和胸墙的安装后,弧形闸门开始安装(见图 1-4-6),先安装边导板时堰上挡水木坝尚未拆除,门叶不能放在堰顶上,只好采用空中作业,闸门自上往下组装,先将弧形闸门支臂与柱形铰铰链相连接,前端用定滑轮钢丝绳吊起,逐次放下三节门叶,对好位置,再用夹板螺栓和点焊加以固定,并用锁定锁住门叶。经检查测试,符合设计要求以后,进行面板与边纵梁的对接焊、纵梁腹板角焊、纵梁翼缘板对接焊、支臂前后的连接焊、止推板周边焊、支臂连接槽钢和角钢的焊接等,最后安装闸门水封。当 5 月 16 日堰顶木坝折除后,闸门安装恢复由下而上的常规方法,速度加快,全部 14 扇闸门于 6 月 22 日基本安装完毕,所有闸门启闭设备安装也在 6 月底结束。

图 1-4-5　工作桥安装

图 1-4-6　弧形闸门安装

第四节　水库电站

葠窝电厂的机组安装及金属结构的安装,是随着土建工程进度交叉进行的。1972 年 6 月,电站厂房基础混凝土开始浇筑,1973 年 10 月,土建工程竣工。电站土建工程由水库会战指挥部基建工程队承担,1 号、2 号发电机组安装由水利部水电一局承担,3 号机组安装由水库会战指挥部安装队承担。1973 年 6 月,机组开始安装,至 1974 年 7 月 1 日,葠窝电厂 3 台机组全部安装完成并网发电。

一、水工施工

水电站水工部分由引水管、厂房、尾水渠、升压站四部分组成。其中引水管是与水库大坝统一设计和施工的,引水压力钢管是与大坝整体浇筑同时进行的。

(一)厂房施工

厂房土石方大部分采用铲车开挖,在接近设计开挖线时用人工挖掘,挖出的土石料用汽车运出场外,由 66.65 m 开挖至 55 m。整个开挖过程中,先以厂房为开挖重点,为机坑开挖创造条件。施工过程中局部出现了不同程度的超开挖等现象,经设计同意,以毛石混凝土做了回填。厂房各种管路、机架等埋入设备混凝土浇筑工程为一次性整体浇筑,采用木模板,混凝土运输采用人工三轮车,施工中与厂房基础穿插进行。厂房混凝土浇筑于 1972 年 6 月 10 日开始,混凝土由下而上分层分块浇筑,到 1973 年 10 月结束。

(二)升压站施工

升压站构架采用单层结构形式,进出线架及母线架采用三角铁钢架,送电线路采用钢筋混凝土电杆与简单钢桁架组合结构。其他电气设备构架采用自制混凝土预制构件,因杆柱基础拉线弯矩较大,故在施工时将混凝土基础坐落于风化岩面上,进线架及主变压器等基础坐落于原状土上,其他较小设备如电流电压互感器、避雷器、隔离开关等坐落于回填石渣上,其基础处理埋设深度在冰冻线以下,在变压器事故排油坑底埋设一根直径 100 mm 的排油管与厂前排水沟相连。

(三)尾水渠施工

1 号、2 号机尾水管为 4C 型,其高度为 6.01 m,长度为 14.85 m。为了结构上的需要,在尾水管平面中心加一道中墩,厚度为 1.20 m,分成双孔出水。施工时,中墩采用钢筋混凝土结构浇筑而成。

二、水力机械安装

葠窝电厂机械安装包括两台 17 000 kW 和一台 3 200 kW 的发电机组及附属设备的安装。其中两台 17 000 kW 的机组,由水利部水电一局承担,容量为 3 200 kW 的机组,由水库会战指挥部安装队承担。1973 年 6 月,首先安装 2 号机组,到 1974 年 7 月 1 日 3 台机组相继并网发电。

(一)1 号、2 号机组(17 000 kW)的安装

1 号、2 号机组属于轴流转桨式水轮发电机组,安装施工时是借鉴大伙房电厂相同型

号机组的安装经验及安装图纸的要求进行的。在施工中抓住转子的组装、推力瓦刮研、上下导瓦刮研、机组轴线的调整、转子吊装、摆渡的调整等5个主要环节。其中，转子吊装是危险性较大的工作，操作稍有误差都有可能损伤定子线圈绝缘。葠窝电站在设计时，厂房内桥吊起重量为2×50 t，而发电机转子重96 t，所以在吊装转子时，起重机需要拆掉两主钩借助平衡梁联合起吊。在机组的安装工程中，机组的轴线测量及调整是最重要的工作，机组轴线调整的优劣直接影响机组的安全稳定运行。

(二)3 号机组(3 200 kW)的安装

3号机组为混流式水轮发电机组，安装施工时是借鉴青狮滩电站相同型号机组的安装经验及安装图纸的要求进行的。在施工中和1号、2号机组一样抓住转子的组装、推力瓦刮研、上下导瓦刮研、机组轴线的调整、转子吊装、摆渡的调整等5个主要环节。

(三)辅助设备的安装

管路的安装，包括油管、水管、风管、测量管路的安装。对于管路、仪表，安装前均作了校验，安装、焊接均按设计图纸进行，安装后进行了必要的检查和运行；滤油机、油泵、水泵、高低压空气压缩机在安装前均作了试验，安装完后又进行了试运行；桥式起重机的安装，完全按厂家提供的图纸和说明书的要求进行，安装后进行了试车；尾水检修闸门按图纸制作后焊缝，外形尺寸作了检查，合格后进行了安装。

三、电气设备的安装

葠窝电厂装机3台，总装机容量37 200 kW。电站发出的电能，大部分通过50 000 kVA主变输送到44 kV系统中，只有一小部分通过地区变压器供近区负荷。根据设计，葠窝电站电气安装主要包括：中央控制台1台，各种电气配电盘38面，6.3 kV室内少油开关4组，66 kV室外少油开关4组，主变压器1台，地区变压器1台，厂用变压器2台，44 kV电压互感器1组，6.3 kV电压互感器4组，避雷针4组，44 kV避雷装置1组，6.3 kV避雷装置1组。因设计变更较多，订货上的失误以及电气设备本身质量欠佳等因素给施工带来了困难，同时由于施工工期紧张，厂内控制电缆的布线不是很规整，对以后的检修和更新留下了诸多不变。

第五节　附属工程

一、房屋建筑及工地条件

施工人员进驻工地时，仅有1951年和1960年两次施工保留下来的4 373 m² 永久房屋和2 100 m² 半永久性房屋，当时由于工期紧迫，资金、建材供不应求，进场大部分人员没有住处，而是住在村屯百姓家。施工指挥部住在北沙原有半永久房屋，采运战区住在英守、江官、吊水等村屯；开挖战区和浇筑战区住在葠窝、北沙、小漩、南沙等村屯；辽宁省水利工程局的部分工人，则住在大坝附近的山洞里。工人驻地最远达20～30 km，工人抓紧时机顶风冒雪抢修宿舍、食堂、仓库、车间和办公室等房屋设施，本着因陋就简、就地取材的原则，在很短时间内建起了55 000多 m² 临时住房。

二、供水系统

工地供水分生产、生活两大系统。生产用水分大坝用水和骨料筛分用水。大坝用水包括混凝土拌和、养生用水和冲洗用水，日最多用水量约 860 m^3。1971 年由右岸两台 4 号水泵供水，1972 年由左岸 125 m 高程 75 m^3 蓄水池，通过 100 mm 钢管供水。空压机厂和预制件厂用水则各自用潜水泵抽取河水，骨料筛分用水，由于量大面广且昼夜连续用水，地下水难以满足需要，故就近抽取河水，日用水量约 4 500 m^3，水源工程由引水明渠、积水坑、吸水钢管、水泵房和蓄水池组成。

三、场内外交通

(一)场内交通

场内交通设施，按工程进展不同时期的需要，设置有公路和轻轨铁路(见图 1-4-7)。坝基开挖期，出渣运输采用 610 轻轨铁路；砂石料运输，坝上金属结构安装及电站施工，则用 762 轻轨铁路运输，共累计铺设铁路线约 70 km，其中双庙子转运站 25 km，葠窝、英守料场分别为 7 km 和 10. 6 km，其余为短距离专用线。配备蒸汽机车 10 台，内燃机车 2 台，762 矿车 677 节，610 斗车 100 节。各施工工区及居住地至坝址均设有临时公路。除各民兵团及部队自备汽车可紧急临时调用外，生产运输配备专用汽车 119 台。

图 1-4-7　场内外交通及料场

(二)场外运输

在辽(阳)溪(本溪)线和安平车站，设转运站和木材加工厂各一处；利用 1951 年建库时修建的姑(姑嫂城)葠(窝)公路与辽溪公路相接，称为南线，长 9 km；利用 1960 年建库时铺设的 762 轻轨铁路线路基，与辽溪线小屯车站双庙子轨枕厂专用线相接，并修建了 3 200 m 长的转运站，加上小屯至坝址的乡道共称为北线。长 225 km，经梅花岭、下平洲至英守料场，铁路在英守设总站，小屯至总站 12 km 长为单线；总站到坝址，长 13 km 为复线。辽溪公路的小屯站到坝址距离 30 km，作为北线的辅助线路。

四、电力通信

早在 1960 年，葠窝水库的输变电系统即已形成，电源来自辽阳至耿家的一次变电所，修建了由葠窝水库工程局投资的耿家至南沙 8.6 km 高压线路和清水沟变电所，这次对输电干线进行了改建和加固（见图 1-4-8），根据施工用电规划，配备了两台 1 800 kVA 和一台 3 200 kVA 变压器，将干线 44 kV 电压降为 3.3 kV，场区架设了 24.5 km 3 kV 线路，配置了 50 ~ 560 kVA 变压器 30 余台，电压由 3.3 kV 降至 380 V 和 220 V。为防止断电影响施工，还配备了功率 300 马力的备用柴油发电机组（柴油机为 6250 系列，发电机为 T145 - 10 型，功率 200 kW）。通信系统在 1960 年架设了南沙对外电话干线 60 km，这次对电话干线进行了维修和加固。场内架设了总长 40 km 的电话线路；在会战指挥部，安装了供电式百门总机，各民兵指挥部、各水利建设工程团指挥部和铁路运输系统，建立了分机，电话可一直通达各施工连队。整个施工系统实现了通信联络畅通无阻。

图 1-4-8　架设输电干线

五、砂石料场

按大坝混凝土量 50 万 m^3，砂石料用量 90 万 m^3 的需求量，曾对葠窝、小漩、英守、下平洲四个砂石料场进行了方案比较，最后选定英守和葠窝两个料场。英守料场分采料、筛分和居住三个区域。

六、其他

混凝土及钢筋混凝土预制场、钢筋加工厂、木工厂、工地修配厂和空压厂。

参考资料

1.《葠窝水库施工组织设计》，辽宁省水利电力勘测设计院，1967 年 3 月。
2.《葠窝水库工程技术总结》及附件，辽宁省革命委员会葠窝水库会战指挥部技术综合组，1973 年。
3.《葠窝水库志》（1960 ~ 1994），志书编撰委员会，1998 年 7 月。
4.《葠窝水库技术档案》（一），葠窝水库管理局，1986 年 12 月。

第五章　工程验收与移交

1974 年 10 月 30 日，葠窝水库大坝和电站工程竣工后，当时没有按照基本建设规定履行竣工验收程序，只办理了使用移交手续。当日，召开了由水库会战指挥部主持，辽建二团、葠窝水库管理处和发电厂、辽阳市水利局参加的葠窝水库工程竣工移交会议，会战指挥部直接将水库移交给葠窝水库管理处和发电厂使用管理，共同签署了 10 个竣工移交项目清册，对水库遗留尾工和新增工程项目，拨款 20 万元，由水库自行处理。水库工程预算投资 9 000 万元(其中电站 1 000 万元)，竣工决算 89 840 429. 84 元。

第一节　工程验收

葠窝水库建成后没有进行正式的竣工验收，也没有按照基本建设程序办理竣工验收手续。水库竣工工程交接是在 1974 年 10 月 30 日，由辽宁省革命委员会葠窝水库会战指挥部主持进行的，参加交接的双方为辽宁省农田水利建设工程第二团和辽阳市葠窝水库管理处。交接会上通过了会战指挥部提出的《葠窝水库竣工报告》及附件。最后会战指挥部负责人裴占林，经办人刘鸿泰、宋介平，以及葠窝水库管理处负责人窦露生、经办人黄俊才，在《葠窝水库竣工移交项目清册》上分别签字。至此，葠窝水库的所有工程建筑物交由辽阳市葠窝水库管理处负责管理。但在 10 月 5 日，水库管理处曾提出《葠窝水库工程目前存在的问题及我们的意见》的报告，交接会议上，对报告中提出的问题没有进行讨论，仅对移交清册中 3 个遗留项目和新增的 10 个工程项目，拨款 20 万元，并确定由葠窝水库管理处自行处理。

第二节　工程移交

葠窝水库竣工后，工程详细移交情况见表 1-5-1 ~ 表 1-5-3，房产移交情况见表 1-5-4。

表 1-5-1　葠窝水库主体工程(大坝)移交清册

编号	名称	单位	数量	规格
坝 1	混凝土重力坝	座	1	坝长 532 m，最大坝高 50 m，坝宽 60 m(包括挑坎 16 m)
坝 2	弧形闸门	扇	14	钢结构 12 m×12 m 弧形门
坝 3	底孔工作门	扇	6	钢结构 8. 3 m×4. 56 m 平板门
坝 4	弧形门启闭机	台	14	双吊点 2×80 t 启门力
坝 5	底孔门启闭机	台	6	最大启门力 200 t
坝 6	底孔检修门	扇	1	钢结构 8. 3 m×4. 56 m 平板门
坝 7	底孔检修门启闭机	台	1	龙门吊钢结构启门力 100 t

续表 1-5-1

编号	名称	单位	数量	规格
坝 8	排水廊道内排水泵	台	4	一台 3″高扬泵,其他是 2″扬程 25 m 三台
坝 9	空压机房	座	1	建筑面积 73.2 m^2,砖结构平顶房
坝 10	空压机	台	3	
坝 11	大坝观测房	座	2	每座建筑面积 35.6 m^2,砖结构平房
坝 12	大坝警卫房	座	1	建筑面积 44.4 m^2,砖结构平房
坝 13	大坝观测点	处	94	

表 1-5-2　葠窝水库后增加工程项目移交清册

编号	名称	单位	数量	总价(元)
1	修配厂	m^2	400	32 000
2	车库	m^2	150	9 000
3	坝上值班室、工具库、食堂	m^2	360	28 800
4	柴油发电机房	m^2	60	4 800
5	水文测流房	m^2	28	2 800
6	水库管理处至大坝苗圃通信线路	m	4 000	30 000
7	大坝至苗圃动力线路	m	1 500	15 000
8	大坝至苗圃公路石方	m^3	4 000	20 000
9	坝上生活用水	项	1	1 000
10	坝上公路	m	2 300	35 420
	(包括:山坡浮石清除,局部护坡,三个泉眼处理,排水沟浆砌石等)			
合计				178 820
总计				375 330.00

表 1-5-3　葠窝水库大坝未完工程及遗留问题拨款移交清册

编号	名称	单位	费用	规格
1	底孔检修门 100 t 门机维修费	元	20 000.00	
2	第六号底孔启闭机传动轴处理	元	1 000.00	
3	大坝混凝土基础处理	元	1 000.00	
4	其他基建费用	元	30 000.00	
5	吉普车维修费	元	4 000.00	
合计		元	56 000.00	

表 1-5-4　葠窝水库房产移交清册

编号	名称	单位	数量	规格(m)	造价(元)	说明
1	小楼	m^2	309.0	30.5×9, 6.5×5　永久房		系辽建二团固定资产
2	办公室	m^2	1 627.0	44.5×7, 33×12, 37×7, 7.5×5		三栋、粮站、水文电台、银行、辽建二团固定资产
3	办公室	m^2	150.0	20.5×7.5　半永久房		物资组,辽建二团房产
4	药库办公室	m^2	32.0	4×8　临时房		辽建二团房产
5	俱乐部	m^2	559.0	43×13　永久房	228 227.91	辽建二团房产
6	食堂	m^2	526.8	28.8×11, 10.5×20　永久房		辽建二团房产
7	浴池	m^2	77.5	15.5×5　永久房	3 808.00	辽建二团房产
8	医院	m^2	467.6	51×8.3, 22×8.5　永久房	13 080.00	辽建二团房产
9	仓库	m^2	560.8	33×11,21.4×8.5,3×5　永久房		辽建二团房产(机电库、炸药库、雷管库
10	招待所	m^2	897.0	66×12.5, 12×6　半永久房	46 538.20	辽建二团房产
11	商店	m^2	292.0	3.6×8　半永久房	6 669.44	辽建二团房产
12	水泵房	m^2	30.0	5×6　半永久房		辽建二团房产(两处)
13	邮电局	m^2	90.0	15×6　半永久房		会战 1971 年建 5 间
14	厕所	m^2	45.0	10×4.5　永久房		辽建二团房产
15	厕所	m^2	84.6	10.5×19　半永久房		辽建二团房产(3 处)
16	家属房	m^2	259.0	37×7　永久房		辽建二团房产
17	家属房	m^2	2 040.0	半永久房		辽建二团房产
18	家属房	m^2	430.5	简易房		辽建二团房产
19	集体宿舍	m^2	558.0	半永久房		会战 1971 年建,共 31 间
20	集体宿舍	m^2	126.0	21×6　临时房		会战 1971 年建 6 间(运输连茶炉房在内)
21	仓库	m^2	110.0	10×5, 10×6　临时房		辽建二团房产
22	总合计	m^2	9 269.1			
23	其中:永久房	m^2	4 429.1			
24	半永久房	m^2	2 071.6			
25	临时房	m^2	2 768.5			
附 1	迎宾楼	座	1	砖石结构,建筑面积 304 m^2,二层楼		
	解放军营房	座	3	36×6×3 =540(m^2)(永久砖石结构)		

第三节 工程决算

一、概算及拨款

葠窝水库工程概算为90 000 000.0元,拨款限额为89 991 621.57元,以前年度决算中施工机械购置支出4 581 188.55元。应核销投资支出1 513 400.78元,应核销其他支出2 972 740元,经市建行批复后在拨款中冲减,至年末拨款余额为83 867 304.84元。

二、投资情况及效果

葠窝水库共投资支出为89 991 621.57元,其中:

(1)施工机械购置:以前年度购置4 581 188.55元,1974年购入211 389.10元,为了保证水库工程建设资金需要,将施工机械卖出变价收入为627 041.55元,净支出为3 895 536.10元,按省指示除留给葠窝水库管理处施工机械357 509.96元外,余者无偿调拨水利辽建一、二、三团。

(2)大坝工程投资支出为63 980 902.36元,大坝是混凝土重力坝,按百年一遇设计,千年校核。坝长532 m,最大坝高50 m,坝内有6个8 m×3.5 m底孔。14个溢流孔,每孔12 m×12 m弧形闸门。

(3)电站工程投资支出为19 658 092.10元,装3台机组。总容量37 200 kW。

(4)附属永久性工程16项,投资支出为462 387.51元。

工程回收废旧器材净价值为1 606 973.96元,分别冲销成本,工程投资支出按工程概算略有盈余。

工程效益:保护农田164万亩,灌溉水田70万亩,年发电量8 000万kWh,以及供应下游辽阳、鞍山、营口等城市工业用水。

三、移交工程存在问题的处理

由于缺乏施工经验及设备到货的影响,尚有些尾工,经与管理单位协商做如下处理:

(1)1974年增加水库管理处13项附属永久性工程,有10项未完,按工程预算金额为178 820.00元,增加设备、工具尚有36台没有进货,金额为140 510.00元,核拨机械修理费及其他基建费用73 421.89元,共折价移交水库管理处工程及设备款392 751.86元。

(2)电站安装,按设计移交清册,尚缺备用仪表等122台件,这些在1974年内都不能进货,有合同的移交合同,没有合同的由管理单位自行订购,合计金额16 900.00元,折价移交葠窝发电厂仪表及尾工款88 267.00元。

(3)坝上电气安装由辽建二团负责,预期在1975年1月全部完成,预提安装费22 000.00元,电站励磁盘一套,计78 000.00元,由辽建二团付给电厂,设计院王奎经办汇往南京华东水利学院大坝抗压力计算费3 000.00元,作预提处理,往来账目由辽建二团负责清理。

以上款项在葠窝水库竣工决算中均已解决。工程建设葠窝水库工程造价情况见

表 1-5-5。

表 1-5-5　工程造价表　（单位:元）

项目	实际价值			
	建安工程	设备价值	其他基建费	合计
大坝工程	33 185 118.12	6 165 003.78	24 630 780.46	63 980 902.36
电站工程	5 069 048.33	7 024 391.08	7 564 652.69	19 658 092.10
附属永久工程	462 387.51			462 387.51
小计	38 716 553.96	13 189 394.86	32 195 433.15	84 101 381.97
应该核销投资支出				1 873 111.77
施工机械购置				3 865 536.10
合 计				89 840 429.84

第四节　水库主要工程特性

水库主要工程特性见表 1-5-6。

表 1-5-6　水库主要工程特性

序号	指标名称	单位	数量	备注
	一、河流特性			
（一）	坝址以上流域面积	km^2	6 175	观—葠区间 3 380
	太子河流域面积	km^2	13 880	
（二）	年径流			
	1. 多年平均年径流量	亿 m^3	24.5	葠窝站
	2. 多年平均流量	m^3/s	78	葠窝站
	3. 75% 年径流量	亿 m^3	16.4	葠窝站
（三）	代表性流量			葠窝站
	1. 实测最大流量	m^3/s	16 900	1960 年 8 月
	2. 0.1% 洪峰	m^3/s	24 800	
	3. 1% 洪峰	m^3/s	15 300	
	4. 2% 洪峰	m^3/s	12 600	
	5. 5% 洪峰	m^3/s	9 050	
（四）	七天洪量			葠窝站
	1. 实测最大洪量	亿 m^3	17.8	1960 年 8 月

续表 1-5-6

序号	指标名称	单位	数量	备注
（四）	2. 0.1%洪峰	亿 m^3	29.6	
	3. 1%洪峰	亿 m^3	20.9	
	4. 2%洪峰	亿 m^3	18.2	
	5. 5%洪峰	亿 m^3	14.5	
（五）	泥沙			葠窝站
	(1)多年平均输沙量	万 t	194	1993 年后停测
	其中推移质	万 t	43	
	(2)多年平均含沙量	kg/m^3	0.616	1993 年后停测
二、水库特性				
（一）	最高库水位:水位	m	102.0	
	库容	亿 m^3	7.91	现 6.61
	面积	km^2	52.3	现 43.38
（二）	正常高水位:水位	m	96.6	
	库容	亿 m^3	5.43	现 4.41
	面积	km^2	40.7	现 37.14
（三）	防洪限制水位:水位	m	77.8	现 81.7
	库容	亿 m^3	0.65	现 0.72
	面积	km^2	11.4	现 12.96
（四）	死水位 :水位	m	70.0	
	库容	亿 m^3	0.10	现 0.05
	面积	km^2	3.2	现 1.87
（五）	防洪库容	亿 m^3	7.26	现 5.21
（六）	兴利库容	亿 m^3	5.33	4.36
（七）	调节系数		0.33	0.27
（八）	净调节水量	亿 m^3	7.80	6.56
三、主要建筑物及设备				
（一）	滚水坝			
	1. 坝顶高程	m	84.8	
	2. 岩石最低高程	m	56.0	
	3. 最大坝高	m	28.8	
	4. 泄洪			

续表 1-5-6

序号	指标名称	单位	数量	备注
(一)	P=0.1%:上游水位	m	102.0	
	泄流量	m^3/s	23 150	
	P=1%:上游水位	m	101.8	现 100.4
	泄流量	m^3/s	9 820	现 5 360
	P=5%:上游水位	m	97.8	现 96.56
	泄流量	m^3/s	3 720	现 2 580
	5. 工作闸门:型式		弧形闸门	
	孔口尺寸	m(宽×高)	12×12	
	数量	扇	14	
	6. 启闭机:启门容量	t	2×80	
	台数	台	14	固定卷扬式
	7. 滚水坝:净宽	m	168.0	
	总宽	m	274.2	
	8. 最大底宽	m	40.0	
(二)	底孔			设在滚水坝大闸墩内
	1. 孔口尺寸	m(宽×高)	3.5×8.0	
	2. 孔数	孔	6	
	3. 工作闸门:型式		平板闸门	
	尺寸	m(宽×高)	4.7×8.2	
	启闭机容量	台—t	6—200	现 2—200,4 孔用门机
	4. 检修闸门:尺寸	m(宽×高)	4.7×8.2	
	启闭机容量	台—t	1—100	现 250 t 门式启闭机
	5. 孔底高程	m	60.0	
(三)	挡水坝及电站坝段			混凝土重力坝
	(1)坝顶高程	m	103.5	
	(2)坝顶宽度	m	6~17	
	(3)岩石最低高程	m	53.2	
	(4)最大坝高	m	50.3	
	(5)挡水坝长	m	217.3	
	(6)电站坝长	m	40.5	
	(7)坡度:上游面		垂直	
	下游面	1:0.7~1:0.8		

续表 1-5-6

序号	指标名称	单位	数量	备注
四、施工特性				
（一）	工程量			
	1. 土石方	万 m^3	14.0	
	2. 混凝土	万 m^3	50.0	
（二）	所需主要材料			
	1. 水泥	万 t	15.0	
	2. 木材	万 m^3	3.5	
	3. 钢材	t	10 300	
（三）	投资	万元	9 000	
五、工程效益及淹没损失				
（一）	工程效益			
	1. 防洪			
	辽阳市防洪标准	年	100	现状 100 年
	农田防洪标准	年	20	现状 50 年
	保护农田面积	万亩	164	
	2. 灌溉水田	万亩	70	现 140 万亩
	3. 工业用水	亿 m^3	1.12	
	4. 发电	万 kWh	8 000	
（二）	淹没损失			
	1. 淹没耕地	亩	26 700	
	2. 迁移人口	人	16 000	
	3. 淹没铁路	km	2	
	4. 淹没公路	km	2	

参考资料

1.《葠窝水库技术档案》（一），葠窝水库管理局，1986 年 12 月。

2.《葠窝水库设计说明书》（上、下），辽宁省水利局勘测设计院，1974 年 7 月。

第六章　淹没处理与移民安置

葠窝水库的淹没处理工作经历了规划设计、淹没区调查、损失赔偿、移民安置四个阶段,淹没区涉及辽阳、本溪两市。葠窝水库自 1970 年 11 月开工建设后,成立了专门的移民安置办公室,1971 年 7 月开始入户调查,至 1973 年 3 月移民安置工作基本完成。1973 年 11 月 16 日,撤销各级葠窝水库移民安置办公室,其业务交由同级民政部门办理。占用房屋、耕地、林地、公路、输电线路总计赔偿金额 7 964 076.11 元。

第一节　淹没高程

根据当时的水库淹没赔偿标准,结合葠窝水库设计指标,在 1974 年 7 月,由辽宁省水利局勘测设计院编制的《葠窝水库设计说明书(上)》中,对葠窝水库淹没高程作了如下规定:

(1)农田:按正常高水位 96.6 m 及浸没高程。

(2)房屋及人口:按 20 年水位(库前水位 97.8 m)加回水及浸没高程(实际执行时,按 100.0 m 高程进行了迁移)。

(3)铁路:铁路桥按 100 年水位加回水高程。

(4)公路:公路按 20 年水位加回水高程。

(5)其他:按人口迁移标准。

第二节　淹没调查

根据辽阳市《葠窝水库淹没区动迁工作会议纪要》(辽市革发〔1971〕73 号、辽革葠字〔1971〕第 49 号)文件和本溪市《葠窝水库淹没区动迁工作会议纪要》,水库淹没区在辽阳市境内有 3 个公社,19 个大队,55 个生产队,3 063 户,15 386 口人,9 090 间房屋。淹没耕地 21 097 亩(剩下山坡地 7 854 亩),辽溪铁路 3 km,辽溪公路 2 km(需改线 6.5 km)。输变电线路 180 km,电信线路 35 km 等。在本溪市境内有 1 个公社,2 个大队,5 个生产队,141 户,701 口人,410 间房屋。淹没耕地 1 273 亩,公路 2.5 km,输变电线路 4.2 km,电信线路 4 km,修防洪护岸 2 450 m。

第三节　淹没赔偿

根据辽阳市《葠窝水库淹没区动迁工作会议纪要》(辽市革发〔1971〕73 号、辽革葠字〔1971〕第 49 号)文件和本溪市《葠窝水库淹没区动迁工作会议纪要》,辽阳市革命委员会《关于建设葠窝水库淹没本溪至辽阳公路的改线工程意见》(辽市革发〔1971〕47 号)文件。就葠窝水库淹没区的动迁赔偿标准及赔偿数额达成一致意见。

一、赔偿标准

(一)移民安置费用

1. 房屋拆建

动迁户拆建房每间由国家补助270元(就地安置者为230元),其中包括拆房损失补助费(交个人),以及建房补助费(交给安置队和建房队);仓房由自己拆建,每间补助20元。全民所有制、社直企事业、生产队集体房屋拆建,由本单位负责,每间房补助400元。对于建房所缺木料等,主要靠自力更生解决,尽量使用旧料或代原料。尚缺部分物资,由水库会战指挥部拨给解决。移民安置运输大车每台日付给补助费:辽阳,15元;本溪,18.14元,汽车按国家规定运价执行。

2. 淹没区山林、果树

辽阳地区,对于社员个人所有的,由个人自行处理,由集体培育的山林和果树,集体迁移的,付给工本费。本溪地区,结果的果树,每棵补助10元。

3. 困难补助

对于动迁户,因动迁误工等造成生活困难者,国家给予适当的补助,平均每人按20元计算。

4. 其他不可预见费

按移民安置补助费用的5%计算。

(二)淹没区工程设施改建或重建费用

因修建水库而造成的公路改线、修护岸堤、输变电线路改线、电信线路改线等工程设施需改建或重建者,由辽阳市和本溪市有关单位具体负责,所需资金由水库负责拨出解决。补填材料、设备由两市和水库共筹。

二、淹没赔偿

根据两市对淹没区的调查结果及确定的赔偿标准,制订费用预算见表1-6-1~表1-6-3。

表1-6-1　本辽公路改线预算总表

(1971年7月9日)

编号	工程费用名称	单位	数量	金额(万元)	主要材料			备注
					钢材(t)	木材(m^3)	水泥(t)	
	合计			108.4	272.7	257.9	127.1	
1	土方工程	m^3	100 000	11.0				路基土方包括空方1.8万m^3
2	路面工程	km	6.5	6.5				
3	桥涵构造物	m/处	115/27	19.5	42.7	77.9	37.1	沿线小桥涵等构造物
4	占地补偿	亩	87	1.4				按亩产300 kg计算
5	兰河大桥	m/座	200/1	70	230	180	90	

表 1-6-2　辽阳市动迁费用预算总表

名称	单位	金额	需用材料								松木杆(根)		
			单位	钢材	铁线	铝线	锌锭	水泥	铁钉	木材(m^3)	8 m	6 m	5.5 m
合计	元	5 912 747	t	86.7	53.7	11.3	1.8	371	20	1 895.9	100	699	83
移民安置费	元	4 842 532	t						20	1 818.0			
农电线路动迁	元	512 807	t	27.0	19.6	11.3							
公路改线	元	399 000	t	42.7				371		77.9			
电话线路动迁	元	158 408	t	17.0	34.1		1.8				100	699	83

表 1-6-3　本溪市动迁费用计划总表

(1972 年 7 月 10 日)

项目	单位	金额	需用主要材料						备注
			钢材(t)	木材(m^3)	水泥(t)	变压器(台)	裸铝线(kg)	橡皮线(m)	
合计	元	967 329.11	11.84	157.35	831.5	1	1 200	13 160	
动迁安置费	元	240 960.40		99.2	60.5			8 460	
防洪护坝	元	477 750.00	5	20	750	1	300	500	变压器 50 VA
公路改线	元	210 618.71	3.84	12.65	21				
供电线路	元	30 000.00	2.0	15.5			900	4 200	
电话线路	元	8 000.00	1.0	10					

注:总计赔偿金额 7 964 076.11 元。

三、淹没赔偿支付

根据辽阳、本溪两市的淹没区动迁工作会议纪要等文件记载,淹没赔偿支付以预算额为准,并规定了多不退少不补。

从本溪市实际赔偿支付情况也证实了这一点。1972 年 7 月 15 日,辽宁省革命委员会葠窝水库会战指挥部辽阳市葠窝水库办事处拨给本溪市立新区东风公社革命委员会动迁费 967 329.11 元。账号:88071,汇到本溪市彩电办事处;1972 年 7 月 15 日,《记账凭证》(会字第 261 号)记述:拨给本溪市立新区东风公社革委会动迁费 967 329.11 元。拨款依据:1972 年 7 月 8 日《葠窝水库淹没区动迁工作会议纪要》。

第四节　移民安置

移民安置由辽阳、本溪两市革命委员会负责组织实施。根据《辽阳市革命委员会葠窝水库移民安置办公室关于葠窝水库移民安置工作的总结报告》(辽市革农字〔1973〕第7号),1972年6月27日的《本溪市立新区东风公社革委会动迁办公室报告》,概述了移民安置从1971年7月15日开始,至1973年3月15日基本结束,共经历了四个阶段。

第一阶段,1971年7月15日至8月15日,为调查摸底制订计划阶段。

通过对淹没界限、动迁区、安置区的充分调查,制订了移民原则。一是海拔100 m高程以内的全部迁出;二是虽在海拔100 m高程以外,但交通断绝或耕地淹没不能自给的迁出;三是迁移去向,以分散插队为主;四是对集体财产的处理,不搞平均主义;五是对搬家和建房采取以自筹为主,国家补助为辅,适当地进行群帮。

第二阶段,1971年8月中旬至同年12月上旬,为宣传教育阶段。

第三阶段,1971年12月20日至1972年3月末,为大批搬家阶段。

第四阶段,安置阶段。安置工作主要是落实,关键是建房落实。第一是建房标准,第二是建房任务落实,第三是建房质量和进度。

通过以上四个阶段的工作,辽阳、本溪两市实际完成了以下动迁安置任务:辽阳市在淹没区内有3个公社的19个生产大队,53个生产队,2 728户,13 058人,6 383间房屋,21 909亩耕地,6 044亩山林果树;辽溪公路2 km(改线6.5 km);输电线路180 km,电信线路35 km。本溪市在淹没区内1个公社的2个大队,4个生产队,113户,553人,227间房,1 273.5亩土地;公路2.3 km;输电线路4.4 km。葠窝水库淹没区淹没指标及位置见图1-6-1。库区淹没市、公社和大队详细情况见表1-6-4。

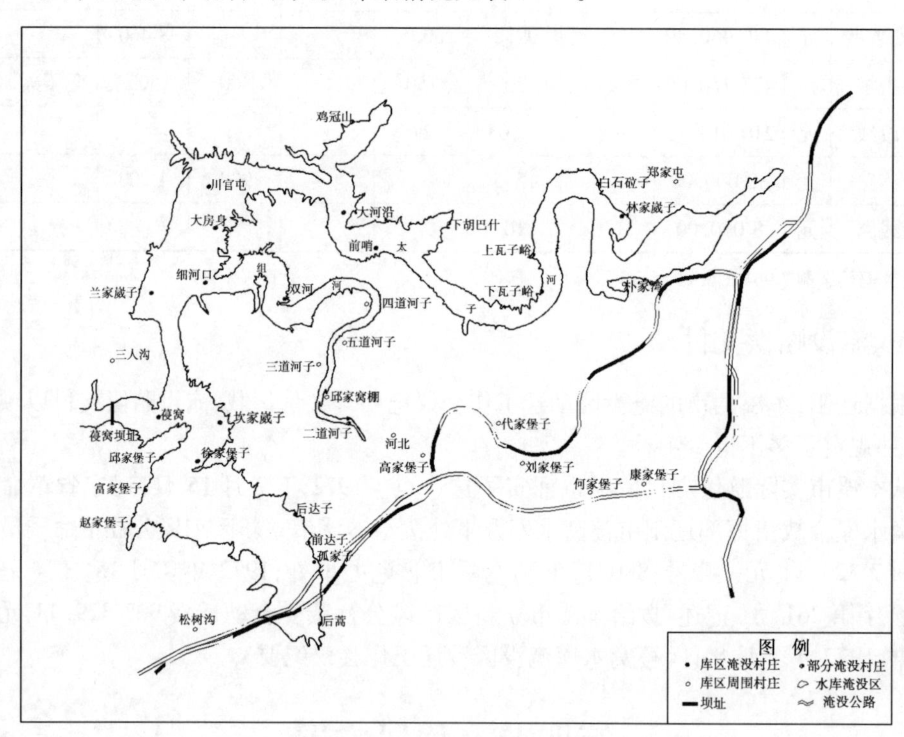

图1-6-1　葠窝水库淹没区图

表 1-6-4　库区淹没市、公社、大队明细

城市名称	本溪市	辽阳市			合计(个)
公社名称	东风公社	安平公社	孤家子公社	鸡冠山公社	4
大队名称	兴安大队 郑家大队	兰家崴子	孤家子大队 富家大队 葠窝大队 坎家崴子大队 徐家大队 后达子大队 前达子大队 后蒿大队 二道大队 双河大队	鸡冠山大队 大河沿大队 前哨大队 胡巴什大队 瓦子峪大队 田官大队 大房身大队 细河口大队	21

第五节　移民动迁遗留问题

根据辽阳市革命委员会农业组《辽阳市革命委员会葠窝水库移民安置办公室关于葠窝水库移民安置工作的总结报告》(辽市革农字〔1973〕7 号)文件,概述了辽阳移民安置工作基本完成,但还存在遗留问题,一是就地上山户 145 户(鸡冠山公社 106 户,孤家子公社 39 户)和社外安置户 8 户(鸡冠山公社 2 户,孤家子公社 6 户)应搬没搬。二是有少数迁移户准备回流。

1973 年 11 月 16 日,辽阳市革委会以《关于做好葠窝水库移民安置善后处理工作的通知》(辽市革发〔1973〕71 号)文件作出指示:继续做好应迁未迁户和回流户的安置工作。葠窝水库淹没区公社,应本着被批准的动迁户一户不留的原则。撤销各级葠窝水库移民安置办公室,其业务交由同级民政部门办理。

第二篇　运行管理

志书此篇主要记述水文测验、水库调度与防汛、大坝监测与养护、大坝除险加固及弧形闸门改造、自动化建设与应用、供水管理、电力生产、综合经营、水库效益分析等有关水库工程管理和生产经营方面的内容。

葠窝水库自投入运行以来,坚持“科学管理、依法治水”的治库理念,按照“科学防控、优化调度”的目标要求,通过水库自动化智能管理等科技手段,充分利用洪水资源,达到“防洪错峰、蓄水兴利、人水和谐”的目的。四十年来,水库管理局在控制运行方案的研究、流域内水雨情资料收集、大坝安全鉴定与除险加固、优化调度、工程保养修复与安全监测、挖掘水库运行潜力等方面取得了丰硕成果,为实行水电经营生产和提高经济效益提供了丰富的资源支撑。

在供水管理过程中,满足用户需求,强化服务意识,采取科学计量的办法,逐步增强了水的商品意识,并努力拓宽用水渠道,供水效益呈梯度增长。水库电站科学经营、安全生产、规范管理、成功改制,成为东北小水电系统最大的发电企业。水电生产和综合经营处于良性循环状态且不断地发展与完善。在逐步壮大水库自身经济实力的同时,对地方区域经济的发展也起到了一定的推动作用,做出了较大的贡献。

第一章　水文测验与水库运行

葠窝水库站的水文测验始于1934年，由于战争曾一度停测，1950年建成基本水文站，开始了对水位、流量、降水、泥沙、水温的监测，为防汛、流域规划及水库调度运用提供翔实的水文数据，并逐步开展了水文预报工作；1973年始，葠窝水库的防汛和调度工作在省水库调度部门直接领导下，以下游城防及两岸农田作为水库主要防洪目标，采取合理的供水调度方式，同汤河、观音阁水库联合调度，对汛期进行合理的分期，确保大坝安全，同时加强后汛期的蓄水调度。

第一节　水文测验

一、葠窝水库站历史演变

葠窝水库站于1934年10月由伪满交通部理水司理水调查处设立，水文年鉴上称为葠窝(一)站，位置在辽宁省辽阳县南沙村，即现葠窝水库大坝上游1 390 m处，东经123°32′，北纬41°15′。1939年11月3日基本水尺断面上移250 m，称为葠窝(二)站，资料测到1943年4月12日，由伪满交通部理水司理水调查处领导。1945年6月30日停测，1949年7月16日由东北人民政府农业部水利总局复设为水位站。自1950年7月改为基本水文站。1951年改由浑太水库工程局领导，1953年11月浑太水库工程局改名为大伙房水库工程局继续领导，同年12月改由辽宁省人民政府农业厅水利局领导。1954年6月1日将基本水尺断面向上游移240 m，仍然称为葠窝(二)站，同年8月改由辽宁省水利局领导，1959年1月改由辽宁省水利电力厅领导。1960年8月26日基本水尺断面下移3 330 m，称为葠窝(三)站。位置在辽宁省辽阳市安平公社南沙土坎，东经123°32′，北纬41°15′。1964年1月改由水利电力部辽宁省水文总站领导。1969年1月改由辽阳市水文气象站领导。1974年3月，葠窝水库站由辽阳市水利局划归葠窝水库管理处领导，业务上归辽宁省辽阳市水文勘测大队领导，后辽宁省辽阳市水文勘测大队更名为辽宁省水文水资源勘测局辽阳分局，继续领导。据1973年辽河流域水文年鉴记载，水库于1971年11月开始蓄水后，由辽阳市水文站改称为水库水位站，称为葠窝水库站。但在年鉴的“逐日平均流量表”等处仍然称为葠窝(三)站，1980年以后年鉴各处都称为葠窝水库站。

二、水文测验与资料整编

(一)水文测验

葠窝(一)站，1934年10月18日至1939年11月3日，测验项目有水位、流量、含沙量。葠窝(二)站，1939年11月3日至1943年4月12日，观测项目是水位，与葠窝(一)站同时观测。

1954年6月1日将基本水尺断面向上游移240 m,仍然称为葠窝(二)站。在汛期,两断面同时观测水位,整编时将1～5月原断面记录,用关系线换成新的断面水位。1954年年鉴记载,观测项目有水位、地下水位、流量、含沙量、降水量、蒸发量、气温、地温、风向、风力、云量、天气现象;1960年后观测项目有水位、流量、地下水位、含沙量、输沙率、降水量、土壤含水量;1973年以后葠窝水库站主要观测项目有库水位、流量、基本断面水位、降水量、断面输沙率、单位含沙量;1993年1月1日断面输沙率、单位含沙量停止测验;2000年1月1日开始停测基本断面水位,断面流量推流方式发生改变,断面流量推流方式改用水工建筑物泄水曲线推流。

葠窝(三)站即葠窝水库站流量测验河段及附近河流情况:测验河段在沙土坎以东,顺直河段约600 m,两岸是山,处于深谷,在水库下游,高、中、低水均无跑滩漫溢现象,测验河段上游约400 m有水库公路桥一座,形成高、中、低水控制,下游为深潭,低水流速缓慢,河床为粗砂卵石组成,不易变化。

观测设备有站房一座、跨河索两条、测船一只、距离索一条、流速仪测流断面和基本水尺断面为同一断面,设有上下比降断面,距基本断面的距离各为100 m。基本断面和上下比降断面均设有直立铁管水尺。基本水尺断面设有自计水位井一处,采用直立铁管形式;在水库大坝坝体中设有库水位观测井一处,安有自记水位计一套,用来自动记录库水位远程传输到办公室。在左岸水库大坝迎水面设有水尺一套,用于人工观测库水位。

1. 流量测验

1997年1月1日以前,葠窝水库站流量测验:当流量小于20 m^3/s时,在大桥上游200 m处或大桥下游100 m处进行涉水测流,测验方法通常用0.6一点法测流,测速垂线一般采用8条垂线左右,根据河宽确定;当流量在20～2 250 m^3/s时,应用测流船在基本流速仪测流断面测流;当水深小于1.5 m的垂线通常采用相对水深为0.6一点法测流,当水深大于1.5 m时,采用相对水深0.2、0.8两点法测流,测速垂线采用固定垂线,间距一般相隔10 m。特殊情况例外,测速垂线数目一般在8条以上。当流量超过2 250 m^3/s,用浮标测流法测流。建库后没有发生超过2 250 m^3/s的流量。由于缆道损坏,1997年1月1日开始停止流速仪测流,由于修路,后期测流房等测验设施均遭到破坏,1997～1999年借用1995年、1996年的水位流量关系线推流。2000年以后的流量推算应用水工建筑物泄流曲线进行推流。

2. 坝上水位测验

以测获全部水库水位过程为目的,平日采用自记水位计观测记录库水位,根据库水位的变化,随时对自记水位计的记录准确度进行校对。洪水期加密自记水位计的记录准确度校对次数。当自记水位计不能正常运转,采用人工观测库水位,洪水期根据需要最小时段1 h观测一次库水位,发生特大洪水时加密测次,峰顶和峰谷附近随时观测库水位,以求测获峰值水位和谷值水位,获得完整的库水位过程。

3. 降水量观测

在水库办公区,设有雨量场。1960年8月26日至1987年4月,雨量站设于葠窝水库家属楼南原食堂东边。1987年5月至2011年4月设于葠窝主办公楼4楼顶部。雨量场内设ϕ20自记雨量计和ϕ20普通雨量计各一套。另设遥测雨量计一套,在每年的5月

1 日至10 月 1 日 8 时，主要采用Φ20 自记雨量计观测降水量。每年 10 月 1 日 8 时至次年 5 月 1 日 8 时主要采用Φ20 普通雨量计观测降水量。葠窝水库站降水量观测项目主要包括测记降雨、降雪、降雹，还记录初霜和终霜。

（二）资料整编

每年根据整编资料要求，对水位、流量、降雨等各项资料首先在水文站内进行资料整编，然后将资料送入辽宁省水文水资源勘测局辽阳市分局进行审查，最后将全省水文资料汇集于一起进行汇编，最终将资料留存于辽宁省水文水资源勘测局保存并刊印成水文年鉴供使用。

1996 年以前，葠窝水库的流量资料整编采用当年实测水位流量关系线推流和连实测流量过程线推流，1997～1999 年因为流量测验设备破坏，不能测流，所以借用 1995 年、1996 年的水位流量关系线推流，2000 年以后应用建筑物泄流曲线进行推流。2000～2006 年，没有考虑水库大坝弧门等渗流情况，2007 年以后，根据大坝渗流情况，估算了葠窝水库大坝渗流曲线，考虑了渗流情况。2008～2009 年，辽宁省水文水资源勘测局辽阳分局根据测验资料分析确定了新的葠窝水库大坝渗流曲线和尾水位与流量关系曲线，2010 年开始使用，各个机组泄流曲线仍然使用葠窝水库站 2005 年 12 月制作的曲线。对各项资料整编严把质量关，对原始记录资料进行合理性检查，对相关因素进行绘图检查分析，经过计算、校核无误后，将资料上交辽宁省水文水资源勘测局辽阳分局，最终由辽阳分局上交辽宁省水文水资源勘测局汇编和刊印。

葠窝水库水情调度处现存档水文资料有《1898～1948 东北水文资料第二册辽河流域水位地下水》1 卷；《1949～1950 东北水文资料》1 卷；《1951～2003 年辽河流域水文资料》53 卷，每年 1 卷；2004～2010 年自存葠窝水文资料 7 卷。

（三）葠窝水库站部分资料特征值

葠窝水库站的观测整编资料显示，多年各项资料出现的极值如下：1960 年 8 月 4 日 5 时 40 分，出现新中国成立后最大洪峰，流量为 16 900 m^3/s，相应河水位为 74.78 m，测验方法是洪痕调查；1960 年 8 月 3 日，出现新中国成立后最大日降水量，为 224.1 mm；1978 年 7 月 28 日 8 时，出现水库最低蓄水位 64.68 m 高程。1986 年 8 月 3 日，葠窝水库站基本断面出现建库后最大泄洪流量 2 250 m^3/s，相应基本断面水位 61.86 m，采用流速仪测流法；2010 年 8 月 23 日 23 时 54 分，出现水库最高蓄水位 98.91 m 高程。

（四）水文测验人员

建库前水文站的主要观测人员有周天惠、袁纯凯、佟恩运、赵广田；建库后主要观测人员有周天惠、佟恩运、袁纯凯、刘志文、孙百满、陈兴民、于俊厚、姜国忠、佟刚等。

三、水质监测与鱼类资源调查

（一）水质监测与评价

水库建成后，为了摸清水资源的污染状况，在省、市有关部门的重视和支持下，本溪市环境保护监测站、辽阳市环境保护监测站相关部门曾做过数次水质监测和养殖水环境监测。尤其辽阳市环境保护局自 1986 年以来每年一直在做葠窝水库的水质监测工作。水库运行 40 年来共进行了 3 次深入专项水质调查和监测工作。

第一次:本溪市环境保护监测站于1978年对太子河兴安断面做过水质监测,发现本溪市大量的酚、氰废液排入水库。丰、枯、平水期的酚含量分别为0.22 mg/L、0.67 mg/L、0.007 mg/L,均值为0.098 mg/L,含量超标近9倍;氰化物含量分别为0.12 mg/L、0.13 mg/L、0.15 mg/L,均值为0.13 mg/L,含量超标1.6倍,库水受到严重的污染。1979年10月,辽阳市环保监测站、辽阳市水文站、辽阳市防疫站受葠窝水库管理处委托,共同对葠窝水库库区做过联合调查和监测,在酚、氰、菌类共15个项目中,超标的有酚、硫化物、氨氮、菌类。

第二次:1988年1月31日至8月6日间,由省水文总站和辽阳水文勘测大队负责葠窝水库的水质调查。对坝前、库中、库尾、兰河、细河5个断面,33个测点,进行了6次观测。共有物理特性、氨氮、硝酸盐、酚等28个观测项目,取样5 180个,按水电部的城市供水水质评价标准进行评价分析。当年水库的水面面积为26.87 km^2,库容3.07亿m^3,污染物超标的有磷酸盐含量0.106 mg/L,超标1.1倍;氨氮含量1.22 mg/L,超标1.4倍;铜含量0.014 mg/L,超标0.4倍,综合超标率为15%,全库区水为Ⅳ类水质,不能饮用。

第三次:葠窝水库"十一五"期间。葠窝水库水质监测结果表明,5年平均浓度超过Ⅲ类标准有氨氮和总氮,超标率依次为98.4%、48.0%。其中氨氮一次最高值为6.49 mg/L,出现在2007年细河点位,氨氮年均最高值为2.33 mg/L,出现在2007年。总氮一次最高值为14.61 mg/L,出现在2010年的胡巴什点位,总氮年均最高值为6.45 mg/L,出现在2007年。水库主要点位主要污染物部分指标仍有上升趋势,石油类、挥发酚、总氮超出Ⅲ类水质标准,已是一座Ⅴ类水质的水库,与本溪排放污染物浓度有直接关系。

葠窝水库历年水质监测及评价情况见表2-1-1 ~ 表2-1-5。

(二)水库污染治理

1974年10月水库建成投入使用后,由于受到本溪市工业废水和生活污水的严重污染,使它成为在"七五"期间全省唯一多项指标超过《地面水环境质量标准》(GB 3838—88)的Ⅲ类水质标准的水库,辽宁省环保局和本溪市环保局一直非常重视污染治理。40年来污染虽然没有根治,但一直积极努力致力于这项工作。早在1981年8月,本溪市环境科学研究所根据辽宁省环保局下达的"辽河水系污染与保护科研计划"的通知,本溪市环保所和监测站承担"葠窝水库主要污染物自净能力和污染综合防治途径研究方案"项目没有实施,但为后来的水库污染治理提供了许多监测资料和理论依据。30年间虽经多方努力,但仍然没有改变水质污染的现状。

(三)鱼体残毒与鱼类资源调查

1. 鱼体残毒

1979年10月,辽阳市环境保护监测站和葠窝水库管理处、辽阳市水文站、辽阳市防疫站一起对水库水质第一次进行了初步调查,取样3次,获数据294个。12月21日检测结果:主要污染物为酚、硫化物、大肠菌,其次为氨氮类物质。由于含酚较多,使鱼有明显的酚味,说明在一定时间,一定部位酚的含量≥0.1 mg/L,已不能食用,丧失了经济价值,给水产业带来很大的危害。

1981年8月,本溪市环境科学研究所根据辽宁省环保局下达的"辽河水系污染与保护科研计划"的要求,为了摸清水库的鱼类品种、数量及污染的主要问题,对鱼体进行解

表 2-1-1　1987～1990 年葠窝水库水质监测结果统计表

（单位：mg/L（pH 除外））

年度	项目	pH	悬浮物	总硬度	透明度（mm）	溶解氧	五日生化需氧量	氨氮	亚硝酸盐氮	硝酸盐氮	挥发酚	氰化物	砷	汞	六价铬	铅	镉	总磷	高锰酸盐指数	铜	油
1987	样品数	18	18			18	17	18	18	18	18	18	12	18	18	18	18	18	18	18	18
	最大值	8.6	20.2			5.0	3.2	1.87	0.160	1.00						0.021	0.001 7	0.20	3.15	0.031	0.89
	最小值	7.9	未			8.8	0.4	0.60	0.060	0.62						未	未	0.05	1.97	未	未
	平均值	8.1	2.9			7.0	1.8	1.09	0.087	0.77	未	未	未	未	未	0.003	0.000 2	0.08	2.45	0.007	0.10
	超标率（%）	6						100	17									17			6
1988	样品数	18	12	18	10	6	5	18	18	18	18	18	18	18	18	18	18	18	18		18
	最大值	8.4	39.6	99	200	4.4	3.9	3.28	0.214	2.10	0.006					0.010			6.00		0.43
	最小值	7.2	8.8	79	30	10.0	2.2	0.37	0.083	0.85	未					未			2.82		未
	平均值	7.8	20.4	91	100	8.0	2.9	1.51	0.131	1.67	0.001	未	未	未	未	0.002	未	未	4.45		0.15
	超标率（%）							89	83												
1989	样品数	6	6	6	6	6	6	6	6	6	6	6				6	6	6	6	6	6
	最大值	8.3	117.8	134	50	2.8	4.0	5.45	0.700	1.15	0.030							0.73	4.12		1.05
	最小值	7.5	88.0	89	40	6.8	3.2	2.48	0.334	0.99	0.002							0.44	2.43		0.10
	平均值	7.9	109.4	115	50	5.1	3.7	4.22	0.467	1.07	0.008	未				未	未	0.55	3.62	未	0.35
	超标率（%）					33		100	100		17							100			17
1990	样品数	8	8	8	8	8	8	8	8	8	8	8		8	8	8	8	8	8	8	8
	最大值	7.0	33.2	96	300	6.0	3.6	3.53	0.185	1.43	0.015							0.34	3.07		0.35
	最小值	7.3	5.6	92	150	6.4	1.8	3.38	0.165	1.23	0.001							0.28	2.58		未
	平均值	7.2	14.2	94	250	6.1	2.6	3.47	0.170	1.32	0.006	未		未	未	未	未	0.31	2.77	未	0.05
	超标率（%）							100	100		13							100			

表 2-1-2　1991～1995 年葠窝水库水质监测结果统计表

（单位：mg/L（pH 除外））

年度	项目	透明度（m）	pH	硬度	悬浮物	溶解氧	化学需氧量	五日生化需氧量	高锰酸盐指数	石油类	挥发酚	氰化物	氯化物
1991	样品数	10	20	20	20	20	10	20	20	20	20	20	
	最大值	2.0	8.3	126	23.0	2.0	6.0	7.20	7.46	0.15	0.008	0.020	
	最小值	3.0	7.8	86	2.6	8.6	4.0	1.50	2.70	0.02	0.001	0.002	
	平均值	2.4	8.1	102	11.7	6.8	4.9	3.76	4.40	0.03	0.001	0.003	
	超标率（%）		0	0	0	10	0	20	10	0	10	0	
1992	样品数	36	72	36	72	72	72	72	72	72	72	72	
	最大值	1.5	7.9	82	25.6	4.4	7.0	3.20	2.96	1.05	0.005	0.002	
	最小值	3.5	7.2	77	8.6	9.6	2.0	0.46	1.68	0.02	0.001	0.002	
	平均值	2.5	7.6	80	15.0	7.6	3.8	1.95	2.55	0.05	0.001	0.002	
	超标率（%）		0	0	0	0	0	0	0	0	0	0	
1993	样品数	12	12	12		12	12	12	12	12	12	12	
	最大值	0.5	7.6	86		7.8	9.0	6.60	7.56	0.19	0.003	0.002	
	最小值	2.0	7.2	80		11.3	6.0	2.00	4.68	0.02	0.001	0.002	
	平均值	1.6	7.4	82		9.2	6.6	3.40	5.47	0.08	0.001	0.002	
	超标率（%）		0	0		0	0	25	16.7	0	0	0	
1994	样品数	18	18	18	18	18	18	18	18	18	18	18	18
	最大值	0.5	8.0	122	36.8	7.0	20.0	9.20	10.55	0.02	0.002	0.002	19.70
	最小值	1.8	7.2	81	6.2	10.8	6.0	0.80	3.53	0.02	0.001	0.002	10.46
	平均值	1.2	7.7	93	17.0	8.5	11.3	4.60	5.91	0.02	0.001	0.002	15.25
	超标率（%）		0	0	0	0	27.7	67	50	0	0	0	0
1995	样品数	24	24	24	24	24	24	24	24	24	24	24	24
	最大值	0.8	7.5	121	36.1	5.2	8.0	5.30	4.93	0.02	0.001	0.002	19.78
	最小值	1.7	7.0	72	1.9	12.1	4.4	1.20	2.14	0.02	0.001	0.002	9.02
	平均值	1.3	7.3	85	16.5	8.1	5.5	2.80	3.30	0.02	0.001	0.002	11.39
	超标率（%）		0	0	0	0	0	20.8	0	0	0	0	0
Ⅲ类水质标准值			6.5～8.5	≤250	≤150	≥5	≤15	≤4	≤6	≤0.5	≤0.005	≤0.2	≤250

续表 2-1-2

年度	项目	氟化物	磷酸盐	氨氮	亚硝酸盐氮	硝酸盐氮	硫酸盐	六价铬	镉	铜	砷	汞	铅
1991	样品数		20	20	20	20		20	20	20	20	20	20
	最大值		0.066	3.37	0.250	2.25		0.002	0.0005	0.002	0.004	0.000 1	0.005
	最小值		0.023	0.10	0.030	0.44		0.002	0.0005	0.002	0.004	0.000 1	0.005
	平均值		0.047	0.79	0.118	1.32		0.002	0.0005	0.002	0.004	0.000 1	0.005
	超标率(%)		0	45	50	0		0	0	0	0	0	0
1992	样品数		72	72	72	72		72	72	72	72	72	72
	最大值		0.182	2.74	0.139	3.20		0.002	0.0005	0.002	0.004	0.000 1	0.005
	最小值		0.013	0.04	0.010	1.11		0.002	0.0005	0.002	0.004	0.000 1	0.005
	平均值		0.034	0.96	0.042	1.88		0.002	0.0005	0.008	0.004	0.000 1	0.005
	超标率(%)		11	51	7	0		0	0	0	0	0	0
1993	样品数		12	12	12	12	12	12	12	12	12	12	12
	最大值		0.062	2.50	0.166	2.24	54.17	0.002	0.0005	0.002	0.004	0.000 1	0.005
	最小值		0.012	1.15	0.070	0.69	47.30	0.002	0.0005	0.002	0.004	0.000 1	0.005
	平均值		0.020	1.49	0.099	1.61	50.98	0.002	0.0005	0.002	0.004	0.000 1	0.005
	超标率(%)		0	100	33.3	0	0	0	0	0	0	0	0
1994	样品数	18	18	18	18	18	18	18	18	18	18	18	18
	最大值	1.54	0.061	1.90	0.290	12.25	94.08	0.002	0.0005	0.002	0.004	0.000 1	0.005
	最小值	0.81	0.013	0.01	0.002	4.31	52.60	0.002	0.0005	0.002	0.004	0.000 1	0.005
	平均值	1.10	0.017	0.53	0.112	10.05	70.00	0.002	0.0005	0.002	0.004	0.000 1	0.005
	超标率(%)	72.3	0	55.8	61.3	0	0	0	0	0	0	0	0
1995	样品数	24	24	24	24	24	24	24	24	24	24	24	24
	最大值	1.33	0.041	0.23	0.450	2.72	79.41	0.002	0.0005	0.002	0.004	0.000 1	0.005
	最小值	0.78	0.013	0.01	0.032	1.29	41.68	0.002	0.0005	0.002	0.004	0.000 1	0.005
	平均值	1.05	0.015	0.08	0.213	2.28	53.42	0.002	0.0005	0.002	0.004	0.000 1	0.005
	超标率(%)	54.2	0	0	50	0	0	0	0	0	0	0	0
Ⅲ类水质标准值		≤1.0	≤0.1	≤0.5	≤0.15	≤20	≤250	≤0.05	≤0.005	≤1.0	≤0.05	≤0.000 1	≤0.05

表 2-1-3　1996～2000 年葭窝水库水质监测结果统计表

（单位：mg/L（pH 除外））

年份	项目	水温（℃）	透明度（m）	总硬度	pH	悬浮物	溶解氧	高锰酸盐指数	生化需氧量	挥发酚	氰化物	总砷
1996	平均值	18.0	1.5	171.4	7.8	10.8	8.2	4.76	3.8	0.001	0.002	0.000 2
	最大值	23.0	1.8	189.3	8.6	38.9	10.8	10.28	9.2	0.001	0.002	0.000 2
	最小值	13.5	1.2	155.4	7.0	1.8	5.4	2.48	1.2	0.001	0.002	0.000 2
	样品数	12	12	24	24	24	24	24	24	24	24	24
	超标率（%）			0	25	0	0	21	50	0	0	0
1997	平均值	20.1	2.6	153.6	8.1	9.6	9.8	3.76	2.8	0.001	0.002	0.000 2
	最大值	30.0	6.0	178.6	9.0	25.4	12.5	5.29	5.1	0.001	0.002	0.0002
	最小值	15.0	0.5	110.7	7.1	3.0	8.2	2.78	1.2	0.001	0.002	0.000 2
	样品数	18	18	24	24	24	24	24	24	18	24	24
	超标率（%）			0	46	0	0	0	25	0	0	0
1998	平均值	23.1	2.1	159.8	8.0	11.1	8.8	3.66	2.8	0.001	0.002	0.001 0
	最大值	26.0	4.0	177.6	8.1	16.0	11.1	4.43	4.4	0.001	0.002	0.003 0
	最小值	17.0	0.6	147.7	7.9	7.0	6.8	3.09	1.4	0.001	0.002	0.000 2
	样品数	12	12	24	24	12	24	24	24	24	24	12
	超标率（%）			0	0	0	0	0	8	0	0	0
1999	平均值	21.8	2.4	149.0	8.6		8.2	4.24	3.4	0.002	0.002	0.000 2
	最大值	29.3	5.5	171.6	9.0		9.6	6.04	5.4	0.007	0.002	0.000 2
	最小值	15.0	0.8	87.1	8.0		6.5	3.03	1.3	0.001	0.002	0.000 2
	样品数	12	24	24	24		24	24	24	24	24	24
	超标率（%）			0	38		0	4	25	8	0	0
2000	平均值	20.4	1.7		8.2	29.3	8.2	3.86	2.6	0.002		0.000 2
	最大值	29.0	4.0		8.8	37.8	9.8	5.70	4.2	0.003		0.000 2
	最小值	13.0	0.5		7.8	23.4	6.6	2.14	1.1	0.001		0.000 2
	样品数	11	11		11	11	11	11	11	11		11
	超标率（%）				18	0	0	0	9	0		0
总平均值		20.6	2.2	158.5	8.1	13.3	8.7	4.08	3.1	0.001	0.001	0.000 2
标准值				450	6.5～8.5	150	5	6	4	0.002 5	0.005	0.05

续表 2-1-3

年份	项目	总汞	六价铬	总镉	总铅	总磷	氨氮	硝酸盐氮	亚硝酸盐氮	总氮	石油类	氟化物
1996	平均值	0.000 02	0.002	0.000 5	0.005	0.012	0.14	2.90	0.053		0.02	1.18
	最大值	0.000 02	0.002	0.000 5	0.005	0.012	0.28	3.87	0.098		0.02	1.65
	最小值	0.000 02	0.002	0.000 5	0.005	0.012	0.06	1.74	0.008		0.02	0.83
	样品数	24	24	24	24	24	24	24	24		24	24
	超标率(%)	0	0	0	0	0	8	0	0		0	75
1997	平均值	0.000 02	0.002	0.000 5	0.009	0.019	0.92	1.85	0.136		0.02	1.13
	最大值	0.000 02	0.002	0.000 5	0.019	0.041	1.63	2.26	0.316		0.02	1.47
	最小值	0.000 02	0.002	0.000 5	0.005	0.012	0.35	1.45	0.038		0.02	0.81
	样品数	24	18	18	18	18	18	24	24		24	24
	超标率(%)	0	0	0	0	0	89	0	54		0	75
1998	平均值	0.000 02	0.002	0.000 5	0.005	0.012	0.27	1.59	0.314		0.02	1.10
	最大值	0.000 02	0.002	0.000 5	0.005	0.012	0.53	1.92	0.378		0.02	1.26
	最小值	0.000 02	0.002	0.000 5	0.005	0.012	0.07	1.37	0.237		0.02	1.01
	样品数	24	24	18	18	24	12	6	12		24	18
	超标率(%)	0	0	0	0	0	17	0	100		0	100
1999	平均值	0.000 02	0.002	0.000 5	0.005	0.023			0.113		0.10	1.24
	最大值	0.000 02	0.002	0.000 5	0.005	0.067			0.157		0.36	1.53
	最小值	0.000 02	0.002	0.000 5	0.005	0.012			0.065		0.02	0.92
	样品数	12	24	24	24	24			24		24	24
	超标率(%)	0	0	0	0	8			17		50	92
2000	平均值	0.000 02	0.002		0.005	0.096				5.28	0.02	
	最大值	0.000 02	0.002		0.005	0.180				6.50	0.06	
	最小值	0.000 02	0.002		0.005	0.040				3.20	0.02	
	样品数	11	11		11	11				11	11	
	超标率(%)	0	0		0	45					0	84
总平均值		0.000 02	0.002	0.000 5	0.006		0.43	2.29	0.131	5.28	0.04	1.17
标准值		0.001	0.05	0.005	0.05	0.05	0.5	20	0.15		0.05	1.0

注：总硬度以 $CaCO_3$ 计。

表 2-1-4　2001～2005 年葠窝水库(全水库)水质监测结果统计表

(单位:mg/L(pH、电导率、透明度除外))

年份	项目	pH	电导率(MS/m)	溶解氧	高锰酸盐指数	五日生化需氧量	氨氮	石油类	挥发酚	汞	铅	总磷	总氮
		1	2	3	4	5	6	7	8	9	10	11	12
	GB 3838—2002 Ⅲ类标准	6～9		≥5	≤6	≤4	≤1.0	≤0.05	≤0.005	≤0.000 1	≤0.05	≤0.05	≤1.0
2001	平均值	7.67		8.3	4.40	3.2	0.13	0.02	0.001	0.000 02	0.005	0.064	2.80
	超标倍数											0.3	1.8
	最大值	8.10		6.0	5.98	6.4	0.38					0.254	3.74
	最小值	6.90		10.2	2.68	1.4	0.02					0.025	1.72
	样品个数	12		12	12	12	6	12	6	6	6	12	12
	超标个数					5						5	12
2002	平均值	7.65	37.0	8.3	4.59	2.0	0.77	0.11	0.005			0.046	2.71
	超标倍数							1.2					1.7
	最大值	8.52	44.0	4.4	7.62	4.4	1.28	0.37	0.011			0.174	4.92
	最小值	6.70	30.0	11.8	2.40	1.0	0.08	0.02	0.001			0.005	0.83
	样品个数	42	36	42	42	42	42	42	42			42	42
	超标个数			1	4	1	12	36	13			14	41
2003	平均值	7.48	38.4	8.5	4.77	2.0	1.35	0.04	0.010	0.000 02	0.010	0.052	5.60
	超标倍数						0.4		1.0			0.04	4.6
	最大值	8.05	44.0	3.4	8.00	4.1	3.82	0.20	0.021		0.031	0.384	7.79
	最小值	6.72	30.0	12.1	2.63	1.0	0.02	0.02	0.001		0.005	0.005	2.11
	样品个数	49	49	49	49	49	49	49	49	48	49	49	48
	超标个数				8	2	24	3	39			29	48
2004	平均值	7.83	37.8	8.0	3.85	2.5	0.84	0.08	0.004	0.000 02	0.005	0.035	3.76
	超标倍数							0.6					2.8
	最大值	8.55	51.9	6.0	7.36	8.3	2.42	0.23	0.014			0.143	5.90
	最小值	7.02	30.9	10.8	2.38	1.0	0.02	0.02	0.001			0.010	0.85
	样品个数	38	38	38	38	38	38	38	38	38	38	38	38
	超标个数				2	5	18	16	4			8	37
2005	平均值	7.25	36.1	6.2	3.8	1.7	0.64	0.07	0.008	0.000 02	0.005	0.035	3.49
	超标倍数							0.4	0.6				2.5
	最大值	7.99	42.4	3.1	5.6	4.6	2.08	0.22	0.013			0.149	6.64
	最小值	6.79	31.7	9.2	2.53	1.0	0.02	0.02	0.00			0.005	0.92
	样品个数	42	42	42	42	42	42	42	42	42	42	42	42
	超标个数					2	9	15	29			7	41
五年平均值		7.58	37.3	7.9	4.3	2.3	0.75	0.06	0.006	0.000 02	0.006 25	0.046	3.67

续表 2-1-4

年份	项目	铜	氰化物	硫化物	氟化物	阴离子表面活性剂	透明度（m）	亚硝酸盐氮	硝酸盐氮	总硬度	氯化物	硫酸盐	悬浮物
		13	14	15	16	17	18	19	20	21	22	23	24
	GB 3838—2002 Ⅲ类标准	≤1.0	≤0.2	≤0.2	≤1.0	≤0.2							
2001	平均值						1.0	0.140	1.74				30.6
	超标倍数												
	最大值						0.5	0.384	2.02				46.2
	最小值						1.5	0.072	1.43				15.0
	样品个数						12	6	6				12
	超标个数												
2002	平均值				1.32		1.9	0.170	1.72	193.7	19.63	51.06	36.0
	超标倍数				0.3								
	最大值				1.50		0.5	0.498	1.97	493.0	21.17	52.91	99.7
	最小值				1.16		5.0	0.012	1.42	145.7	18.11	47.23	10.7
	样品个数				12		42	24	42	36	12	12	24
	超标个数				12								
2003	平均值	0.007	0.002	0.002	1.07	0.069	2.0						
	超标倍数				0.1								
	最大值	0.015			1.35	0.098	0.6						
	最小值	0.005			0.5	0.044	4.0						
	样品个数	18	12	12	37	36	48						
	超标个数				24								
2004	平均值	0.004	0.002		0.48	0.087	2.1						
	超标倍数												
	最大值	0.006			0.95	0.167	0.4						
	最小值	0.005			0.2	0.049	4.5						
	样品个数	19	19		19	19	37						
	超标个数												
2005	平均值	0.005	0.002	0.003	0.55	0.060	2.2						
	超标倍数												
	最大值			0.009	0.82	0.142	0.4						
	最小值			0.002	0.07	0.011	4.0						
	样品个数	21	21	21	21	21	39						
	超标个数												
五年平均值		0.005	0.002	0.003	0.86	0.072	1.84	0.155	1.73	193.7	19.63	51.06	33.3

注：锌、镉、六价铬、砷、硒均在标准分析方法的检出限以下。未列表中。

表 2-1-5　2006～2010 年葠窝水库（全水库）水质监测结果统计表

（单位：mg/L（pH、电导率、透明度除外））

年份	项目	透明度	pH	电导率（MS/m）	溶解氧	高锰酸盐指数	五日生化需氧量	石油类	挥发酚	氨氮	总氮	总磷	汞	铅
		1	2	3	4	5	6	7	8	9	10	11	12	13
	GB 3838—2002 Ⅲ类标准	—	6～9	—	≥6	≤6	≤4	≤0.05	≤0.005	≤1.0	≤1.0	≤0.05	≤0.000 1	≤0.05
2006	平均值	2.6	8.08	37.7	6.9	3.45	2.1	0.03	0.006	1.40	4.77	0.030	0.000 02	0.005
	超标倍数	—	—	—	—	—	—	—	—	0.4	3.8	—	—	—
	最大值	4.0	8.92	44.6	9.6	5.32	4.4	0.07	0.023	2.36	7.09	0.065	0.000 02	0.005
	最小值	1.0	7.79	27.0	4.4	2.40	1.0	0.01	0.002	0.39	2.17	0.005	0.000 02	0.005
	样品个数	42	42	42	42	42	42	42	42	42	42	42	42	42
	超标个数	—	—	—	3	—	1	5	13	26	42	3	—	—
2007	平均值	2.2	8.05	42.0	8.2	3.11	2.5	0.033	0.003	2.33	6.45	0.030	0.000 02	0.005
	超标倍数	—	—	—	—	—	—	—	—	1.3	5.5	—	—	—
	最大值	3.5	8.59	59.7	10.1	4.06	5.1	0.06	0.005	6.49	8.93	0.071	0.000 02	0.005
	最小值	1.1	7.37	18.6	7.4	2.20	1.0	0.01	0.001	0.05	3.34	0.012	0.000 02	0.005
	样品个数	41	42	42	42	42	42	42	42	42	42	42	42	42
	超标个数	—	—	—	—	—	—	—	—	28	42	2	—	—
2008	平均值	18.1	8.06	39.6	8.5	2.85	2.5	0.083	0.002	1.41	5.39	0.031	0.000 02	0.005
	超标倍数	—	—	—	—	—	—	0.6	—	0.4	4.4	—	—	—
	最大值	3.5	8.70	48.5	10.7	3.74	3.1	0.21	0.004	3.21	7.64	0.062	0.000 02	0.005
	最小值	1.1	7.41	31.7	7.2	2.21	1.0	0.04	0.001	0.15	3.41	0.015	0.000 02	0.005
	样品个数	42	42	42	42	42	42	42	42	42	42	42	42	42
	超标个数	—	—	—	—	—	—	27	—	26	42	3	—	—
2009	平均值	2.8	8.09	47.1	8.2	2.70	2.2	0.042	0.005	1.348	5.49	0.057	0.000 02	0.007
	超标倍数	—	—	—	—	—	—	—	—	0.4	4.5	0.1	—	—
	最大值	4.5	8.52	60.2	9.6	3.45	2.9	0.170	0.008	2.562	6.50	0.469	0.000 02	0.060
	最小值	1.2	7.29	36.6	6.4	1.91	1.0	0.011	0.001	0.055	2.02	0.005	0.000 02	0.005
	样品个数	47	47	47	47	47	47	47	47	47	47	47	47	47
	超标个数	—	—	—	—	—	—	9	16	34	47	12	—	—
2010	平均值	3.1	8.25	38.9	8.6	2.92	2.4	0.03	0.003	1.225	6.15	0.053	0.000 02	0.005
	超标倍数	—	—	—	—	—	—	—	—	0.2	5.2	0.1	—	—
	最大值	4.0	8.66	58.1	10.2	3.74	3.2	0.079	0.004	3.246	14.61	0.152	0.000 02	0.005
	最小值	1.8	7.71	27.2	7.4	2.22	1.0	0.019	0.002	0.206	1.77	0.005	0.000 02	0.005
	样品个数	42	42	42	42	42	42	42	42	42	42	42	42	42
	超标个数	—	—	—	—	—	—	5	—	16	42	13	—	—
五年平均值		5.8	8.11	41.1	8.1	3.01	2.3	0.044	0.004	1.549	5.65	0.040	0.000 02	0.005 4

续表 2-1-5

年份	项目	叶绿素a	铜	锌	镉	六价铬	砷	硒	氰化物	硫化物	氟化物	阴离子表面活性剂	粪大肠菌群
		14	15	16	17	18	19	20	21	22	23	24	25
	GB 3838—2002 Ⅲ类标准	—	≤1.0	≤1.0	≤0.005	≤0.05	≤0.05	≤0.01	≤0.2	≤0.2	≤1.0	≤0.2	≤10 000
2006	平均值	11.10	0.005	0.025	0.0005	0.002	0.004	0.002	0.002	0.005	0.38	0.027	—
	超标倍数	—	—	—	—	—	—	—	—	—	—	—	—
	最大值	43.89	0.005	0.025	0.0005	0.002	0.004	0.002	0.002	0.011	0.62	0.057	—
	最小值	0.22	0.005	0.025	0.0005	0.002	0.004	0.002	0.002	0.003	0.21	0.025	—
	样品个数	42	21	21	21	21	21	21	21	21	21	21	—
	超标个数	—	—	—	—	—	—	—	—	—	—	—	—
2007	平均值	6.84	0.005	0.025	0.0005	0.002	0.004	0.002	0.002	0.006	0.42	0.028	—
	超标倍数	—	—	—	—	—	—	—	—	—	—	—	—
	最大值	31.30	0.005	0.025	0.0005	0.002	0.004	0.002	0.002	0.034	0.52	0.058	3 500
	最小值	0.36	0.005	0.025	0.0005	0.002	0.004	0.002	0.002	0.003	0.32	0.025	<20
	样品个数	42	21	21	21	21	21	21	21	21	21	21	21
	超标个数	—	—	—	—	—	—	—	—	—	—	—	—
2008	平均值	8.12	0.005	0.025	0.0005	0.002	0.004	0.002	0.002	0.003	0.30	0.032	—
	超标倍数	—	—	—	—	—	—	—	—	—	—	—	—
	最大值	29.21	0.005	0.025	0.0005	0.002	0.004	0.002	0.002	0.003	0.34	0.052	790
	最小值	0.52	0.005	0.025	0.0005	0.002	0.004	0.002	0.002	0.003	0.25	0.030	<20
	样品个数	42	21	21	21	21	21	21	21	21	21	21	35
	超标个数	—	—	—	—	—	—	—	—	—	—	—	—
2009	平均值	6.11	0.005	0.025	0.0006	0.002	0.004	0.002	0.002	0.002	0.391	0.026	131
	超标倍数	—	—	—	—	—	—	—	—	—	—	—	—
	最大值	39.28	0.014	0.025	0.0033	0.002	0.004	0.002	0.002	0.002	0.733	0.052	260
	最小值	0.71	0.005	0.025	0.0005	0.002	0.004	0.002	0.002	0.002	0.162	0.025	20
	样品个数	47	26	26	26	26	26	26	26	26	26	26	46
	超标个数	—	—	—	—	—	—	—	—	—	—	—	—
2010	平均值	5.044	0.005	0.025	0.0005	0.002	0.004	0.002	0.002	0.002	0.390	0.025	796
	超标倍数	—	—	—	—	—	—	—	—	—	—	—	—
	最大值	25.667	0.005	0.025	0.0005	0.002	0.004	0.002	0.002	0.002	0.783	0.025	5 400
	最小值	0.052	0.005	0.025	0.0005	0.002	0.004	0.002	0.002	0.002	0.177	0.025	20
	样品个数	42	29	29	29	29	29	29	29	29	29	29	29
	超标个数	—	—	—	—	—	—	—	—	—	—	—	—
五年平均值		7.443	0.005	0.025	0.0005	0.002	0.004	0.002	0.002	0.004	0.376	0.028	—

注: 锌、镉、六价铬、砷、硒均在标准分析方法的检出限以下。未列表中。

剖化验,确定主要的污染物及污染程度。分别邀请辽阳市卫生防疫站、大连市环境保护监测站及该市东岗区卫生防疫站对葠窝水库鱼体进行化验。本批鱼经该站检毒判定酚超出国家食用标准(本溪河头、兰家崴子、鸡冠山均超标),故不能食用。

1988 年 7 月和 10 月,对葠窝水库的马口鱼、餐条鱼、鲫鱼、鲶鱼、鲤鱼、乌鲁鱼鱼体的砷、酚、汞、铜、镉、锌、铅含量进行了化验分析,化验结果还表明,兰家崴子以上的太子河底层鱼的砷、酚含量超标,食用价值较低。

2008 年 11 月至 2010 年 8 月,辽宁省淡水渔业环境监督检测站受辽宁省葠窝水库管理局委托,对葠窝水库鱼体残毒进行检测。检测品种包括鳙鱼、鲶鱼、鲤鱼、鲫鱼、餐条鱼、公鱼、小杂鱼。

葠窝水库鱼体残毒检测结果见表 2-1-6。

表 2-1-6　葠窝水库鱼体残毒检测　　(单位:mg/kg)

名称	挥发酚	汞	锌	总铬	镉	铜	铅
鲶鱼	0.254	0.364	3.410	未检出	0.580	0.470	0.250
鳙鱼	0.195	0.125	8.450	未检出	0.730	0.080	0.320
鲶鱼腮	0.620	0.050	9.770	未检出	0.770	0.110	0.120
鲤鱼	0.260	0.090	4.190	1.240	1.850	0.600	0.270
鲤鱼腮	0.370	0.070	7.140	未检出	0.170	0.290	0.190
鲤鱼(太子河主干道)	0.290	0.100	55.350	未检出	未检出	18.320	0.058
鲤鱼(小)	未检出	0.004	0.610	未检出	10.790	4.900	0.006
餐条鱼	0.003	0.005	4.389	2.019	0.246	未检出	未检出
餐条(田官)	0.001	0.002	1.174	未检出	0.175	未检出	未检出
餐条(瓦石峪)	0.002	0.002	0.810	1.322	0.100	未检出	未检出
公鱼	0.003	0.005	1.205		0.296	0.786	0.055
鲫鱼		0.001	0.530		0.066		
小杂鱼		0.002	0.002	2.375	0.105	0.454	
国内食品卫生标准		≤0.3			≤0.1		
国外参考标准	≤0.25		≤10	≤2.0		≤10	≤2.0

鱼体检测结果:7 种毒物在葠窝水库的鱼体内都有检出,均有一定的残留量。由于水中各种毒物的含量以及存在的形态、作用性质不同,因而各种毒物在鱼体内残留值也不相同,而且差异较大。汞、锌的检出率最高,都为 100%,超标最高的是镉,其次是酚,它们主要是在底层高龄鱼体中超标。汞、总铬、锌、铜和铅在测定的鱼类中几乎无超标现象,而且含量较低。

2. 鱼类资源调查

太子河流域在历史上曾是山川秀丽、河水清澈的鱼米之乡,不但为工农业提供洁净的用水,流域还盛产省内外驰名的甲鱼、鳖花、鲤鱼等水产品。仅辽阳市在新中国成立初期就有一百七八十条渔船从事捕捞业,年产量达 250 万 kg 以上。但在进入 20 世纪 60 年代,由于工矿企业飞速发展所带来的水环境污染没有引起人们的充分重视,使太子河河水开始混浊,鱼虾锐减,淡水养殖业遭到严重破坏。

1987 年和 1988 年经调查访问得知,库中大约有鲤鱼、鲫鱼、鲢鱼、鳙鱼、马口鱼、餐条鱼、黄颡鱼、唇螖鲶鱼、乌鲁鱼等 11 个鱼种。蓄水初期,曾人工投放鲢鱼、鳙鱼苗数万尾,加上自然生长的鱼群,因此水库鱼类资源是比较丰富的。本次资源调查还得知,当地群众在水库投放各种捕鱼船四五百只,单船年捕量达 250～500 kg,鲫鱼约占 80%,冬捕则多为鲢鱼、鳙鱼,鱼群长势良好并具备一定水产价值,如在坝前,兰河口一带污染较轻的区域,放养食物链短的上层鱼类和生长期短的鱼类或进行网箱养鱼,还是可行的。

2008 年 11 月至 2010 年 8 月,辽宁省淡水渔业环境监督检测站受辽宁省葠窝水库管理局委托,对葠窝水库鱼体残毒进行检测的同时还对饵料生物进行了监测。饵料生物调查内容有浮游生物、底栖动物的种类、数量和生物量。监测结果表明,葠窝水库水质富有藻类多样性。

鲢鳙鱼生产力综合评价属于中—贫营养型大型山谷水库,鲢鱼和鳙鱼生产潜力可达年 8～15 kg/亩。

从初级生产力评估来看,葠窝水库的鲢鱼和鳙鱼产量为 10.43 kg/亩。葠窝水库的浮游生物可以提供 9.99 kg/亩的鲢鱼和鳙鱼产量,如果考虑到腐屑和细菌的饵料作用,健在的鱼生产能力还要大很多。

渔业性能评价:从养鱼生产角度考虑,葠窝水库水质的各项理化指标均符合渔业水质标准。通过对鱼体残毒的检测,发现下层鱼类鲤鱼、鲶鱼多项指标超标,说明残毒在鱼体内有富集,不适宜食用;商业鱼类用于食用几乎没有超标,可以适当进行养殖;由于此次没有捕获到白鲢鱼,没有对白鲢鱼进行鱼体残毒检测,所以目前无法确定是否可以对其进行养殖。从环境保护和可持续发展的需要出发,葠窝水库可以有计划、有节制地发展水库渔业。

第二节　水库调度

一、短期洪水预报方案

水库坝址附近建有葠窝水文站,1964 年就编制了河道站洪水预报方案,1966 年进行了修订,1974 年水库竣工后,在此方案的基础上,通过延长资料年限,重新修订,形成了水库建成后的第一个洪水预报方案,1983 年、1995 年又重新编制了水库洪水预报方案。

(一)1966 年方案

1. 资料情况

洪水资料,从 1951 年起至 1965 年止,共采用了 15 年资料,洪水点据是从依据洪水摘录表数据点绘的洪水过程线上摘录,仅对由于测次分布不均,而造成峰型较差的洪水过程没有采用。

降雨资料,从 1951 年到 1965 年,流域内不少于 14 处雨量观测站,在采用雨量资料时,对一些相邻很近且其中一站资料系列不长者没有采用。其余各站资料均一一采用。

2. 降雨径流相关图中水文诸要素的推求

1) 流域平均降雨量($\overline{P}$)的确定

由于薆窝站以上流域内雨量站分布较多又较均匀,根据每年雨量资料情况,以分布均匀和具有代表性为原则选取雨量站点,用算术平均法求得流域平均降雨量。

计算影响一次洪水的降雨量,是根据薆窝站的流量过程线和流域降雨情况,反复对照,从已刊资料或整编底表上摘录求得,最后确定。在峰后有零星小雨时,且认为是一次天气过程中的降雨,均计算在内。

在计算降雨量时,考虑了扣除雨期蒸发(扣除的标准见土壤含水量 P_a 说明),在扣除雨期蒸发时,凡造成了较大地面径流的降雨量,在流域平均日雨量小于 10 mm 时,据当时天气情况(天气情况确定标准见 P_a 说明)和当时土壤含水量与流域最大吸水量的比值确定日蒸发量并扣除。当流域平均日雨量大于 10 mm 时不扣除雨期蒸发。

2) 径流深(R)的推求

对于深层地下水的分割,系从每年春汛后到当年汛期第一次洪水前之间的最小流量,作为当年的深层地下水,一次平割整个汛期。对连续洪水的分割及地下退水的处理,从资料中找出了五次峰后无雨比较标准的退水过程,并根据影响退水过程的各种因素。如,退水是孤峰还是复峰、形成该次降水历时的长短、这次退水峰值的大小、退水总的历时和退水后的稳定流量,依据这些条件,根据上述 5 次退水过程对连续洪水进行分割。对地下退水,认为每次洪水的地下退水规律一致,不另作处理。在地面与地下退水确定后,就量取一次洪水的径流深(R)。

3) 土壤含水量(P_a)的计算方法

(1) 流域最大缺水量(I_m)的确定。

从 1951 年至 1965 年资料中,选取了三次前期影响雨量很小,而一次降雨量很大,认为全流域已达饱和,然后按下式计算:

$$I_m = P + P_a - R - Z_{雨}$$

式中　P_a——从该次洪水向前计算一个月,$K = 0.92$ 来计算。

最后确定薆窝站以上流域最大缺水量为 110 mm。

(2) 流域最大蒸发能力。详细情况见表 2-1-7。

表 2-1-7　流域蒸发能力　　(单位:mm)

天气	月份								
	3	4	5	6	7	8	9	10	11
晴	3.8	6.2	8.4	7.7	8.8	7.9	6.3	5.0	3.0
阴雨	1.9	3.1	4.2	3.8	4.4	3.9	3.2	2.5	1.5
全雨	0	0	0	0	0	0	0	0	0

注: 晴天,全流域平均降雨量 $P = 0$(或流域内半数以下站降雨)。

阴雨天,全流域平均降雨量 $P > 0$,降雨历时 $T < 12$ h(半数以上的雨量站降雨历时 $T < 12$ h)。在遇有连续的大雨出现时,大雨之间的间歇天数在 2 d 以下者,仍定为阴雨天。

全雨天,$P > 0$,降雨历时 $T > 12$ h(半数以上的雨量站降雨历时 $T \geq 12$ h)。

(3)土壤含水量(P_a)的计算方法。

1951 年 8 月 1 日洪水($\overline{P}=86.2, R=70.5$,在此次洪水前不久还出现了两次洪水)后,认为全流域已达饱和,以流域平均日降水量,从 8 月 1 日洪水后的土壤含水量开始计算 P_a,一直计算到葠窝站 1951 年封河为止,到来年春天葠窝站开河之日,接续头一年封河之日 P_a 计算,并认为在封河期间的降水量消耗损失于冬季蒸发与春汛之中,这样逐年计算 P_a,认为前一年最后一次洪水出现日期及 9、10、11 月的降水量及第二年开河后春季各月的降水量对当年的暴雨径流关系有影响。

5～9 月晴天以 K 值消退土壤含水量,到每天蒸发量小于 2.0 mm 时,就以流域最小蒸发能力 2.0 mm 来扣蒸发量(阴雨天由于蒸发条件改变,不受 2.0 mm 控制),当土壤含水量(P_a)由于 2.0 mm 扣除而出现负值时,仍然以 2.0 mm 扣蒸发,直到又开始降雨。葠窝站以上流域蒸发系数见表 2-1-8。

表 2-1-8　葠窝站以上流域蒸发系数

天气	月份								
	3	4	5	6	7	8	9	10	11
晴	0.970	0.940	0.920	0.930	0.920	0.930	0.945	0.950	0.970
阴雨	0.980	0.970	0.960	0.965	0.960	0.965	0.970	0.980	0.990
全雨	1.00	1.00	1.00	1.00	1.00	1.00	1.00	1.00	1.00

在 P_a 计算过程中,P_a 的上限以 I_m 控制,在遇有较大降雨而形成径流,该径流深应在 P_a 计算过程中扣除,采用公式:$P_{a末}=P_{a初}+P-R-Z_{雨}$ 来计算 $P_{a末}$,在作业预报时,由于当时对径流深不易计算,只能以相关图推求的 R 来代替实际出现的 R。

当形成一次洪水的降雨开始时间距日界大于 12 h,要再扣一天的蒸发量,即再算一次阴雨天蒸发量。

(二)1974 年方案

1. 流域平均降雨量的计算

由于葠窝水库以上流域内雨量站分布较多,又较均匀,故用算术平均法算得流域平均雨量。计算影响一次洪水降水量系确定峰后有零星小雨时认为是一次天气过程中的降雨量均计算在内并考虑扣出雨期蒸发。

2. 地表径流深 R 的推求

从葠窝站 1953～1972 年选用了 90 次洪水资料,基流分割:桃花汛基流分割一次 5 m^3/s,平割,其他期间一律按 10 m^3/s 平割。

3. 扣损

(1)从 1953 年 8 月开始,中间包括 1954、1960、1971 年丰水年,也包括 1958 年和 1968 年枯水年。

(2)P_a 值的计算方法。

采取连续计算,在畅流期采用下列公式计算:

$$P_{a2} = K(\overline{P_{日}} + P_{a1})$$

当 $P>5$ mm 时，采用 $P_{a2}=(P_{a1}+\overline{P}_{次}-Z_{雨}-R)$ 计算。

在封冻期间采用下列公式计算：

$$P_{a开河} = P_{a封} - R_{雪} + \sum P_{雪} - \sum Z_{冬}$$

式中 $P_{a封}$——封冻日的前期影响雨量，统一规定历年11月30日为封冻日期（误差影响不大）；

$P_{a开河}$——历年开河日期（一般为3月15日）的前期影响雨量（如果开河日期早于3月15日，则定于3月15日，误差影响不大）；

$R_{雪}$——桃花汛径流深；

$\sum P_{雪}$——从12月1日到历年开河（或者3月15日）之间降水量；

$\sum Z_{冬}$——从12月1日到历年开河或者3月15日之间的积累蒸发量。

（3）蒸发量的确定。

I_{max}的确定：选用久旱之后（$P_a=0$）时，有大雨的径流资料求出 I_{max}，在5月底到封冻（11月30日）为110 mm，开河（或者3月15日）到5月下旬 I_{max}变化在80～11 mm。

K值的确定，根据流域水面蒸发能力 Z_m 代入公式，$K=1-\frac{Z_m}{I_{max}}$求得的 K 为第一次的计算值，经过反复的试算，最后确定出葠窝以上流域各种天气情况下的蒸发能力及蒸发换算系数。水库流域递减系数 K 和雨期蒸发量见表2-1-9，冬季月蒸发量见表2-1-10。

表2-1-9 葠窝水库流域递减系数 K 和雨期蒸发量

值		月份								
		3	4	5	6	7	8	9	10	11
K	晴	0.990	0.990	0.980	0.950	0.940	0.950	0.960	0.970	0.980
	阴雨	0.995	0.995	0.990	0.970	0.960	0.970	0.975	0.980	0.990
Z(mm)	晴	0.9	0.9	1.6	4.1	6.0	4.1	3.4	2.5	1.6
	阴雨	0.4	0.4	0.8	2.0	3.0	2.0	1.7	1.2	0.8
最小蒸发能力（mm）					2.0	4.0	2.0	2.0		
I_{max}		80	80 80 85	90 95 110	110	110	110	110	110	110

表2-1-10 冬季月蒸发量

月份	12	1	2	3（半月16 d）
蒸发量（mm）	5.0	3.5	6.0	17

各种天气情况的确定说明：

晴 $\overline{P}_{日} \leqslant 5$ mm 阴雨，$5 < \overline{P}_{日} \leqslant 30$ 大雨及连续降雨。

$\overline{P}_{日} \geqslant 30$ mm 大雨蒸发能力等于零。

$\overline{P}_{1日} \geqslant 20$ mm，$\overline{P}_{2日} \geqslant 20$ mm 连续较大雨的第二天蒸发能力等于零，即 $\overline{Z}_{2日} = 0$。

$\overline{P}_{1日} \geqslant 30$ mm，$\overline{P}_{2日} \geqslant 20$ mm，大雨后第二天有较大降雨，则第二天、第三天蒸发能力等于零，即 $\overline{Z}_{2日} = 0$，$\overline{Z}_{3日} = 0$。

（三）1995 年方案

1. 资料情况

太子河有小市和葠窝站两处有流量资料。1960～1994 年间，洪峰流量大于 2 000 m^3/s 的有 8 年资料，即 1960、1964、1971、1975、1977、1985、1986、1994 年；洪峰流量大于 1 000 m^3/s 的有 6 年资料，即 1965、1969、1970、1973、1982、1985 年。以上述 15 年较大暴雨洪水作为编制本区间方案的基本资料。另外，1981 年暴雨主要分布在观—葠区间，该年也是分析本区间雨洪规律的基本资料。

2. 流域平均雨量 P

采用小市、桥头、本溪、梨庇峪、葠窝、偏岭、久才峪、下马塘、商家台九个站的算术平均值。

3. 径流深 R

流量采用 1960～1995 年共 36 年系列水文年鉴资料，其中 1972 年水库蓄水后，入库流量用水量平衡计算求得。观—葠区间径流深用葠窝站减去小市站求得（计算过程中，小市和葠窝分别用本站退水曲线）。区间洪水过程线用葠窝和小市洪水过程线刚性相减求得。1995 年两次洪水过程线是观—葠标准流量过程线。

将入库洪水过程割去基流（小市基流为 10 m^3/s、葠窝基流为 12 m^3/s、区间基流为 10 m^3/s）和前期退水后的流量过程，逐时段流量累计计算。

4. 日蒸发能力 E_m

本区间邻近有小市、辽阳、汤河三个蒸发站，其中汤河站从 1972 年开始至 2010 年末为 20 cm 蒸发皿观测值，无 E601 平行观测，无法折算，不便应用。辽阳站 20 cm 蒸发皿从 1965 年开始观测至 1994 年末，同时 E601 从 1979 年开始同步观测至 2010 年年底，故直接取 E601 观测值统计蒸发能力，选用 1979～1987 年共 9 年 E601 资料。小市站 20 cm 蒸发皿从 1965 年开始观测至 1994 年年末，1968～1976 年有 9 年 E601 同步观测资料，可用以分析小市站的蒸发折算系数，取与辽阳同步的 1979～1987 年共 9 年 20 cm 蒸发皿资料进行统计，然后折算成 E601 做小市站的蒸发能力。

从流域图上按小市到辽阳的直接距离的中点，量得小市和辽阳站占本区的比例分别为 70% 和 30% 左右，按此权重用两站蒸发能力计算观—葠区间各月不同天气的蒸发能力。观—葠区间各月不同天气的蒸发能力 E_m 见表 2-1-11。

表 2-1-11　观—葠区间各月不同天气的蒸发能力 E_m

月份		5	6	7	8	9
日蒸发能力（mm）	晴天（$P\leqslant1$ mm）	4.2	4.1	3.5	3.3	2.8
	雨天（$P>1$ mm）	1.8	1.8	1.8	1.8	1.8

5. 流域蓄水量 W_0

W_m 值是选用有资料以来，遇有长期无雨，即前期土壤蓄水量 $W_0\approx0$ 情况下的大洪水，用水量平衡方程 $W_m=P+W_0-R-E_p$ 试算求得。经分析计算，采用 $W_m=105$ mm。

流域蓄水量 W_0 从5月1日开始，分上、下两层计算。$W_{0上5.1}=0$ mm，$W_{0下5.1}=42.5$ mm。

$W_{m,上}$ 为20 mm，$W_{m,下}$ 为85 mm，W_m 为105 mm。

流域蓄水量 W_0 计算公式如下：

（1）当 $P_t+W_{0上,t}\geqslant E_{m,t}$ 时

$$
\begin{aligned}
E_{上,t} &= E_{m,t} \\
W_{上,t+1} &= W_{0上,t}+P_t-E_{上,t}-R_t \\
W_{下,t+1} &= W_{0下,t}
\end{aligned}
$$

上式中，当 $W_{0上,t+1}\geqslant W_{m上}$ 时

$$
\begin{aligned}
W_{0下,t+1} &= W_{0下,t}+W_{0上,t+1}-W_{m上} \\
W_{0上,t+1} &= W_{m上}
\end{aligned}
$$

（2）当 $P_t+W_{0上,t}<E_{m,t}$ 时

$$
\begin{aligned}
E_{上,t} &= P_t+W_{0上,t} \\
E_{下,t} &= (E_{m,t}-E_{上,t})W_{0下,t}/W_{m下} \\
W_{0上,t+1} &= 0 \\
W_{0下,t+1} &= W_{0下,t}-E_{下,t} \\
W_{0,t+1} &= W_{0上,t+1}+W_{0下,t+1}
\end{aligned}
$$

式中　P_t——t 日降水量，mm；

$W_{0上,t}$、$W_{0上,t+1}$、$W_{0下,t}$、$W_{0下,t+1}$——t、$(t+1)$ 日上、下层流域蓄水量，mm；

$W_{0,t+1}$——$(t+1)$ 日流域蓄水量，mm；

R_t——P_t 所产生的径流量，mm；

$E_{m,t}$——t 日的蒸散发能力，mm；

$E_{上,t}$、$E_{下,t}$——t 日上、下层的蒸发量，mm；

$W_{m上}$、$W_{m下}$——上、下层蓄水容量，mm。

6. 降雨径流相关图

采用1960～1995年较大洪水和典型的中、小洪水资料（共17次）进行分析，点绘了 $(P-E)\sim W_0\sim R$ 相关图。采用抛物线型的流域蓄水容量曲线，径流深 R 的计算公式如下：

（1）当 $P+P_0<W'_m$ 时

$$R=P-(W_m-W_0)+W_m[1-(P+P_0)/W'_m]^{b+1}$$

(2)当 $P+P_0 \geqslant W'_m$ 时

$$R = P - (W_m - W_0)$$

式中　$W'_m = W_m(1+b)$;

$P_0 = W'_m[1-(1-W_0/W_m)^{1/(1+b)}]$;

B——抛物线指数,$B=0.3$。

径流深方案合格率为100%。

7.汇流计算

选用1960、1962、1964、1965、1967、1970、1977、1995年共8次暴雨洪水资料分析观—葠区间单位线。方案中,将分析的各次洪水单位线作为本方案的单位线。

二、历次水位控制标准

(一)历次最高水位控制标准

葠窝水库设计最高水位102.0 m,由于坝体存在严重裂缝,水库最高蓄水位一度受到限制,随着水库加固工程的完成,又及时恢复到了设计标准。

1973年10月,水利部会同辽宁省水利局和水库会战指挥部,组织了大坝裂缝联合调查组,在调查报告中提出,"在坝体裂缝贯穿的情况下,最高水位不应超过93.5 m"。1974年8月,辽宁省水利勘测设计院完成了《葠窝混凝土坝补强设计》,要求"葠窝混凝土坝裂缝(23号坝段)未处理前,洪水期最高库水位不应超过97.0 m"。

但直至1980年,水库在实际运行时并没有对最高水位提出明确的限定,而且在1975年洪水调度中,最高水位达到98.5 m。

1981年3月,辽宁省水利局组织联合调查组,对葠窝水库大坝裂缝进行了全面调查,共查出裂缝641条,其中重要裂缝104条。故辽宁省防汛指挥部在批复葠窝水库1981年控制运用计划时,将最高水位由102.0 m降至97.0 m,水库开始降低水位运行。

1981年9月至1981年11月,在对重要裂缝进行详查中,发现7号、23号坝段纵向裂缝深度已接近贯穿,辽宁省水利局及时向水利部进行了汇报,并按水利部的指示,进行了加固设计。1982年4月,水利部规划设计管理局以水规设字〔1982〕第17号函送发《柴河、葠窝水库加固设计中间汇报讨论纪要》,在"关于水库控制运用"中指出,"葠窝水库安全运用水位为97.0 m,为慎重计,应再验算97.0 m水位时的大坝稳定情况。如汛期滞洪时间较长,存在问题较大,危及坝体安全,则应重新考虑运用水位及水库运用规定"。

随后,在《葠窝水库加固设计工作大纲》的批复中,提出两项指示:①葠窝水库控制水位降为95.5 m高程;②对问题严重的23号坝段,应首先进行紧急加固处理。

1982年8月9日,辽宁省水利局以辽水利基字〔1982〕第231号文向水电部请示:"为确保葠窝水库的大坝安全,拟将汛期最高水位降至95.5 m,相应水库防洪标准由原设计的千年一遇降为百年一遇,辽阳城市防洪标准由百年一遇降为20年一遇,农田防洪标准由20年一遇降为10年一遇。汛后最高蓄水位暂拟定为93.5 m"。

从1983年开始,水库汛期允许最高水位又降至95.5 m。1983年5~12月对裂缝较严重的23号坝进行了紧急加固,之后,水库在实际运用时一直按95.5 m控制,考虑下游农灌用水需要,在春灌前允许短时间超蓄至96 m。

1988 年 6 月,由辽宁省水利电力厅主持召开了加固论证会,根据辽宁省水利水电勘测设计院分析计算结果,适时提出了抬高水库控制水位运行的意见。水库在制订 1988 年调度计划时,汛期控制最高洪水位由 96.0 m 抬高到 97.8 m 控制。1990 年汛后进行了试验性蓄水,超过限定水位(95.5 m)运行近 5 个月,最高蓄水位达到 97.6 m。1992 年 5 月 20 日,辽宁省水利电力厅受省计经委委托,在辽阳主持召开了葠窝水库加固工程竣工验收会议。鉴于加固措施所起的作用,决定验收后水库恢复正常蓄水位 96.6 m 运行;并按设计洪水位 100.8 m 和校核洪水位 102.0 m 调洪。至此,水库最高水位又正式恢复到了 102.0 m 高程。

(二)历次汛限水位控制标准

1. 主汛期限制水位标准

葠窝水库设计阶段确定主汛期(7 月 1 日至 8 月 31 日)防洪限制水位为 77.8 m,9 月上旬为 83.0 m。1973 年主体工程完工后,主汛期限制水位即按 77.8 m 控制。1990 年观音阁水库动工兴建,1993 年主汛前已起到了调洪作用,通过调节计算,葠窝水库 1993 年主汛期限制水位提高到 85.0 m,1994 年开始,一直按观音阁水库建成后的限制标准 86.2 m 控制。

2. 历次汛限水位分期控制标准

1975 年水库正式运行,即开始分旬控制,除 7 月下旬、8 月上旬按主汛期防洪限制水位控制外,其他各旬都进行了抬高。1985 年开始,根据对一次洪水前水库预泄能力的分析,在实际运用时,在各分期汛限水位基础上,预蓄水量 0.35 亿 m^3。从 1991 年开始,预蓄水量增加到 0.50 亿 m^3,并以此确定了各分期的上限水位,各分期水位开始采取浮动控制。历年汛期各时段控制水位见表 2-1-12。

表 2-1-12　历年汛期各时段控制水位　(单位:m)

年份	7 月上旬	7 月中旬	7 月下旬	8 月上旬	8 月中旬	8 月下旬	9 月上旬
1975			77.8	80.5	88.0	91.0	96.6
1976			84.0	84.0	88.0	91.0	96.6
1978			77.8	80.0	86.0	89.5	96.6
1979		80.5	77.8	77.8	84.8	90	93.0
1980	83.5	80.5	77.8	77.8	84.8	90.0	93.0
1981 ~ 1982	77.8	77.8	77.8	77.8	77.8	77.8	83.0
1983 ~ 1990	83.5	80.5	77.8	77.8	84.8	90.0	93.0
1991 ~ 1992	83.5 ~ 85.8	80.5 ~ 83.3	77.8 ~ 81.4	77.8 ~ 81.4	84.8 ~ 86.9	90.0 ~ 91.6	93.0 ~ 94.5
1993	83.5 ~ 85.8	85.0 ~ 87.1	85.0 ~ 87.1	85.0 ~ 87.1	90.0 ~ 91.6	92.0 ~ 93.5	94.0 ~ 95.5
1994 ~ 1995	84.0 ~ 86.2	85.0 ~ 87.1	86.2 ~ 88.2	86.2 ~ 88.2	90.0 ~ 91.6	92.0 ~ 93.5	94.0 ~ 95.5
1996 ~ 2002		86.2	86.2 ~ 88.2	86.2 ~ 88.2	92.0 ~ 93.5	94.0 ~ 95.5	96.6
2003 ~ 2005		86.2	86.2 ~ 89.0	86.2 ~ 89.0	92.0 ~ 93.5	94.0 ~ 95.5	96.6

2002年,葠窝水库被列入水利部汛限水位动态控制试点,并成立了课题组,重新划分了分期,并根据观音阁水库不同蓄水情况下对葠窝水库调洪能力的补偿作用,对葠窝水库各分期防洪限制水位采取动态控制。从2006年开始应用此成果。水库汛限水位动态控制情况见表2-1-13。

表2-1-13　水库汛限水位动态控制域　(单位:m)

观音阁水库水位	主汛期		过渡期				后汛期	
	8月10日以前		8月11~15日		8月16~20日		8月20日以后	
	下限	上限	下限	上限	下限	上限	下限	上限
255.2	86.2	88.6	88.6	89.2	89.2	89.8	89.8	91.8
254.5	86.8	89.1	89.1	89.8	89.8	90.4	90.4	92.4
254	87.4	89.7	89.7	90.4	90.4	91.0	91.0	93.0
253	87.7	89.9	89.9	90.7	90.7	91.3	91.3	93.3
250	88.3	90.4	90.4	91.3	91.3	91.9	91.9	93.9
249	88.7	90.8	90.8	91.7	91.7	92.3	92.3	94.3
248	89.1	91.1	91.1	92.1	92.1	92.7	92.7	94.7
247	89.3	91.3	91.3	92.3	92.3	92.9	92.9	94.9
246	89.7	91.7	91.7	92.7	92.7	93.3	93.3	95.3
245	89.7	91.7	91.7	92.7	92.7	93.3	93.3	95.3

三、调度方式

水库下游的保护目标是辽阳市及其以下的农田,由于辽阳市城市防洪标准为100年一遇、下游农田防洪标准为50年一遇,二者防洪标准不同,水库采取分级控制,并以辽阳水文站作为控制点。在水库坝址和辽阳水文站之间还有汤河汇入,其上游建有汤河水库,葠—汤—辽间的流域面积还有679 km^2,辽阳站的洪水组成除葠窝水库泄流外,还包括区间洪水及汤河泄流,因此水库在制订调度方式时,还要考虑区间错峰。

(一)水库设计阶段确定的调度方式

全区洪水经比较以水库以下为设计,水库以上相应危险,因此葠窝水库设计阶段制订的调度方式是以辽阳站为控制点,以汤河、葠—汤—辽为设计,葠窝水库以上为相应,以此组合洪水进行调洪计算,并以相应于辽阳市及下游农田的防洪标准的洪水定出闸门运用规程,以枢纽各级洪水定水库特征水位。

1. 闸门操作规程

(1)洪水来前开启6孔底孔,预泄6 h,将水位由77.8 m降至74.7 m。

(2)库水位为74.7~84.8 m,开启6孔底孔泄流。

(3)库水位为84.8~96.4 m,开启6孔底孔,并开启2孔开度3 m溢流坝闸门泄流。

(4)库水位为96.4~99.4 m,开启6孔底孔,并开启14孔闸门:其中2孔开度6 m;12

孔开度 3 m 泄流。

(5)超过千年洪峰 24 800 m^3/s 时,泄流设备全部开启。

2. 水库各级设计洪水位

水库 20 年一遇洪水位 97.8 m,百年一遇洪水位 101.8 m,千年一遇洪水位 102.0 m。

(二)水库运行初期的调度方式

水库 1974 年竣工后,一直沿用设计阶段的调度运用方式,但陆续发现存在如下问题:

(1)水库上游有 16 个雨量站,有 11 个要依靠电话报送,遇有特大暴雨,电话中断,水库无法获知上游的降水信息,设计中考虑的预报预泄,安全可靠性较差。

(2)库水位 84.8 m 以下,开启 6 个底孔泄流,其流量在 2 000 ~ 2 700 m^3/s,这样,在一般小洪水情况下,太子河规划套堤(安全泄量 1 500 m^3/s)内 9.51 万亩农田将全部被淹。

(3)主汛期防洪限制水位持续时间太长,一直到 8 月 31 日,水库汛后蓄至正常高水位的机会只有 30% 多一点,从规划本身来说也不合理,其兴利效益有所降低。

根据上述存在的问题,1979 年经辽宁省防汛指挥部批准,作如下调整:

(1)水位 77.8 ~ 84.8 m 时,开 2 个底孔和水电厂泄流。

(2)水位超过 84.8 m 时,逐步加开底孔泄流,最后达到 6 个底孔全开。

(3)水位 89.0 m 时,根据入库和降雨情况泄 3 800 m^3/s 直至水位达 97.8 m,与汤河组合流量不超过 5 500 m^3/s。

(4)水位 97.8 ~ 101.8 m 时,根据入库和降雨情况泄量逐渐加大到 9 810 m^3/s。

(5)超过百年洪水,泄水设备全开,千年水位不超过 102.0 m。

(三)水库加固期调度运用方式

受大坝裂缝影响,水库从 1982 年开始降低标准运行(见历次最高水位控制标准),因此水库调度方式也被重新确定。

(1)当入库流量小于 4 120 m^3/s 时,根据入库流量开启 2 个底孔和水电厂泄流。

(2)当入库流量大于 4 120 m^3/s(或水位超过 92.0 m)时,逐步加开底孔和弧形门,达到总泄量 3 720 m^3/s。

(3)当水位超过 95.0 m 时,按入库流量泄流,来多少泄多少。

(4)当入库流量大于 15 600 m^3/s(或水位超过 95.5 m)时,全开泄流设备。

(四)水库第一次加固完成后的调度方式

1991 年水库加固基本完成,水库又恢复到原设计标准,水库调度方式又及时进行了调整,并增加了后汛期的调度方式。

(1)当入库流量小于 4 120 m^3/s 时,根据入库流量开启两个底孔和水电厂泄流。

(2)当入库流量大于 4 120 m^3/s(或预报库水位超过 92.0 m)时,逐步加开底孔和弧形门,达到总泄量 3 720 m^3/s。

(3)当入库流量大于 9 050 m^3/s(或水位超过 97.8 m)时,逐步加开弧形门,使总泄量达到最大值 9 800 m^3/s。

(4)当入库流量大于 15 300 m^3/s(或水位超过 100.8 m)时,根据入库流量来多少泄多少。

(5)当入库流量大于或等于 24 800 m^3/s 时,全开泄流设备。

由于1992年重新确定了水库调洪标准，又由于1993年开始，上游在建的观音阁水库已具有一定的滞蓄作用，从1992年开始至1995年，水库每年的调度方式又进行调整。

（五）观音阁水库建成初期的调度方式

1995年10月观音阁水库竣工，考虑观音阁水库的调洪作用，水库的调度方式调整如下：

（1）库水位低于94.0 m或入库流量小于4 200 m^3/s，开启两个底孔和水电厂泄流。

（2）库水位在94.0～100.5 m或入库流量大于4 200 m^3/s，根据入库流量逐个加开底孔，直至底孔全开。

（3）库水位在100.5～101.5 m，根据入库流量逐步开启弧门，直至5孔弧门全开。

（4）库水位在101.5 m以上，根据入库流量逐步加开弧门，直至14孔弧门全开。

（六）考虑观音阁水库防洪补偿作用后的调度方式

观音阁水库的正常高水位和汛限水位重叠，而汛期水位往往又低于正常高水位（也就是汛限水位），实际蓄水位和汛限水位间的库容对葠窝水库的防洪具有补偿作用。针对此种情况，从2006年开始，水库对汛限水位进行动态控制，在此基础上制订了新的调度方式。

（1）水位在下限至99.7 m之间，通过底孔控制下泄流量，使河道组合流量小于5 050 m^3/s。

（2）水位在99.7～100.5 m时，底孔开6孔，溢洪道开6孔3 m。

（3）水位在100.5～101.2 m时，底孔开6孔，溢洪道开11孔3 m和3孔6 m。

（4）水位在101.2～101.5 m时，底孔开6孔，溢洪道开4孔3 m和10孔6 m。

（5）水位在101.5 m以上时，底孔开6孔，溢洪道14孔全开。

第三节　水库防汛

一、防汛组织机构

水库建设阶段（1971～1974年），根据工地实际情况，没有另设防汛组织，在会战指挥部的统一领导下，由各战区、工程团、民兵团（或组、站），分别做好本单位及分管区、段的防汛工作。

水库建成后（1975～1978年），开始成立专门的防汛组织机构，由水库领导班子成员组成防汛指挥部并分任正、副指挥，下设职能组及抢险队，各职能组组长由相关部门中层干部担任，成员为相关部门职工。

1979年开始，地区政府和水库共同承担水库的防汛抢险任务，地区领导和水库班子成员组成水库防汛指挥部，并由地区领导负责指挥水库地区的防汛抢险工作，地区民兵作为水库防汛抢险的主要力量，承担水库防汛抢险职责，而水库各部门根据各自的岗位，成立防汛办公室、水情水文组、通信组、机电抢修组、后勤组、物资组、宣传组、保卫组、抢险队。以后每年的防汛组织机构根据当年的具体情况略有调整，1991年开始，由地区领导和水库领导共同指挥水库地区的防汛工作。1999年开始，由水库管理局领导单独任总指挥,负责水库地区的防汛工作,但基本组织机构没有大的变化。

二、度汛方案

水库建设期(1971~1974年)没有编制专门的度汛方案,只是以文件通知的形式对各部门的防汛工作提出具体要求,并对各部门的防汛情况进行通报。水库管理处成立后,每年都编制度汛方案向上级主管部门呈报,然后按批准的度汛方案指导当年的防汛工作。在度汛方案中,主要明确以下准备工作:

(1)思想准备:每年全国水库安全度汛现场会暨电视电话会议、全省防汛抗旱工作视频会议召开后,及时召开会议落实,使在思想上引起足够重视,并就当年水库安全度汛工作作出具体安排。

(2)组织准备:6月召开葠窝地区防汛会议,成立葠窝地区防汛指挥部,全面负责当年葠窝地区的防汛工作。落实有关责任人,并明确其职责,组建有关职能组,承担汛期各项防汛任务。

(3)工程准备:6月1日前,完成大坝机电设备的检修工作,确保其汛期正常运转。电厂要在春灌放水前完成机组、升压站及相关设施的检修工作,保证汛期正常运行。

(4)预案准备:根据国家防总的有关文件要求,明确水库防汛的行政责任人、技术责任人、抢险责任人。并编制水库汛期调度运用计划及水库防洪抢险预案。

(5)防汛物料准备:根据葠窝水库抢险方案,储备封堵沙土料1 000 m^3,存放在坝下三角区附近,用于封堵孔洞;编织袋1 000条,铁锹100把,抬筐30个,扁担30条,铁丝1.5 t,存放于葠窝水库工地的仓库,随时备用;另外,与市物资部门联系妥当,如出现特大洪水,库存防汛物资不足时,他们能够给予充足的货源保证。

(6)通信准备:6月1日前,完成水情测报自动化系统3个中继站、10个雨量站的安装调试工作,并加强日常的监管维护,确保水情信息及时准确传送。对水库所属通信设备,每月都要定期检测,确保线路畅通。

三、控制运行纪实

(1)1975年发生超过5年一遇洪水。7月29日晨至8月1日晨,流域内普降大雨和暴雨,3 d雨量达210.3 mm,24 h最大降雨108.9 mm;杜家店一次降雨达286.0 mm。8月1日18时,出现最大洪峰4 690 m^3/s,峰前库水位为81.18 m,入库流量为116 m^3/s。按辽阳市水利局的防洪调度指令,7月29日20时至7月31日14时,泄流量为300~530 m^3/s,当时入库流量为2 390 m^3/s,水位上升到87.00 m高程,为了保护滩地农田,葠、汤二库按错峰泄洪,7月31日23时,汤河水库泄洪流量为993 m^3/s,而葠窝水库的泄洪流量仅50 m^3/s。8月1日9时,泄流量增加到950 m^3/s(汤河水库为200 m^3/s)。8月2日2时,又增加到1 660 m^3/s,这时水位已上升到98.34 m(入库流量为2 580 m^3/s)。8月2日8时,水位继续升高到98.49 m,之后,洪峰开始减弱,水位回落,8月11日8时,泄流量减至160 m^3/s,水位已回落到94.22 m高程,此次洪水经历13 d,洪水总量10.06亿 m^3,泄洪量6.59亿 m^3,洪峰削减70%,辽阳站最大组合流量仅为1 920 m^3/s,充分显示了联合防洪调度的巨大作用。

(2)1985 年 7 月提前入汛且降雨频繁,7、8 两月的雨天达 46 d,总降雨量 711 mm,并出现 8 次大暴雨;8 月 18 日 11 时至 8 月 20 日 8 时,在 9 号台风的影响下,45 h 全流域平均降雨 113.4 mm(局部最大日降雨 104.9 mm),葠窝站点降雨量达 189 mm;7 月 19 日 23 时至 21 日 14 时,流域平均降雨量 99 mm,高家台站点降雨量达 222 mm,入库洪峰 4 130 m^3/s(频率为 5 年一遇)。整个汛期,洪峰流量超过 500 m^3/s 出现 11 次,超过 1 500 m^3/s 出现 5 次,径流总量达 34.49 亿 m^3,是 1934 年以来,60 d 洪量最大的一次,1985 年洪峰特征见表 2-1-14。

表 2-1-14　葠窝水库 1985 年洪峰特征值

洪峰			最高水位		最低水位		限制水位(m)
序号	流量(m^3/s)	时间(月-日 T 时)	水位(m)	时间(月-日 T 时)	水位(m)	时间(月-日 T 时)	
1	810	07-17T08	82.95	07-18T08	80.24	07-20T22	80.50
2	4 130	07-21T17	87.74	07-22T17	80.83	07-27T05	77.80
3	1 400	07-27T14	85.72	07-29T08	84.64	07-31T23	77.80
4	1 920	08-03T14	89.52	08-04T11	89.52	08-04T11	77.80
5	2 500	08-05T11	93.13	08-06T02	91.72	08-07T20	77.80
6	850	08-08T14	92.08	08-08T19	85.30	08-13T22	84.80
7	2 300	08-15T17	90.22	08-17T08	89.32	08-19T05	84.80
8	3 610	08-19T23	92.55	08-21T02	93.79	08-22T05	90.00
9	1 210	08-22T08	96.01	08-24T14	95.78	08-26T08	90.00
10	677	08-26T15	95.87	08-26T15	89.37	08-28T09	90.00

本年防洪调度中,下面两种情况的处理结果表明,调度决策基本正确:一是辽阳市为了抢修灯塔拦河坝,要求水库在 7 月 27 日暂停泄水 12 h(当时蓄水位为 80.83 m,超过预蓄限制水位 0.38 m)。按照上述要求,水库仅保留小机组泄流,其余全部关闭,12 h 过后,为防止拦河坝被冲,仅开一个底孔和电厂发电放流(600 m^3/s),因而保住了堤防抢修工程完好无损;二是由于受 9 号台风的袭击,太子河右岸唐马寨堤段,于 8 月 22 日决口,当日 8 时 10 分,水库溢洪闸门全部关闭,时间长达 53 h(只保留发电放流 150 m^3/s),拦蓄上游洪水 8 400 万 m^3,淹没区减少 3 000 万 m^3 进水量(但蓄水位已升至 96.01 m),根据卫星云图和天气预报,直到 8 月 24 日 13 时,才打开弧形闸门泄流,以控制水位不再上升,在确保水库安全的情况下,为修复决口赢得了时间。

(3)2005 年 8 月 13 日 8 时开始,流域局部降大暴雨,主要集中在水库上游的小市、偏岭两站。到 14 时这次降雨过程基本结束。这次降雨的特点是:分布不均匀,主要集中在小市、偏岭两站(流域内共 10 个雨量站,日均降雨 42.2 mm,而这两个站就占 78%),降水强度大(单站 3 h 降水量达到 133.0 mm)。

由于这次降雨分布极度不均,虽然单站降雨量很大,流域平均降雨只达到 42.2 mm,

产生净雨 37.6 mm，为一般洪水。但由于降雨强度大，造成洪峰流量较大，而且峰现时间较短。葠窝水库入库洪峰出现在 17～18 时这个时段，洪峰流量为 1 840 m^3/s。

在这次洪水入库前，葠窝水库 13 日 8 时的水位为 90.61 m（8 月中旬的汛限水位为 89.00～93.50 m），库容 3.34 亿 m^3，出库流量为 78 m^3/s，洪水从 12 时开始入库，但由于水库水位还没有达到上限，水库只于 14 时增加一台发电机组。出库流量达到 165 m^3/s。随着库水位的上涨，水库又于 14 日 9 时 30 分开启一个底孔泄洪。出库流量达到 673 m^3/s。水库最高水位出现在 17 日 16 时 18 分，为 96.28 m，相应库容 5.30 亿 m^3。

（4）2010 年，7 月 19 日至 9 月 20 日，流域内陆续发生 9 次较大降水，均形成了洪水过程，是历年汛期发生洪水次数较多的一年。从洪峰流量看，有三场超过 1 000 m^3/s，其中，8 月 5 日洪水为最大，峰值为 3 170 m^3/s，历史排位第十；从洪量看，8 月 27～29 日洪水最大，7 日洪量为 4.75 亿 m^3，超过观—葠区间 5 年一遇标准，为中等洪水。水库在调度过程中严格按水库汛限水位控制，并结合天气预报提前预泄，较好地发挥了水库的调节作用，确保了下游防洪安全。几次较大洪水的调度情况简述如下：

①8 月 5 日洪水：受高空槽和副热带高压后部暖湿气流共同影响，8 月 5 日 4 时开始，水库以上流域形成了一次强降水过程，平均降水量 99.8 mm，历时 13 h。本次降水在时间分布上相对集中，从 3 h 时段降水看，主要分布在 5 时开始的四个时段，11～14 时这一时段降水 39.7 mm，占整场降水的 40%；在空间分布上，从下游至上游递增，且量级差别明显，上游的久才峪站降水 163.5 mm，是下游葠窝站（38.0 mm）的 4.3 倍。

由于本场降水的时间、空间分布特点，使得本次洪水起涨迅速，入库时间短，峰高、产流量大。表现在洪水过程上，从起涨到峰现只有 11 h，峰值达到 3 170 m^3/s；从水库蓄水变化上看，5 日 11 时起涨，此时水库水位 86.28 m，蓄水 2.16 亿 m^3，到 6 日 8 时，水库水位 91.09 m，蓄水 3.49 亿 m^3。不足一天的时间，水库水位涨幅近 5 m，入库水量占总产流量的 1/3。

由于气象部门 2 日就预测到了本次降水过程，使得省防指对本次洪水的调度准备非常充分。根据省防指调水令，水库从 8 月 3 日开始加大泄量，最大出库流量达到 1 430 m^3/s，到 8 月 4 日 17 时 30 分恢复到原有泄量，通过预泄增加防洪库容 0.92 亿 m^3。5 日 11 时洪水入库后，仍按 450 m^3/s 的原有泄量调洪，直至整场降水结束，削峰率达到 55%，而且水位控制相对较低。

②8 月 19～22 日洪水：受高空槽和副热带高压共同影响，8 月 19 日 19 时开始，水库以上流域又形成了一次强降水过程，平均降水量 192.0 mm，至 22 日 17 时结束，历时 70 h。本次降水在时间分布上，主要集中在两个阶段，第一阶段，8 月 19 日 19 时至 8 月 20 日 14 时，历时 19 h，降水 107 mm；第二阶段，8 月 22 日 2～17 时，历时 15 h，降水 62 mm。在空间分布上，相对均匀，各站降水量和平均降水量相差最大不到 12%。

由于本次降水量很大，且在流域上分布较均匀。形成径流量 4.75 亿 m^3。但由于降水历时长，强度相对不大，洪峰不是很高，且由于降水分两个阶段，使本次洪水形成双峰，区间洪峰流量分别为 1 480 m^3/s、1 676 m^3/s。

本次洪水入库前，库水位 88.97 m，较汛限水位低 0.20 m。根据天气预报，降水发生前，即增加泄量。至 20 日第一阶段降水发生时，泄量已增加到 1 050 m^3/s。为给下游错峰,8 月 22 日 5 时 30 分泄量减少到 850 m^3/s,10 时 16 分又减少到 316 m^3/s,至 20 时 32 分错峰结束,水库泄流又恢复到 1 050 m^3/s。随着第二阶段降水的发生,加之观音阁水库泄量也很大,水库于 23 日 8 时 30 分、12 时 15 分又两次增加泄量,达到 2 050 m^3/s,即使这样,水位也一直在上涨,至 2010 年 8 月 23 日 23 时 54 分,水位涨到 98.91 m,为水库历史最高位。随后,水位开始回落,至 25 日 4 时,水位降到 96.60 m 正常高水位。于是减少泄量,保持出入平衡。

③8 月 26 ~ 29 日洪水:受高空槽和副高后部暖湿气流的共同影响,8 月 26 日 23 时开始,水库以上流域又再次形成强降水过程,平均降水量 90.4 mm,至 29 日 11 时结束,历时 60 h。在时间分布上,由于各时段都有降水发生,降水不是太集中,强度不大。在空间分布上,除有两站降水较大外,相对均匀。

本次洪水形成径流量相对较大,达到 2.88 亿 m^3,由于降水不是很集中,峰量不是很大,区间洪峰为 1 150 m^3/s,但回落较慢。

根据天气预报,在本次降水发生前 12 h 就开始增加泄量,达到 1 000 m^3/s。此时库水位 96.52 m,到本降水发生前 5 h,泄量又增加到 1 600 m^3/s,降水发生后,水库又于 28 日 7 时 30 分增加泄量,达到 2 000 m^3/s,另由于本次入库洪水相对平缓,水库水位总体上呈下降趋势,至 9 月 2 日 10 时水库水位达到汛限水位上限 91.80 m,开始按汛限水位控制。

第四节　水库社会效益

葠窝水库的社会效益,主要通过水库的调蓄作用,削减洪峰和错峰,防止或减轻由于洪水泛滥造成的下游河道防洪压力,同时还保护水库坝址以下太子河两岸人民及工农业生产免于洪水侵害。

通过水库调节,葠窝水库站 20 年一遇洪峰从 9 050 m^3/s 削减至 3 720 m^3/s、百年一遇洪峰从 15 300 m^3/s 削减至 9 820 m^3/s;使辽阳以下农田防洪标准由 5 年一遇提高到 20 年一遇,除涝标准提高到 5 ~ 10 年一遇,下游 164 万亩农田得到了保护;而且使辽阳市城市防洪由 20 年一遇提高到 100 年一遇洪水标准。1996 年,上游的观音阁水库建成后,使下游农田及城市防护标准相应提高到 50 年一遇和 100 年一遇。

葠窝水库 1973 年开始发挥防洪作用,运行以来,拦蓄 1 000 m^3/s 以上洪水 36 次,其中,1 000 ~ 2 000 m^3/s 洪水 20 次,2 000 ~ 3 000 m^3/s 洪水 5 次,3 000 ~ 4 000 m^3/s 洪水 7 次,4 000 ~ 5 000 m^3/s 洪水 4 次,平均削减洪峰 55%,3 000 m^3/s 以上洪水平均削峰达到 65%,最大削峰达到 80%。

1973、1975、1977、1981、1982、1985、1986、1994、1995、2010 年洪水较大,峰量都在 3 000 m^3/s以上。其中,1973、1977、1981、1982 年洪水,水库最大泄量只有 1 170 m^3/s,使下游近 10 万亩的河滩地得到保护。1975 年洪水,峰量较大,为了配合下游错峰,一度减小泄量,随着库水位的升高,泄量又逐渐加大,最后达到 1 600 m^3/s,削减洪峰 61%。

1985、1986 年水库正处于加固期,最高水位只允许达到 95.5 m,使水库的防洪作用受到限制,1985 年连续调节超过 1 000 m^3/s 的 6 次洪水,平均削减洪峰 57%,而且为了配合下游堤防抢险,两次关闸停止泄洪达 53 h;1986 年洪水峰值达到 4 600 m^3/s,为水库运行以来最大的一次，水库最大下泄量2 250 m^3/s，削减洪峰51%。

1994、1995年洪水，通过观（音阁）—葠（窝）两库的联合运用，平均削减洪峰61%。

2010年连续发生洪水，从7月27日开始，启用弧门和底孔调蓄洪水，到9月3日结束，从弧门泄出水量13.7亿 m^3，从底孔泄出水量8.3亿 m^3，此段时间来水29亿 m^3，其中，8月4～5日和8月7～9日，两场降雨拦蓄在水库中的洪量有1.51亿 m^3；8月19日连续4天单场降雨，拦蓄在水库中的洪量有3.4亿 m^3。在2010年汛期8月23日23时54分，葠窝水库水位达到98.91 m，是建库以来达到的最高水位值，为下游河道错峰争取了时间。由于葠窝水库较观音阁水库库容小，流域面积大，2010年水库流量超过1 000 m^3/s 流量6次的平均削峰为41%，最大削峰71%。汛期，当年汛期水库最大泄流达到2 120 m^3/s，虽河滩地受损，但为以后的河道清障及生态建设创造了有利条件。

第二章　大坝监测与养护

保证水利工程安全运行，定期对工程设施进行养护和修理，是工程管理的重要组成部分。水库管理局工程养护修理的重点是维护大坝和闸门启闭设备等完好无损，并保证其运行正常。葠窝水库由于病险问题，大坝监测显得尤为重要，到目前还是以人工观测为主，虽然自动化监测起步很早，但直到2002年加固时安装了坝顶真空激光准直变形测量系统，才算是运行基本稳定。另外，水库管理局坚持不定期地进行大坝裂缝普查工作，及时发现安全隐患，做到科学管理、悉心监护，防患于未然，确保大坝安全运行。

第一节　大坝工程养护修理

一、基本要求

（1）葠窝水库的工程管理部门对混凝土建筑物，金属结构，闸门启闭设备，机电动力设备，通信、照明、集控装置及其他附属设备等，进行经常性的养护工作，并定期检修，以保持工程完整、设备完好。养护修理本着“经常养护、随时维修、养重于修、修重于抢”的原则进行。可分为经常性的养护维修、岁修、大修和抢修。

（2）经常性的养护维修，是指根据经常检查及时发现问题而进行日常保养维护和局部修补，保持工程完整；根据汛后全面检查所发现的工程问题，编制岁修计划，报批后在下一年实施。

（3）当工程发现较大隐患，修复工作量大、技术性较复杂时，采取单项申请的办法，申请资金及时处理，按基建程序报批后进行。

二、养护修理内容

养护修理内容主要包括大坝、输水洞（包括涵管）及溢洪道（包括泄洪闸）的养护修理；对大坝护坡、输水洞、溢洪道闸门及其附属的水工结构均采取吹气防冻破冰措施，在冬季做好通气孔、廊道门口的保温；大坝养护修理按《水工建筑物养护修理工作手册》进行。

三、大坝机电设备的春检和秋检

葠窝水库大坝机电设备的正常运行，是水库安全度汛的前提和保障，而春季检修和秋季检修工作是保证机电设备正常运行的前提条件。因此，葠窝水库坚持每年春季检修和秋季检修已成为必须遵守的工作制度。

春检时间一般定于当年的4、5月两个月，若有特殊情况，以当年要求为准。春检结束后，检修单位形成书面总结，交给工程技术部。

春检总结内容包括：检修、检查的项目及检修人员签字；发现的问题及处理方法；接地电阻测试记录、电缆绝缘测试记录、电机绝缘测试记录、闸门启动时检查记录等；遗留的问题及处理意见。

秋检时间一般定于当年的10月，若有特殊情况，以当年要求为准。秋检结束后，检修单位要形成书面总结，交给工程技术部。秋检总结内容同春检。

具体检修项目内容见表2-2-1。

表2-2-1　葠窝水库春检和秋检检修项目

序号	项目名称	工程量	检查、检修内容
一	闸门	21扇	弧门14、底孔6、底孔备用门1
（一）	漏水情况	20扇	水封破损部位、漏水程度、有记录
（二）	背水面清扫	14扇	积水、灰尘、杂物
（三）	闸门运行检查（运行时）		侧轮、反轮、定滑轮转动、钢丝绳锈蚀、掉槽、异常声响否、水封磨损、门叶锈蚀状况
二	启闭机械	21套	14个弧门、6个底孔及门机1个
（一）	润滑部件		保证油杯齐全、注满油、闸门启动时注油
（二）	操作系统		电缆绝缘测试，启动器、控制器检测
（三）	电机		回路动作试验
1.	定子、转子		绝缘测试、轴承检查
2.	外壳		接地电阻、固定螺栓
3.	制动器		制动轮、杆弹簧、支架、摩擦片
4.	电磁铁		除锈、清洗、涂油
（四）	传动系统		联轴器、齿轮吻合情况
（五）	仪表		电压表、电流表校对、指示灯更换、警笛
（六）	启闭系统		
1.	卷筒		裂纹检查、座体固定情况
2.	钢丝绳		卷筒端是否松动、外露部分断丝否、涂油脂（在闸门运行时也要进行）
（七）	高度指示器	6套	安装调试、维修、保证春灌放水
（八）	吊具		吊耳、支架及门机电动葫芦
（九）	启闭机架		变形和裂纹检查、地脚连结栓是否松动
（十）	减速箱		油质情况、漏油处理、声音有无异常
（十一）	长廊卫生		灰尘、油垢擦洗
（十二）	启闭机编号	14套	挂牌
三	备用电源系统	2套	
（一）	试机		带负荷、调整电压降

续表 2-2-1

序号	项目名称	工程量	检查、检修内容
四	坝上配电室		
(一)	配电盘		除尘、元器件更换、接点检查处理、绝缘测试、备用电源系统倒负荷试验
(二)	室内卫生		清扫
五	照明系统		线路维护、灯泡更换
(一)	室内照明维护		电梯楼、空压房、警卫室、长廊、配电室
(二)	廊道照明维护		观测、排水、灌浆廊道灯泡及控制开关更换、线路绝缘测试、维护
六	空压机	3 台	
(一)	机械		更换易损件、维修保养、备运行机油
(二)	电气		电机、电缆绝缘测试、控制盘检修、回路动作试验
(三)	吹冰管路维护		主管线维护、移动胶管更新、配重铁等
(四)	室内卫生		机壳、室内卫生清扫
七	廊道排水		
(一)	机械	6 台	水泵及附属设备、管路等维护、保养(含两台备用泵)
(二)	电气		电机、电缆绝缘测试;自动控制回路检修、接点擦洗
(三)	运行排水		巡视检查、保证运行正常
(四)	廊道内卫生		清扫
八	大坝附属设备		
(一)	弧门润滑水		水箱充水、安装固定软管、保证 2 孔
(二)	弧门锁定销		清洗、涂润滑油、保证搬动灵活
(三)	保温盖板、布		拆收、修补、保管
(四)	观测设备维护		电、气焊加工,金属构件修补
(五)	廊道大门维护		铁门维修、安拆装保温帘
(六)	汛期廊道口处理		疏通水沟、封堵廊道口、防止雨水进入廊道

注:以上项目为基本检修项目,若有特殊情况,葠窝水库大坝公司可随时增加项目,并对工程更换和增加的新设备,及时安排专业管理人员掌握设备性能,便于大坝工程以后更为完善的维护和修理。

四、闸门及启闭机械维修

坝上共有各类闸门 27 扇(其中弧形闸门 14 扇、平板闸门 13 扇),防腐总面积约 2.25 万 m^2;各类露天式启闭机械 39 台(其中门式启闭机 1 台,卷扬式启闭机 37 台,电动葫芦 1 台)。每年春、秋两季,对闸门和启闭机械均进行定期检修和保养。由于大量机械设备常年裸露在外,闸门长期处于潮湿的工作条件,加之在设计、施工和管理上存在一定缺陷,因此给运行维护带来很大困难，在大坝安全加固中，溢洪道和电站均建成了启闭机房，同时还强化了管理规章制度，使运行条件得到了一定的改善，维修保养工作逐步走上正规。

（一）闸门防腐

闸门防腐是闸门维修保养工作的重点。1975 年 10 月，检查发现底孔闸门面板普遍产生锈蚀，并以 2 号孔最为严重，有的锈蚀深度已达 0.5 mm，随即进行了涂漆防腐，其余底孔闸门，相继在 1976～1978 年进行了涂漆防腐，钢丝绳也涂抹了石墨钙基脂，1985 年 10 月，2 号底孔门的迎水面又进行了电弧喷锌，背水面进行了氯磺化聚乙烯喷涂。

为掌握闸门的防腐技术，水库曾派人去江苏三合闸学习气喷防腐工艺技术，并经反复试验，掌握了电弧喷锌技术。因此，在 1980～1984 年的低水位期（6～7 月），全部实现了 14 扇弧形闸门面板迎水面的喷锌防腐处理。喷涂面积 2 170 m^2，背水面有 11 扇（1 号、9 号、10 号除外）实现了磁漆和油漆防腐处理。此外，弧形闸门钢丝绳（长 330 m，直径 26 mm）分别在 1975 年 10 月和 1987 年 6 月进行了人工涂油防腐处理。

（二）启闭机械养护

弧形闸门启闭机械养护，进行了如下项目：

1978 年对启闭机卷筒轴承、齿轮联轴器、末级减速箱、开式齿轮轴承以及闸门的柱形铰轴瓦、定滑轮组和动滑轮组等，注入了钙基脂，总用油量为 130 kg。

1987 年春，对启闭机减速器的 H2～30 润滑油全部进行了更换；对每个闸门柱形铰轴瓦，又注入了 1.0～1.5 kg 钙基脂 4 号润滑油。

弧形门启闭机齿轮联轴器，由于起动瞬间跳动超限，故于 1985 年和 1986 年进行了调试，更换了部分制动器闸片。

2004 年、2007 年、2010 年，结合金属结构改造工程，对大坝 1～13 号弧门的钢丝绳滑轮组进行了更换。

底孔门启闭机械养护，进行了如下项目：

1975 年，将启闭机械减速箱的润滑油进行了更换；减速器末级开式齿轮轴承和卷筒轴承注入了润滑油；对 3 号机械减速器地脚螺栓和 4 号底孔定滑轮支架地脚螺栓进行了紧固。

1985 年，发现 2 号底孔门动滑轮组有 6 个滑轮与轴瓦抱死，有的螺栓已被拧断，因此 1986 年对全部动滑轮组进行了检查。更换了部分滑轮组和新型轴瓦，保留的滑轮组进行了清洗和注油，还更换了 2 号底孔闸门的钢丝绳。

（三）设计和施工缺陷处理

（1）拉杆联接轴车削。底孔闸门拉杆是由 6 根直径 200 mm × 3 500 mm 钢柱瓦相连接而成。由于连接轴孔加工时未留间隙，致使拉杆拆装发生困难（连接轴安装时是用重磅锤打进的，拆卸时是用千斤顶顶出的）。为此，1975 年 4～7 月，将所有连接轴车削成直径 197 mm。

（2）启闭机传动轴更换。6 号底孔启闭机传动轴（南侧），在运输途中摔弯，安装时也未进行处理，致使制动失灵，不能确保运行安全，故于 1978 年 6 月更换了损坏的传动轴。

（3）钢丝绳更换。1980 年发现 6 号底孔闸门钢丝绳一处油芯损坏，且该处直径变细（由直径 37 mm 变为 28 mm），为防止钢丝绳拉断，进行了更换。

(4)弧形闸门导向轮轴瓦更换。导向轮轴瓦,原设计材质为尼龙料,当遇水后产生膨胀抱轴,致使启闭闸门时导向轮不转,并且钢丝绳发生滑动磨损。为此,于1977年将全部尼龙轴瓦更换为铜轴瓦。

(5)弧形闸门底水封更换。弧形底水封原设计为木质,1973年12月,当开启8号闸门时,因底水封冻结在堰顶上而被拉坏;1974年10号闸门回落时,因制动失灵,底水封被撞坏;5号、7号、9号闸门的底水封,经几次起落也遇到了破坏。为此,在1975年7月,底水封全部更换为δ30×130－12 000 mm的橡皮水封。

(6)弧形闸门加装侧向滑轮。为了增加弧形闸门起落时的平稳性,1975年7月,在弧门两侧的主梁端部各加装了三个侧向滑轮,但在加装中,由于闸门提升高度不足,底部主梁不能从边导板内提出,因此无法加装侧向滑轮。解决的办法是在中主梁处的面板上焊接四个吊点,利用百吨门吊提升弧形门,使中主梁升至98.8 m高程,底部主梁脱离开边导板,以实现底部侧向滑轮的加装。

(四)事故处理

由于运行管理上出现的漏洞及大坝自身存在着缺陷,水库建成后,发生了下列安全事故并采取了处理措施:

(1)1975年12月,库水位已升至98 m高程,当开启5号弧形闸门放水时,由于上水封损坏而从闸门顶部跑水,并沿闸门上支臂流向闸门铰和闸墩,而且迅速结成冰凌,致使闸门无法回落,每日跑掉400多万m^3蓄水。解决的办法是,先提升闸门,尔后迅速回落,终于关死了闸门。

(2)1979年春检,当5号闸门试运行时,由于落闸回绳过长而使钢丝绳出现扭结,结果闸门提升时,钢丝绳被拉断,之后进行了更换。

(3)1980～1984年间对弧形闸门进行喷锌防腐处理时,由于没有采取防毒措施,而使一部分工人中毒;1985年10月,对2号底孔门进行氯磺化橡胶防腐处理时,也出现了20多人中毒事故。

(4)百吨门吊上的3 t电动葫芦,在1976年安装时,齿轮箱内没有注入润滑油。至1978年,已使此轮磨损量超标,导致设备报废。

(5)由于管理制度不严,责任心不强,出现空气压缩机曲轴箱缺油运行,导致多次烧瓦和曲轴报废事故。

(6)闸门启动机电缆护管,因封闭不严,冬季进水冻胀,致使多数电缆报废,长期用临时电缆代替。

(7)弧形闸门边梁腹板开孔责任事故。

在设计上,弧形闸门存在提升高度不够,底部2 m高升不到边导板以上的缺陷,为了更换闸门边水封,经研究决定采用在边梁腹板下部开孔(孔径300 mm)的方案,由水库管理局综合经营处负责施工,并签订了一孔承包协议,但在实施中,为了便于施工,擅自将开孔直径增大到330 mm。随后,在没有签订协议的情况下,又施工了三扇闸门,孔径290～509 mm不等且不规则。当设计单位到工地发现这一事故后,又按重新提出的图纸,施工了两扇闸门,仍然不符合设计要求,不但孔径不规则,而且位置偏向闸门面板。

在闸门开孔之前,有关人员没有进行技术交底和提出施工质量要求,进行中也无人检查监督；施工者改变设计图纸尺寸，也未请示汇报，因此酿成闸门重大安全问题，纯属严重质量责任事故。事后，水库管理局逐级召开了质量事故分析会，对有关责任者进行了批评和处罚，并邀请有关专家进行技术咨询，最后提出的补救措施有两点：第一，在已开孔处，另加一块腹板，以弥补应力集中，闸门强度降低之不足。第二，重新开孔，上孔按椭圆形 300 mm × 400 mm，下孔为直径 330 mm，孔周设加固环，并将闸门底部侧轮移至底主梁的端部。

第二节　大坝人工观测

大坝观测工作在水库施工期间即行开始，但自水库管理处接管以后，观测工作方走上正规，遗憾的是各项观测均未留下初始值，给以后的分析工作增加了很多困难。葠窝水库的观测项目，分为内部观测和外部观测两大类。内部观测共埋设 205 支遥测仪器；外部观测项目有坝顶位移、坝顶沉陷、基础沉陷、扬压力、绕坝渗漏、裂缝观测及地震观测。原设计尚有坝体倾斜观测，后因对两条垂线未予安装，一直到 1989 年安装 DAMS－1 型大坝自动监测系统时才安装了倒垂线。由于竖井漏水，造成仪器绝缘下降，在 1994 年进行了改造仍然没能解决潮湿问题，系统于 1998 年停止测量。此后，观测项目保留了坝顶水平位移、坝顶垂直位移、基础扬压力、渗流量四项。观测成果每年整编一次。

一、内部观测

内部观测仪器共埋设 205 支，都是南京水工仪器厂 20 世纪 60 年代生产的差动式电阻仪器，这些仪器分别埋设在 15 号、23 号两个典型坝段的中心断面上，另外在 16 号坝段埋设了 7 支钢筋计，用于观测底孔的顶拱和底板的钢筋应力状态，在 15 号、16 号、18 号闸墩的铰座受力筋上，分别布置了一组两支的钢筋计，以观测铰座应力状态。经几年的观测运行，上述仪器损坏较多，其中渗压计已经全部失灵，其他仪器也有部分损坏。对所有内部观测的仪器所测得的数值，观测人员都进行校核和计算，除应变计未计算至变形值外，其余均算至最终成果，并绘出了过程线，至 1988 年停止观测。后来部分仪器于 1989 年进入自动化观测，1998 年随着自动化的停测而停止。

二、外部观测

外部观测是监视大坝运行状态的重要手段。水库所设的外部观测项目较多，由于这些项目存在不同程度的问题，使观测成果的精度受到影响。观测人员利用既有的观测设备，取得一些必要的数据，并尽量使这些数据的误差小于规定范围。对于这些观测成果，已分别做出过程线和部分相关线，并作了分析比较。

（一）坝顶水平位移

1975 年 9 月 26 日开始正式进行坝顶水平位移观测，使用 T3 经纬仪采用小角度法进行观测。

1. 测点

挡水坝段和溢流坝段的照准觇牌均设在栏杆柱上，由于灯柱的温度变形及折光等影响，加之后视照准杆及照准觇牌精度的影响。经过几年来资料的分析，估算最大误差可达 2 ~ 3 mm，平均误差约为 1 mm，这对混凝土坝来说是不允许的。

2. 工作基点及校核基点

工作基点设在两岸山坡下，有观测房保护，仪器座采用强制归心形式，安装精度基本达到设计要求。校核工作基点采用深埋点基线丈量法。自大坝运行以来，仅在 1975 年对工作基点作了一次校核。以后因水库无铟钢尺，此项校核工作一直没有进行。在所设的四个校核基点中，因施工误差，有三个基点的位置超出了规定误差范围，因此也会影响对工作基点的校核精度，后来在 1998 年因观测墩被破坏重新进行了修复，一直使用。

3. 改进方案

鉴于上述存在的问题，现有观测系统在精度上难以达到观测要求效果，况且要求测量技术较高，计算工作量大。曾经试用过大气激光观测法、引张线法等代替人工水平位移观测，均未能成功。后来，在大坝第二次加固中采用真空激光准直测坝系统，可以同时测量大坝水平位移和垂直位移，精度非常高，运行基本稳定，终于解决了精度低不能满足规范要求的问题。

如前所述，各项观测资料都没有蓄水前的初始值。通过对多年的观测资料分析，基本上能反映出大坝水平位移大致变化规律，反映出一个冬季向下游侧位移、夏季向上游侧位移的趋势。其原因是冬季水位高且下游面混凝土温度低，夏季则相反。据初步分析，温度对位移值的影响较大。

（二）坝顶垂直位移

坝顶沉陷观测点分别设在各坝段的中心断面上，用坝下水准网进行校核。坝下水准网共设五个水准点，与国家水准二级点相联。水准网联测采用二等精度，设计要求采用威尔特 N_3 仪器进行观测。由于水库在较长时间内没有这种仪器，所以仅在 1980 年、1975 年进行两次观测。1979 年水库购进一台蔡司 Ni007 补偿式自动安平水准仪（测微鼓最小刻划 0.02 mm）。1980 年春又进行一次观测，效果较好。由于葠窝水库混凝土坝无沉陷观测初始值，只能将 1974 年所测结果定为相对初始值。

坝顶沉陷观测，自 1974 年起到 1979 年止，一直用威尔特 N_2 水准网进行观测。这种仪器只能进行三等精度的测量，不能满足葠窝水库混凝土坝沉陷测量的精度要求。因此，几年来的沉陷测量成果误差较大，只能作为参考。自 1980 年开始，至 1985 年使用蔡司 Ni007 自动安平水准仪观测；自 1986 年开始采用 N_3 水准仪观测，N_3 水准仪观测效果较好。

1979 年以前的观测资料，虽然精度低，观测人员还是对其定性地进行了分析整理，从整理结果看，仍有坝体沉陷量随温度变化而改变的规律。历年的坝体沉陷变化观测存在的问题，主要是仪器精度不足造成的。1980 年后，由于改用了高精度仪器施测，这种不规律现象没有了，特别是 1986 年采用 N_3 水准仪后，测量精度较高，能反映出大坝的变化规律。

（三）基础沉陷

基础沉陷点设在灌浆廊道底板上，自 5 ~ 25 号坝段，每个坝段布设一个测点。由于岸坡坝段的廊道底板坡度太陡（1∶1.5）致使高程难以引入。因此，蓄水后相当长一段时间没有进行此项观测,直至 1977 年才使用吊尺法从竖井将高程引入廊道,同时开始测量。开始几年测到的沉陷量差值不大,即使有变化,也大部分是威尔特 N_2 仪器的误差所造成的。自 1980 年始,这项工作也改用蔡司 Ni007 仪器进行施测,但由于坝基沉陷日趋稳定,同时基点引测误差大,又没有简便可行的办法,所以实际意义不大,因此 1985 年停止观测。

(四)扬压力观测

扬压力观测布设在 5 号、17 号、23 号三个坝段的横向廊道。5 号和 23 号是岸坡坝段,17 号是河床坝段,同时 5 号和 17 号是溢流坝段,23 号是挡水坝段。其中 5 号坝段基岩较好,17 号坝段基岩最差,且有大断层通过,这三个坝段可以较好地代表葠窝水库的各类地质条件。在这三个坝段的横向廊道,沿水流方向布置了扬压力观测孔。另外,为配合测压管观测,在 17 号坝段埋设了 5 支渗压计,在 23 号坝段埋设了 3 支渗压计,这 8 支仪器,使用不长时间即失效作废,未起到对比和校核作用。

上述扬压力观测孔均为直径 146 mm 钻机钻孔,孔壁未加处理,亦未采用沙网和多孔集水,经几年运行后发现部分孔壁被溶融物堵塞,1978 年曾用钻机冲刷,冲后效果尚好,后又有部分观测孔相继失效,1982 年经再一次处理后,已全部恢复正常。

从观测成果上看,各观测值均小于设计允许扬压力值。中间部位扬压力观测孔所测得的扬压力,如按设计渗压图形计算,其渗透压力曾出现负值,这说明原设计的矩形浮托力图形偏于保守。

1986 年,在 3 号和 25 号横向廊道各自重新设置了 4 个扬压力观测孔,这两个坝段属于岸坡挡水坝段,也是廊道的进口,这两个坝段的扬压力和前三个坝段截然不同,扬压力测值很大,扬压系数最大超过 0.8,远远大于 0.3 ~0.4 的设计要求。

(五)坝基坝体渗漏量

在基础廊道 9 号 、13 号、17 号、18 号坝段设置四个集水井,利用四个集水井采用容积法观测渗漏量。

(六)绕坝渗漏观测

在右岸山岩中,有承压水分布,对岸坡坝段的稳定不利;左岸山岩破碎,风化严重。两岸都存在绕坝渗漏问题。因此,在两岸坝后均设置了测压管,对地下水位进行观测。右岸在 1 ~4 号坝后,设两排 12 孔;左岸在 26 ~31 号坝后,设两排 14 孔,孔径 146 mm,用测深钟进行观测。

从几年的观测成果看,未发现有绕坝渗漏问题。当时这项观测存在两个方面的问题:一个是观测孔与山体凌空面距离小于冻层厚度,冬季孔内结冰,不能观测;另外一个是对孔口保护不善,有的孔内落石塞壁,不能观测。由于存在以上问题,只有 5 个孔能测出水位,1986 年停止了此项观测。

(七)裂缝观测

1975 年 3 月以前,共发现坝体裂缝 466 条,其中严重裂缝 62 条,自 1973 年以来,水库管理局对一些部位性质严重的裂缝进行了监视性的观测。观测手段有两种:一是定点观测。用这种方法进行观测的有 13 条裂缝。其观测方法是在裂缝的一定部位用红铅油做好标志,每半月用读数放大镜(最小刻划为 0.2 mm)观测缝宽一次,用以监测裂缝的单向开合变化；另一种是采用三向测缝仪观测。将自制三向测缝仪埋在裂缝部位，用游标卡尺进行观测，每半月观测一次裂缝的三向(x、y、z)变化。

用这两种方法进行观测，均存在视准误差和量测误差的问题，因此观测数值不十分准确，但定性的可以看出一些问题。从几年的观测成果看，最大的裂缝开合度在0.5～1.92 mm，各裂缝均无恶性变化。由于存在视准误差和量测误差，因此观测数据不十分准确，1988年停止了裂缝观测。

(八)冲刷坑观测

水库为不完全年调节水库，坝下冲刷坑消能。原设计坝下冲刷坑稳定深度为16～22 m，最深处距坝脚55～80 m。由于水库自运行以来，多遇枯水年份，仅1975年水量充沛，溢过1 600 m^3/s的流量，水流挑射不远，且历时不长(9 h)。1978～1980年秋，对冲刷坑进行了测量，其最大深度约在距坝脚20 m处，坑深小于2 m。由于水库放水前未作冲刷坑测量，因而无初始资料，上述坑深系按天然河床为平坦断面计算而得。

(九)地震观测

1974年12月至1975年2月，葠窝库区及海城、营口地区均发生了较为严重的地震，据宏观调查，在葠窝坝体附近的地震裂度约为7度，已超出了坝体的设计抗震指标。为长期监视地震(特别是水库地震)对坝体的影响，1975年，经辽宁省革委会批准，由哈尔滨工程力学研究所出人与设备，在24号坝段的自记水位室内安装了一台RDZ1－12－26强震仪。此仪器装好之后，虽经数次修理，亦未能长期正常进行，未能测到地震资料，1991年由安装部门拆除，停止了测量。

三、观测资料分析

2010年底，南京水科院对葠窝大坝监测资料进行了分析，结论如下。

(一)水平位移

(1)坝顶水平位移与库水位变化呈正相关关系，即水位上升，测值增大，坝顶向下游位移增大；水位降低，测值减小，坝顶向下游位移减小。在坝顶水平位移(激光观测资料)典型年份的年变幅中，水压分量在2009年变幅中占13.02%～22.96%。

(2)温度是影响坝顶水平位移变化的重要因素，温度与水平位移之间的关系基本上呈负相关关系，即温度升高，坝体向上游位移；而温度降低，坝体向下游位移。在坝顶水平位移典型年份的年变幅中，温度分量所占比重占典型年年变幅的76.16%～86.53%。

(3)坝顶向下游水平位移最大值为14.90 mm，向上游水平位移最大值为－64.40 mm。水平位移年变幅最大值为25.90 mm，年变幅最小值为4.3 mm，河床溢流坝段坝顶水平位移年变幅较大，左岸坝段位移年变幅较小。

(4)由于冻融变形使得每年都有不可恢复的残余变形，坝体下游面混凝土的负温区大大超过上游面，因此坝体下游逐年累计的残余变形比上游大，造成坝顶逐年向上游位移的特殊现象。

溢流坝段中，瘦墩水平累计位移一般比胖墩要大些，裂缝较多的闸墩受冻融破坏残余变形比裂缝相对少的闸墩要大，主要跟混凝土受冻融破坏程度相关。左岸20～28号坝段坝顶水平位移从1990年开始逐年向上游位移变化趋势显著。究其原因，主要是坝体裂缝发育致使冰冻作用加重,从而导致坝体冻融残余变形较其他坝段大。23 号坝段坝体贯穿性裂缝较多,19~23 号坝段下游裂缝经常渗水冰冻,存在恶化的趋势。这些大量裂缝严重影响坝体应力分布,削弱坝体整体性,也使得相邻坝段坝顶位移有趋势性变化,威胁到坝体抗滑稳定性,建议重点观测并及时分析。

大部分坝段坝顶水平位移时效呈逐年上升趋势,尤其是两岸挡水坝段,在坝顶水平位移典型年份的年变幅中,测点时效分量约占典型年年变幅的5%以下。

(二)垂直位移

(1)垂直位移水准点测值呈明显的年周期变化,主要受温度变化的影响。温度升高,坝顶上抬,测值减小;温度降低,坝顶下沉,测值增大。在 2009 年垂直位移年变幅中,其影响占垂直位移年变幅的 90.38%~93.61%。温度变形属于弹性变化,而冰冻冻融变形每年都有不可恢复的残余部分,其积累效应即表现出时效变形,造成坝顶逐年抬高。

(2)库水位对水准点测值有一定影响,上游库水位上升,坝体下沉,测值增大;上游库水位降低,测值减小。在 2009 年垂直位移年变幅中,水压分量占垂直位移年变幅的 6.01%~9.38%。

(3)坝顶垂直位移最大值为 7.0 mm,发生在挡水坝段 22 号坝段,其次为 6.0 mm,发生在挡水坝段 23 号坝段。最小值为 -20.0 mm,发生在左岸挡水坝段 26 号坝段。坝顶垂直位移最大年变幅出现在溢流坝段 8 号、10 号、9 号坝段,垂直位移约为 17.0 mm。

(4)由于葠窝水库低温期长达 3 个月(每年 12 月到次年的 2 月),坝体下游面以及上游水面以上坝体混凝土存在负温区,而冬夏温差大,大坝每年经受冻融破坏作用。因此,裂缝较多的两岸挡水坝段,尤其是在高程 78.00~89.00 m 部位,存在渗水水平缝的电站及左岸非溢流坝段,裂缝内冰胀冰消作用、冻融作用明显,使得这些坝段坝顶抬升较溢流坝段更为显著。在 2000 年后,8 号、9 号、10 号、14 号、15 号、16 号、22 号、23 号、25 号、26 号等坝段间抬升不均匀性大,一般在 5~10 mm,并有逐年递增的迹象,其中溢流坝段裂缝较多的胖墩比瘦墩坝顶抬升明显,表明大坝整体变形协调性较差,对坝体结构应力和稳定不利。

(三)扬压渗流

1. 坝基扬压力

(1)两岸岸坡坝段 3 号、25 号坝段第一孔受库水位影响较大,相关系数在 0.64~0.85,超出规范允许值,表明两岸坝段基础防渗体系较为薄弱,建议做好抽排减压措施。河床部位溢流坝段基础扬压力受库水位影响稍小,相关系数在 0.26~0.36。

(2)温度分量是影响扬压力孔水位变化的重要因素,河床坝段尤其是靠近下游侧的测孔水位变化影响明显,在 2009 年扬压力孔水位年变幅中,温度分量占 6.76%~70%;23 号坝段坝基扬压力受温度影响明显高于库水位变化,主要与其基础存在裂隙有关,温度分量占 48.92%~63.73%。

(3)降雨量变化对坝基扬压力有一定的影响。5 天前的降雨量对葠窝大坝坝基扬压力的影响较小,当天降雨及当天至前 5 天的降雨量对扬压力孔水位变化有重要影响,其中,对岸坡坝段比河床坝段影响大。在 2009 年扬压力孔水位年变幅中,降雨分量占 0.35%~9.42%。

(4)大部分坝段,尤其是23号、25号坝段扬压力测孔水位有缓慢增大的趋势。在2009年,扬压力测孔水位年变幅中,时效分量均占总年变幅的5%以下。

2. 坝体坝基渗漏量

(1)温度和库水位变化是影响坝基渗漏量变化的主要因素。每年的2~3月坝基渗漏量达到年内峰值,而此时段气温往往最低。最大渗漏量为18 L/min。

(2)低温高水位(94.00 m以上)是葠窝水库大坝基础渗流最不利工况,应加强观测。另外,横向廊道顶拱的径向裂缝(横缝)漏水严重,3号、19号、20号坝段的下游面,有多处水平施工缝渗水,特别是19号、20号坝段76.0 m高程水平施工缝下游面渗水严重,直接影响大坝的整体性及耐久性。

(3)坝体渗漏量时效分量有逐渐上升趋势,且长期渗漏,对坝体坝基的耐久性和安全性不利,应采取必要的工程措施。

第三节　淤积测量

水库自1974年运行以来,分别于1986年、2001年、2008年、2011年共进行了4次有效的淤积测量。2011年测得总淤积量为1.296 6亿m^3。

一、测量断面布设

在50多km^2库区内共布设测量断面40个。

其中太子河27个,从下游向上游依次编号(太1,太2,…,太27),其端点相应称为太左1、太右1,太左2、太右2,…,太左27、太右27。

支流细河布设断面7个,编号亦从下游开始,分别为细1,细2,…,细7,其端点相应称为细左1、细右1,细左2、细右2,…,细左7、细右7。

支流兰河布设断面6个,编号亦从下游开始,分别为兰1,兰2,…,兰6,其端点相应称为兰左1、兰右1,兰左2、兰右2,…,兰左6、兰右6。

断面端点标石的种类有1964年的方石或混凝土桩、1986年的中间有铁管的混凝土桩、2001年的标石中间有钢筋的混凝土桩、2008年的标石中间有铁钉的混凝土桩或带有“弓土”字样的土地界桩,其中也有被破坏而不能埋桩的地方用特殊的标记或临时标记,如红油漆等。

二、测量方法

端点平面坐标采用1954年北京坐标系,高程采用1956年黄海高程系,按四等水准要求施测。

前两次1986年、2001年均为断面法测量,并都是采用在冬季打冰眼测量水深的方法进行,由经纬仪010B定向,测绳量出各点到端点的距离,根据横断面的冲淤计算淤积量。

第三次2008年在使用断面法测量的基础上又增加了地形图法,并使用了全站仪测设点位,水深根据具体情况采用冬季打冰眼和测深锤测量2种方法。淤积量采用断面法和地形图法分别进行计算。

三、泥沙淤积纵向分布情况

葠窝水库泥沙淤积在河道纵向上分布非常不均匀。淤积量较大的区间：太子河有太7～太8断面，淤积量为$8.28\times10^6\ m^3$，太8～太9断面，淤积量为$7.77\times10^6\ m^3$，这两段在鸡冠山处；细河有细4～细5断面，淤积量为$6.99\times10^6\ m^3$，此段在双河上游处；兰河有兰4～兰5断面，淤积量为$5.14\times10^6\ m^3$，此段在孤家大桥处。上述地方的淤积发生的主要原因是人为的采矿排岩、选矿弃渣、填水库造地和修建厂房所造成。从河道纵断图看，太子河河头太19～太27河底高程基本未变，原因是此段没有矿点，中段太2～太18河底高程严重淤高，最严重的太11断面淤厚高度10.00 m，靠近坝前最近的太1断面淤厚不大，只有0.21 m；细河河头细6、细7河底高程降低，成冲刷状态，细河下游细1～细5淤积严重，细2最大淤厚达11.33 m；兰河河头兰3～兰6河底高程与1964年相比变化不大，还有冲刷的迹象，兰1～兰3淤积厚度均匀，不是太大。

四、泥沙淤积横向分布情况

由于原始横断面资料缺乏，原河道横断面是在1964年辽宁省水利勘测设计院1∶1万地形图上截取的，有一定的误差。从横断面来看，除河头及坝前河底淤积厚度较小外，其余均淤厚严重，整个河道底部呈抬高趋势。在正常自然的河道横断面，显示出两岸略有冲刷，而河底有一定的淤积；在采选矿部位的断面，显示出岸坡及河底明显的淤积严重，改变了原有自然河道的形状，如太7～太15断面，细3、细5断面，兰4断面等；在河头部位的断面，显示出两岸被填土造地修建厂房，断面长度急剧缩短，有些断面长度减小为原来的1/2甚至1/3，如太21～太27断面、兰5断面等。

葠窝水库库区泥沙淤积分布极为不均匀，主要受人为活动影响，且淤积极为严重。

五、泥沙淤积沿高程的分布

以基本等高距2 m为基准，葠窝水库库区在102 m高程以下全部发生淤积，平均2 m等高距间淤积量为$6.45\times10^6\ m^3$，淤积分布不均匀。发生淤积较大的区域是96～102 m及76～78 m，每层淤积量均超过$10\times10^6\ m^3$；发生淤积较小的区域是62～70 m，每层淤积量在$1\times10^6\ m^3$左右，这一部分在坝前区域。从地形图上看，淤积的泥沙正在逐渐向坝前推进。在实际测量中，看到的是大量的淤积主要来自于开矿弃渣及填水库造地，弃渣主要分布在库区河流的中段，填水库造地大部分在河头部位，使水库蓄水面积急剧减小。

1964～2008年不同高程新旧库容比较见表2-2-2。

六、历年淤积情况

历次测量均以1964年为基准，各年测得的淤积量为：

1986年淤积量$40.30\times10^6\ m^3$；

2001年淤积量$51.00\times10^6\ m^3$；

2008年淤积量$129.00\times10^6\ m^3$；

2011年淤积量$129.66\times10^6\ m^3$（新的淤积量）。

水库历年淤积量统计情况见表2-2-3。

表2-2-2　1964～2008年不同高程新旧库容比较

水位(m)	原库容($\times10^6$ m^3)(1964年)	现库容($\times10^6$ m^3)(2008年)	淤积量($\times10^6$ m^3)	各层淤积量($\times10^6$ m^3)
62		0	0	
64	1.15	0.107	1.043	1.043
66	2.69	0.705	1.985	0.942
68	5.19	2.254	2.936	0.951
70	9.95	5.260	4.690	1.755
72	18.00	9.765	8.235	3.545
74	29.70	15.956	13.744	5.509
76	46.00	23.952	22.048	8.304
78	67.00	34.873	32.127	10.079
80	92.70	51.932	40.768	8.641
82	126.00	76.427	49.573	8.805
84	164.00	107.317	56.683	7.110
86	209.00	144.059	64.941	8.258
88	259.00	187.390	71.610	6.669
90	315.00	237.948	77.052	5.443
92	378.00	294.765	83.235	6.182
94	444.00	357.323	86.677	3.442
96	519.00	425.548	93.452	6.776
98	603.00	499.285	103.715	10.263
100	693.00	578.155	114.845	11.130
102	791.00	661.927	129.073	14.227

表2-2-3　水库历年淤积量

测量时间	相对于上一次淤积量($\times10^6$ m^3)	相对于上一次时间(年)	平均年淤积量($\times10^6$ m^3)
1964	0	0	
1986	40.30	22	1.83
2001	10.70	15	7.10
2008	78.00	7	11.14
2011	2.17	3	0.72

从表 2-2-3 中可以看出：

1964 ~ 1986 年基本为自然淤积，人为活动造成的淤积量很小，年平均淤积量为 $1.83 \times 10^6\ m^3$。

1986 ~ 2001 年人为活动逐渐增多，特别是采选矿企业增多，人为活动造成的淤积量开始增大，年平均淤积量为 $7.10 \times 10^6\ m^3$。

2001 ~ 2008 年人为活动急剧增多，采选矿企业如雨后春笋，数量剧增，人为活动造成的淤积量快速增大，年平均淤积量为 $11.14 \times 10^6\ m^3$；平均每天的淤积量为 3 万 m^3。

2008 ~ 2011 年，年平均淤积量为 $0.72 \times 10^6\ m^3$；平均每天的淤积量为 0.2 万 m^3。

第四节 大坝裂缝普查

一、裂缝普查概况

大坝在施工期的 1971 年 8 月首次发现坝体裂缝，进行了第一次裂缝普查，当年查出裂缝 210 条。1973 年水电部曾派调查组会同省水利局及葠窝会战指挥部对葠窝混凝土坝裂缝作了第二次、第三次调查分析，分别查出裂缝 343 条、369 条，并写出了调查报告。

第四次调查是 1974 年省水利勘测设计院对一些重要裂缝作了进一步研究，查出裂缝 455 条。《葠窝水库混凝土坝补强设计》报告表明，葠窝混凝土坝裂缝（23 号坝段）未处理之前，洪水期最高库水位不超过 97.0 m。

1975 年葠窝水库管理处对坝体裂缝再次检查，即第五次调查，查出裂缝 466 条，编制了《葠窝水库坝体裂缝处理措施》，在 1978 年以前曾对于上述裂缝采用过水泥灌浆和丙凝、环氧、氰凝等化学灌浆方法进行处理，上游面还采用过环氧橡皮涂贴等处理试验，其效果不甚显著。

1981 年 3 ~ 5 月，由省局工管处、基建处、省水利勘测设计院、省水利科学研究所和葠窝水库管理处等单位参加的联合调查组，对葠窝坝体裂缝进行了详细的普查，即第六次调查，这次调查发现裂缝不但在数量上有所增加，而且裂缝长度、宽度、渗水等问题也较以前严重。为进一步探测裂缝的宽度和深度，分析裂缝的危害，研究对裂缝的处理措施，1981 年 9 月 21 日至 11 月 21 日葠窝水库管理处对第六次检查出的重点裂缝再次进行了详细检查，查出裂缝 641 条。检查的主要部位有 3 号坝段下游面垂直横缝；23 号坝段 0 + 18.4 m 和 0 + 28.2 m 的两条纵缝；5 号、7 号、8 号溢流坝段排水廊道顶拱的纵向裂缝；6 号、8 号底孔底板的纵向裂缝，以及 8 号溢流面的裂缝。此外，还对 6 号、8 号底孔工作闸门后部的底板和侧墙进行了检查。检查结果证明，7 号坝段排水廊道顶拱的裂缝已由原（1974 年）检查的深度 10 ~ 11 m 发展到超过 14.27 m，此部位混凝土总厚约 16 m，说明这个坝段的裂缝已由排水廊道顶拱向上发展基本贯穿全坝段。23 号坝段 0 + 18.4 m 纵向裂缝亦由原（1974 年）检查的 4.3 ~ 5.1 m 发展到超过 17.65 m，此部位混凝土总厚度约 20 m，也说明这条裂缝基本贯穿全坝段。上述结果表明，葠窝水库混凝土坝的裂缝深度较 1974 年已经大大增加，而且溢流坝挡水坝均有贯穿性质的裂缝存在，其性质及危害是值得注意的。在这次裂缝检查的同时，还对 3 号坝段下游面裂缝、9 号坝段观测廊道顶拱的裂缝以及6～7号坝段观测廊道内的伸缩缝进行了氰凝化学灌浆试验。

1983 年，葠窝水库管理局进行了第七次裂缝检查，对排水廊道拱顶裂缝进行了详细检查，查出裂缝 688 条。

1986 年，葠窝水库管理局对大坝裂缝进行了第八次检查，全面普查，查出裂缝 812 条。按危害程度，归纳为三种类型。

一类裂缝是排水廊道和灌浆廊道顶拱纵缝。其危害最大，特别是 4～25 号坝段（12 号、22 号除外）沿顶拱轴线分布的纵缝，经压风检查，有 6 个坝段的裂缝起自坝基，向上延伸几乎到坝顶，在底孔处已形成纵向裂缝，对大坝的整体性构成最大威胁。

二类裂缝是闸墩和边墩上的贯穿性裂缝。在 75 条重要裂缝中，闸墩占 21 条，有的一个闸墩上就有 3 条，尤其是分布在闸室两侧的裂缝，既受气温的影响，又有渗漏严重和钢筋锈蚀问题，裂缝的下游侧为弧形闸门的铰座，一旦裂缝切断了闸墩，闸门支撑部分就有可能失稳而影响运行的安全。

三类裂缝是自上游坝面开裂，贯通到横向廊道和闸门井的横向裂缝。如 5 号坝段自上游墩角开裂，沿横向廊道顶部，一直延伸到闸墩末端的裂缝以及 16 号坝段、23 号坝段的横向裂缝，均使大坝的整体性受到破坏，危及运行的安全。

1986 年，对重点部位的裂缝进行了加固补强措施，具体内容见一次除险加固部分。

1997 年，葠窝水库管理局对大坝裂缝进行了第九次全面普查，查出裂缝 913 条。2002 年，对坝体水平施工缝进行了水溶性聚氨酯化学灌浆。

2006 年 3～6 月，葠窝水库管理局对闸墩裂缝进行了第十次现场普查，查出裂缝 2005 条。通过检查发现，大坝裂缝逐年增加，而且裂缝长度、宽度、渗水等问题也越来越严重。

2012 年查出裂缝 1 159 条。

1971～2012 年，共进行了 11 次裂缝普查，裂缝普查统计情况见表 2-2-4。

表 2-2-4　葠窝水库大坝裂缝普查统计　（单位：条）

检查序号	第一次	第二次	第三次	第四次	第五次	第六次	第七次	第八次	第九次	第十次	第十一次
日期（年·月）	1971.12	1973.3	1973.9	1974.4	1975.3	1981.5	1983.8	1986.6	1997	2006	2012
数量	210	343	369	455	466	641	688	812	913	2 005	1 159
主要裂缝		52		62	104	104	74				

二、裂缝的分类描述

（一）施工时期浇筑层顶面和侧面的裂缝

右岸 4～13 号坝段的混凝土是 1971 年汛前浇筑的。施工中先后在 7 号、18 号、21 号、22 号等坝段发现了一些裂缝。14～31 号坝段是 1972 浇筑的，施工时也曾在 18 号、21 号、22 号等坝段发现了一些裂缝。这些裂缝，以 4 号、13 号、18 号坝段比较严重，仅 13 号坝段南侧，就有裂缝 19 条，其中一条从基础一直延伸到溢流面。4 号坝段北侧也有两条从基础向上发展的裂缝，长达 27 m，水平方向也延续了整个坝段。18 号坝段有一条浇筑层顶面和侧面裂缝,施工中虽经铺筋处理,但以后又向上裂穿2~3个浇筑层。当时对这个坝段的裂缝进行了风钻钻孔和压风检查,探测的深度并不太大,一般都在1 m左右。凡施工中发现的裂缝,当时都作了铺筋处理,之后才继续向上浇筑混凝土。这些裂缝都已埋在混凝土内,无法查找。

(二)廊道里的裂缝

在性质上较为严重的是排水廊道顶拱的径向裂缝(纵缝)和横向廊道的环向裂缝(纵缝)。这种裂缝如果贯穿,会直接破坏坝体的整体性,削弱大坝的抗倾和抗滑能力,同时也会恶化坝体的应力分布。另外,横向廊道顶拱的径向裂缝(横缝)漏水严重,它对大坝的稳定及应力影响不大,但对大坝的整体性及耐久性都有不良影响。

4~15号坝段的排水廊道中,有17个坝段的廊道顶拱发现径向裂缝,缝宽一般为0.5~1.0 mm,长度沿径向贯穿全坝段,其中以7号坝段最为严重。此坝段混凝土于1971年7月开始浇筑,当年12月发现廊道顶拱有0.5 mm宽的裂缝,长度已贯穿整个坝段。1973年1月,缝宽增加到2 mm,当年7月在库水位为90.82 m时,缝宽达3 mm。以后直至1974年5月处理之前,缝宽再无明显变化。对这条裂缝的缝面,1974年作了水泥砂浆封闭,之后进行了水泥灌浆,灌后第二年该缝仍然漏水,1976年、1978年又进行了两次氰凝灌浆,至2010年年底漏水状况无明显变化。由于缝面作了封闭,缝宽已无法检查。对这条裂缝的深度,在1974年曾做过检查,当时缝深10~11 m,如今坝体平均温度已较当时降低并趋稳定,其裂缝是否继续发展,有待进一步检查。

三个横向廊道(5号、17号、23号)内的裂缝,以23号坝段顶拱的径向裂缝最为严重。这条裂缝与该坝段上游面裂缝、灌浆廊道、检查廊道的裂缝相通。1972年冬,库水位为88.00 m时,实测漏水量为40 L/min。1973年3月,经水泥灌浆(灌入量很小,只有两孔进浆)和上游面环氧橡皮涂贴后,漏水量一度减少到0.26 L/min。但到当年12月初漏水量又增大到与前相仿。经分析认为,上述现象与混凝土的温度有关,实际上处理效果不良。1974年,对这条缝上游面又重新做了环氧橡皮涂贴;1976年,又在廊道内进行了水泥灌浆,灌后漏水量明显减少,但仍未处理完毕。

23号坝段横向廊道内0+18.4 m和0+28.2 m各有纵缝一条,以前设计院曾对后一条裂缝进行了计算分析,认为如果这条裂缝贯穿,将严重地影响坝体的应力状况(在设计水位101.8 m时,上游坝脚产生3.13 kg/cm^{2}的拉应力)。当时检查这条裂缝的深度不大于2 m,现在这条裂缝是否继续开裂或贯通,有待进一步详查。

(三)底孔里的裂缝

13号坝段以右的四个底孔在1971年9月末导流过水,过水前曾进行一次检查。14号坝段以左的两个底孔在1972年过水前进行了检查。当时这些底孔的侧壁下有些裂缝,其宽度仅0.1~0.2 mm。这些裂缝一般是两侧壁对称,但未形成环状。1973年联合调查组对底孔进行了检查,当时底孔内积水4.5 m深。发现除14号、16号两个底孔外,其余四个底孔都在距坝轴线25 m处,即与排水廊道顶相对应的部位有一条环状裂缝,缝宽在0.1 mm左右。从排水廊道顶拱漏水情况估计这些底孔的2.4 m厚底板已经裂穿。

1981年进行底孔调查时发现,除原有的裂缝外,在8号底孔的顶部,增加了一条贯穿性裂缝,使裂缝形成环状。这些都说明了底孔的裂缝有所发展。

（四）上、下游面裂缝

上游面裂缝原检查时数量不多，检查亦没有什么发展。其中，23 号坝段的垂直横缝已于 1973 年 7 月和 1974 年 7 月进行两次环氧橡皮涂贴处理，涂贴高程自 65.5 m 到 97.2 m。65.5 m 到基础 5.8 m 一段未作处理，未处理的一段仍无法检查，处理部分效果良好，没有开裂。97.2 m 以上又继续开裂，其裂缝已接近坝顶。

溢流坝面的裂缝主要是蓄水前检查的。各坝段都发现有 1～2 条水平方向裂缝，但长度却很小。蓄水后检查几次，因受闸门漏水的污染，一些原有的裂缝无法查清。第十次检查发现了一些新的裂缝。

下游面裂缝以前检查时以 22～27 号坝段的垂直裂缝（横缝）比较严重，特别是 23 号坝段中心线上的横缝，认为与上游面及廊道里的垂直横缝有可能贯通，但在 1974 年检查时，这条缝深仅有 1 m。这次检查时，发现在 3 号、19 号、20 号坝段的下游面，有多处水平施工缝渗水，其中 19 号、20 号坝段 76.0 m 高程水平施工缝下游面渗水的水源是电站引水管道的通气孔。3 号坝段下游面渗水的水源还没有调查出来。

（五）闸墩裂缝

1975 年以前检查时，发现在 15 个闸墩中有 11 个闸墩出现了裂缝。其形状比较规则，位置大都在牛腿受力筋以外，即扇形面末端。该部位恰在闸墩中间，温度应力较大，当时检查仅 10 号坝段的闸墩两侧有对称的裂缝。1981 年检查时，已有 9 个坝段的闸墩两侧出现 13 对对称裂缝。其中，有 3 对在牛腿部位，虽未发展至上下贯穿，但其发展趋势是很值得注意的。在闸墩裂缝中，凡有底孔的闸墩，都有一条或两条裂缝出现程度不同的渗水，其水源是底孔闸门检修室。

三、重点裂缝

（1）23 号坝段横向廊道中部和尾部的两条纵向裂缝如果贯穿，将严重影响坝体的应力分布。1973 年即将这个坝段列为重点监视坝段。

（2）7 号坝段排水廊道顶拱的裂缝 1974 年已查出缝深 10～11 m，即将该部坝体裂穿 2/3，如果全部裂穿，将影响坝体的应力分布。8 号、5 号等坝段的排水廊道顶拱的裂缝深度，虽然没有 7 号坝段严重，但也有发展到贯穿的可能性，其性质与 7 号坝段相同。

（3）19 号、20 号坝段，76.0 m 高程的水平施工缝在观测廊道及坝段下游面均发现漏水，说明从观测廊道至下游面的 14.9 m 施工缝面已经裂穿。现在观测廊道至上游面的 10 m 尚未裂穿，若发展至全部裂穿，将影响坝体的稳定。

（4）6 个有底孔闸墩的两侧都出现了对称裂缝，有的在闸门检修室的部位，这些裂缝都有渗水现象，再经常年冻融变化，这些裂缝将有恶化的趋势。有的裂缝在弧门铰座的受力部位，这些裂缝达到一定宽度时，将影响闸墩的钢筋寿命。

工程技术人员根据每次普查裂缝的种类、性状和开裂程度，进行分析和研究，制定出处理裂缝的最佳方案和方法，从而保证大坝的安全与稳定。

第三章　大坝除险加固及更新改造工程

葠窝水库大坝自 1972 年运行以来,陆续暴露出一些主要问题:大坝裂缝很多,施工缝漏水、底孔气蚀破坏严重,溢流堰面冻融破坏严重,弧门没有检修闸门等,这些都影响到大坝的安全运行。1974 年,辽宁省水利水电勘测设计院对主要裂缝进行调查研究后,提出最高限制水位不超过 97 m 运行的意见;在 1978 年以前,多次对重点裂缝采取水泥、化学灌浆,均未奏效;1981 年,根据水利部的意见对重点裂缝进行了详查,委托北京水利科学研究院、天津大学等单位分别做了有缝坝全息光弹试验、石膏模型破坏试验、底孔气蚀试验。水电部听取了"葠窝水库现状及存在问题"的汇报后,对工程提出两项措施:一是葠窝水库最高蓄水位限制在 95.5 m;二是对问题较严重的 23 号坝段进行紧急加固处理。大坝的除险加固在大坝投入运行后便已经开始并不断进行,使得工程安全运行。其中规模较大的有:1985 年 2 月至 1989 年 5 月对大坝进行的第一次大规模除险加固;1999 年 12 月至 2005 年 9 月进行的第二次除险加固;2007 年 5 月开始的大坝金属结构更新改造。

第一节　大坝一次除险加固

葠窝水库在修建过程中就出现一些施工质量问题,水库建成后运行几年,又陆续暴露了更多的裂缝和渗漏问题,对水库运行安全构成严重威胁。1973 年 10 月,水电部就派出调查组,针对坝体裂缝和混凝土低强等问题,提出了调查报告,省水电设计院遂于 1974 年提出了葠窝水库混凝土坝补强设计,并要求在裂缝未处理前,最高洪水位不应超过 97.00 m 高程。降低水库标准运行,对城乡防洪与供水带来极为不利的影响,葠窝水库管理处于 1975 年在裂缝检查后提出了处理措施,随后进行了环氧橡皮涂贴和以磨细水泥、环氧树脂、氰凝为浆材的灌浆处理;1982 年又做了 SK-1、SK-4 非水溶性聚氨酯灌浆试验,但均未收到明显效果。此时大坝的整体性和坝体应力状态,直接影响到大坝的安全。1982 年,水利部同意了省水利局报送的《葠窝水库工程加固设计工作大纲》。大纲要求:第一阶段为工程质量全面检查、分析和试验研究阶段,第二阶段为工程加固设计阶段。实际上,1983 年一季度提出了工程质量检查报告,1984 年二季度编报了设计成果,1985 年正式开工,1989 年 5 月竣工,1992 年 5 月 20 日通过竣工验收。

一、大坝工程存在的主要问题

(一)混凝土质量问题

根据建筑物等级和施工管理水平,确定混凝土离差系数 $C_v \leqslant 0.2$,强度保证率 $\rho \geqslant 85\%$,而实际浇筑的 R_{28}^{200} 标号混凝土强度保证率仅为 74%(13 号坝段的强度保证率为 72.5%,最低强度仅为 5.2 MPa,R_{28} 和 R_{90}^{100} 标号混凝土的离差系数均大于 0.2)。另据不完全统计,施工中出现蜂窝、狗洞、冷缝、露天雨中施工等质量事故和违反技术要求的情况达205次,并且有些事故未作妥善处理。

其次是部分混凝土的抗冻性能较差。R_{90-D50}标号混凝土抗冻合格率为86.3%,而在水位变化区的$R_{28-D100}$标号混凝土的合格率仅占61.6%。无抗冻性能的混凝土占总浇筑量的20.9%。

(二)坝体出现大量裂缝

1971年至1983年8月间,对坝体裂缝进行过七次调查,裂缝均呈递增趋势,最后一次共查出688条裂缝,其中排水廊道64条,灌浆廊道84条,观测廊道170条,迎水面48条,背水面73条,溢流面74条,闸墩84条,较严重的是排水廊道顶拱的纵向裂缝。在4～25号坝段的排水廊道中,17个坝段的顶拱有纵向裂缝,并且延伸到整个坝段,缝宽一般为0.5～1.0 mm,深度不等。另外,由裂缝宽度、长度、渗漏程度、裂缝所在部位的重要性等因素确定的重要裂缝有104条,对坝身安全构成严重影响。

(三)溢流面冻融破坏

按《混凝土重力坝设计规范》(SDJ 21—78)152条要求,抗冻标号为D_{150}～D_{250},而本坝设计采用D_{100},低于规范指标,据当地气象资料,每年冻融约90次,尤其本坝为南北向,整个冬季几乎每天都有一冻一融。另外,由于施工质量存在局部混凝土低强和不均匀性问题,溢流曲面是由人工抹面,在冬季闸下渗漏冻胀作用下,导致溢流面剥落破坏,一般破坏深度10～15 cm,破坏毛面积约占溢流面的60%。

(四)底孔气蚀破坏

据1981年10月和1982年10月两次对底孔的检查发现,除6号底孔(基本不泄流)外,其他各孔的闸门槽下游侧,底部贴角突坎前缘,均遭到不同程度的气蚀破坏,其中,以运用次数较多的3号底孔破坏最严重,闸后左侧底角破坏区长达3.00 m,偏向下游侧并延伸到底板以上1.1 m高范围,面积约5 m^2,侧墙破坏最大深度0.20 m,底板最大破坏深度0.41 m,裸露底板横向钢筋9根,贴角钢筋5根,边墙受力钢筋4根。闸后右侧破坏相对较轻,破坏区长2.10 m,高0.35 m,底板破坏宽1.05 m。裸露边墙受力钢筋1根,底板钢筋2根,破坏面积3.6 m^2,破坏区边缘很不规则。

为了弄清底孔破坏原因和寻求补救措施,委托水电部东北勘测设计院水利科学研究所,做了底孔模型验证试验,着重弄清贴角对水流的影响。试验结果表明,模型的空化区恰好是原型的破坏区,证明原贴角的布置不够合理,斜面安全检查坎造成水流与底孔边界相脱离,产生分离型固定空穴气蚀破坏。最大气蚀强度发生在闸门开度为3.0 m时,采取从门槽下游拐点起,渐变贴角的修复方案。经试验,渐变贴角处未发生空穴,且气蚀强度大大减弱。

(五)设计、施工遗留亟待解决的缺陷

1.观测设备缺陷

1974年10月,埋设的大坝内部观测仪器,能正常使用的有156支,至1981年剩29支,观测结果已不能反映大坝内部各项参数的全貌。外部观测设备也残缺不全,并存在缺陷。坝顶位移观测点,设在栏杆灯柱上,不能真实反映坝顶位移情况;绕坝渗漏观测孔,移交时仅有3～4个,且孔壁距临空面小于冻深,冬季孔内结冰,无法观测;正锤仪与倒锤仪没有安装,并且正锤孔与吊物孔放在一起互有干扰,实测资料难以反映大坝的真实工作状况。水库的淤积观测,不能真实反映上游本溪市倾倒的废渣废料量及对水库造成的淤积情况。

2. 遗留尾工对运行造成的影响

右岸上坝公路和电站尾水渠工程,均因水库提早收工而遗留大量尾工;由于电站导流坝设计长度被缩短和右岸未作护砌而影响左、右边孔的泄流,造成电站尾水位高,使电站出力减少。

3. 闸门及启闭设备缺陷

底孔检修闸门门机的制造质量不高,启门力不足,因而不能保证汛期安全运行;底孔闸门和弧形闸门水封普遍漏水;溢洪道未设检修闸门,闸门检修与防腐处理困难;设计不周,造成弧形闸门提升高度不足,闸门下部 2.5 m 高的侧水封无法更换;另外,底孔闸门存在钢丝绳长期浸水易腐蚀和拉杆装卸困难等问题。

4. 底孔保温问题

置于胖墩内的底孔工作闸门室及检修门门库,由于上盖和出口未设置保温罩,而使闸墩冬季承受冻胀压力和出现竖向裂缝。

二、加固工程设计

水电部规划设计管理局认为,葠窝水库工程加固存在防洪加固、抗震加固和质量处理三方面问题,并对坝体裂缝、混凝土低强、坝基处理和抗震等问题提出了原则性意见。1984 年 3 月,中国水利学会工程管理专业委员会和辽宁省水利学会在水库共同主持召开了大坝安全咨询会议,邀请水电部及水利系统的设计、施工、科研、工程管理及大专院校等 30 个单位的代表参加。综合专家代表的意见,决定由省设计院承办加固设计工作。

首先在 1983 年提出对 23 号坝段两条纵缝,采取钢筋束补强设计方案。但实施结果并未达到改善坝身整体性的预期目的。随后对 2 号底孔气蚀破坏进行了修补设计;并在下游右岸作了 300 t 级垂直锚索试验,以探索有效的加固设计途径。自 1984 年开始全面开展加固设计,内容针对纵向裂缝及其他裂缝的处理、对五个底孔气蚀破坏的处理、迎水面和坝段间伸缩缝的防渗处理、对溢流面冻融破坏的处理、对大坝观测设备进行改造和修复。1984 年,召开设计审查会,松辽委在沈阳的审查会上,取消了迎水面防渗处理部分。

三、加固工程施工

从 1985 年开始,进入全面工程加固阶段。葠窝水库管理局受水电厅的委托,代行建设单位职能,成立了工程加固办公室,局长苏文华兼任办公室主任。根据松辽委的审查意见,加固项目包括底孔气蚀破坏处理、纵缝施加预应力锚索、边坝帷幕及裂缝水泥灌浆、裂缝及伸缩缝化学灌浆、坝上金属结构加固、电站附属工程续建、工程管理条件改善等。水电厅以辽水基字〔1985〕98 号文,核定工程加固投资为 1 403 万元。

承担工程加固的施工单位有葠窝水库管理局(承担大坝金属结构改造、裂缝及伸缩缝化学灌浆、改善管理条件的非工程措施等)、水电工程局四处(承担底孔气蚀破坏处理、预应力锚索、边坝帷幕灌浆、裂缝及迎水面水泥灌浆、贾彬岭降岭工程等)、厅防汛调度中心(负责防汛调度同步卫星自动化系统的地图工程施工及仪器调试)、大连起重机械厂

(启闭机测试、鉴定、改造)、南京自动化研究所(大坝安全监测系统工程)、烟台遥测技术研究所(卫星通信系统安装调试)、省水电设计院(闸门及启闭设备施工指导等)、省水科所(后期称水利水电科学研究院,锚索测试)等单位。

在加固工程实施过程中,还委托南京自动化研究所对前期原型观测资料进行了分析,委托北京水利水电科学研究院结构材料所对闸墩竖向裂缝进行了稳定分析。

四、主要施工技术与工艺

(一)60 t 级预应力锚索

该项技术的目的是处理大坝裂缝,为大坝施加预应力锚索,是一项要求严格、工艺复杂的施工技术。为此,设计单位在调查研究的基础上,1983 年又做了 300 t 级的预锚试验,随后于 1986 年 3 月和 6 月相继提出了 60 t 级预应力锚索施工技术要求,施工单位按照提出的要求,立即组织施工。其主要施工工艺流程是:锚索用具制作→锚索制作(包括钢丝性能鉴定、钢筋平直、断料、弯钩、除锈、涂防锈材料、穿隔离架、穿锚环、墩头、戴钢帽、绑端架)→造孔→坝面开槽→洗孔→安放垫板→下钢丝束→注浆锚固→卸钢帽→上锚环→张拉→灌浆封孔→安装防护罩→坝面恢复原状等 14 个环节。

60 t 级预应力锚索施工方法如下。

1. 造孔

为了埋设锚具,先在钻孔上开凿直径 60 cm、深 24 ~ 34 cm 的盘形坑,然后搭设脚手平台,固定钻架位置和钻轴方向,设计要求钻孔与水平呈 25°角(个别钻孔为 15° ~ 20°),为非垂向钻进,施工难度较大,因此将钻架与锚筋固定在一起,并用袖珍经纬仪精确校正钻轴方向;严格挑选平直的钻杆以防出现偏差,借助灯光检查钻孔是否偏斜,钻孔用 YQ - 100B 型插孔钻。钻孔间距、排距均为 2 m;钻头直径 100 mm(25 号坝段第 8、第 14 号孔直径为 80 mm)。在 10 个坝段上,共打 124 个孔。

2. 锚索制作

锚索需要的钢丝平直、除锈、切割、防腐、弯钩等工序,由 10 人一组的专业班组承担,并由质检人员进行监督检查,下料长度由每孔的钻深具体确定,误差小于 3 mm,并要求断口平整,钢丝墩头(压力 300 MPa)以后不得破损开裂,轴线偏心不超过 0.4 mm;钢丝隔离架的间距为 1.5 ~ 1.7 m,钢丝末端要有两个弯钩,钢丝为天津钢丝厂生产的预应力碳素高强钢丝,直径 5 mm。

3. 锚索安装和浇筑锚头

安装前,先铺上钢垫板,然后下锚索,同时将直径 25 mm 软塑管送入孔内(末端距孔底 20 ~ 30 mm)借以灌内锚头,灌浆用 525 号大坝硅酸盐水泥,水灰比 0.38,锚头浇筑养生期为 32 d。

4. 锚索张拉

锚头浇筑超过养生期,即开始锚索张拉,用四平建筑机械厂生产的 L/L601250 型千斤顶作拉伸机,额定油压 40 MPa,公称拉力 60 t,拉伸行程 250 mm,用天津产压力为 60 MPa 的压力表。张拉试验由葠窝水库主持,在省水电设计院和省水科所参加下,由施工单位(省水电工程局四处)负责操作,以 25 号坝段第 14 号孔为小测力器试验孔,1986 年 8

月31日开始试验,严格按设计要求操作,为了保证钢丝受力均匀,采取重复张拉的方法,即超张拉吨位持荷2 min,然后退荷,再超张拉持荷2 min,再退荷,最后超张拉吨位持荷1 h,再进行锁定,加荷或退荷的速率按小于5 MPa进行,试验结果比较满意。20号、23号、25号坝段超张拉吨位为60.5 t,共有7个坝段为66.7 t,锚索张拉自1986年10月开始,1987年7月3日结束,仅在25号坝段1号孔张拉时,发现拉伸值已到9.21 cm,吨位仅37.5 t;另外,10号坝段的第9、第10、第12号孔,曾发生锚索滑移现象,但张拉吨位均超过设计值(60 t)。

5. 锚索封孔灌浆

锚索完成张拉锁定七后,即开始封孔灌浆,用525号硅酸盐水泥,水灰比0.4。20号、23号、25号坝段封孔灌浆期为1986年11月下旬,为保证灌浆质量,用25～30 ℃温水拌浆。灰浆以0.2 MPa压力,经预埋软塑管向孔内注入。软塑管随注入,随提升,浆液溢出孔口,即停止灌浆并抽出塑料管,戴上铁皮罩,然后从垫板下的进浆管,向罩内进行灌浆,直至注满为止。并以电褥子和棉被进行保温养生。

最后一道工序是回填盘状孔口坑,坝面恢复原状。

自1986年5月25日至1987年9月30日,对10个裂缝严重的坝段,共施加124条锚索,总钻进1 329.46 m、锚索总长度1 301延米,施工质量基本合格。

(二)水泥灌浆

1. 边坝基础帷幕加密灌浆

大坝中间部分(5～25号坝段)已做了三次帷幕灌浆,此次则对北侧4个坝段、南侧6个坝段进行了补充加密灌浆,1985年、1987年由葠窝水库劳动服务公司承担。控制标准,基础岩面在97 m高程以上的灌浆孔,要求$\omega \leq 0.03$;低于97 m高程的灌浆孔,$\omega \leq 0.01$,孔距小于3 m,加密灌浆总进尺600.00 m,使边坝防渗得到了改善。与此同时,还疏通了116个基础排水孔。

2. 坝体裂缝灌浆

1986年5～7月,首先在廊道内对缝宽大于2 mm的32条裂缝,进行了灌浆,风钻钻孔268个,进尺408.00 m,耗灰1 646 kg,进灰489.8 kg,水泥利用率29.8%,裂缝每延米最大用灰量9.4 kg,最少用灰量0.1 kg。

1986年5～8月,对大坝伸缩缝也进行了灌浆,骑缝钻孔15个,进尺589.66 m,共注入水泥13 249.61 kg。灌浆后,未见其明显的防渗效果。其原因是:浆材硬化时间长,受压力水的溶蚀严重,效用不持久。另外,水泥浆的可灌性较差,细微裂缝的行浆半径很小,甚至无浆可进;对稍宽裂缝,浆材硬化后,不形成结石体,而呈粉末状,无强度;对宽裂缝,虽形成结石体,但因失水干涸后,强度依然很低,且与缝壁黏合较差。

(三)水溶性聚氨酯灌浆

为了选取比较理想的灌浆材料,葠窝水库委托水利部华东水利勘测设计院水利科学研究所和广州化学研究所,分别进行水溶性聚氨酯和改性环氧树脂灌浆试验。后者的可灌性和受力强度优于磨细水泥,但此种材料仍属干缩性物质,随龄期增长而逐渐收缩并发生复渗现象,前者由代号为HW和LW两成分组成,HW的黏结强度高,可灌性好;LW与水的混溶性好,10%浓度仍有较好的抗渗性和实有弹性,它的凝固时间可控制在几秒钟至几十分钟之间,HW 和 LW 可按任意比例混合,以获取不同强度的聚合弹性体,遇水固化后即达到稳定强度,并生成二氧化碳气体形成次生压力,收到增加浆材密实度、扩大行浆范围的效果。取样查明,裂缝中的浆材填充饱满,止水效果良好。因此,选定前者作为化学灌浆材料。

1. 大坝裂缝灌浆

为了确认大坝裂缝灌浆效果,于 1987 年由华东水利勘测设计院水利科学研究所、辽宁省水电设计院和葠窝水库管理局,共同进行了水溶性聚氨酯灌浆试验,首先在 19 号坝段下游侧的水平缝,23 号坝段廊道内的环形缝和 12 号、13 号坝段间的伸缩缝,进行了灌浆试验;1988 年1 月,又在观测廊道 9 ~ 10 号和 22 ~ 23 号坝段间的伸缩缝、20 号坝段的水平缝、排水廊道 18 号坝段集水井上游侧墙,进行了裂缝灌浆试验,两次试验均获得了明显的止水效果。1988 年 5 月,在 55 m 和 76 m 高程的排水廊道和观测廊道内进行大范围的裂缝灌浆。

灌浆的主要施工工序:凿槽(钻孔)、埋灌浆盒(管)、压水、堵漏修补、灌浆、现场清理等环节。浆液配比按 LW: HW =4: 1。

首先凿槽和打孔,沿裂缝表面凿开宽 3 ~4 cm、深 5 ~7 cm 的燕尾槽,如裂缝较深,凿槽后,还要附以骑缝或斜交钻孔,然后用高压水冲洗岩粉。根据经验,凿槽、打孔后,停顿一段时间,岩粉经过渗漏水冲洗再封闭裂缝更好;其次埋盒(管),进浆嘴焊在直径 25 mm × 100 mm 的半圆管上,并置于燕尾槽的中间部位,用环氧水泥砂浆(如裂缝有渗水,则用水泥水玻璃)封缝,凝固后,用 0. 4 MPa 压力水冲洗并进行检查堵漏;最后灌浆,灌浆用华东水利勘测设计院水利科学研究所研制的 SZB －20 型注浆泵,注水用丰收 －2 型手压泵。灌浆次序,垂直缝自下而上灌浆,水平缝则从一端开始连续并逐次到另一端;灌浆压力,根据当时的渗透压力大小和灌浆的部位具体选定,一般为 0. 2 ~0. 4 MPa,净压保持 0. 1 ~0. 2 MPa。压力稳定持续 5 min 后,即可进行并浆。平均每米进浆量,观测廊道为 0. 36 L,排水廊道为 0. 31 L。灌浆结束后,清理现场残渣,剔除跑冒的浆液,保持工地洁净。

自 1987 ~1991 年,灌浆裂缝总长达 1 090 m。多数是漏水裂缝和湿缝。缝宽为 0. 1 ~0. 7 mm,水头压力为 20 ~40 m,单缝最大漏水量为 40 L/min(23 号坝段的环缝)。灌浆后,观测廊道的总漏水量已从 78 L/s 减至无法测出,全坝总漏水量由 1 249 m^3 每昼夜减至 163 m^3 每昼夜,灌浆效果非常显著。

2. 伸缩缝灌浆

大坝伸缩缝的耗浆量很大,为了降低成本,委托辽宁省水利学校进行浆材内掺入膨润土的试验,试验结果表明,掺入量以 20% 为宜,伸缩缝的灌浆工序是:造孔—下管—灌浆。

灌浆压力,起始压力加至比孔内水压高 0. 1 ~0. 2 MPa,灌浆浆柱每升高 10 m,浆压减少 0. 1 MPa,待孔中水排净,开始冒浆时,则闭浆,浆压最后维持在 0. 1 MPa,再行并浆。

灌浆方法,射浆管伸入孔底,浆液由下而上流出,为防止浆液回流,射浆管末端设有止逆阀,进浆速度严格控制在 40 ~50 L/min,为防止浆液产生溶水反应,浆液必须密封在阴凉处保存。灌浆设备、管路、填料必须保持干燥状态(必要时进行干燥处理),气温在 13 ~14 ℃时,含水量控制在 0. 5% ~2% 以下,气温大于 15 ℃,含水量控制在 0. 2% ~0. 5% 以下。填料的细度要求小于 100 目。

1988 年 8 月,开始对 9 号、10 号、11 号坝段间的两条伸缩缝,进行灌浆试验,其余坝段的伸缩缝，相继在1989年5～7月进行了灌浆。总进尺931.15 m，用浆量8 413.3 kg，其中纯浆量6 996.9 kg，膨润土1 393.4 kg，橡胶粉23.0 kg，平均每米进浆量8.36 kg。进浆量和灌浆压力达到和超过设计标准的孔数，占70%以上，总体效果基本良好。少数未达到标准的原因主要是坝体施工质量较差，有的钻孔碰到了钢筋或其他不明物，无法钻进而影响了钻孔深度（有7孔占23%）；有的缝宽过大，止水带基本失效，两次灌浆均效果不佳；另外，部分灌浆管由于断裂跑浆而影响了灌浆效果。

伸缩缝钻孔灌浆形成的柱状固结体，具有良好的弹性和重复变形能力，验证防渗效果明显，除个别有湿渗外，未发现任何集中渗流。

五、工程加固后的指标变化及效益评估

（一）加固后安全评估

1988年6月召开了由松辽委、辽宁省水电厅以及设计、施工、科研、质检等单位参加的葠窝水库加固论证会。确认已采取的加固措施使大坝安全得到一定程度的改善，可逐步提高水库的防洪限制水位，最高蓄水位可从95.5 m提高到96.6 m。

大坝安全加固全面完成之后，于1991年6月18日，由辽宁省水电厅主持召开了葠窝水库安全加固评价会议。全国55位水利专家应邀出席了会议。会议对预应力锚索和水溶性聚氨酯裂缝灌浆的加固和防渗效果给予了充分的肯定。

安全加固的评价结论：

（1）正常蓄水位，可按设计标准96.6 m高程运行。

（2）汛期拦洪水位，可在大坝自动化监测系统的密切监视下，将水位逐步提高到100.8 m。

（3）由于坝体的运行状态与裂缝及其宽度关系密切，因此需经常对裂缝进行观测及补充灌浆，以使坝体保持良好的工作状态。

（二）工程效益评价

本次加固施工基本达到了加固目的。兴利水位由95.5 m恢复到96.6 m，并在1990年9月，最高蓄水位达97.4 m。增加兴利库容0.43亿m^3，增加防洪调节库容2.79亿m^3。按当时水费标准计算每年可增加水费收入113.52万元，同时增加年发电量331万kWh，增加电费收入13.42万元。可增加水田灌溉面积4.3万亩。工程安全运行状况明显改善，水库的经济效益和社会效益都有较大的提高。

第二节　大坝二次除险加固

葠窝水库大坝虽经过1985年的第一次除险加固处理，仍有许多遗留问题严重影响大坝安全运行。辽宁省水利厅和葠窝水库管理局于1998年会同辽宁省水利水电科学研究院，对葠窝水库大坝溢流坝冻融破坏现状进行了现场检测，溢流面破坏面积达65.1%，大部分混凝土表皮剥落，并有钢筋及大小骨料裸露，局部冻融深度达50 cm，造成溢流面的不完整。混凝土强度较低，最低强度6.8 MPa。1999年1月，辽宁省水利水电勘测设计研究院对葠窝水库的现状及其配合运行的附属设施进行了安全评价，确定葠窝水库为Ⅲ类

坝,应尽快采取除险加固措施,防止进一步恶化。1999 年 3 月,辽宁省水利厅组织专家组对葠窝水库进行了安全鉴定,与此同时,辽宁省水利水电勘测设计研究院编写了《葠窝水库除险加固工程初步设计》上报松辽委,松辽委于 1999 年 4 月初召开了现场会,进行了设计审查,同月以松辽规计〔1999〕152 号文对初步设计给予批复。2001 年 3 月,辽宁省水利水电勘测设计研究院对除险加固初步设计进行了补充完善,编写了补充初步设计报告。2001 年 4 月初,松辽委进行了实地审查后,以松辽规计〔2001〕112 号文对补充初步设计报告进行了批复。此次加固通过初步设计和补充初步设计两次批复后,无重大设计变更。

一、主体工程施工

根据辽宁省计委《关于下达 2000 年中央财政预算内专项资金水利项目计划的通知》(辽计发〔2000〕579 号)和辽宁省计委《关于下达国家补助我省 2001 年水利项目中央预算内专项资金(国债)计划的通知》(辽计发〔2001〕719 号),葠窝水库除险加固项目资金来源由两部分组成,中央预算内专项资金为 3 000 万元,地方配套为 2 300 万元。工程批复概算总投资 5 300.75 万元,总工期为 2 年零 9 个月。

1999 年 11 月 1 日,葠窝水库管理局向辽宁省水利厅提出报建申请,辽宁省水利厅于 11 月 8 日给予批复,同意加固工程于 1999 年 12 月 7 日开工。整个除险加固工程于 2000 年 1 月化学灌浆工程开始,到 2003 年 9 月,主体工程施工结束,到 2005 年 9 月,全面完成了投资计划及初步设计批复的内容。

主体工程主要包括 9 个单位工程:坝体水平施工缝水溶性聚氨酯化学灌浆,溢流坝面补强加固,坝顶结构设施恢复,坝下左、右岸护岸工程,增设弧门检修门等金属结构制安,新建 2×1 250 000 N 门机和防汛备用电源,闸门集中控制和大坝远程监控系统,数字微波工程,大坝真空激光观测系统和葠窝水库计算机网络系统。截至 2005 年 9 月,9 个单位工程全部完成单位工程验收,2005 年 9 月通过工程总体竣工验收。

主要施工单位:辽宁省水利水电工程局负责化学灌浆、溢流面补强加固,右岸护岸、检修门制安及门机安装;水利部郑州水工机械厂负责门机制造;水利部东北勘测设计研究院水利科学研究院负责大坝真空激光;辽宁省水利水电科学研究院负责闸门监控、远程监控;辽宁省水文水资源勘测局负责数字微波、计算机网络。

二、重大工程缺陷处理

(一)堰面混凝土裂缝缺陷

在堰面混凝土浇筑 7 d 后,出现局部裂缝,之后裂缝逐渐增多、增长。辽宁省水利厅为此在 2001 年 2 月 17 日召开专家会议,认为裂缝的出现主要由混凝土干缩、施工期环境温度、施工质量、配合比等多方原因引起,并提出改进意见。施工单位对后期 7～14 号堰面的施工,从配料、运输、压光、滑升速度、养护、基层处理等方面都进行了改进,裂缝问题有所好转,但仍然存在。业主于 2004 年委托辽宁省水利水电工程质量检测中心对新浇堰面进行全面检测,结果表明,裂缝最大宽度为 0.42 mm,一般都在 0.2～0.3 mm,呈水平分布。设计院根据检测结果,经过计算分析,认为目前的裂缝对大坝的安全尚无大的妨碍,工程可以投入使用。并提出使用澎内传 401 修补裂缝方案,修补工作于 2005 年 7 月结束，并通过项目法人组验收。

（二）电站、挡水坝段水平缝灌浆后还有局部渗水现象

在加固补充设计中，增加了挡水坝段化学灌浆，灌浆处理后，通过灌浆前压水试验和灌浆后检查孔压水数据分析，电站和挡水坝段的化灌效果是非常明显的。电站坝段灌前做压水试验时，大量进水，根本不起压，灌浆处理后，最大吸水率为0.01 Lu，平均吸水率为0.009 Lu，是设计值0.3 Lu的1/30，完全满足设计要求；挡水坝段灌前做压水试验时，大量进水，灌浆处理后，最大吸水率为0.026 Lu，平均吸水率为0.01 Lu，是设计值0.3 Lu的1/30。但从下游看，还存在局部渗漏情况，电站坝段（19号、20号、21号）都有出水点，19号坝段在78 m、80 m高程施工缝上，20号坝段在88 m、80 m、78 m高程各有一个出水点，21号坝段渗水集中在85 m和91 m高程的两条缝上，且渗水程度也大于另两个坝段；挡水坝段（22～26号）渗水都集中在89 m高程的水平施工缝上，出水点集中在22号、25号坝段。

这些渗水点，在冬季结冰时容易看到，但在夏季经阳光照射后就蒸发了（灌浆前漏水在夏季有明流）。冬季虽然局部结冰，但冰层厚度远远小于灌浆以前，对电站厂房已无威胁。对国内目前堵漏方法进行调研，认为电站坝段（19号、20号、21号）中存在闸门井及通气孔等通道，没有更好的解决渗水的办法；挡水坝段只有在上游面整体贴面，才能达到彻底防渗的效果，但要投入大量资金，施工需较低的库水位，也会影响水库的正常供水。根据当时加固资金有限、渗水已经有明显改善、渗水结冰对电站厂房威胁已消除、渗水不影响大坝的安全和运行，可以进行工程验收，存在局部漏水不足，留作后期处理。

三、工程运行及效益

加固前后工程特征指标变化：水库除险加固工程于1999年末开始，到2003年主汛前主体工程基本结束。2005年，水库遭遇较大洪水，底孔、弧门都出现了长时间的泄流，大坝运行一切正常，验证了加固工程的质量。

2004年辽供水〔2004〕243号批准，葠窝水库设计标准由100年一遇提高到300年一遇，充分说明除险加固的巨大作用。水库的工程隐患消除了，可以正常运行。

经济效益和社会效益：鉴于水库加固后工程质量提高，保证了枢纽按设计标准运行，在此基础上，结合水库自动化水平和大坝监测手段的提高，葠窝水库管理局与大连理工大学合作，进行了汛限水位动态控制和预报调度方式的研究，科学地制定了水库的防洪限制水位。在确保水库防洪安全这一社会效益的同时进一步挖掘了水库蓄水潜力。此成果实施后，水库主汛期水位提高近3 m，可多拦蓄洪水7 700万m^3，增加直接发电效益100多万元，提高了农灌的供水能力。此前，太子河下游沿海地区的农灌保证率只有60%左右，许多农田不能满足全年供水，通过汛限水位的抬高，水库调蓄能力的增强，农业供水的保证率有了大幅度提高。

葠窝水库本来是以防洪为主的水利枢纽工程，但由于病险问题一直没有按设计标准运行，通过两次除险加固，保证了大坝安全运行，再加上与观音阁水库的联合调度，防洪标准由1 000年提高到10 000年，设计标准由100年提高到300年。

第三节　金属结构改造

2003 年 11 月 8 日始，葠窝水库管理局委托辽宁省水利水电科学研究院和水利部水工金属结构安全检测中心对葠窝水库金属结构进行了系统的检测，弧形闸门、底孔平板门、电气设备存在严重破损和锈蚀、老化现象，急需进行改造和更换。

一、工程改造立项

针对金属结构存在的问题，葠窝水库管理局于 2007 年 1 月 11 日以《葠窝水库金属结构改造工程方案设计报告》(辽葠水字〔2007〕2 号)，上报辽宁省水利厅。2007 年 5 月 31 日，辽宁省水利厅以《关于葠窝水库金属结构改造工程设计报告的批复》(辽水计财〔2007〕96 号)文件，批复资金 1 066.08 万元，其中建安费 901.0 万元，总工期为 5 年。施工单位是辽宁省水利水电工程局，2007 年 8 月 22 日双方签订合同，合同金额为 749.5 万元。2007 年 10 月 11 日，辽宁省水利厅批准开工。葠窝水库管理局委托辽宁华宁招标代理公司为该工程的招标代理机构，委托辽宁水利土木工程咨询有限公司为该工程的项目监理，质量监督单位为辽宁省水利水电工程质量与安全监督中心站，设计单位为辽宁省水利水电勘察设计研究院。

二、工程改造主要内容

(1)电气配电柜更新及弧门启闭机控制柜更新、弧门启闭机电动机更新。

(2)14 孔弧门边导板、水封更新：将旧边导板、水封拆除，更换新的边导板及水封。

(3)6 孔弧门滑轮组更新：将原滑轮组拆除，更换新的滑轮、轴套及钢丝绳。

(4)8 孔弧门检修门盖板更新：将原有的混凝土盖板拆除，重新制作钢盖板。

(5)6 孔底孔闸门更新：将原底孔工作门及主轨、边轨凿除，更换新的工作门及主轨等。

(6)底孔检修门维修：将原有的检修门进行防腐处理并更换水封等。

三、工程施工进度

2007 年完成的项目：8 孔检修门盖板更新，6 孔卷扬机钢丝绳、滑轮组更新，闸墩挖孔 14 孔全部完成(解决弧门水封更换)。

2008 年完成的项目：弧门边导板和水封更换完成 2 孔；弧门边导板制造完成 5 孔，弧门边导板安装与水封更新完成 3 孔；电气设备更新全部完成。

2009 年完成的项目：弧门水封及边导板更换 3 孔，底孔工作门更换及主轨更换 1 孔。

2010 年完成的项目：弧门水封及边导板更换 4 孔，底孔工作门更换及主轨更换 1 孔。

2011 年完成的项目：弧门水封及边导板已更换 2 孔，底孔工作门更换及主轨更换 4 孔，底孔检修门维修。

四、工程竣工与验收

2012 年年底竣工验收。

第四节　太子河南沙段河道水毁修复工程

葠窝水库坝下太子河南沙段河道,从大坝挑坎至南北沙大桥全长 1 361.4 m。右岸在 2001 年水库二次加固前是自然岸坡,在 0 + 170 范围内岸坡成凹形,若边孔泄流将直接冲刷此段河岸,严重影响水库泄洪,因此在水库加固时对此段岸坡进行了护岸。2004 年,水库对坝下河道进行整治,左右岸也进行了防护,但防护标准较低,以浆砌石挡墙加浆(干)砌石护坡为主,相应过流标准为 2 000 m^3/s。从 2003 年以来,水库一直没有大的泄流过程。但 2010 年 8 月 24 日、28 日,水库两次泄流都达到 2 150 m^3/s,使右岸护岸桩号 0 + 170 ~ 1 + 361.4、左岸护岸桩号 0 + 253 ~ 0 + 860,出现了原护坡挡墙冲毁、护坡塌陷等不同程度的水毁,水库右岸防汛公路中断。2004 年修建的混凝土面板坝,也出现长 20 m 的毁坏。

一、项目实施

2010 年 10 月 16 日,葠窝水库委托辽宁省水利水电勘测设计院完成了《太子河南沙段河道水毁修复工程初步设计报告》,10 月 21 日辽宁省水利工程建设技术审核中心在葠窝水库组织召开了初步设计报告审查会议,2010 年 11 月 5 日辽宁水利水电设计研究院修改完成了初步设计报告,12 月 3 日省水利厅以辽水计财〔2010〕288 号文件对初步设计报告予以批复,工程投资核定为 230.5 万元,其中国家投资 230 万元,地方配套资金 0.5 万元。2011 年 3 月 22 日经水利厅批复,于 2011 年 3 月 25 日开工。2011 年 7 月 10 日,主体工程竣工,2012 年 1 月 7 日通过竣工验收。设计单位为辽宁省水利水电勘测设计院,施工单位为中国水利水电建设集团辽宁省工程局有限公司,监理单位为辽宁燕东土木建筑咨询有限公司。

二、工程质量与效益

太子河南沙段河道水毁修复竣工后,经历了 2011 年 8 月葠窝水库泄流 500 m^3/s,没有受到任何损坏,证明工程质量可靠。本次水毁修复,防洪标准为 50 年一遇,相应水位为 63.58 m,防护对应洪水流量 3 000 m^3/s,为水库防洪、兴利、开展旅游事业提供了基础保障。

第五节　坝基帷幕补强灌浆工程

一、项目背景

2010 年,水库管理局委托辽宁省水利水电勘测设计院,对扬压力观测资料进行了初步分析,编制了《葠窝水库扬压力分析及处理方法报告》。2011 年 5 月,编制了《葠窝水库坝基帷幕补强灌浆处理初步设计报告》。报告认为,岸坡坝段的扬压力系数大于 0.3,灌浆帷幕效果大部分失效，5 号、17 号、23 号坝段扬压力观测断面各测点的水位变化比库水位变化滞后 25～28 d，且这些部位的扬压力数值小，扬压力折减系数 α 小于 0.3，说明这些坝段的基础灌浆帷幕还在起一定的作用。经计算分析，3 号坝段在校核洪水位情况下的抗滑稳定安全系数小于规范要求的容许值，抗滑稳定不满足要求；25 号坝段在校核洪水位下，地震情况下的抗滑稳定安全系数小于规范要求容许值，抗滑稳定不满足要求，且在坝踵处出现 130.1 MPa、30.7 MPa 的拉应力。2011 年 5 月 24 日，辽宁省水利厅以辽水规计〔2011〕153 号下发了《关于葠窝水库坝基帷幕补强灌浆工程初步设计的批复》，总投资 381.39 万元，主要建设内容为坝基帷幕补强灌浆、排水孔清洗和增设纵向扬压力观测点。

二、设计指标

通过对扬压力观测数据分析和扬压力系数及坝体稳定计算的结果，并借鉴原有的帷幕灌浆设计及其产生的效果，考虑灌浆帷幕及排水的共同作用，对葠窝水库坝基帷幕灌浆做如下设计：

（1）防渗标准：透水率 $q \leq 3$ Lu；扬压力折减系数 $\alpha \leq 0.3$。

（2）灌浆范围：整个坝基。（原因：其一，距上次帷幕灌浆已有 20 年的时间，帷幕中的氧化钙可能析出，导致帷幕效果减弱。其二，水库管理局对灌浆廊道排水孔进行封堵测量，发现某些坝段孔内水位值高，扬压力值较大。）

（3）帷幕中心线：坝轴线下游 4.8 m（即原帷幕中心线）；帷幕孔排数：单排孔。

（4）孔距：岸坡坝段 2 号、3 号、4 号、24 号、25 号、26 号共六个坝段孔距设置为 1.5 m（考虑到设置了观测断面的 3 号和 25 号坝段出现了扬压力折减系数大于设计值 0.3 的情况，并且此两个坝段出现了拉应力，所以对这两个坝段的布孔加密，以加强帷幕灌浆的效果。而 2 号、4 号、24 号、26 号坝段虽然没有设置观测断面，但它们都是岸坡坝段，并且分别和 3 号、25 号坝段相邻，所以不能确定这四个坝段的扬压力折减系数在允许范围内，而不出现拉应力，因此需要对这四个坝段的灌浆帷幕一并进行加强）；其余坝段孔距设置为 2 m。

（5）孔深：1 号坝段孔深为基岩下 10 m；2～30 号坝段孔深为基岩下 15 m；31 号坝段孔深为基岩下 8 m。

水库经过 30 多年的运行，排水孔孔内有泥沙沉淀，而且重新灌浆会堵塞原有的排水孔，使其不能达到正常的排水效果，因此需要对原有的排水孔进行重新钻孔冲洗工作。

葠窝水库布置了 5 个横向扬压力观测断面，无纵向观测项目，考虑葠窝水库是一大型的病险水库，因此为全面监测大坝的坝体安全，及时发现坝基帷幕出现的问题，需要对坝基设置一纵向扬压力观测断面，每个坝段设一个观测点，共增加 18 个观测点。

三、施工过程

工程于 2011 年 9 月 15 日进场，2012 年 1 月 17 日撤场。2011 年 9 月 15 日至 2011 年 9 月 24 日期间完成了施工前期准备工作；2011 年 9 月 25 日至 2011 年 12 月 28 日完成了坝基帷幕灌浆工程，帷幕灌浆部位包括左、右岸坝上灌浆，左、右岸坝肩地段观测廊道灌浆、河床段灌浆廊道部位灌浆;2011 年 12 月 29 日至 2012 年 1 月 17 日完成了排水孔疏通、新增扬压力孔钻进与孔内测压管安装。施工单位是辽宁华燕基础处理公司;监理单位是辽宁燕东土木建筑咨询有限公司。

葠窝水库坝基帷幕补强灌浆工程共完成:大坝混凝土钻进 1 558. 95 m,帷幕灌浆岩石钻灌 4 409 m,单点法压水试验共计 207 段,疏通排水孔 1 709. 8 m,新增扬压力孔钻进与安装 94 m。水泥用量 218 t。

帷幕灌浆结束后,岸坡坝段扬压力值略有降低,但效果不明显。经与设计单位沟通,3 号、25 号坝段采取了在下游侧强排地下断层水的临时减压措施,结果岸坡坝段扬压力值有了明显下降,同时验证了葠窝大坝岸坡段坝扬压力主要是受岸坡地下水影响。灌浆前岸坡坝段(3 号、25 号)扬压系数普遍在 0. 5 以上,最大为 0. 79,排水后测量结果,最大值为 0. 23,低于 0. 3 的设计值。

第四章　水库智能化管理

葠窝水库智能化管理是分阶段实施的，总投资1 000多万元。1983～2010年，葠窝水库以先进的计算机网络技术、信息技术、工程数字智能管理技术，将水库的大坝安全监测自动化系统、水情自动测报系统、水库局域网建设、水库与办公区视频监控系统、办公自动化系统、水量自动计量及远程传输系统建成一体化的数字信息平台，对水库管理局工程管理的自动化、数字化发展具有一定的推动作用。

第一节　水情自动测报系统

葠窝水库建库初期，对整个流域雨量的报送一直采用人工测报方式，水库坝上、坝下水位均由观测人员依据水尺进行观测；1975年，坝上水位采用电传水位计，一直应用到1994年；1994年坝上、坝下水位同时采用了自动测报方式，水位自动测报系统由水利部黄河水利委员会（简称黄委）承办，水利部南京水利水文自动化研究所研制，应用至1998年6月；1997年，由中科院沈阳自动化所研制并承办葠窝水库水情自动测报系统的组网、安装前的野外勘测和调试工作，1998年6月投入运行，运行至2007年5月；2006年5月，由水利部南京水利水文自动化研究所承担对葠窝水库水情自动测报系统进行更新改造，并一直运行。葠窝水库水情自动测报系统组网布置情况见图2-4-1。

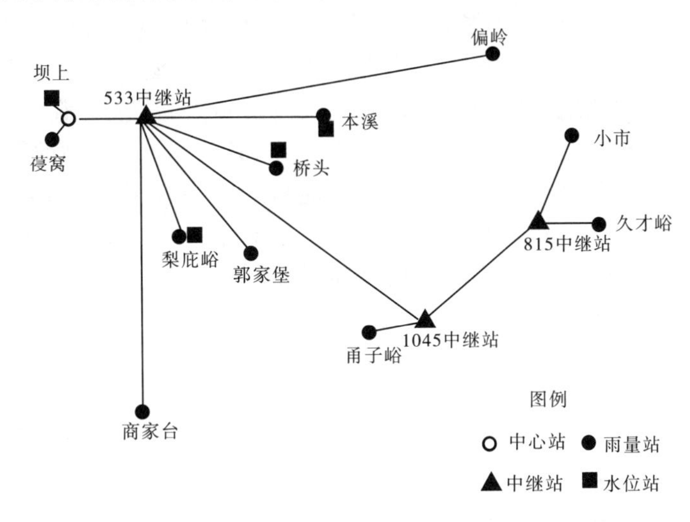

图2-4-1　葠窝水库水情自动测报系统组网布置情况

一、更新改造原因

1997年组建的系统运行了10年，因电台功率小（1.5 W）、自然条件的改变和设备的老化,从2001年以来开始出现丢失信号、错码现象,三个中继站也相继出现过故障。另外,各中继站的防雷接地均已老化,两个中继站的设备均遭过雷击,损失严重。因此,2006年5月由辽宁省供水局统一组织实施,对葠窝、汤河、柴河、闹得海四个水库的水情自动测报系统进行更新改造,各水库系统的安装调试由水利部南京水利水文自动化研究所负责。葠窝水库水情自动测报系统于2006年6月1日开始安装调试,6月16日正式投入运行,10月通过验收。总投资616 494.00元。已安全运行了五个汛期,经过了历年暴雨的检验,至2010年年底设备运行良好。水文信息测报传递及时准确,为省防汛办科学调度与决策提供了实时性水文信息。

二、重点改造部位

(1)以超短波为传输方式的改造。系统规模为1∶3∶11,与原系统基本一致,即1个中心站设置于葠窝水库管理局,3个中继站设置在815、1045、533(三个中继站均以中继站所在山峰的海拔命名),10个野外雨量遥测站,1个坝上水位站,坝下水位站暂未设置。此系统采用双信道传输数据,超短波为主信道,GPRS为备用信道。中继站采用全向高增益天线,雨量站改用定向天线(因距离中心站近,葠窝雨量站无需安装天线,坝上水位站采用小天线),电台、太阳能蓄电池功率增大及室内蓄电池容量增大,确保信号传输稳定。

(2)以GPRS网络为传输方式的改造。系统还具有GPRS备用信道,如果遥测站主信道没有发送成功就会自动转到备用信道GPRS发送,保证数据能够成功发送出去。同时设备具有固态存储的功能,能将数据每隔5 min保存下来并具备保存一年数据信息的容量。

(3)系统防雷设计。为了避免或减少雷电对系统的干扰,主要采取三项措施:整个系统所有测站和中继站均采用太阳能电池对蓄电池组充电的供电方式,而中心站则用交流电供电,在雷雨天采用UPS加蓄电池的供电方式,全系统避免了雷电从工业电源产生干扰的可能性;为了减少雷电对信号线的干扰,首先降低站点的接地电阻,这个要求均已基本达到,并委托沈阳亿开伟业先后安装了533、1045、815三个中继站的防雷接地网。另外,尽量缩短信号线的长度,当信号线的长度不能缩短时,使信号线穿管埋地;为了减少雷电从天馈线进入系统设备,除降低接地电阻外,选用了可靠的同轴避雷器。

(4)遥测站翻斗雨量计的改造。为提高降雨采集的精度,以满足水文资料整编和水情调度的需要,采用精度为0.5 mm的翻斗雨量计。

三、运行状况

(1)超短波传输方式运行。系统运行初期,商家台、本溪、桥头、偏岭、小市五个站均出现过晴天停报现象,原因是晴天的信号传输没有阴天好,导致丢定时,出现停报现象。但当现场人工置雨时,数据立即收到。为了确保不停报,水情技术人员对不符合要求的测站天线又作了调整,此后各站的运行很正常,只有个别站偶尔出现丢定时现象,但并没有停报;系统运行初期,偶尔收到非系统的信号,其中有12号站和15号站,因是非系统信号,所以不影响本系统降雨统计,只是在查看GPRS/超短波数据采集中心时略显杂乱。另外,也收到过站号与本系统相同的非系统信号(也有本系统误报现象),但因系统判断是“超短波自报/数据正确”,所以有影响雨量统计的现象,也有不影响雨量统计的。工作人员一边进行数据整理,删掉非系统数据,一边到测站调频,经过几次调试,解决了这一现象,此后再没收到非系统信号,系统运行中没有出现过大的设备故障。虽然个别站点偶尔出现丢定时现象,但并没有影响降雨信号的传送。工作人员日常对日流域平均大于5 mm的降雨,都逐站与网上查询值(人工观测降雨量)进行比对,比较后发现两种渠道获得的数据基本一致,说明系统性能稳定、运行可靠。

典型实例:2010年汛期降雨频频,雷雨大风时常出现,共发生9次强降雨天气。在这种恶劣天气下,水情自动测报系统经受住了考验,准确及时地传送水雨情数据,共发送报文42 614次,坝上水位从83.53 m上升至历史最高水位98.71 m,在15.18 m的变幅中,自动化传送与人工观测水位最大误差不超过3 cm;遥测雨量站(单站)日降雨最高达115 mm,人工观测122 mm,最大误差仅为7 mm。正是因为系统准确及时地传送水雨情数据,才为水库防洪调度提供了可靠的数据保障,同时也为水情调度人员搞好水情调度提供了充分的便利和赢得了宝贵的时间,最终实现了水库安全度汛。

(2)GPRS传输方式运行。由于传输方式是备用方案,而主信道超短波传输一直很正常,只有个别站点在降雨强度大时,超短波发送有时未及时,启动过几次GPRS发送数据,所以此方式运行情况还有待进一步检验。

(3)防雷接地网,系统运行良好,3个中继站均没有遭过雷击。

四、仍然存在的问题

系统中选用的815、1045、533中继站站址均为荒山,山上只有葠窝水库自动测报系统中继设备,上山道路不明显且山势陡峭,登山非常困难。从葠窝水库管理局出发至一级中继站1次往返需1天时间,维护管理十分不便。故建议优化系统网络,将系统现有的三级中继站减少为一级或两级中继站(主要是对1045中继站、815中继站进行优化),以便于使用和维护,提高系统的可靠性,为安全度汛提供可靠数据保障。

第二节 视频监控系统

葠窝水库的视频监控系统分为两部分:葠窝水库视频监控系统和辽阳办公区视频监控系统,分别负责对葠窝水库坝上及辽阳办公区进行实时监控。

一、葠窝水库视频监控系统

葠窝水库视频监控系统于2002年5月12日开始基础施工,2002年8月31日投入试运行,单位工程于2004年1月12日通过验收。2008年5月23日开始库区视频监控系统改造,2008年5月31日竣工。

远程视频监控系统共建远程视频监控点6个、中心监控室1处、分控室1处。工程电路总长度3.5 km。系统工程包括室内外光电缆敷设、摄像塔杆建设、中心监控室控制台安装、电视墙安装、其他视频设备安装与调试、分控室监控柜安装、传输设备安装调试和摄像机设备安装调试等。此系统监控中心设在葠窝水库调度楼内,分控室设在坝上闸门配电室。坝上距离水库调度楼3.5 km,采用光缆传输。主要完成水库大坝(电厂)和葠窝水库调度楼监控中心之间的监控。

以上系统受当时技术、设备等限制,整个系统不能发挥应有的作用,加之经过了6年运行,整体性能严重下降,于2008年5月23日开始进行改造,改造的设备包括前端部分设备、监控中心、避雷设施。改造后的视频监控系统,可以有效地对水库大坝、溢洪道、输水洞等实现全方位、全时段的安全防护及监控,并将视频图像通过网络传输到水利厅信息中心和辽阳办公区,真正实现了远程监控、操作、调阅视频资料、异地存储等功能,并大大延长了视频资料的存储时间。为了完善系统,加强管理,于2010年4月19日制定了《视频监控系统使用管理制度》。

二、辽阳办公区视频监控系统建设

辽阳办公区视频监控系统主要是为了加强内部安全的防范工作和夜间防盗,于2008年5月6日开始建设,2008年5月15日竣工,总投资为10.1万元。辽阳办公区视频监控系统采用2台硬盘录像机,办公楼内布设29个定点,采用480线红外半球摄像机;室外3个动点,采用枪式摄像机,每台摄像机外加一对红外灯;根据辽阳市公安局的要求,宾馆门前必须安装视频监控头,2009年8月,在辽阳办公区门前安装2台枪式红外摄像机,增加1台硬盘录像机。为进一步加强视频监控管理,水库管理局2010年5月以辽葠水局字〔2010〕26号文,制定了《监控系统使用管理制度》。

第三节　大坝安全监测自动化系统

葠窝水库大坝安全监测自动化最早于1983年由武汉测绘学院安装了大气激光准直测坝系统,由于激光束在大气中发散,达不到观测要求没有应用;1989年使用南京自动化研究所安装的DAMS-1型大坝自动测量系统引张线、倒垂仪和测距仪,由于故障多、精度低,应用6年拆除了;1994年南京自动化研究所对1989年安装的仪器设备进行了改造,重新安装引张线仪、垂线仪和测距仪,主机柜更换为DAMS-2型,仍然没有彻底改变上次的弊病,运行4年多时间内,多次出现故障,1998年8月13日下雨打雷将机柜和部分集线箱片子击坏,停止使用;2003年8月26日由水利部东北勘测设计研究院承建,激光发射接收及采集设备由大连理工大学提供的真空激光准直测坝变形系统正式使用。经过7年的运行,系统运行稳定,取得了大量测量数据。测量结果与历年人工观测的结果相符,通过对数据的分析,确认测量数据能够真实地反映大坝的变形。而且,由于系统的高度自动化,可以对大坝进行连续不间断的变形测量,系统的高分辨率测量为提高大坝安全监测水平提供了一种新的途径。

葠窝大坝安全监测自动化系统为真空激光准直测坝变形测量系统,简称为激光系统。真空激光系统位于葠窝大坝坝顶,全长549.76 m(发射端定位小孔至接收端面阵CCD处),轴线位于水平桩号0+4.94 m,高程103.27 m,共布置28个测点。系统由发射端、接收端、真空管道、测点箱、抽真空系统、自动测控系统、人工观测装置、上位管理系统等组成。系统由水利部东北勘测设计研究院承建,激光发射接收及采集设备由大连理工大学提供,工程监理由辽宁江河水利水电工程监理有限公司负责。工程于 2002 年 8 月开工,至 2003 年 8 月 26 日试运行,2004 年 10 月正式验收。安装此系统的目的是监测大坝的水平位移、垂直位移,工程总投资 110 多万元,使用年限为永久。

系统实际安装 4 ~ 28 号共 28 个测点在大坝的顶部(测点命名按照所在坝段编号命名),激光准直线贯穿大坝南北。其中,激光发射器安装在大坝的右肩山体的岩洞内。4 号测点实际上是在坝的右肩,5 ~ 18 号测点都安放在溢流坝段弧形闸门的闸墩上,每个闸墩上安装一个测点。19 ~ 29 号测点安装在挡水坝段,30 号和 31 号实际上已经安装到了大坝的左肩上,接收端在大坝左侧山体的岩洞内。

真空激光准直法采用三点法准直的原理,与大气激光波带片法不同的是,将整个光路置于真空管道中,使系统运行更加稳定,精度更高,综合相对精度可达 $1 \times 10^{-7} \sim 2 \times 10^{-7}$,可同时测量水平位移和垂直位移。

系统在安装完成后于 2003 年 8 月开始投入试运行,测量基准数据选取 2003 年 8 月 19 日的一组测量数据为基准零点(此时库水位较低),以后的测量结果都表示为相对此组数据的偏移。变形方向,按照水工观测习惯,水平以向下游为正、上游为负,垂直以沉降为正、上升为负。试运行至 2004 年 8 月,之后投入正式运行。通过数据及测量曲线可见:①大坝变形具有明显的周期性(以年为周期),大坝在运行一年后,2004 年 8 月 19 日的变形分布曲线几乎完全回到了基准数据。这与大坝历年的人工观测结论相吻合,同时也说明了大坝运行情况良好,结构稳定;②不同坝段具有明显不同的变形分布特点;③冬季大坝整体向下游变形,最大变形幅度接近 10 mm。试运行期间,为考核系统的稳定性,曾连续测量 14 d,每天测量 24 次,每小时一次,结果发现,除具有大坝大变形以年为周期的特性外,大坝还表现出了明显的以 24 h 为周期的变形特性。如果有影响日照的阴或多云天气,将会影响这种周期性变化。系统测量结果与历年大坝人工观测结果相符,说明了系统测量的可靠性和有效性。经过一年多的试运行,以及多年的正常运行,取得了大量测量数据。测量结果与历年人工观测的结果相符,分析确认测量数据能够真实地反映大坝的变形。

第四节　办公自动化系统

为进一步提高水库管理局信息化建设水平,尽快推广应用办公自动化,实现公文快速流转。水库管理局于 2005 年 5 月开始建设办公自动化系统,并于 2005 年 8 月竣工并调试运行,总投资 7 万元。水库管理局的 OA 系统实现了公文流转、审核签批(包括拟稿、核稿、签发、打印、存档)等环节的自动处理。

办公自动化系统投入运行后,在公文传阅方面应用的较多,同时也体现出了网络办公的便捷,避免了文秘人员逐一找相关领导传阅文件,提高了办公效率。此套系统没有完全应用起来,只是单一的功能发挥了作用,由于单位加强涉密的管理,于 2008 年年底终止了此系统的应用。但在推动办公自动化进程、增强办公人员自动化应用意识等方面起到了积极的作用。

第五节　局域网建设

葠窝水库的内部网站网址为水利厅统一配置,为水利厅内网的一部分。网站集水情实时发布、信息发布、文件传阅、资源共享等多种作用于一体,是葠窝水库内部及水库与水利厅之间沟通的重要媒介。水库管理局网站功能见图2-4-2。

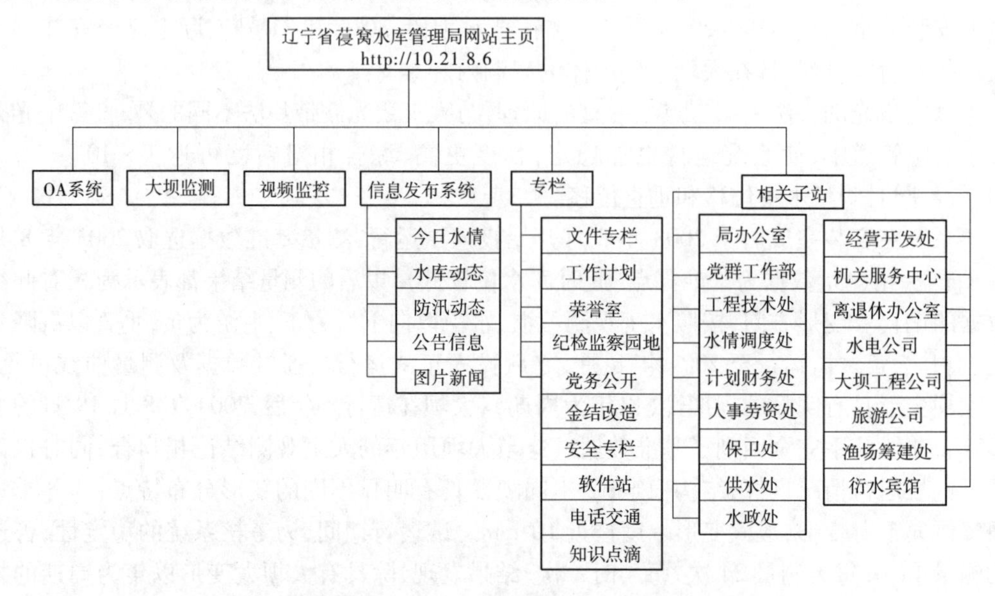

图2-4-2　辽宁省葠窝水库管理局网站功能图

辽阳办公区局域网建设始于2001年6月28日,辽宁省水利厅在观音阁水库召开全省水库系统网络建设工作会议。会上部署了省直水库建设局域网建设工作,要求以观音阁水库局域网网站建设为蓝本,快速建成各水库的网络。2001年7月8日葠窝水库局域网建设开工,2001年9月29日建成。2001年10月中旬,通过辽宁省水利厅验收。葠窝水库辽阳办公区局域网共布设40个节点,拥有一台服务器,提供了Web、Ftp、E-mail等网络服务。随着计算机数量的增加,后期又陆续增加了60个节点。

葠窝办公区网络建设始于2005年6月,在库区组建局域网,网络采用星形拓扑结构。葠窝办公楼内设置46个节点,电厂办公区设置20个节点。由于电厂主、副厂房之间有主变压器,为减少强电磁波干扰,副厂房到主厂房机房之间的线路加装屏蔽网。网络设备(交换机、数据库服务器等)放置在葠窝办公楼4楼监控室,电厂部分的交换机放在副厂房3楼的阅览室,布线时考虑了防水、防鼠、防雷、防电磁波干扰。

葠窝、辽阳之间使用的是微波线路,各种主要的服务器都设在库区,一个通道的网络传输速率只能是2 M,造成了两个网络之间的瓶颈,制约了各种数据的传输。为了解决网络瓶颈问题,将原来的视频专用通道、备用通道、网络等3个2 M通道合并成为一个6 M的通道,用来传输六路视频图像和网络数据。

为系统安全地管理本单位的网络和视频监控系统,2006年6月,葠窝水库管理局成立了信息网络中心。

第六节 水量自动测量远程传输系统

2007 年 8 月 10 日,葠窝水库首次在辽阳西洋鼎阳矿业有限公司葠窝水库库区泵站,安装了两套由本溪市瑞特尔电子有限公司生产的数字式超声波流量计和石家庄市恒源科技开发有限公司生产的供水计量远程传输系统。系统的安装为水库管理局对工业用水单位实行“安表计量、按量收费”和“依法治水、科学管理”提供了新一代管理手段,供水管理人员在办公室就能通过计算机网络掌握用户的实时用水情况,在提高供水管理标准的同时,对水费收缴也能够掌握一定的主动权。截至 2011 年 4 月,共对 17 个单位进行了安装,总计安装 34 台流量计,总投资 60 万元。流量计安装情况见表 2-4-1。

系统自 2007 年安装以来,运行基本稳定。葠窝水库工业供水的长期用水单位都是国有大型企业,过去企业全部自行安装用水计量器具,按月向葠窝水库管理局报送用水量,水库以企业自报用水量作为水费结算依据;对规模以上的不定期用水单位和库区临时用水单位,水库管理局从 2007 年 8 月至 2011 年 7 月安装了规格大小流量计及远程传输设施 34 套。系统安装前库区临时用水单位每年收费 130 万元左右,安装后 2009 年收费增加到 260 万元;2010 年增至 1 000 万元。现在这些企业的用水管理全部达到了规范化。

表 2-4-1 葠窝水库用水户流量计安装情况统计表

序号	企业名称		流量计安装情况									流量计鉴定情况		
			供水管线				回水管线		安装时间（年·月·日）	远传信号	备注	鉴定时间（年·月·日）	有效期（年·月·日）	鉴定部门
			数量（套）	序号	型号	内径（mm）	数量（套）	内径（mm）						
1	鞍辽	鞍辽选矿厂	1		UDF-360	600			2010. 06. 29	15004190118		2010. 05. 12	2012. 05. 11	开封水大流量计量站
							1		2010. 09. 03		明渠			
		荣兴选矿厂	2	1 号	UDF-360	200			2010. 06. 25	15004190159		2010. 05. 12	2012. 05. 11	开封水大流量计量站
				2 号		200			2010. 06. 25					
							1	200	2010. 08. 12	13841967736				
2	天成	天成总厂	3	1 号	UDF-360	200			2010. 06. 30	15004190112		2010. 05. 12	2012. 05. 11	开封水大流量计量站
				2 号		100			2010. 08. 10	13841961201				
				3 号		200			2010. 08. 10	13841961690				
		天成分厂	1		UDF-360	300			2010. 06. 30	15004190122				
		二厂（天义生）	2	1 号		159			2010. 08. 10	13841975965				
				2 号		159			2010. 08. 10	13941998357				
3	双合联营		3	1 号	UDF-360	200			2010. 07. 03	15004190161				
				2 号	UDF-360	150			2010. 07. 03	15004190117		2010. 05. 12	2012. 05. 11	开封水大流量计量站
				3 号		200			2010. 09. 08	13904191037				
4	金昌矿业盘道河选矿厂		2	1 号		260			2010. 08. 03	13941958096				
				2 号		260			2010. 08. 03	13941996239				
5	本溪市平山区北台选矿厂		2	1 号		200			2010. 08. 24	13841967019				
				2 号		200			2010. 08. 24	13904196371				
6	金利选矿厂		2	1 号		200			2010. 08. 24	13904194826				
				2 号		200			2010. 08. 24	13904196802				
7	纪生选矿厂													

续表 2-4-1

序号	企业名称	流量计安装情况									流量计鉴定情况		
		供水管线				回水管线		安装时间（年·月·日）	远传信号	备注	鉴定时间（年·月·日）	有效期（年·月·日）	鉴定部门
		数量（套）	序号	型号	内径（mm）	数量（套）	内径（mm）						
8	富贵选矿厂	1	1 号		155			2010. 04. 02	13941967725				
9	嘉和选矿厂												
10	三联选矿厂	2	1 号										
			2 号										
11	金石选矿厂	3	1 号		108			2010. 10. 29	13904190973				
			2 号		108			2010. 10. 29	13904196827				
			3 号		350			2010. 10. 29	13904190347				
12	万昌达选矿厂	3	1 号					2010. 08. 26	13904196531				
			2 号					2010. 08. 26	13904195831				
			3 号					2010. 08. 31	13904196380				
13	鞍钢股份有限公司	3	1 号		900			2011. 04. 22	18741948612		2011. 03. 17		开封水大流量计量站
			2 号		900			2011. 04. 23	18741948613		2011. 03. 18		开封水大流量计量站
			3 号		900			2011. 04. 24	18741948617		2011. 03. 19		开封水大流量计量站
14	营口水务公司	1	1 号		900			2011. 05. 11	18741948610		2011. 03. 20		开封水大流量计量站
15	辽宁昌庆水泥有限公司	1	1 号		600			2010. 05. 27	13941998396				
16	辽阳西洋鼎洋矿业有限公司	2	1 号		900			2007. 08. 10	13941991621				
			2 号		900			2007. 08. 10	13941990287				
17	本溪北营钢铁(集团)股份有限公司	2	1 号		1 000			2007. 09	13941991250				2011. 6. 1 合并一条线。
			2 号					2007. 09	13941998250				

数据截至时间 2011 年 7 月 30 日

第五章　供水管理

葠窝水库自1973年运行以来,供水收费工作就成为水库管理的重要组成部分,直接关系到水库工农业生产、水库自身的良性运行和可持续发展。长期以来,葠窝水库坚持以农业灌溉为主,为下游农业的增产增收发挥了重要作用,同时也为辽宁中南部的五市九县区的工农业生产和生活提供了大量水源,从未因为干旱而向工农业用水户停止供水。2004年,为整顿供水管理、加大水费收缴力度,农业水费征收采取"抓大户、抓重点、抓难点、抓增长点"的主要措施。2007年,工业收费则开始实施"安表计量、按量收费"的科学管理办法,每年都能超额完成辽宁省供水局下达的水费计划指标。

第一节　供水范围及概况

葠窝水库供水范围上至整个库区,下至葠窝水库大坝起沿太子河经海城、盘山县交会处的三岔河直至大辽河到营口入海口止。

葠窝水库收缴水利工程水费的范围:①库区及水库下游河道两岸堤防之间(无堤防的,以距河槽两边各500 m为界)为水库横向供水收费范围;太子河葠窝水库出口断面、浑河的浑河闸断面至大辽河入海口断面为葠窝水库纵向供水收费范围。②在葠窝水库供水收费范围内的工业、生活、农业、生态环境等用水户,取水人应按取水量向葠窝水库缴纳水利工程水费。

葠窝水库现有用水户按取水地点,主要分布在辽宁中南部的五市九县区:本溪市(平山区)、辽阳市(辽阳县、弓长岭区、灯塔市)、鞍山市(海城市)、盘锦市(大洼县、盘山县)和营口市(老边区、大石桥市)。

葠窝水库供水范围及分布情况见图2-5-1。

一、农业供水

(一)农业灌溉用水单位

1.按交费单位划分

辽阳市:辽阳灌区管理处、灯塔灌区管理处。

海城市:温香镇水利站、高坨子镇水利站、西四镇水利站、腾鳌经济开发区水利局(原新台子水利站)、牛庄镇水利站。

营口市:辽宁营口鹏昊实业集团有限公司(原营口新生农场,现营口监狱)、老边区花英台灌溉管理处、大石桥市水利局。

盘锦市:大洼县水利局、东风农场(2004年大洼县水利局收回)、西安农场、平安农场、荣兴农场、盘山县古城子镇水利站及南水北调一小部分(1998年以后完全划给清河)。

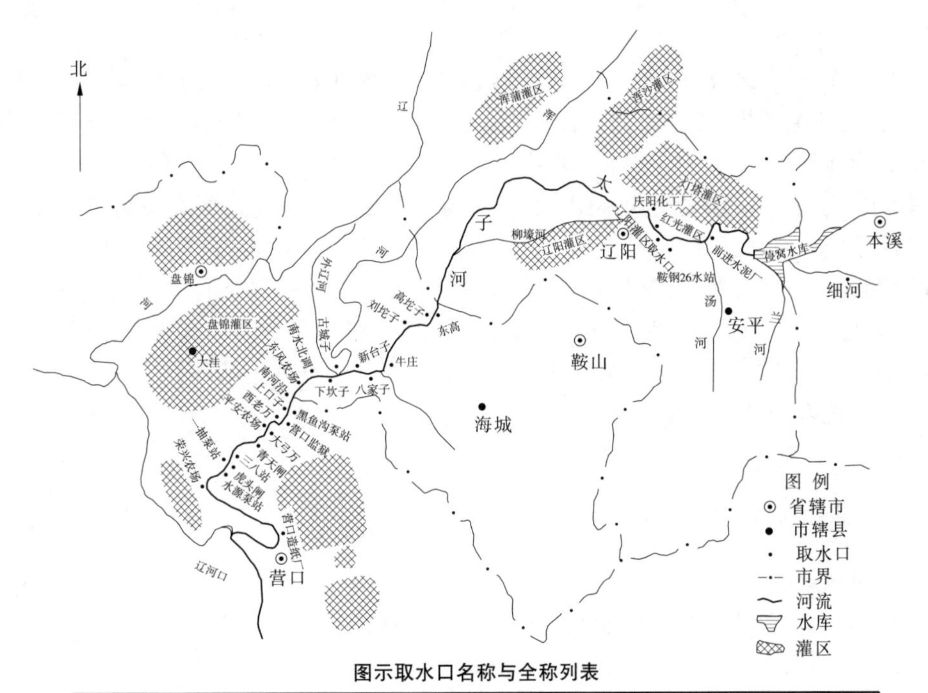

图示取水口名称与全称列表

序号	图示名称	全称
		直引闸
1	灯塔灌区	辽阳市灯塔市灯塔灌区管理处渠首
2	辽阳灌区	辽阳市辽阳灌区管理处渠首
3	红光灌区	辽阳市灯塔市灯塔灌区管理处红光灌区渠首
4	黑鱼沟泵站	营口市大石桥水利局黑鱼沟闸(一条引渠上,一闸一泵站)
5	青天闸	营口市大石桥水利局青天河闸管理所
6	虎头闸	营口市大石桥水利局青天河闸管理所虎头闸
		泵站
1	前进水泥厂	辽宁鸿河集团征宇水泥有限公司泵房
2	鞍钢	鞍钢股份有限公司动力总厂26水站
3	庆阳化工厂	辽宁庆阳特种化工有限公司设备能源处集合井
4	东高	海城市温香镇水利站东高排灌站
5	高坨子	海城市高坨子镇水利站高坨子排灌站(两个泵站)
6	刘坨子	海城市温香镇水利站刘坨子排灌站
7	牛庄	海城市牛庄镇水利站西小排灌站
8	八家子	海城市西四镇水利站八家子排灌站
9	新台子	海城市腾鳌水利局新台子排灌站
10	古城子	盘锦市盘山县水利局古城子泵站(两个泵站)
11	下坎子	海城市西四镇水利站下坎子排灌站
12	南水北调	盘锦市盘山县水利局南水北调大站
13	东风农场	盘锦市大洼县水利局东风泵站
14	南河沿	盘锦市大洼县水利局南河沿大站
15	黑鱼沟泵站	营口市大石桥水利局黑鱼沟大站
16	上口子	盘锦市大洼县西安镇水利站上口子泵站
17	营口监狱	辽宁营口鹏昊实业集团有限公司水管处扬水厂
18	西老万	盘锦市大洼县西安镇水利站西老万泵站
19	平安农场	盘锦市大洼县平安镇水利服务站平安泵站(两个泵站)
20	大弓万	营口市大石桥水利局石佛灌溉处大弓万泵站
21	三八站	营口市大石桥水利局沟沿灌溉处三八站
22	一抽泵站	盘锦市大洼县水利局第一抽水站
23	水源泵站	营口市大石桥水利局水源灌溉处水源泵站
24	荣兴农场	盘锦市大洼县荣兴农场水利站荣兴泵站

图 2-5-1　葠窝水库供水范围及分布情况示意图

2. 按取水口划分

辽阳市：辽阳灌区、灯塔灌区、红光灌区（1999 年与灯塔灌区合并）。

海城市：刘坨子排灌站、东高排灌站（温香所属）、高坨子排灌站、八家子排灌站、下坎子排灌站（西四所属）、新台子排灌站（腾鳌所属）、牛庄排灌站。

营口市：辽宁营口鹏昊实业集团有限公司水管处扬水厂、老边区花英台提水站、黑鱼沟闸、黑鱼沟大站、大弓万站、青天闸、三八站、虎头闸、赏军站（大石桥市水利局所属）。

盘锦市：南河沿大站、一抽提水站、东风大站（大洼县水利局所属），西老万站、上口子站（西安农场所属），平安一站、平安二站（平安农场所属），荣兴农场提水站，夹信子站、岗皮岭站（盘山县古城子所属），南水北调站（1998 年以后完全划给清河）。

（二）农业各闸站基本情况

农业各闸站基本情况见表 2-5-1。

二、工业供水

（一）用水单位

（1）长期用水单位有鞍钢股份有限公司和辽宁庆阳特种化工有限公司。

（2）不定期用水单位有本溪北营钢铁（集团）股份有限公司、辽阳西洋鼎洋矿业有限公司、台泥（辽宁）水泥有限公司（原辽宁昌庆水泥有限公司）和营口水务公司（原营口自来水公司）。

（3）临时性用水单位有辽宁鸿河集团征宇水泥有限公司。

（4）库区临时性用水单位（2010 年年底统计）：辰龙鸡冠山选矿厂、金昌矿业、顺达采选矿厂、嘉龙选矿厂、鞍辽选矿厂、荣兴选矿厂（鞍辽收购）、锴兴选矿厂、东源矿业、天成选矿厂总厂、天成选矿厂分厂、天义生选矿厂（二厂）、北台选矿厂、金利选矿厂、纪生选矿厂、双河联营选矿厂、富贵选矿厂、嘉和选矿厂、三联选矿厂、金石选矿厂、万昌达选矿厂。

（5）历史上存在过的工业用水户（2010 年年底统计）：中国石油辽阳石化分公司（该单位的梅岭水源 1990 年建在太子河河心岛，1991 年启用，2002 年 6 月起停运）；营口造纸厂（1998 年破产）；营口造纸二厂（1987 年 7 月起收费，1989 年破产）；辽河造纸厂（1987 年 7 月起收费，1989 年破产）；田庄台造纸厂（1986 ~ 2001 年收费，2001 年以后破产）；安平大理石厂（1986 年 6 月至 1989 年收费，1990 年起停止）；本溪劳改队（1986 ~ 1988 年收费，1989 年停止）。

（6）鞍钢井群分布情况见图 2-5-2。

（7）库区工矿企业用水单位分布情况见图 2-5-3。

（二）供水状况和产值

（1）长期用水单位用水相对稳定，但用水在年份上变化也较大，主要是企业生产受销售市场影响。鞍钢股份有限公司多年平均用水量为 4 466 万 m^3；最大值在 1995 年，为 6 458万 m^3；最小值在 2005 年，为 2 524 万 m^3。有取水口一处，位于辽阳市文圣区鹅房，泵引地表水，有 4 台水泵，其中 2 台大泵设计提水能力为 5 500 m^3/h；2 台小泵设计提水能力为3 170 m^3/h，理论日取水能力为 41.6 万 m^3，实际日取水量在 7 万 ~ 9 万 m^3。年产值为 673 亿元人民币（2010 年）。辽宁庆阳特种化工有限公司多年平均用水量为 1 007 万

表 2-5-1　农业各闸站基本情况一览表(2010 年 12 月)

序号	用户名称	单位地址	取水口位置	取水口建成时间	取水方式	水泵型号	水泵数量（台）	设计流量（m^3/s）	设计面积（万亩）	实灌面积（万亩）	年均引水量(亿 m^3)	备注
1	灯塔市灯塔灌区红光管理所	灯塔市张台子镇李庄村	石嘴子南 200 m 处	1958	直流				5. 25	16. 69	1. 25	
2	灯塔市灯塔灌区管理处	灯塔市大路	城门口村东	1976	直流			28	32. 9			
3	辽阳灌区管理处	辽阳市太子河区小祁家乡	文圣区鹅房护城河入口	1955. 4	直流			25	15. 0	9. 6	0. 94	
	辽阳市								53. 15	26. 29	2. 19	
4	腾鳌水利局	海城市腾鳌经济开发区	开河城村南 1 km	1967	泵引	700ZLB－70	3	4	1	0. 45	0. 01	
5	海城市温香镇水利站	海城市温香镇	刘坨子站:刘坨子村西约 0. 5 km 处	1974	泵引	700ZLB	8	10. 6	4. 0	4. 0	0. 09	
6	海城市温香镇水利站	海城市温香镇	东高站:东高村南 50 m 处	1974	泵引	700ZLB	3	4. 5	2	0. 7		
7	高坨子镇水利工作站	海城市高坨子镇	高坨子站:高坨子镇东 2 km 处	1974	泵引	700ZLB	4	5. 3	4	1. 49	0. 03	
8	海城市西四镇水利管理站下坎子	海城市西四镇	八家子站:八家村村西约 1 km 处	1989	泵引	700ZLB1. 3－7. 20	6	8	5	0. 8	0. 09	

续表 2-5-1

序号	用户名称	单位地址	取水口位置	取水口建成时间	取水方式	水泵型号	水泵数量（台）	设计流量（m^3/s）	设计面积（万亩）	实灌面积（万亩）	年均引水量(亿 m^3)	备注
9	海城市西四镇水利管理站下坎子	海城市西四镇	下坎子站：下坎村村西南约 500 m 处	1974	泵引	700ZLB1. 3 – 7. 20	8	10. 6	5	1. 4	0. 09	
10	海城市牛庄镇水利站	牛庄镇西小村	牛庄镇西小村村西约 300 m 处	1967	泵引	700ZLB1. 3 – 7. 2	4	6	2	0. 7	0. 02	
	海城市								18	9. 54	0. 24	
11	大石桥市河闸管理所（青天闸）	大石桥市沟沿镇青天村	青天闸：沟沿镇青天村村东南 100 m	1966. 6	直流			25	32	7. 9		旗口灌溉处
12	大石桥市河闸管理所（虎头闸）	沟沿镇青天村	水源镇赏军村	1966	直流			5	1. 5	3. 1		虎庄灌溉处
13	大石桥市水利局黑鱼沟灌溉处	大石桥市石佛乡	黑鱼沟闸：魏家村东北 500 m 处	1974	直流			20	20			
14	大石桥市水利局黑鱼沟灌溉处	大石桥市石佛乡	黑鱼沟站：魏家村东北 500 m 处	1990	泵引	ZLB – 130	7	38. 5		10		高坎灌溉处
15	大石桥市水利局沟沿灌溉处	大石桥市沟沿镇	三八站：沟沿镇青天村村西 1 000 m 处	1975	泵引	36ZLB – 4 28ZLB – 70	4 3	13. 2	3	6		

续表 2-5-1

序号	用户名称	单位地址	取水口位置	取水口建成时间	取水方式	水泵型号	水泵数量（台）	设计流量（m^3/s）	设计面积（万亩）	实灌面积（万亩）	年均引水量（亿 m^3）	备注
16	大石桥市水利局水源灌溉处	大石桥市水源镇赏军台村	赏军站:水源镇赏军台村	1975	泵引	48ZLB－87	5	17.5	6.5	7.5		
17	大石桥市水利局石佛灌溉处	大石桥市石佛镇	大弓万站:石佛镇大弓万村村西	1986	泵引	36ZLB－70	2	4	1	3.3		
	大石桥市								64	37.8	1.25	承包
18	辽宁营口鹏昊实业集团有限公司	大石桥市石佛镇	营口监狱扬水厂:黑鱼沟闸西南500 m	1974	泵引	36ZLB－70	7	14	5	4.2	0.22	
19	老边区水利局花英台灌溉处	老边区花英台村	花英台站:老边区花英台村	1975	泵引		7	6.4	12	3.5	0.03	
	营口市								81	45.5	1.50	
20	大洼县水利局南河沿排灌站	大洼县东风镇南河沿村	南河沿大站:东风镇南河沿村大岗子北1 km	1968	泵引	64ZLB－50	7	56	16.59	20		
21	大洼县水利局田庄台抽水站	大洼县田庄台镇	田庄台抽水站:大洼县田庄台镇东1 km	1942	泵引	1200HD－7	7	24.5	7.1	15		
22	大洼县水利局东风农场水利站	大洼县东风镇	东风大站:东风镇大岗子北1 km处	1964	泵引	1200HD－9	5	15	4.2	10		
	大洼县水利局									45	2.50	承包

续表 2-5-1

序号	用户名称	单位地址	取水口位置	取水口建成时间	取水方式	水泵型号	水泵数量（台）	设计流量（m^3/s）	设计面积（万亩）	实灌面积（万亩）	年均引水量（亿 m^3）	备注
23	大洼县平安农场水利站	大洼县平安镇平安屯村	一站（西站）：平安乡平安屯东300 m处	1968	泵引	36ZW82	4	8	2. 6	2	0. 09	
24	大洼县平安农场水利站	大洼县平安镇平安屯村	二站（东站）：平安乡平安屯东200 m处	1986	泵引	36ZLB－70	3	6				
25	大洼县西安农场水利站	大洼县西安镇	上口子站：西安镇王家塘村东北2 km	1976	泵引	700ZLB1. 3－7. 20	7	15. 4	3	2	0. 22	
26	大洼县西安农场水利站	大洼县西安镇	西老万站：西安镇小亮沟村西1. 5 km	1973	泵引	700ZLB1. 3－7. 20	4	8. 8	2	2		
27	大洼县荣兴农场水利站	大洼县荣兴镇	荣兴镇江村东南约1 km处	1933	泵引		2	2. 7	5. 4	4. 38	0. 01	
28	盘山县古城子镇水利站	盘山县古城子镇	一站（夹信子站）：夹信子村东1 km	1972	泵引	ZLB－700	5	9	1. 8	1. 7	0. 13	
29	盘山县古城子镇水利站	盘山县古城子镇	二站（岗皮岭站）：岗皮岭村东500 m	1976	泵引	ZLB－700	4	7. 04	1. 7	1. 5		
	盘锦市								44. 39	58. 58	2. 95	
	合计								196. 54	139. 91	6. 88	

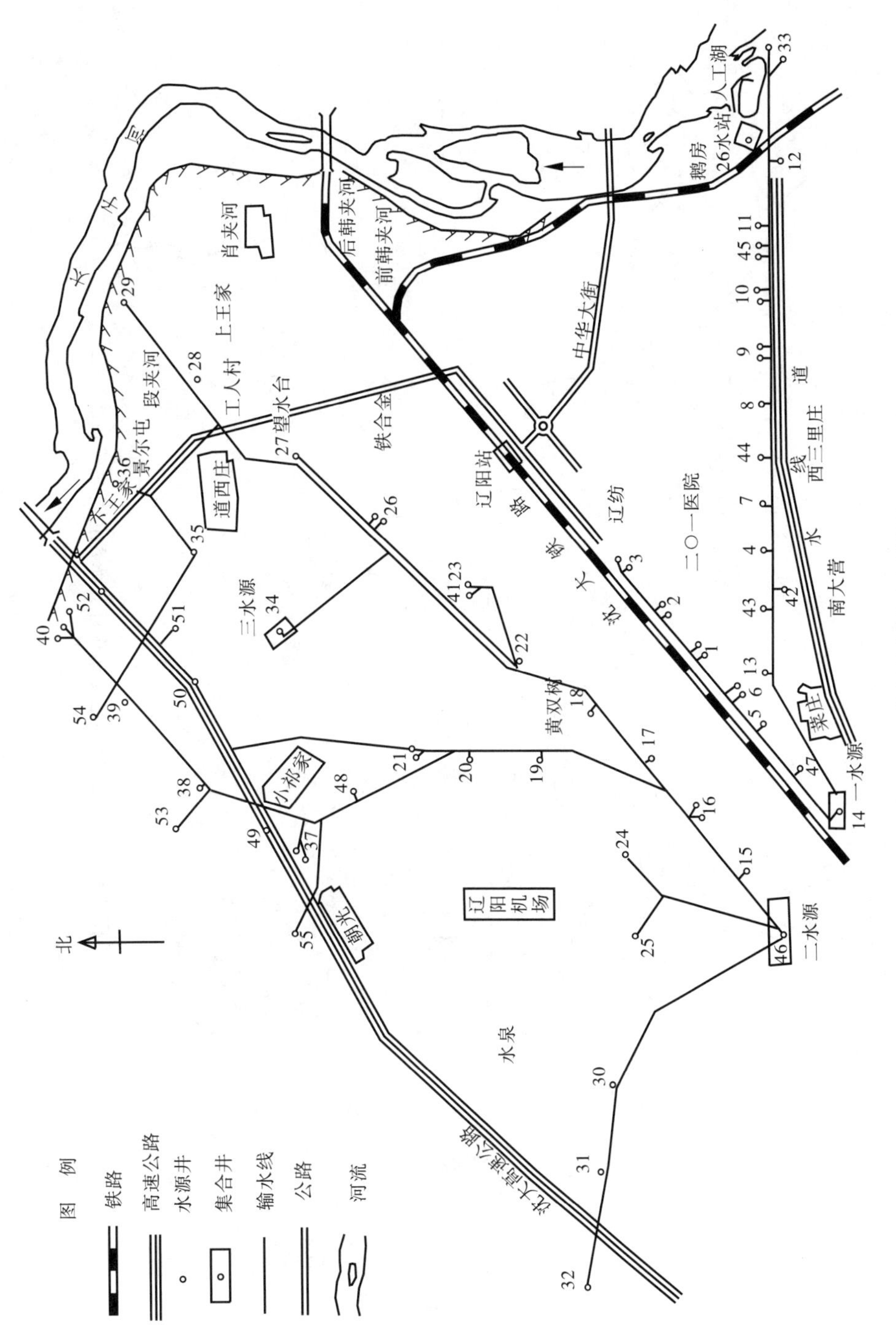

图 2-5-2　鞍钢井群分布示意图

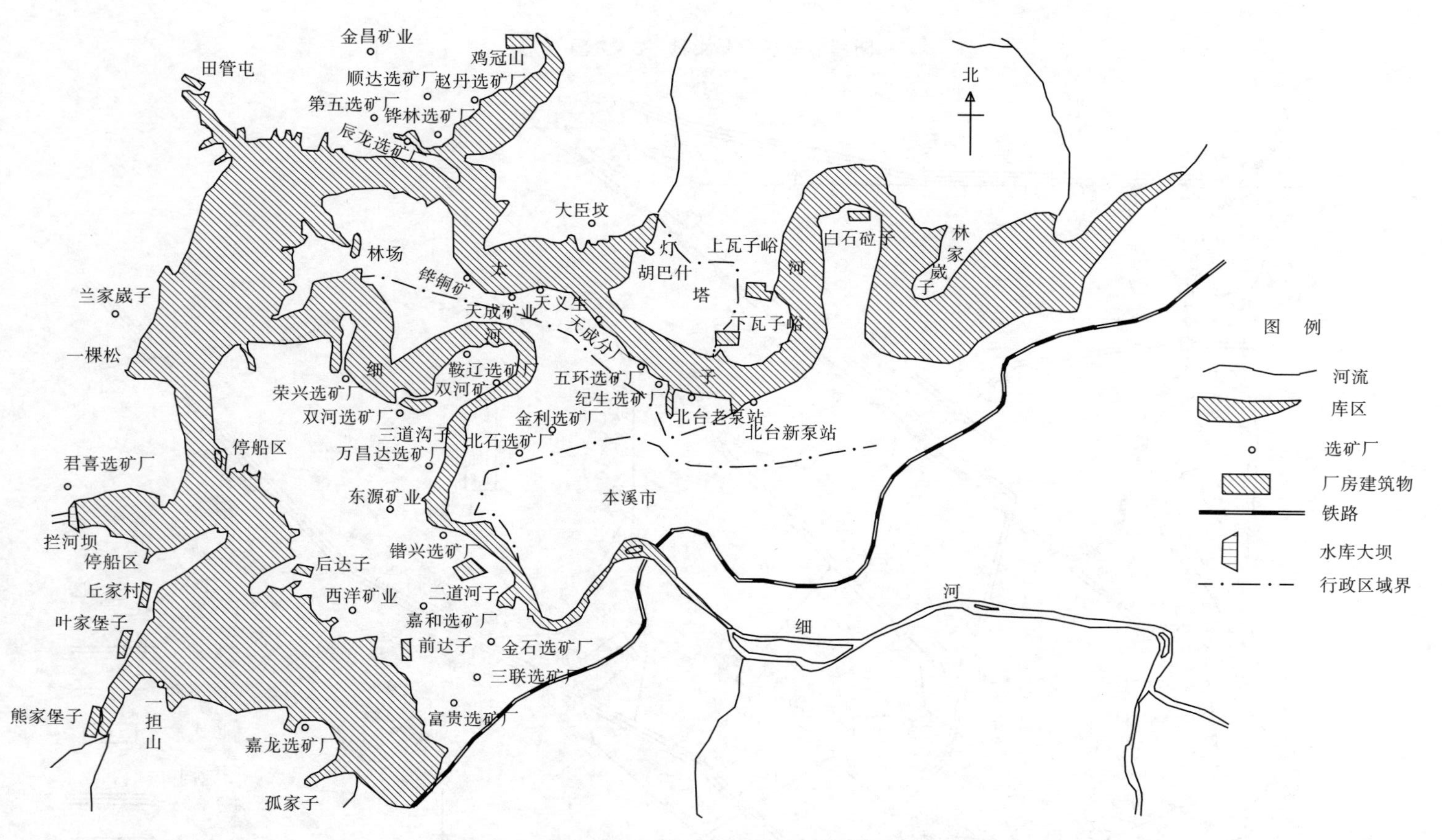

图 2-5-3　葠窝水库库区工矿企业用水单位分布示意图

m^3；最大值在1990年，为1 560万m^3；最小值在2009年，为827万m^3，年产值为9.5亿元人民币（2010年）。

（2）不定期用水单位中本溪北营钢铁（集团）股份有限公司，因其在细河上另有水源，该单位的原则是谁的水价低就用谁的；辽阳西洋鼎洋矿业有限公司和辽宁昌庆水泥有限公司均是民营企业，生产与停产或生产量大小（决定用水量大小的因素）基本是由产品的市场来决定的。

（3）临时性用水单位和库区临时性用水单位都是铁矿石开采和加工的私人企业，生产与否受政策和产品市场双重限制，因此企业的存在年限大部分很短。

第二节　供水计量办法

一、农业供水

1984～1994年主要是人工看水计量，在每年4月下旬从水库放水开始，局里委派专职看水计量人员到农业各个闸站第一引水口进行看水计量，以月报单的形式经供用水双方签字后生效，作为水费收缴依据。1993年起，在部分用水单位试行水量水费承包，取得一定效果，从1995年开始，由于人力、财力原因，开始对全部农业用户按多年计量平均数进行承包管理，对个别不能准确计算多年计量平均数的用水单位照常派人跟踪计量。

二、工业供水

长期用水单位均是国有大型企业，企业自行安装用水计量器具，按月向水库管理局报送用水量，水库管理局以企业自报用水量作为水费结算依据。葠窝水库于2011年4月22日在鞍钢股份有限公司鹅房取水口安装供水计量远程传输设施。

不定期用水单位和库区临时用水单位，在规模以上的，水库管理局从2007年8月至2010年年末安装规格大小流量计及远程传输设施30余套，做到了安表计量、按量收费。2010年年末，水库管理局对这部分企业的用水实行规范化管理，即凡是经营证照不全的企业、凡是有危害水库行为（如向水库舍岩、弃渣、排放尾矿等）的企业，一律停止供水。

第三节　供水水费计收办法和标准

一、收费依据及标准

1975年以前开始象征性收费。

1982年以前主要根据辽宁省人民委员会〔1967〕农字1号收费。

（一）农业收费

1983年8月1日至1989年12月31日，执行辽宁省人民政府〔1983〕185号文关于颁发《辽宁省水利工程水费征收和使用管理办法》的通知，农业水费为0.008元/m^3，水管单位从中提取10%～30%，当时水库按0.000 8元/m^3提取。

1990 年 1 月 1 日至 1992 年 12 月 31 日，执行辽政发〔1990〕5 号文《关于调整水利工程水费标准的通知》，农业用水由 0.008 元/m^3 改为 0.016 元/m^3，水管单位提取比例由 10% ~30% 提高到 50%，当时水库按 0.008 元/m^3 提取。

1993 年 1 月 1 日至 1998 年 12 月 31 日，执行辽政发〔1992〕46 号文《关于调整水利工程水费标准的通知》，农业用水由 0.016 元/m^3 改为 0.02 元/m^3，水库仍按 0.008 元/m^3 提取。

从 1999 年 1 月 1 日以后，执行辽政发〔1998〕25 号文《关于征收城市生活污水处理费提高省直属水库供水价格等问题的通知》，水价提高到 0.05 元/m^3，同时根据辽水利农字〔1998〕246 号文《关于调整省直属水库供水灌区水源工程费标准及更新改造和维修养护费用支出比例的通知》精神，水管单位提取调整到 0.016 元/m^3。

(二)工业收费

1983 年 8 月 1 日至 1989 年 12 月 31 日，执行辽宁省人民政府〔1983〕185 号文关于颁发《辽宁省水利工程水费征收和使用管理办法》的通知，工业消耗水水价 0.03 元/m^3；自来水水价 0.015 元/m^3。

1990 年 1 月 1 日至 1992 年 12 月 31 日，执行辽政发〔1990〕5 号文《关于调整水利工程水费标准的通知》，工业消耗水水价 0.12 元/m^3，可附加 5% 移民扶助金，因此当时工业消耗水水价为 0.126 元/m^3；自来水水价 0.045 元/m^3。

1993 年 1 月 1 日至 1998 年 7 月 1 日，执行辽政发〔1992〕46 号文《关于调整水利工程水费标准的通知》，工业消耗水水价改为 0.2 元/m^3，可附加 5% 移民扶助金，因此当时工业消耗水水价为 0.21 元/m^3；自来水水价改为 0.15 元/m^3。

1998 年 7 月 1 日至 2002 年 2 月 28 日，执行辽政发〔1998〕25 号文《关于征收城市生活污水处理费提高省直属水库供水价格等问题的通知》，工业消耗水水价为 0.32 元/m^3；自来水水价改为 0.27 元/m^3。

2002 年 3 月 1 日以后，执行辽政发〔2002〕19 号文《关于调整水资源费、污水处理费征收标准和省直水库供水价格及有关事宜的通知》，工业消耗水水价为 0.52 元/m^3；自来水水价改为 0.47 元/m^3。

二、完成指标情况

1995 年葠窝水库管理局对供水收费工作实行目标管理，即在年初确定全年水费征收指标，年末进行考核。1995 ~2010 年每年均程度不同地超额完成水费征收指标。

第四节　供水与灌溉效益

一、工业供水与灌溉效益

水库多年平均径流量 24.5 亿 m^3，设计灌溉面积 70 万亩，历史最大灌溉面积 164 万亩。为辽宁中南部的五市九县区的工农业生产、生活提供了大量的水源，不仅在防洪、抗旱方面充分发挥了水库的社会效益，确保一方平安，也为该区域的社会经济快速发展做出了较大的贡献。

由于营口灌区和盘锦灌区靠近大辽河入海口,灌溉用水受海水倒灌影响非常大,为使灌溉用水的含盐量控制在允许范围内,水库自1973年运行以来,每年在4月下旬,无偿为下游农业灌溉提供超过2亿m^3的“压盐水”。工业供水是全年不间断供水。

20世纪80年代,农村实行分产到户政策,激发了农民种植经济效益相对较高的水稻的热情,加之辽河三角洲的开发,80年代末期使葠窝水库担负的实际灌溉面积达到历史最大值164万亩。20世纪90年代初期至现在,随着高速公路的快速兴建和各地相继成立等级不一的开发区,大量占用水田,加之受2000~2004年辽宁历史上出现的持续极端干旱年份的影响,有部分水田改种旱田。截至2010年年底,统计灌溉面积为139万亩。

葠窝水库1973~2010年为下游提供实际农业灌溉用水317亿m^3,年均8.35亿m^3。20世纪80年代,灌溉面积剧增,使灌溉用水保证率大幅度下降,为了确保按时插秧,曾出现过辽阳市、营口市和盘锦市三地各个灌溉处相互派人到异地互相“看水”的情况。1995年,随着上游观音阁水库的落闸蓄水形成了梯级调度,除遇大汛年份外,葠窝水库汛期不再发生弃水,灌溉用水保证率逐年提高,确保了辽宁中南部地区水田的丰产丰收。驰名中外的盘锦河蟹和享誉全国的盘锦大米原产地和主产地均在葠窝水库供水范围内。

1973年水库试运行至2010年的38年间,农业计量水量为317亿m^3,应收水费20 454.5万元。其中,年最大值11.49亿m^3(1983),年最小值5.4亿m^3(1975),年平均8.35亿m^3,年平均应收水费538.28万元。工业供水量为30亿m^3,应收水费39 754万元。其中,年最大值1.25亿m^3(1975),年最小值0.37亿m^3(2003),年平均0.79亿m^3,年平均应收水费1 046.16万元。

二、工农业供水量及应收水费

历年工农业供水量及应收水费情况见表2-5-2。

表2-5-2 葠窝水库历年供水量和应收水费一览表

年份	农业用水		工业用水		总计	
	用水量(亿m^3)	水费(万元)	用水量(亿m^3)	水费(万元)	用水量(亿m^3)	水费(万元)
1973	6.65	0	1.05	0	7.70	0
1974	5.70	45.60	1.01	28.84	6.71	74.44
1975	5.40	43.20	1.25	38.09	6.65	81.29
1976	8.00	64.00	1.09	34.32	9.09	98.32
1977	7.40	59.20	1.00	33.89	8.40	93.09
1978	7.00	56.00	0.83	37.99	7.83	93.99
1979	8.90	71.20	0.86	35.26	9.76	106.46
1980	9.30	74.40	0.71	25.56	10.01	99.96
1981	10.99	87.92	0.65	27.05	11.64	114.97

续表 2-5-2

年份	农业用水		工业用水		总计	
	用水量（亿 m^3）	水费（万元）	用水量（亿 m^3）	水费（万元）	用水量（亿 m^3）	水费（万元）
1982	13.90	111.20	0.87	62.35	14.77	173.55
1983	11.49	91.20	0.79	48.61	12.28	139.81
1984	10.30	82.40	0.76	197.99	11.06	280.39
1985	9.10	72.80	0.72	140.51	9.82	213.31
1986	9.13	73.07	0.77	136.41	9.90	209.48
1987	11.44	86.92	0.87	139.73	12.31	226.65
1988	10.52	84.17	0.85	164.46	11.37	248.63
1989	11.00	87.97	0.82	157.64	11.82	245.61
1990	7.74	521.18	0.86	621.73	8.60	1 142.91
1991	8.74	612.07	0.88	740.44	9.62	1 352.51
1992	7.43	595.22	0.85	769.55	8.28	1 364.77
1993	8.68	694.71	0.94	1 422.00	9.62	2 116.71
1994	6.89	551.53	1.00	1 568.54	7.89	2 120.07
1995	8.41	566.46	1.05	1 819.46	9.46	2 385.92
1996	8.63	582.81	1.14	1 958.34	9.77	2 541.15
1997	8.58	580.05	0.85	1 667.48	9.43	2 247.53
1998	9.57	765.85	1.00	1 843.55	10.57	2 609.40
1999	7.57	1 210.60	0.89	2 266.96	8.46	3 477.56
2000	7.50	1 200.60	0.78	2 222.46	8.28	3 423.06
2001	7.69	1 229.60	0.57	1 732.76	8.26	2 962.36
2002	7.56	1 209.60	0.53	1 431.22	8.09	2 640.82
2003	7.55	1 208.00	0.39	1 407.94	7.94	2 615.94
2004	6.94	1 110.00	0.38	1 895.76	7.32	3 005.76
2005	6.84	1 095.00	0.38	1 888.86	7.22	2 983.86
2006	6.94	1 110.00	0.39	1 934.43	7.33	3 044.43
2007	6.94	1 110.00	0.42	2 503.52	7.36	3 613.52
2008	6.94	1 110.00	0.70	2 946.65	7.64	4 056.65
2009	6.88	1 100.00	0.62	2 682.44	7.50	3 782.44
2010	6.88	1 100.00	0.57	3 121.17	7.45	4 221.17
总计	317.12	20 454.53	30.09	39 753.96	347.21	60 208.49

第六章　电力生产

葠窝水库电站于1974年4月投入运行,主要结合泄洪、灌溉进行发电。1999年对机组进行了增容改造,总装机容量从37 200 kW增容到43 800 kW,提高了电站生产能力。从2005年起,葠窝水库发电厂实现利润总额超1 000万元,年分红率高达29.76%,累计向国家和地方上缴税金6 000多万元。截至2010年年底,电站总资产6 000万元,年设计发电量超过8 000万kWh。1997年,葠窝发电厂被辽宁省地方水电总站评为“标准化电站”。曾获得“辽阳市安全生产先进单位”、“辽宁省青年文明号单位”、“辽宁省重合同守信用单位”、“全国电力企业文化建设先进单位”等荣誉称号。

第一节　机组运行与管理

一、经营成效

葠窝水库发电厂在辽宁省供水局、葠窝水库管理局和董事会的领导下,遵循“低耗、增收、高效、优化、奖励”的经济原则,创新思路、求真务实、科学经营与管理,使企业在源头和整个流程上发生了实质性的转变。一是上网销售电量指标,从2009起由历史上的每年5 000万~6 000万kWh上调到1亿kWh,企业每年增加收入200万元以上;二是增值税税率,由原来(2008年以前)17%下调为6%,企业每年将增加利润200万元以上,相应每年分红率至少提高5个百分点;三是成功豁免陈欠税款119.3万元,即相当于公司的年分红率提高3.56个百分点;四是2009年9月18日成功回购了700万元原始股,不仅维护了企业的利益,并且对股民意义重大。

二、运行管理

1974年7月,葠窝电厂3台机组全部并网发电。1999年9月至2002年1月,逐步对3台机组进行了增容改造。其中,1号、2号机组分别从17 000 kW增容到20 000 kW,3号机组从3 200 kW增容到3 800 kW。2007年9月至2011年4月,对全厂励磁系统、辅助设备控制系统、继电保护及自动装置、厂用电系统、直流系统等逐步进行了更新改造。电站运行管理实现了自动化、规范化、制度化。

电站严格按照电力系统标准化运行管理,建立和完善规章制度。大修严格按照检修规程执行,制定大修计划,做到有措施、有进度、有质量要求和技术总结。各种检修和维护都由检修各班组负责完成。检修各班组根据工种不同负责相关设备的检修维护工作。

三、安全生产管理

安全生产是电厂的生命线。效益服从安全,管生产必须管安全,电厂把安全生产作为目标责任制和经济责任制的重要考核内容。

首先,建立健全安全生产网络。建立以厂长为组长、副厂长和安全员为组员的安全生产领导小组,受葠窝水库管理局安全生产领导小组的直接领导。在班组中设立安全负责人和安全监督员。形成由厂长负责,技术人员、检修班组、运行班组齐抓共管的安全生产网络;其次,坚持日常安全生产管理活动。每月由厂长召开一次安全生产会议,并组织班组长以上干部进行每月一次的安全大检查,发现事故苗头和隐患,及时解决。每年汛期节假日前后,由水库管理局安全生产领导小组负责对水库和电厂进行特别检查。每年进行一次安全生产总结评比,对评出的先进班组和个人实行奖励。

根据部颁《电业安全作业规程》,结合电厂电力生产实际情况,制定了严密的设备安全管理制度、运行操作安全规程、运行工作分析制度和紧急事故处理预案等,并严格执行。实现了规范化管理和标准化作业目标,确保机组的安全运行。

注重职工安全技术培训。电厂坚持"先培训,后上岗"的原则,对新入厂职工进行为期3个月的安全和业务技术培训,并考试合格后才能下班组工作。对电焊工、电工、吊车工等特殊工种都执行持证上岗。多年来电厂一直以师傅带、外出培训、企业内部培训和交流等形式对职工进行专业技术和安全技能的培训。1974年起至2010年年末,累计培训电焊工12人次,电工培训120余人次,吊车工培训6人次,参加电业局标准化作业培训35人次,参加国家安监局安全技能培训6人次。

第二节 维修改造工程

葠窝水库电站自1973年年底开始发电以来,因机械磨损严重、电气设备老化、电站增容改造等对机电设备进行了一系列的更新改造工程。

一、升压站的改造工程

1982年11月因系统升压改造的需要,葠窝电厂主变压器完成了由44 kV升至66 kV的改造,将原来的变比为44 kV/6.3 kV改造成为变比为66 kV/6.3 kV的变压器,改造工程由朝阳电力修造厂承担完成。在变压器改造的同时,将升压站主变压器以外的输配电设备全部拆迁到离厂房50 m的山坡上。改造后的主变压器型号为SFP1-50000/66的油浸强迫油循环风冷变压器,其结线方式为YO/△-11。1999年4月,因原主变压器绝缘老化而故障率增高,为了确保电站的安全运行,对主变压器进行了更换。新变压器的型号为SF8-50000/66的油浸自循环风冷变压器。变压器供货单位是沈阳变压器有限责任公司。2006年10月,葠窝电厂对升压站3台SW2-60/1000型户外断路器更换成了LW9-72.5-2500型六氟化硫(SF_6)断路器。

二、电气设备的改造工程

1994年3月完成了全厂二次设备的更新改造和中控室搬迁工程。此次工程中,对全厂的二次控制设备、继电保护设备、机组励磁设备、同期设备进行了更新改造,同时,首次在电厂自动化控制中采用了微机控制系统。2007年9月至2011年4月,对全厂励磁系统、辅助设备控制系统、继电保护及自动装置、同期系统、厂用电系统、直流系统、监控系统等逐步进行了第二次更新改造。改造后的电厂已经完全实现了微机自动控制与监控。机组励磁系统采用的是武汉华大电力自动技术有限责任公司提供的 WL－06B 型双微机励磁调节器。该调节器具有两套全功能自动调节通道，两通道的硬件配置和软件配置完全相同，采用先进的“优先切换的非主从切换方式”工作，切换无扰动。继电保护及自动装置、同期系统和监控系统采用武汉华工电气自动化有限责任公司提供的发电厂自动控制与监控系统，该系统采用了以太网模式，将各机组的控制微机进行连接，并通过华工自行研发的 HG3000 系列电力监控组态软件对全厂设备进行操作和监控。

三、机组及辅助设备维修

电站建成后，设备进行计划检修和平时小修相结合的检修制度。机组每 3 年进行一次大修（不吊水轮机转轮），每 8 年进行一次扩大性大修（吊出水轮机转轮），半年进行一次小修（春秋检）。1976～2001 年，3 台机组累计大修 9 次，累计扩大性大修 7 次，处理的故障和事故隐患主要有尾水管钢衬脱落补焊、转轮室气蚀处理、转轮气蚀及裂纹处理、主轴密封的检修、导轴承的检修、导水机构的检修、轮叶密封机构的检修和受油器的检修等。辅助设备的检修主要有空压机的检修、制动器及冷却器的检修、离心式水泵的检修和蝴蝶阀的检修等。

第三节　机组增容改造

1999 年 9 月至 2002 年 1 月，逐步完成了对 2 号、1 号和 3 号机组的增容改造工程。增容改造部分主要分两部分：第一部分是水轮机部分，第二部分为发电机部分。1 号、2 号机组水轮机部分主要是在导水机构和转轮体没有任何改变的情况下更换不同型号的转轮叶片来完成增容的目的。3 号机组水轮机部分是将转轮整体更换成新型号的转轮。而发电机部分在原机架的基础上只更换了定子铁芯和定子线圈来达到增容的目的，发电机转子没有任何改变。1 号、2 号、3 号机组的调速器更新改造工程也与机组的增容改造工程同时进行，3 台机组的调速器都是武汉三联水电控制设备公司生产的型号为 WST－100、JZST－100、SLT－1000 的微机调速器。其电调部分采用日本 OMRON 公司生产的 PLC（可编程控制器）作为控制元件，具有可靠性高、维护方便、故障率较低等特点。

第四节　企业改制

1974 年 4 月 20 日，辽阳市革命委员会以市发〔74〕21 号文宣布成立葠窝发电厂，由辽阳市农电处代管。1978 年 4 月 6 日，省革命委员会以辽革发〔1978〕78 号文，下达《关于葠窝发电厂隶属关系的通知》，通知决定葠窝发电厂为省属企业，受东北电业管理局和辽阳市双重领导，并以东北电业管理局为主；1981 年 9 月，根据东北电业管理局和辽阳市委的指示，电厂升格为县团级单位并成立党支部，正式成为省政府注册的中型正县团级企业，核编 202 人；1984 年 5 月与葠窝水库管理处合并为辽宁省葠窝水库管理局，此后葠窝发电厂作为葠窝水库管理处的一个生产科室来管理。1999 年,按照辽宁省水利厅党组“放活实体”主旨,依照国家有关法律规定,葠窝发电厂进行了股份制改造,更名为“辽宁葠窝水力发电有限责任公司”,全省水利系统近 4 000 名职工入股,从此企业性质改为民营。改制后的葠窝发电厂,树立“以人为本”的企业思想,开展了具有电厂自身特色的企业文化建设。不仅形成了自己的企业文化特色、树立了企业精神,更为“全面建设安全、效能、和谐、现代化葠窝发电厂,精心打造东北小水电系统品牌企业”奋斗目标的早日实现,提供了精神动力。同时,在实践中逐步提升团队理念,发挥团队优势,创建了一支向管理要效益、为企业增产增收的优秀团队。经过 10 年的管理和经营,葠窝发电厂已成为东北小水电系统最大的发电企业,年利润总额超 1 000 万元。

第五节　南沙电站

南沙电站工程是葠窝水库管理局为了解决水库下游少量灌溉用水和工业用水的需要,特号召全局职工以集资或入股的形式筹集资金,并经过有关专家认证后设计安装的两台总装机容量为640 kW 的水轮发电机组,其设计总流量为 3 m^3/s。1994 年 12 月,南沙电站筹建小组开始筹集资金,并号召全局职工进行集资、入股。

一、电站的设计

南沙电站的设计主要是由葠窝水库管理局副总工程师李长久和李民春,带领葠窝电厂技术人员共同完成的。其设计主要由水工设计、水力机械设计和电工设计三部分组成。

(一)水工设计

两台机组的主机间位于葠窝电厂检修间下层,该间原用于安放葠窝电厂主变压器消防泵,后经规划将两台消防泵搬迁到该间西北角,主机间高程为 62. 65 m,两台机组并排摆放,其间距为 4. 6 m,机组上游侧有电气盘柜 5 块(包括开关柜、电压互感器柜)和两个励磁变压器。两台机组的北侧各有一个调试系统和两块盘柜(励磁盘和保护盘)。两台机组的引水管径为 0. 7 m,两台机组的引水钢管长度分别为 28. 918 m 和 40. 878 m,尾水底板高程为 60. 50 m。为了方便与葠窝电厂统一管理,2 台机组分别编号为 4 号机组和 5 号机组,其中 4 号机组从 3 号机组蜗壳引水,5 号机组从 2 号机组蜗壳引水。

(二)水力机械设计

根据葠窝水库实际水位情况以及流量的需要,选用了两台型号为 HL240 – WJ – 50S 的卧式混流式水轮机,并分别配有容量为 320 kW 的同步发电机。水轮机额定出力为 546 kW,设计水头为 25. 33 m,最高水头为 35. 14 m,设计流量为 1. 570 m^3/s,最大流量为 1. 873 m^3/s,水轮机效率为 82% 。两台机组的调速系统采用武汉三联水电控制设备公司生产的 SLT – 300 型全数字微机调速器,其电气调节部分采用日本 OMRON 公司生产的可编程控制器(PLC)为控制原件,并采用较为先进的补偿 PID 调节规律进行调节,该产品具有故障率低、可靠性高、操作简单、维护方便等特点。机械调节部分采用数字阀进行油路控制,其工作油压为 2. 5 MPa。该调速系统的接力器容量为 3 000 N · m,压力油罐容积为 50 L,回油箱容积为 220 L。

(三)电工设计

南沙电站总装机容量为640 kW,由两台容量为320 kW 的水轮发电机组成,其发电机型号为SPWE - K320 - 8 型,由重庆电机厂提供产品。该电机额定转速为750 r/min,电机效率为92.5%,功率因数为0.8,额定电压为6.3 kV,额定电流为36.7 A。机组出口没有专用变压器,分别通过一台小车式少油断路器与葠窝电厂6.3 kV 母线相连。机组出口没有隔离开关,检修时将小车断路器退到试验位即可作业。机组继电保护主要由速断保护、失磁保护、过电压保护、低压过流、定子接地保护、过负荷、过速保护组成。南沙电站与葠窝电厂共用一套同期装置。两台机组的励磁装置选用河北工学院生产的BLZ - 87 型他激自励式励磁系统,该系统由励磁变压器、励磁调节器和可控硅整流装置三部分组成。励磁变压器型号为ZSJ20/6.3 型油浸式变压器,其容量为20 kVA,接线组别为Y/△ - 11。BLZ - 87 励磁调节装置由两块相同的模拟调节电路板组成,在故障时可以互为备用。可控硅整流装置采用半控桥整流装置。

二、电站施工

(一)水工施工

1994 年10 月,南沙电站引水钢管焊接和机组底座混凝土浇筑工程正式开始。引水钢管焊接工程由辽化机械设备维修厂承担,而混凝土浇筑等土建工程由葠窝水库管理局经营处承担。两台机组引水管长度分别为28.918 m 和40.878 m,管径为0.7 m,引水管件90°弯有3 处,30°弯有1 处,伸缩节有1 处,渐变段1 处。3 号机引水钢管横管中心高程为63.20 m,3 号机引水处直径为2.0 m,钢管中心高程为60.15 m,2 号机引水处直径为4.6 m,钢管中心高程为58.26 m。混凝土浇筑工程主要有机组底座、调速器底座、尾水管路三部分。

(二)机械设备的安装

1995 年3 月,南沙电站两台机组开始安装,安装工程由葠窝电厂安装队承担。安装施工是参照《水轮发电机安装》一书的有关规定及安装图纸的要求进行的。施工中抓住水轮发电机组的轴线检测与调整、滚动轴承和转子的安装三个主要环节,并严格控制技术标准。此外,还进行了蝴蝶阀和调速器的安装和调试。安装工程中因工作空间狭窄,桥吊无法进行工作,较重的设备移动都需要工作人员在工作现场临时搭建支架,并用导链、千斤顶等工具进行吊装和移动。

(三)电气部分的安装

南沙电站两台机组出口直接通过一个隔离开关与葠窝电厂6.3 kV 母线相连。两台励磁变压器并排安装在机组上游侧,用金属网护栏隔离。可控硅整流装置、励磁调节器、灭磁开关等全部安装在1 个电气盘柜内,励磁整流装置采用半控桥硅整流装置,励磁调节器由2 个相同的电气控制模板组成,在工作时2 块板互为备用。继电保护盘位于机组北侧,盘内安装有速断保护、定子接地保护、过电压保护、低压过流保护、过负荷保护、过速保护等保护装置以及一些中间继电器和保护引出连片。出口开关、蝴蝶阀、励磁调节器等控制把手都安装在葠窝电厂中控室操作台上。

三、更新改造工程

2010 年 5 月,因葠窝电厂电气设备整体改造的需要,也提出了南沙电站励磁系统、继电保护系统以及水机控制装置更新改造的方案。7 月与武汉华工电气自动化有限责任公司签订了南沙电站继电保护装置和水机控制装置的供货合同,与武汉华大电力自动技术有限责任公司签订了励磁系统供货合同。2011 年 3 月,改造工程顺利竣工,试运行正常。改造后的励磁系统采用武汉华大电力自动技术有限责任公司提供的 WL - 06B 型双微机励磁调节器。此系统由全空桥可控硅整流装置、励磁变压器、微机励磁调节器、灭磁及过压保护装置四部分组成。励磁变压采用容量为 20 kVA 的干式励磁变压器,其型号为 ZSC - 20型环氧浇注式三相干式整流变压器。变压器的容量除满足机组最大容量下的强励要求外,还有适当的裕度(20%)。WL - 06B 型双微机励磁调节器具有两套全功能自动调节通道,两套通道的硬件配置和软件配置完全相同,采用先进的"优先切换的非主从切换方式"工作。运行时一套工作,一套备用。调节器的中央处理器是美国 Intel 公司生产的 16 位微处理器 80C196KC。该处理器内部资源有 8 路 10 位单极性 A/D、6 通道高速输出(HSO)和 2 通道高速输入(HIS)、4 通道 16 位定时器、全双工串行通信接口、多路并行 I/O口和 512 字节片内寄存器组成。灭磁装置选用 GXW1M - 300 型灭磁开关,励磁系统正常情况下采用逆变灭磁,逆变失败自动转灭磁开关灭磁。事故情况下,跳灭磁开关,投入灭磁电阻快速灭磁。整流装置由 1 套三相全控桥整流电路组成,并设有过电流保护装置,冷却方式采用风机强迫风冷方式。继电保护装置和同期系统采用武汉华工电气自动化有限责任公司提供的 IMP - 3402 型微机继电保护装置和 IMQ - 3903 型微机自动准同期装置。水机控制采用美国通用电气生产的 GE VERSAMAX 型可编程控制器(PLC)。改造后的电站可以完全实现自动开、停机,事故自动调整停机,故障自动报警,机组运行状态参数显示等功能,为电站运行人员的操作和维护提供了方便,达到提高安全运行水平、改善电能质量的目的。2011 年 4 月,发生了南沙电站 4 号机组定子线圈绝缘老化击穿事故,为了避免再次发生此类事故,对定子线圈进行整体更换。5 月 10 日,更换定子线圈后的 4 号机组安装完成,并网发电。

四、电站的经营管理

南沙电站是由水库职工集体集资入股兴建的股份制电站,财务上是独立核算企业,但在生产管理上与葠窝电厂统一进行,检修维护和运行管理全部由葠窝电厂检修班组和运行班组完成。为了加强电站的规范化管理,2004 年 7 月技术人员编写了《南沙电站运行规程》。

第六节　发电效益

截至 2010 年年底,累计发电量 305 789 万 kWh,年均发电量 8 264 万 kWh,为设计年发电量的 103%;2010 年发电量 16 739 万 kWh,为历史最高年份。累计售电收入 31 321 万元,年纳税总额突破 800 万元,年分红率已由最初的 7% 提高到 2008 年的 29.76%。历年发电量及销售收入情况见表2-6-1。

表2-6-1　葠窝电厂历年发电量及销售收入统计

年份	发电量（万kWh）	销售收入（万元）	年份	发电量（万kWh）	销售收入（万元）
1974	4 776	—	1993	6 628	485
1975	5 839	—	1994	11 486	1 333
1976	7 174	—	1995	14 283	1 733
1977	6 310	—	1996	11 770	1 527
1978	4 558	—	1997	8 094	1 189
1979	7 148	—	1998	7 186	1 124
1980	2 951	—	1999	7 042	955
1981	8 898	218	2000	5 732	834
1982	7 259	205	2001	5 998	1 023
1983	8 417	233	2002	6 162	1 292
1984	6 499	183	2003	5 842	1 200
1985	11 622	341	2004	6 630	1 223
1986	15 431	431	2005	14 311	2 314
1987	11 733	316	2006	9 938	2 327
1988	8 058	420	2007	8 090	1 626
1989	4 862	214	2008	10 646	2 171
1990	7 579	330	2009	7 308	1 876
1991	8 058	358	2010	16 739	3 497
1992	4 732	343	合计	305 789	31 321

第七章　综合经营

水库管理机构组建初期,以工程安全和社会效益为重心,发展多种经营的意识比较淡薄。党的十一届三中全会以后,在"加强工程管理,讲究经济效益"的水利工作方针指引下,水库的综合经营作为水库的三项基本任务之一,成为了水库经济工作的重点内容。水库历届领导班子从长远发展目标、安置子女就业、稳定职工队伍的角度出发,精心谋划、大胆尝试水库的第三产业。采取以饲养业为主,农、林业为辅,以经济效益为中心,以电力深加工为龙头,以工程维修业为主,兼办农业和商业,形成工、农、商全面发展的格局,为"三业并举,两地开发"的有效实施奠定了基础。多年来,水库综合经营工作曾有过困惑、失败、教训,但从水库固定资产的积累、成功经验、综合经营所创造的效益和稳定职工队伍的效果来看,还是具有一定的积极作用的。

第一节　综合经营的机构设置及状况

一、镁碳公司(1984~1998 年称劳动服务公司)

(一)企业成立时间

葠窝镁碳公司(集体所有制),隶属于水库管理局,是由 1984 年水库管理处和发电厂两家合并组建水库管理局后,原两家厂办大集体企业合并而成的,当时称为葠窝水库管理局劳动服务公司,1999 年,经上级有关部门批准改制,更名为葠窝镁碳公司(股份合作制)。2010 年,根据职工意愿,经中介机构验资,主管部门批准退出了职工个人投入现金股份,经工商部门核准改为集体所有制。

(二)在册人员状况

截至 2010 年年末,镁碳公司有在职集体职工 171 人,27 人正式退休,职工总数 198 人。2011 年重新与集体职工签订了劳动合同并首次经市劳动主管部门鉴证,同年为 4 名自愿解除劳动关系的职工办理了解除手续并给予经济补偿,为原大修厂 3 名集体职工补缴了养老保险。2012 年 2 月开始为集体职工缴纳工伤保险,至此已为集体职工缴纳"五险",基本理顺了集体职工的关系,统一了集体职工的管理,成立了集体职工管理委员会。

(三)企业的经营范围

企业具有"企业法人营业执照"、"企业代码证书"、"税务登记证书"。经营范围有石墨化电极、土木维修、基建劳务、电熔镁加工、碳化硅加工等。

(四)企业的经营情况

1984 年合并成立劳动服务公司后,当时依靠承担水库管理局部分维修、岁修工程项目维持企业运营。由于水库管理局维修费用逐年减少,加之维修项目利润较低,职工的工资只能维持很低的水平,账面基本没有结余。

1987年,通过多方考察并经省经委能源办和东电管理局用电处批准用电,劳动服务公司通过银行贷款和多方筹集资金100多万元建成了碳素加工厂,于10月投产,并在1988年当年收回全部投资并取得了很好的经济效益。

1989年后,由于国内外市场的变化加之经营管理不善,供电方面又存在一定问题,生产时干时停,加之频繁更换法人,从而导致企业逐年亏损。1997年,用职工集资投资建立了电熔镁厂,效益也不好。

2004年以后,企业难以继续维持,除保留3名管理人员外其余全部放假,只有靠场地和设备租赁及伸手向水库管理局借款支付管理费用给职工缴纳养老、失业保险,勉强给职工每人每月发放200元的生活费。由于镁碳生产属于高耗能、高污染行业,进入2008年,企业上了政府部门限期整改的名单,电力部门又明令禁止发电厂直接向企业供电,也限期企业停产,此时的企业根本无力转产,完全陷入困境之中,放假的职工没有分文的收入,生活来源难以得到基本保障,就连缴纳各种社会保险的个人承担部分也成了难题。职工没有工资收入,没有住房公积金,从没有报销过采暖费、医药费、丧葬费等,遗属没有领取过抚恤金,他们已经成为了公认的弱势群体,同时也成为了水库管理局的包袱和难题。

为解燃眉之急,稳定职工队伍,避免群体上访事件发生,水库管理局领导几经周折,四处奔波求助,得到了市政府有关领导和电力主管部门领导的同情与理解,同意延缓整改期限。2010年与大石桥一厂家合作经营,使企业得以暂时性的临时生产,通过创收偿还水库借款。

2010年,经省水利厅有关部门批准,投资550万元,购买葠窝水力发电厂的股份,取得了很高的投资收益。不仅能够满足职工"五险"的正常缴纳和部分职工的工资,还能偿还以前年度的借款。水库管理局领导正进一步寻求安置这些集体职工就业的途径和办法,力求让这些弱势群体早日摆脱现有的困境。

二、旅游公司

为了适应弓长岭区"旅游强区"发展战略的需求,以此拉动水库旅游业的发展,1993年5月11日,经辽供水产字〔1993〕15号文批准,成立辽宁省葠窝水库旅游公司,2004年更名为旅游开发公司,将开发旅游项目作为工作重点,设经理、副经理各一人。

2005年,水库充分利用水库加固工程和发电设备技术改造的良好契机,对旅游的基础设施建设项目依据景区的规划与设计标准,先后投资1 000余万元进行了改造,使景区的景观及基础设施发生了根本变化,焕然一新。

2006年4月至2006年12月,水库景区依据"全国工农业旅游示范点"检查评定标准,完成了水库工业游示范点申报工作。于2006年12月27日国家旅游局正式批准为"全国工业游示范点",填补了辽阳市无工业旅游示范点的空白;2007年2月15日,被辽宁省关心下一代工作委员会审批确定为"辽宁省青少年科普基地";2007年9月,水库景区依据国家《旅游景区质量等级的划分与评定》标准完成了水库景区申报晋级工作,于26日被国家旅游景区质量等级评定委员会正式批准为"国家AAA级景区";2004年在辽阳市创建中国优秀旅游城市活动中被市委、市政府评为"创优活动先进集体";2008年12月5日,辽宁省旅游局以辽文明办〔2008〕12号文,决定葠窝水库景区为"全省文明景区旅游区创建工作先进单位”。

自旅游公司成立以来，有效利用水库自身优势特点开发旅游项目，全力打造集品牌旅游、特色游、科技游于一体的旅游体系，安置了部分职工子女就业，为水库旅游产业发展起到了一定的促进作用。

三、衍水宾馆

水库管理局于1996年投资1 800万元购买了坐落在文圣区中华大街、建筑面积6 807.24 m^2 的中房大厦，同年12月组建了衍水宾馆，这是水库有史以来在市区自主经营的最大项目。衍水宾馆于1997年4月12日正式营业，主营餐饮、住宿，兼营日用百货、卷烟。隶属局附属企业，实行目标管理。下设客房部、餐饮部、保安部，设总经理1人、部门经理3人，安置全民职工25人、集体职工及水库家属子女30余人。2003年9月，管理方式实行集体承包，安置全民职工13人、集体职工及水库家属子女20余人。2003年，评为国家二星级宾馆。衍水宾馆效益情况见表2-7-1。

表2-7-1　衍水宾馆效益一览表　　（单位：元）

年份	收入	成本	税金	利润
1997	1 697 820.00	1 723 147.28	94 855.85	-208 223.13
1998	1 199 574.60	1 258 933.23	90 890.07	-150 248.70
1999	1 121 621.10	1 054 598.56	66 175.86	847.18
2000	1 045 911.76	975 896.93	69 635.77	379.06
2001	592 083.00	676 788.97	33 825.37	-118 153.34
2002	544 658.40	657 378.19	34 482.70	-146 969.46
2003	555 530.00	653 375.45	51 172.55	-149 018.00
2004	1 060 255.00	1 138 125.53	90 329.46	-168 199.99
2005	806 007.50	757 724.80	52 047.41	-3 764.71
2006	915 387.00	841 608.83	75 312.26	-1 534.09
2007	1 073 848.10	970 407.04	105 022.11	-1 581.05
2008	1 216 541.00	1 102 498.64	116 879.60	-2 837.24
2009	880 745.00	782 669.22	94 726.07	3 349.71
2010	911 074.00	814 577.29	97 652.52	-1 155.81
合计	13 621 056.46	13 407 729.96	1 073 007.6	-859 681.10

衍水宾馆经营了13年，接待客人约28万余人次，其中，省厅级以上客人600余人次。经营管理方式的不断变化，从事这个行业的管理者能够在激烈的市场竞争中努力拼搏、团结奋进，面向全社会体现自身的优势，提供优质服务，取得了令职工满意的成效。

经过十几年的经营，宾馆虽然亏损大于盈利，但从扩大水库的知名度，安置富余全民职工、集体职工和子女就业及稳定职工队伍来看，仍起到了积极的作用，基本顺应了水库管理局提出的“三业并举、两地开发”经营思路，为水库第三产业的发展积累了一定的经验。

四、辽阳气动液压机械设计研究所（1985年7月至1993年3月称“四里庄振兴综合修配厂”）

1985年7月11日，水库管理局以辽葠水经字〔1985〕第37号文，向辽阳市计委申批组建“振兴综合修配厂”，并投资22万元购买了四里庄院落，占地面积5 500 m²。1985年7月26日，得到市计委辽市计发〔1985〕141号正式批复。负责人赵玉玺。主营汽车、电气修理，兼营铆焊、机械加工。由于当时的车辆维修，有很大成分要同当时转让此项目的辽阳保险车辆修配厂合作，加之期间还发生了一起人身伤亡事故，久而久之活源逐渐减少，使经营陷入困境，效益亏损，职工被迫放假。

1993年3月，振兴综合修配厂转项，成立了“辽阳气动液压机械设计研究所”，研究所所长相继由李庆贺、黄柱台、关显龙担任。

经营项目，主要从事气缸、液压缸制作研究，兼营水暖安装，铝合金、塑钢门窗制作安装。水库管理局对其政策是帮助扶持，负责全民人员工资。全民人员奖金、集体与外雇人员的工资和奖金由研究所自己创收。

自1993年研究所成立以来，首先完成水库管理局下达的各项工作任务指标；其次承担水库管理局、水电公司20余项大修、岁修工程；还有承揽社会工程项目。每年都能完成职工工资、奖金的创收，并且略有盈余。1993年“铁路道口无人值守”科研成果获国家专利。同样是企业经营项目单一，无经济实力，发展后劲不足，以及领导相继变动等客观原因，使设备闲置，院落和房屋对外租赁，管理人员开资靠水库管理局贴补维系。

2009年5月，此研究所管理权限划归局经营开发处，经领导同意，研究所营业执照注销，原机械加工设备通过正常评估程序竞标出让，房屋场地公开竞标租赁，使闲置资产得到了有效盘活，效益比较可观。

五、水库福利农场

1970年11月16日，辽宁省革命委员会以辽革发字〔1970〕179号，批准修建葠窝水库绿化山林与农场用地131 085 m²。

水库管理处成立初期，为了开发自然资源，改善职工生活，在原葠窝村的坡地上，开荒种地、栽培果树、饲养畜禽；利用职工业余时间，在坡地、路旁和滩地上，营造用材林、薪炭林和绿化林，以美化环境并取得了一定的经济效益。截至1982年，山区绿化面积已达290亩，栽种松树和杨槐各1.5万株；果园面积达到30亩，栽培苹果树400株、山楂300株、杏树200株；耕种大田48.0亩。到1987年，农牧业又取得了进一步发展，已拥有苹果树1 215株、山楂树2 100株、葡萄207株；饲养黄牛12头、骡子1匹；当年收获大豆2 450 kg、玉米1.7万kg，农牧业产值达1.3万元（纯收入7 400元）。

水库的副业生产，曾试验捕捞不能食用的天然鱼群为饵料，发展养貂业。遂于1982年投资6.3万元，购入种貂250只、种兔50只、肉食鸡120只，并聘请饲养行家进行技术指导,但由于饵料冷冻储存问题没有得到解决,加之饲养管理不善而没有取得成功。通过总结经验教训,改进经营管理,充实加强了农场的力量和加大资金投入,农场自 1989 年以来,修建了拥有 12 亩水面的养鱼池 2 个,每年投入鱼苗 7 万多尾,年产鱼 1.5 万多 kg;修建 200 m^2 牛舍 1 栋,养牛 15 头;盖起 500 m^2 猪舍 6 栋,年存栏 112 头,年产猪肉 6 000 kg;新建鸡舍 1 栋,养鸡 2 300 只,年产蛋 18 000 kg,建起 1 个种植 1 650 株葡萄的葡萄园和 2 栋1 284 m^2的蔬菜塑料大棚,形成了一个初具规模的副食、蔬菜生产基地,为改善职工生活,繁荣当地经济发挥了很大作用。

水库竣工至 2010 年年末,为了有效开发和利用农场的山林与土地资源,利用几十年时间形成了一定的固定资产投入,先后建有砖木结构房屋 3 栋,建筑面积 505.7 m^2;建有二层混合结构房屋 1 座(养鱼看护房),建筑面积 76 m^2;建有养鸡砖木结构房屋 2 栋,建筑面积均 264 m^2;建有猪舍 3 栋,建筑面积 910 m^2;建有鱼塘 3 个,面积 16 650 m^2;建有牛圈 1 个,面积 180 m^2;建有铁骨架大棚 2 个,面积 1 000 m^2;打深井 1 眼;有 3 项动力电 100 kVA;有果树 2 000 余棵,其中苹果树 1 100 棵、梨树 300 棵、山楂树 130 棵、枣树 500 棵。

由于管理体制和经营方式上存在弊端,加之激烈的市场竞争形势和水库财经方面的政策变化,农场原有经营项目的巩固和发展都面临资金投入的实际困难,亏损成为难以维系和发展的瓶颈。2002 年,水库管理局领导作出了不再给予农场职工福利项目投资的决定,从而农场的管理方式发生了根本的转变,2003 年农场由以往的公有管理转变为个人承包管理,即达到了维持原有状况的看护目的,又为寻求对外招商引资的发展机遇,以获取更大的利润空间创造了极其有利的发展条件。

六、综合经营处

葠窝水库经过前几年对多种经营的实践和摸索,通过总结经验教训和重新认识水库的优势及有利条件,1989 年提出了"以经济效益为中心,以电力深加工为龙头,以工程维修业为主,兼办农业和商业,形成工、农、商全面发展的格局"和"开发水库,打入辽阳,服务全省"的规划设想,同时成立了综合经营处。

(一)职能和性质

综合经营处属集体经济实体,统管工、农、商、牧、养殖业。所辖单位有碳素厂、碳化硅厂、大修厂、修配厂、电力维修队、灌浆维修队、商店、饭店、农场、鸡场、渔场、羽毛厂等经营实体。

(二)构成与机构

抽调 7 名中层干部和大批工人充实到综合经营处,使从事综合经营的生产人员,由 16 人增加到 86 人。为挖掘人员潜力,加强综合经营队伍建设,实行一科一长制,并由 1 名副局长兼任综合经营处处长。

(三)政策与管理办法

各经营实体实行单独核算、自负盈亏和优厚的奖励制度;水库管理局给予综合经营处负责人二级法人地位和经营自主权。

(四)业绩与实效

综合经营处是水库综合经营发展过程中最为辉煌的时期,无论是领导的重视程度还是发展的规模和形式，当时让职工感到欣慰，尤其是大坝化灌技术的有效利用和创新，混凝土大坝裂缝、横缝、水平施工缝渗漏处理技术达到了国内先进水平。

1988年，首先在处理葠窝水库坝体裂缝中取得了明显的效果，之后不断探索和研究，开发出了用LW水溶性聚氨酯掺膨润土复合材料做膨胀浆塞法和双层一次灌浆法技术，在葠窝水库坝体横缝渗漏处理中取得了突破性的成功，不仅造价低，而且性能优越，适应性强，止漏全面彻底。此技术当年荣获辽宁省政府科技进步二等奖，不仅可以用于大坝堵漏，还可广泛用于其他建筑工程的防水堵漏处理。1993～1998年此项技术先后应用在葛洲坝水电站，潘家口、观音阁、江垭、阎王鼻子等水库，以及四平八面城国家级储备粮库的防渗处理中，均取得了明显的效果。经过二次加固，化学灌浆专业技术队伍和大坝加固技术又得到了新的发展。2004年4月，综合经营处更名为大坝公司，大坝公司全面总结了十几年在本局和国内建筑市场化学灌浆的先进技术与工艺，在设计、施工、材料、工艺及具体操作方法上都形成了一套全面系统、独树一帜的成功经验。更名当年就和杭州国电大坝工程有限公司实现了联合，成立了国杭北方分公司。在这块市场上实施化学灌浆的技术咨询、材料销售和工程施工。实现了强强结合，把混凝土坝化学灌浆先进技术推向更广阔的市场，效益可观，充分证明了科技转化为生产力的巨大效力。

七、经营开发处

水库管理局为适应新形势下水利行业多种经营的发展需求，有效开发和利用现有的资产、资源优势，拓宽水库经济发展渠道、增加创收，2009年3月18日以辽葠水局字〔2009〕9号文，专门成立了经营开发处，设处长1名、副处长1名、工作人员3名。目的是有效盘活利用水库管理局的闲置资产和资源，尽最大可能使其保值和增值，以引进和洽谈新增多种经营或招商引资项目；通过合作的形式千方百计寻求镁碳生产的启动，以确保集体职工“五险”的足额及时缴纳，同时负责局附属企业的监督和管理。以盘活和利用闲置资产、资源为工作重点，坚持“公开、公正、公平、竞争、择优”的原则。

经营开发处成立的两年间，截至2011年年底，共洽谈和签订房屋、场地和其他租赁项目16个，累计实现创收近400余万元，同时就“封堵底孔安装机组”、“水库遗留问题”、“库区清淤”等多个项目进行充分调研并形成调研报告，为水库的基础管理工作和闲置资产、资源的有效盘活利用，发展第三产业，解决集体企业困境问题，实现经济创收，起到了积极的作用。

第二节　弊端与策略

在探索多种经营渠道的过程中，不但培养、锻炼了一批人才，也吸取了许多失败的经验教训，比如水库与村民合办小煤矿，造成30多万元的经济损失问题。1985年，灯塔县西大窑村民办兴胜、富兴两煤矿，在负债累累、濒临倒闭的情况下，请求与水库合办，当时水库领导班子出于扩展外向经营范围、增加水库效益和解决职工取暖用煤的良好愿望，同意合资兴办，拿出14万元（其中包括为农民股东垫付7万元股金）资金并委派1名矿长、1名会计参与管理，但由于经营管理混乱，营私舞弊猖獗，直至1986年年底，煤矿一直处于严重亏损状态,1987年为改变局面,兴胜煤矿由水库单独承包,但仍无起色,被迫于1988年停办了两个煤矿,富兴矿按报废处理,矿区占地交还村政府,兴胜煤矿经辽阳市律师事务所调解,矿产移交给农民股东,结果给水库管理局造成38.6万元的经济损失。汲取其中的教训是缺乏调查研究,造成决策失误;签订合同时疏忽大意;经营管理混乱,相关人员严重失职。

多种经营没有得到持续、良性的发展,最终都是由于亏损或资不抵债而宣告破产,总结起来有四方面原因:一是思想观念保守、陈旧,没有创新的勇气和决心;二是在调研和论证新项目上缺乏前瞻性、科学性,只图眼前利益,经不起激烈市场竞争的考验;三是缺乏品牌的意识和观念,对合作过分依赖,自身不具备一定的经济实力,更缺乏专业的技术人才,缺乏管理经验,一旦合作出现问题,经营项目即告危机;四是在发展综合经营的政策把握和运用上还不到位,管理人员的频繁变动也使综合经营工作的开展不同程度受到了制约和限制。上述这些都是发展水库经济、开展第三产业创收的无形阻力和弊端,也是造成有此现状的症结所在。

2009年,结合水库面临的形势和任务,水库管理局提出了"狠抓经济、深化改革、强化管理、美化环境、建设和谐葠窝"的发展思路。对水库多年遗留的工程安全问题、库区淤积问题、水质污染问题及水库地区的闲置资产、资源等问题进行了梳理和调研,明确了发展思路和发展方向。汲取教训,总结经验。多种经营要靠政策、靠人才、靠发展机遇;要以盘活闲置资产、有效利用优势资源为前提;加大招商引资的工作力度,充分进行市场调研,开发新项目;把解决集体职工的就业问题与扶贫帮困结合在一起,结合实际、因地制宜,制定灵活优惠的解决办法。为今后综合经营的有效开展拓宽渠道。

第三篇　行政管理

志书此篇主要记述水库组织沿革、土地确权、制度建设、计划财务、人事管理、安全生产、职工福利待遇等方面的内容，旨在体现优化管理为水库发展带来的变化和效益。

水库建成后的管理职责，主要在确保水库工程安全前提下，合理安排水资源的调度运用，掌握好除害、兴利之间的平衡关系，管理好供水、发电等生产经营并挖掘其潜力，最大限度地发挥水库的社会效益，创造经济效益；同时保证行政管理与党务建设统筹兼顾、协调并进。

葠窝水库管理局（处）在辽宁省水利厅和上级有关部门正确领导与关怀下，不断强化管理理念、创新管理方式、提升管理能力，使水库的管理工作最终走上了规范、科学、细化、和谐的发展轨迹。水库辖区内土地确权划界后，明确了水库土地与水资源的管理使用主权，对水资源进行了合理的管理、开发和利用，加大力度整治库区周边环境，采取“规范企业行为、加强执法检查、强化联合执法、库区驻守巡查”等措施，禁止滥排、滥放、滥弃、非法采矿企业等污染水库水质违法行为，打击取缔了“三无”船只。

结合水库实际，依法行政，建立健全各项规章制度，并在执行过程中坚持“以人为本、标本兼治”的原则。正确、合理地管理与使用资金，水库计划与财务、固定资产与物资管理、会计核算、内部审计等工作有效地开展，日臻完善并逐渐趋于成熟。

第一章　组织沿革

1970年11月16日,成立辽宁省葠窝水库会战指挥部,归属辽宁省革命委员会领导;1973年11月2日,成立辽阳市葠窝水库管理处,为事业单位,实行企业化管理,归属辽阳市水利局领导;1978年6月28日,“辽阳市葠窝水库管理处”更名为“辽宁省葠窝水库管理处”,为辽宁省水利局直属单位,归属辽宁省水利局领导,按县团级设置,事业单位。党的组织关系仍按属地管理,受辽阳市委领导;1984年8月7日,成立辽宁省葠窝水库管理局,仍属县团级单位,隶属于辽宁省水利电力厅(1994年以后称辽宁省水利厅),下设:葠窝水库管理处,为事业单位;葠窝发电厂,为企业单位。党委隶属于辽阳市农企党委领导;1998年11月16日,成立辽宁葠窝供水有限责任公司,公司成立后与辽宁省葠窝水库管理局同时运行。水库实行事业单位,企业化管理,一套班子,两个牌子。共经历13届领导班子。曾设机构26个,临时工作机构38个,共任职180人(正、副科级以上)。2010年年底,水库设机构17个,共有职工235人(内退35人,女职工57人)。其中技术人员119人,工人103人,行政管理人员13人。

第一节　水库隶属关系变化与领导任职

一、辽宁省葠窝水库会战指挥部

1970年10月16日,国务院以〔1970〕计新字123号文,正式批准兴建葠窝水库。1970年11月16日,根据辽宁省革命委员会辽发字〔1970〕179号文《关于修建葠窝水库有关问题的通知》,成立辽宁省葠窝水库会战指挥部,归属辽宁省革命委员会领导。届时启用印章。汪应中兼任总指挥,石铭增任副总指挥,邓光月任政委,朱福和任参谋长。负责领导葠窝水库建设工程。地区性党、政工作受辽阳市革命委员会领导。直至1973年2月16日,主体工程完工,葠窝水库会战机关的辽阳、沈阳任职干部撤出,辽建二团部分干部负责葠窝水库的尾工施工,负责人朱福和、裴占林。

1970年11月19日,辽宁省革命委员会葠窝水库会战指挥部以辽革葠字〔1970〕第1号文决定,成立指挥组、政工组、后勤组。

1971年4月22日,辽宁省革命委员会葠窝水库会战指挥部以辽革葠字〔1971〕第31号文决定,成立“辽宁省革命委员会葠窝水库会战指挥部办公室”。

1971年7月17日,中共辽宁省革命委员会葠窝水库会战指挥部核心小组以辽葠核字〔1971〕第12号文通知,中国共产党辽宁省葠窝水库会战指挥部核心小组,经中共辽宁省委批准。“中国共产党辽宁省葠窝水库会战指挥部核心小组”印章于1971年7月18日启用。

辽宁省葠窝水库会战指挥部组织机构见图3-1-1。民兵指挥部机构见图3-1-2。

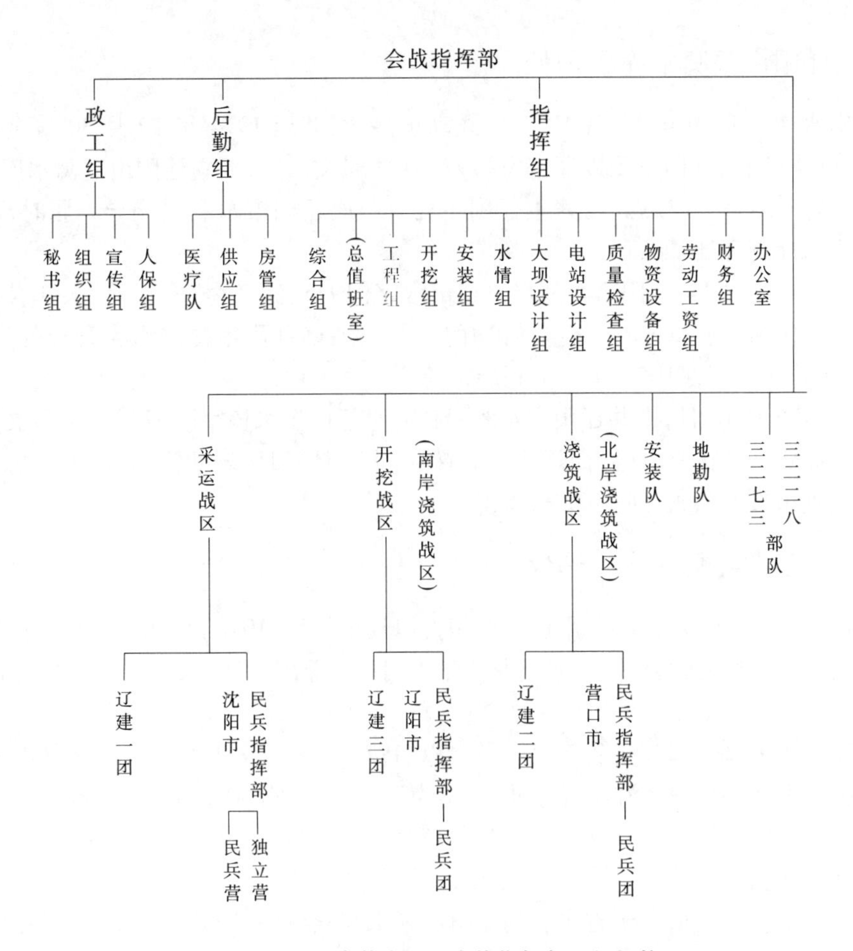

图 3-1-1　辽宁省葠窝水库会战指挥部组织机构

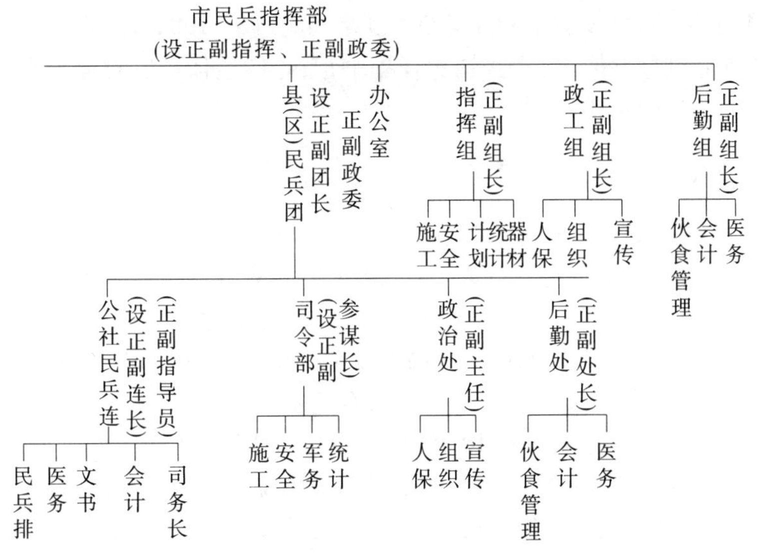

图 3-1-2　民兵指挥部机构图

二、辽阳市葠窝水库管理处

葠窝水库于 1970 年 11 月 18 日正式动工兴建，截至 1974 年 10 月 30 日全面竣工。1973 年 11 月 2 日，辽阳市委以辽市发〔1973〕122 号文决定，成立辽阳市葠窝水库管理处，宋彪任管理处主任，苏显恩、窦露生任副主任。归属辽阳市水利局领导。届时，启用“辽阳市葠窝水库管理处”印章。

1975 年 2 月 3 日，辽阳市水利局以辽市水字〔1975〕第 7 号文，下发《关于葠窝、汤河水库管理处定为事业单位实行企业管理的通知》，明确辽阳市葠窝水库管理处为事业单位，实行企业化管理，归属辽阳市水利局领导。

1975 年 6 月 18 日，中共辽阳市水利局核心小组以辽水核字〔1975〕第 1 号文决定，中共葠窝水库管理处核心小组由苏显恩、窦露生、张友林、田庆岩四人组成，苏显恩任组长，窦露生任副组长。归属辽阳市水利局领导。

三、辽宁省葠窝水库管理处

1978 年 5 月 28 日，中共辽阳市委组织部以辽市组发〔1978〕42 号文决定，张锡勇任辽宁省葠窝水库管理处党委书记，何云龙任党委副书记兼副主任，张友林任党委副书记兼副主任。

1978 年 6 月 28 日，辽宁省革命委员会以〔1978〕328 号文将葠窝水库管理处连同大伙房、清河、柴河、汤河、闹德海等管理处，调整为辽宁省水利局直属单位，归属辽宁省水利局领导，按县团级设置，事业单位。“辽阳市葠窝水库管理处”更名为“辽宁省葠窝水库管理处”，党的组织关系仍按属地管理，受辽阳市委领导。届时启用新印章。

1981 年 5 月 11 日，辽宁省水利局党组以辽水利党组字〔1981〕16 号文决定，安朝举任辽宁省葠窝水库管理处主任。

1982 年 4 月 26 日，辽宁省水利局党组以辽水利党组字〔1982〕25 号文决定，安朝举任辽宁省葠窝水库管理处党委书记，张锡勇任副书记；孙广达任辽宁省葠窝水库管理处主任，孙永胜、赵德丰任副主任。

四、辽宁省葠窝水库管理局

1984 年 2 月 27 日，辽宁省政府以辽政函〔1984〕16 号文批复，葠窝发电厂由原来东北电力管理局代管，改由辽宁省水利电力厅管理（1983 年 6 月辽宁省水利局更名为辽宁省水利电力厅），并与辽宁省葠窝水库管理处合并，成立辽宁省葠窝水库管理局，仍属县团级单位。明确规定：辽宁省葠窝水库管理局下设两个单位，葠窝水库管理处为事业单位，葠窝发电厂为企业单位。党委隶属于辽阳市农企党委领导。

1984 年 5 月 10 日，辽宁省水利电力厅副厅长刘福林与东北电力管理局正式交接，至此辽宁省葠窝水库管理处和葠窝发电厂两个县团级单位正式合并。同时，成立辽宁省葠窝水库管理局筹备小组，刘洪庄任组长，苏文华任副组长，成员有刘兆江、姜洪涛、孙广达、张锡勇、赵德丰、安朝举。

1984 年 8 月 7 日，辽宁省水利电力厅以辽水电办字〔1984〕142 号文通知，正式启用

“辽宁省葠窝水库管理局”印章。“辽宁省葠窝水库管理处”更名为“辽宁省葠窝水库管理局”。

1984年8月14日，辽宁省水利电力厅以党组字〔1984〕22号文决定，刘洪庄任辽宁省葠窝水库管理局党委书记，苏文华任辽宁省葠窝水库管理局局长，李长久任副局长，张锡勇、赵德丰任调研员（副局级）。

1984年9月14日，中共辽阳市农业系统直属企业委员会以辽阳市直农企事党发〔1984〕20号文批复，同意组建中共辽宁省葠窝水库管理局临时党委。刘洪庄任党委书记，苏文华、张锡勇、赵德丰、赵玉玺为党委委员。

1984年9月28日，中共辽宁省葠窝水库管理局委员会以辽葠党字〔1984〕第2号文通知，即日起启用“中国共产党辽宁省葠窝水库管理局委员会”新印章。

1987年7月23日，中共辽宁省水利电力厅党组以辽水电党组字〔1987〕25号文决定，陈庆厚任中共辽宁省葠窝水库管理局委员会副书记兼纪委书记。

1987年10月18日，辽宁省编制委员会以辽编发〔1987〕133号文《关于省大伙房水库管理局等单位内部机构及人员编制的批复》，同意辽宁省葠窝水库管理局下设11个科室。下设单位性质不变。处级建制机构，所需经费自筹解决。

1987年11月2日，中共辽宁省水利电力厅党组以辽水电党组字〔1987〕32号文决定，吴世吉任葠窝水库管理局副局长（主持工作），冯国治任副局长兼总工程师，宋庆利任党委副书记兼纪委书记，陈庆厚任副局长，免去其党委副书记兼纪委书记职务。免去苏文华局长、李长久副局长职务。

1988年11月3日，中共辽宁省水利电力厅党组以辽水电党组字〔1988〕29号文决定，陈庆厚任葠窝水库管理局党委副书记兼纪委书记，宋庆利任葠窝水库管理局副局长。

1990年10月21日，中共辽宁省水利电力厅党组以辽水电字〔1990〕28号文决定，杨志文任中共葠窝水库管理局党委书记；迟殿奎任局长；沈国舜任副局长兼发电厂厂长；吴世吉任总工程师，免去其副局长职务；刘洪庄任正处级调研员，免去其党委书记职务；冯国治任副处级调研员，免去其副局长兼总工程师职务。

1991年8月23日，中共辽宁省水利电力厅党组以辽水电党组字〔1991〕26号文决定，王玉华任葠窝水库管理局副局长职务。

1991年11月18日，中共辽宁省水利电力厅党组以辽水电党组字〔1991〕第39号文决定，杨志文兼任葠窝水库管理局局长，王保泽任葠窝水库管理局党委副书记兼副局长，贾福元任葠窝水库管理局副局长。

1992年6月22日，中共辽宁省水利电力厅党组以辽水电党组字〔1992〕第34号文决定，李广波任葠窝水库管理局副局长。

1993年2月2日，中共辽宁省水利电力厅党组以辽水电党组字〔1993〕11号文，经厅党组研究，并与中共辽阳市农委协商同意，邵忠发任葠窝水库管理局党委书记，王保泽任葠窝水库管理局副局长（主持工作），免去杨志文葠窝水库管理局党委书记兼局长职务。

1993年2月3日，中共辽宁省水利电力厅党组以辽水电字〔1993〕11号文决定，邵忠发任葠窝水库管理局党委书记；王保泽任副局长，主持行政工作。免去杨志文党委书记兼局长职务。

1994 年 12 月 29 日，中共辽宁省水利厅党组以辽水利党组字〔1994〕19 号文决定，李广波任葠窝水库管理局局长。免去王保泽辽宁省葠窝水库管理局副局长兼党委书记职务。

1995 年 11 月 14 日，中共辽宁省水利厅党组以辽水利党组字〔1995〕43 号文决定，贾福元任葠窝水库管理局局长，刘占清、齐勇才任副局长。免去李广波局长、贾福元副局长职务。

1997 年 1 月 14 日，中共辽宁省水利厅党组以辽水利党组字〔1997〕第 3 号文决定，王宝龙任葠窝水库管理局副局长。免去王玉华副局长职务。

1998 年 11 月 16 日，辽宁省水利厅以辽水利人劳字〔1998〕221 号文决定，陈广符任葠窝水库管理局副局长。免去王宝龙副局长职务。

2000 年 3 月 17 日，辽宁省水利厅直属机构工会以辽水直工字〔2000〕1 号文决定，宋宝家任第四届工会委员会委员，任工会主席。

2001 年 1 月 5 日，中共辽宁省水利厅党组以辽水党组〔2001〕1 号文决定，王玉华任葠窝水库管理局局长。

2001 年 3 月 4 日，中共辽宁省水利厅党组以辽水党组〔2001〕5 号文决定，马俊任葠窝水库管理局书记，王永森任纪委书记。

2002 年 3 月 7 日，中共辽阳市委组织部以辽市组发〔2002〕11 号文决定，辽宁省葠窝水库管理局党委的隶属关系划归市委直接管理。

2002 年 5 月 16 日，中共辽宁省水利厅党组以辽水党组〔2002〕9 号文决定，王远迪、谷凤静任葠窝水库管理局副局长，李道庆任总工程师，慕兵任总会计师。2003 年 6 月 30 日，中共辽宁省水利厅以辽水党组〔2003〕10 号文转正。

2004 年 5 月 27 日，中共辽宁省水利厅党组以辽水党组〔2006〕4 号文决定，孙建华任辽宁省葠窝水库管理局副局长，朱明义任纪委书记。免去刘占清副局长职务，改任助理调研员；免去王永森纪委书记职务，改任助理调研员。

2004 年 10 月 8 日，中共辽宁省水利厅党组以辽水党组〔2004〕22 号文决定，洪加明任葠窝水库管理局副书记。

2006 年 2 月 13 日，中共辽宁省水利厅党组以辽水党组〔2006〕4 号文决定，朱洪利任葠窝水库管理局副局长。免去谷凤静副局长职务。

2007 年 1 月 10 日，中共辽宁省水利厅党组以辽水党组〔2007〕1 号文决定，洪加明任葠窝水库管理局党委书记(试用期一年)；免去马俊葠窝水库管理局党委书记职务，改任葠窝水库管理局调研员。

2007 年 9 月 27 日，中共辽宁省水利厅党组以辽水党组〔2007〕21 号文决定，免去宋宝家辽宁省葠窝水库工会主席职务，改任助理调研员。

2009 年 7 月 2 日，中共辽宁省水利厅党组以辽水党组〔2009〕14 号文决定，王玉华不再担任葠窝水库管理局局长职务，改任调研员。由党委书记洪加明主持行政工作。

2009 年 12 月 29 日，中共辽宁省水利厅党组以辽水党组〔2009〕20 号文决定，洪加明任葠窝水库管理局局长。

2010 年 3 月 14 日，中共辽宁省水利厅党组以辽水党组〔2010〕5 号文决定，宋涛任葠窝水库管理局副局长。

2010年7月13日，中共辽宁省水利厅党组以辽水党组〔2010〕34号文决定，王健任葠窝水库管理局党委书记。

2012年3月27日，中共辽宁省水利厅党组以辽水党组〔2012〕12号文决定，穆国华任葠窝水库管理局党委书记。免去王健葠窝水库管理局党委书记职务。

五、辽宁葠窝供水有限责任公司

1998年1月14日，辽宁省人民政府以辽政〔1998〕4号文批复，辽宁省水利厅成立辽宁省供水集团有限责任公司，原各直属水库管理局成立相应的供水有限责任公司。

1998年11月16日，辽宁省水利厅以辽水利人劳字〔1998〕223号文决定，贾福元任葠窝供水有限责任公司总经理；陈广符、刘占清、齐勇才任副总经理。

1998年11月16日，辽宁省水利厅以辽水利人劳字〔1998〕222号文《关于辽宁葠窝供水有限责任公司所属各子公司董事会、监事会组成人员的通知》，成立辽宁葠窝供水有限责任公司。公司成立后与葠窝水库管理局同时运行。实行一套班子，两个牌子。贾福元任公司董事长，邵忠发任副董事长，陈广符、刘占清、齐勇才、慕兵任副董事。监事会成员：潘玉志任主席，石振友、朱明义任监事。

2001年2月5日，辽宁供水集团有限责任公司以辽供水人字〔2010〕1号文决定，王玉华任葠窝供水有限责任公司董事长兼总经理。

2010年1月19日，辽宁供水集团有限责任公司以辽供水人字〔2010〕3号文决定，洪加明任葠窝供水有限责任公司董事、董事长兼总经理。

2010年3月31日，辽宁供水集团有限责任公司以辽供水人字〔2010〕21号文《关于调整葠窝供水有限责任公司董事会、监事会组成人员的通知》决定，洪加明任公司董事长，朱洪利、王远迪、孙建华、宋涛、慕兵任葠窝供水有限责任公司董事。监事会成员：朱明义任主席，李道庆、于程一任监事。免去王玉华葠窝供水有限责任公司董事、董事长兼总经理职务。

葠窝水库历届领导任职、单位名称变化及其隶属关系情况见表3-1-1。

表3-1-1　葠窝水库历届领导人任职一览表

单位名称	届次	姓名	职务	任职年限	隶属关系
辽阳市葠窝水库管理处（1973.11.02～1978.06.28）	1	宋彪	主任	1973.11～1975.06	辽阳市水利局
		苏显恩	副主任	1973.11～1975.06	
		窦露生	副主任	1973.11～1978.05	
	2	苏显恩	主任	1975.06～1976.04	
		窦露生	副主任	1973.11～1978.05	
		张友林	副主任	1975.06～1978.05	
		田庆岩	副主任	1976.04～1978.05	

续表 3-1-1

单位名称	届次	姓名	职务	任职年限	隶属关系
辽宁省葠窝水库管理处（1978.06.28～1984.08.07）	3	张锡勇	党委书记	1978.05～1982.04	辽宁省水利局 1983 年 6 月改称辽宁省水利电力厅
		何云龙	党委副书记兼副主任	1978.05～1980.05	
		张友林	党委副书记兼副主任	1978.05～1982.04	
		安朝举	主任	1981.05～1982.04	
	4	安朝举	党委书记	1982.04～1984.08	
		孙广达	主任	1982.04～1983.08	
		张锡勇	党委副书记	1982.04～1984.08	
		孙永胜	副主任	1982.04～1983.08	
		赵德丰	副主任	1982.04～1984.08	
辽宁省葠窝水库管理局（1984.08.07～ ）	5	刘洪庄	党委书记	1984.08～1990.10	辽宁省水利电力厅 1994 年以后改称辽宁省水利厅
		苏文华	局长	1984.08～1987.11	
		李长久	副局长	1984.08～1987.11	
	6	吴世吉	副局长主持行政工作	1987.11～1990.10	
		刘洪庄	党委书记	1984.08～1990.10	
		冯国治	副局长兼总工程师	1987.11～1990.10	
		宋庆利	党委副书记兼纪委书记	1987.11～1993.05 1988.11 任副局长	
		陈庆厚	副局长	1987.11～1993.07 1988.11 任副书记兼纪委书记	
	7	迟殿奎	局长	1990.10～1991.11	辽宁省水利厅
		杨志文	党委书记	1990.10～1993.02	
		宋庆利	副局长	1988.11～1993.05	
		沈国舜	副局长	1990.10～1997.10	
		陈庆厚	纪委书记	1990.10～1993.07	
		吴世吉	总工程师	1990.10～1998.04	
		王玉华	副局长	1991.08～1997.01	
	8	杨志文	党委书记兼局长	1990.10～1993.02	
		王保泽	党委副书记兼副局长	1991.11～1993.02	
		沈国舜	副局长	1990.10～1997.10	
		王玉华	副局长	1991.08～1997.01	
		贾福元	副局长	1991.11～1995.11	
		吴世吉	总工程师	1990.10～1998.04	
		陈庆厚	党委副书记兼纪委书记	1988.11～1993.07 1991.11 任纪委书记	
		李广波	副局长	1992.06～1994.12	

续表 3-1-1

单位名称	届次	姓名	职务	任职年限	隶属关系
辽宁省葠窝水库管理局（1984.08.07～）	9	王保泽	副局长 主持行政工作	1993.02～1994.12	辽宁省水利厅
		邵忠发	党委书记	1993.02～2001.03	
		沈国舜	副局长	1990.10～1997.10	
		王玉华	副局长	1991.09～1997.01	
		李广波	副局长	1992.06～1994.12	
		贾福元	副局长	1991.11～1995.11	
	10	李广波	局长	1994.12～1995.11	
		邵忠发	党委书记	1993.02～2001.03	
		王玉华	副局长	1991.09～1997.01	
		贾福元	副局长	1991.11～1995.11	
		沈国舜	副局长	1990.10～1997.10	
辽宁省葠窝水库管理局（1984.08.07～）辽宁葠窝供水有限责任公司（1998.11.16～）	11	贾福元	局长 董事长兼总经理	1995.11～2001.01	
		邵忠发	党委书记	1993.02～2001.03	
		王玉华	副局长	1991.09～1997.01	
		沈国舜	副局长	1990.10～1997.10	
		刘占清	副局长	1995.11～2004.05	
		齐勇才	副局长	1995.11～2001.03	
		王宝龙	副局长	1997.01～1998.11	
		陈广符	副局长	1998.11～2002.02	
	12	王玉华	局长 董事长兼总经理	2001.01～2009.07	
		马俊	党委书记	2001.03～2007.01	
		洪加明	党委副书记	2004.10～2007.01	
		洪加明	党委书记	2007.01～2009.07	
		洪加明	党委书记 主持行政工作	2009.07～2010.01	
		刘占清	副局长	1995.11～2004.06	
		宋宝家	工会主席	2000.03～2007.09	
		陈广符	副局长	1998.11～2002.02	
		王永森	纪委书记	2001.03～2004.06	
		王远迪	副局长	2002.05～	
		谷凤静	副局长	2002.05～2006.02	
		李道庆	总工程师	2002.05～	
		慕兵	总会计师	2002.05～2010.07	
		孙建华	副局长	2004.06～2010.07	
		朱明义	纪委书记	2004.06～	
		朱洪利	副局长	2006.02～	

续表 3-1-1

单位名称	届次	姓名	职务	任职年限	隶属关系
辽宁省葠窝水库管理局（1984.08.07～）辽宁葠窝供水有限责任公司（1998.11.16～）	13	洪加明	局长兼党委书记	2010.01～2010.07	辽宁省水利厅
		洪加明	局长 董事长兼总经理	2010.07～	
		王健	党委书记	2010.07～2012.03	
		穆国华	党委书记	2012.03～	
		王远迪	副局长	2002.05～	
		朱洪利	副局长	2006.02～	
		孙建华	副局长	2004.06～2010.07	
		宋涛	副局长	2010.03～	
		朱明义	纪委书记	2004.06～	
		慕兵	总会计师	2002.05～2010.07	
		李道庆	总工程师	2002.05～	

六、葠窝水库发电厂

1973年12月2日，辽阳市电业局领导小组决定，成立葠窝水库发电厂筹备小组，小组成员由田云彩、沈磊等四人组成。

1974年4月7日，辽阳市电业局领导小组决定，组建葠窝发电厂领导小组，由赵德生、王树民、沈磊三人组成。

1974年4月20日，辽阳市革命委员会以辽市发字〔1974〕21号文决定，正式成立葠窝发电厂，由市农电处代管。王绍志任厂长，陈书香参加发电厂领导小组工作。

1974年5月13日，辽阳市农业电气化处以〔1974〕辽市农电字第15号文，启用“辽阳市葠窝发电厂”印章。

1977年6月20日，辽阳市革命委员会以辽市发〔1977〕第36号文通知，葠窝发电厂纳入地方财政预算，实行独立核算，并划归市电业局领导。

1978年4月6日，辽阳市革命委员会以辽市发〔1978〕78号文《关于葠窝发电厂隶属关系的通知》，决定葠窝发电厂为省属企业，受东北电业局和辽阳市双重领导，并以东北电业管理局为主。党的组织由辽阳市委筹建。

1978年7月29日，东北电业管理局任命姜洪涛为发电厂厂长，王绍志、孟照福为副厂长，撤销原领导小组。同年，辽阳市委指定姜洪涛、王绍志、孟照福三人组成发电厂临时党支部委员会。姜洪涛任党支部书记，王绍志为副书记。东电党组与辽阳市委协商派刘昭江任电厂党支部书记。

1980年3月13日，东北电业管理局以东电办字〔1980〕第152号文决定，启用“葠窝发电厂”印章。划归东北电业管理局代管。

1980 年 11 月 25 日,中共电力工业部东北电业管理局党组以东电党字〔1980〕第 21 号文,李长久任葠窝发电厂总工程师。

1981 年 9 月,东北电业管理局和辽阳市委决定,发电厂定为县团级单位,成立党总支。

1982 年 3 月,根据辽阳市委要求,葠窝发电厂成立党委,党委委员会由姜洪涛为书记的 5 人组成。

1982 年 5 月 11 日,中共辽阳市委组织部以辽市组发〔1982〕24 号文决定,刘昭江、吴焕有、赵玉玺、姜洪涛、杨斌芳任中共葠窝发电厂委员会委员。刘昭江任副书记。

1984 年 5 月 10 日,根据辽宁省人民政府辽政函〔1984〕16 号文的批复,葠窝发电厂和辽宁省葠窝水库管理处合并,成立辽宁省葠窝水库管理局。

葠窝发电厂历届行政组织及负责人情况见表 3-1-2。

表 3-1-2　葠窝发电厂历届行政组织及负责人情况

<table>
<tr><th>单位名称</th><th>职务</th><th>负责人</th><th>任职年限</th><th>隶属关系</th></tr>
<tr><td>葠窝发电厂</td><td>筹备小组组长</td><td>田云彩</td><td>1973.12.02～1974.04.06</td><td>辽阳市电业局</td></tr>
<tr><td rowspan="3">辽阳市
葠窝发电厂</td><td>领导小组组长</td><td>赵德生</td><td>1974.04.07～1974.08.21</td><td>辽阳市农电处(代)</td></tr>
<tr><td>领导小组组长</td><td>王绍志</td><td>1974.08.22～1978.07.28</td><td rowspan="2">辽阳市电业局</td></tr>
<tr><td>厂长</td><td>姜洪涛</td><td>1978.07.29～1980.03.13</td></tr>
<tr><td rowspan="2">葠窝发电厂</td><td>厂长</td><td>姜洪涛</td><td>1980.03.13～1984.05.09</td><td rowspan="2">东北电业管理局(代)</td></tr>
<tr><td>党委副书记</td><td>刘昭江</td><td>1981.10～1984.05.09</td></tr>
</table>

注:此表部分领导任职引自《葠窝水库志》(1960～1994)。

第二节　水库内设机构演变与干部任职

水库内设机构主要分为现设机构、曾设机构和临时工作机构三部分。曾设机构 26 个,临时工作机构 38 个,共任职 180 人(正、副科级以上)。2010 年年底,水库设机构 17 个。

一、葠窝水库管理处

辽阳市葠窝水库管理处最早科室设置始于 1975 年 8 月 22 日。辽阳市葠窝水库管理处以辽葠水字〔1975〕第 57 号文,设置政工科、保卫科、办公室、工程科、水情水文科、综合经营科、警卫队等科室。随着水库管理任务的增多、职能的不断扩大,科室设置也陆续地增加和调整。

1978 年 6 月 28 日,辽宁省革命委员会以辽葠水字〔1978〕328 号文通知,辽宁省葠窝水库管理处内部机构设置办公室、政工科、保卫科、工管科、生计科、水情科、供应科、财务科、修配厂、团委、劳动服务公司 11 个部门。

1980 年 10 月 23 日,辽宁省编制委员会以辽市编发〔1980〕40 号文《关于成立辽阳县葠窝水库治安派出所和辽阳县汤河水库治安派出所的批复》,同意成立辽阳县葠窝水库治安派出所。隶属辽阳县公安局领导,人员编制暂定 5 名,经费由水库开支。

1983 年 11 月 14 日,辽阳市发展商饮服修业以辽市商服发〔1983〕4 号文通知,成立青年综合服务公司,为经济实体,经济性质为大集体企业。经营范围:食杂商店、饭店、冰果店、招待所。从业人员30人。实行独立核算、自负盈亏。12月16日,启用"辽宁省葠窝水库青年综合服务公司"印章。原经营科所属商店、机修厂及办公室所属招待所划归服务公司统一管理。

1983年12月,辽宁省葠窝水库管理处内部科室调整为保卫科、办公室、工程科、水情水文科、经营科、器材科、技术科和汽车队,并下设处直属汽车队、财务组、劳资安全组、政工科和工会等机构。

二、葠窝水库管理局

1984年9月1日,辽宁省葠窝水库管理局以辽葠水管局字〔1984〕第2号文,根据省政府辽政函〔1984〕16号文件原水管处和发电厂合并。9月4日,辽宁省葠窝水库管理局设置以下机构:总工程师室、工程管理科、经营管理科、供应科、发电厂、基建工程队、行政办公室、党办、保卫科、劳动服务公司、工会和团委。

1984年12月20日,辽宁省水利电力厅以辽水电经营字〔1984〕第253号文通知,成立辽宁省葠窝水库综合经营公司。

1985年3月18日,辽宁省葠窝水库管理局成立劳资人事科和动力队。

1986年2月22日,辽宁省葠窝水库管理局成立大修厂和煤矿。

1986年2月28日,辽宁省葠窝水库管理局以辽葠水管局办字〔1986〕第6号文通知,成立辽宁省葠窝水库加固工程办公室(第一次加固)。

1987年10月18日,辽宁省编制委员会以辽编发〔1987〕133号文《关于省大伙房水库管理局等单位内部机构人员编制的批复》,葠窝水库管理局内部机构设11个科室:党委办公室、总工办公室、行政办公室、人事劳资科、工程管理科、电厂、综合经营科、水情调度处、计划财务科、供水管理科、物资供应科。

1987年12月5日,辽宁省葠窝水库管理局成立水情科、计财科和碳素厂。

1988年10月10日,辽宁省葠窝水库管理局成立行政科。

1992年3月4日,辽宁省葠窝水库管理局以辽葠水字〔1992〕第3号文通知,组建水政科。

1992年5月25日,辽宁省葠窝水库管理局以辽葠水水政字〔1992〕23号文通知,成立辽宁省葠窝水库管理局驻本溪地区管理站。撤销原辽宁省葠窝水库管理局驻本溪林家地区管理站。

1993年2月13日,辽宁省葠窝水库管理局以辽葠水局字〔1993〕第13号文决定,成立计划科。

1993年3月26日,辽宁省葠窝水库管理局以辽葠水局字〔1993〕第27号文决定,成立辽阳气动液压机械设计研究所。

1993年4月26日,辽宁省水产局以辽水产政字〔1993〕55号文批复,成立葠窝水库渔政管理站。

1993年6月26日,中共辽宁省葠窝水库管理局委员会以辽葠水党委字〔1993〕第8号文通知,成立离退休办公室。

1993年5月11日,辽宁省供水局以辽供水产字〔1993〕15号文批复,成立辽宁省葠窝水库旅游公司。1993年8月6日,中共辽宁省葠窝水库管理局委员会以辽葠水党办字〔1993〕第9号文决定,农场定为科级单位。

1994年5月10日,辽阳市弓长岭区人民武装部以辽弓武字〔1994〕第4号文同意,组建葠窝水库管理局人民武装部。

1995年6月5日,辽阳市计划委员会以辽市计发〔1995〕82号文批准,成立辽宁省葠窝水库管理局经贸公司。

1995年8月4日,辽宁省葠窝水库管理局以辽葠水局字〔1995〕第27号文通知,成立葠窝水库管理局经贸中心。

1995年9月20日,辽宁省葠窝水库管理局以辽葠水局字〔1995〕第34号文通知,成立葠窝水库渔政管理站。

1996年12月23日,水库管理局为打开"三业并举、两地开发"局面,购买中房宾馆并成立衍水宾馆管理机构。

1998年2月20日,辽宁省葠窝水库管理局以辽葠水党字〔1998〕第4号文通知,成立政策研究与综合经营办公室。

1999年12月1日,辽宁省葠窝水库管理局以辽葠水局字〔1999〕第18号文通知,成立辽宁省葠窝水库除险加固工程办公室(第二次加固);2001年8月27日,调整葠窝水库除险加固工程办公室组织机构(辽葠水字〔2001〕30号);2002年12月10日,水库除险加固工程办公室人员调整(辽葠水局字〔2002〕37号)。

2004年2月27日,辽宁省葠窝水库管理局经营公司更名为大坝工程公司。

2004年6月7日,辽宁省葠窝水库管理局以辽葠水局字〔2004〕15号文通知,成立葠窝水库河道整治工程建设管理办公室。

2004年7月1日,辽宁省葠窝水库管理局以辽葠水局字〔2004〕20号文通知,成立葠窝水库供水计量监察科。

2006年2月14日,辽宁省葠窝水库管理局成立葠窝水库计算机网络管理中心,负责全局计算机维护和网络管理业务。

2007年6月26日,辽宁省葠窝水库管理局以辽葠水局字〔2007〕11号文通知,成立辽宁省葠窝水库金属结构改造工程办公室。

2007年4月20日,辽宁省葠窝水库管理局以辽葠水局字〔2007〕7号文通知,成立库区管理科,库区管理科隶属供水水政处。

2007年12月19日,辽宁省葠窝水库管理局以辽葠水局字〔2007〕27号文通知,成立局水政处,原供水水政处更名为供水处。

2009年3月18日,辽宁省葠窝水库管理局以辽葠水局字〔2009〕9号文通知,增设经营开发处。

截至2010年年底,水库管理局设置局办公室、党群工作部、工程技术处、水情调度处、计划财务处、人事劳资处、供水处、供水水政处、保卫处、经营开发处、机关服务中心、大坝工程公司、水电公司、离退休办公室、旅游公司、衍水宾馆、渔场筹建处17个科室。

科室设置及历任中层干部任职情况见表3-1-3。

表 3-1-3　葭窝水库科室设置及历任正职(责任人)任职一览表(2010 年 12 月)

<table>
<tr><th>部门名称</th><th>姓名</th><th>正职(责任人)</th><th>任职时间</th><th>曾任副科</th><th>科室职责</th><th>曾设机构及任职</th></tr>
<tr><td rowspan="14">局办公室</td><td>任景华</td><td>主任</td><td>1984.09～1985.03</td><td rowspan="14">刘沛光
贾锐臣
陈书香
关忠阳
朱明义
郑伟
谷凤静
刘海涛
师晓东
汪慧颖</td><td rowspan="14">协助局领导组织协调日常工作；承办大型会议及各种行政会议的组织协调工作；负责对外接待及车辆的管理调配；负责全局文秘、政务信息、政务公开、督办、保密、机要通信、信访、档案(文书、财务、技术)和大事记的编撰工作；负责机关内部规章制度建设；承担协调突发公共事件的应急工作</td><td rowspan="19">1. 行政科：王庆斌、李生鹏曾任科长；郑伟、陈书香、郑永选、胡伟胜曾任副科长。

2. 供应科：赵玉玺、王飞曾任科长；王善君、王飞曾任副科长。

3. 农场：屈庆允曾任副厂长，主持工作；胡伟胜、崔加强曾任副厂长。

4. 政工科：杜平曾任科长；吴庆才、宋士显曾任副科长。

5. 经贸中心：王善君曾任主任。</td></tr>
<tr><td>吴庆才</td><td>主任</td><td>1985.03～1987.03</td></tr>
<tr><td>贾锐臣</td><td>主任</td><td>1987.03～1988.10</td></tr>
<tr><td>朱明义</td><td>副主任</td><td>1987.12～1992.03</td></tr>
<tr><td rowspan="2">郑伟</td><td>副主任</td><td>1992.03～1994.02</td></tr>
<tr><td>主任</td><td>1994.02～1996.03</td></tr>
<tr><td>王庆斌</td><td>主任</td><td>1996.03～1999.03</td></tr>
<tr><td>谷凤静</td><td>主任</td><td>1999.03～2002.05</td></tr>
<tr><td rowspan="3">刘海涛</td><td>主任助理</td><td>2002.05～2003.03</td></tr>
<tr><td>副主任</td><td>2003.03～2004.02</td></tr>
<tr><td>主任</td><td>2004.02～2006.02</td></tr>
<tr><td rowspan="2">师晓东</td><td>副主任</td><td>2006.02～2006.06</td></tr>
<tr><td>主任</td><td>2006.06～2010.04</td></tr>
<tr><td>尚尔君</td><td>主任</td><td>2010.04～</td></tr>
<tr><td rowspan="5">党群工作部</td><td>陈广符</td><td>主任</td><td>1984.09～1987.03</td><td rowspan="5">艾宏佳
韩兆林
朱明义
吴殿洲
尚尔君
黄剑
凌贵珍</td><td rowspan="5">协助党委领导组织协调日常工作；承办各种党务会议、组织理论学习、支部书记培训、党员队伍建设；党费收缴、党员组织关系转移及发展党员工作；负责纪检监察、工会、共青团及人民武装工作；负责扶贫帮困、遗属、计划生育工作；负责中层干部的年度考核及日常培训</td></tr>
<tr><td>吴庆才</td><td>主任</td><td>1987.12～1994.02</td></tr>
<tr><td>朱明义</td><td>主任</td><td>1994.02～2005.02</td></tr>
<tr><td>尚尔君</td><td>部长</td><td>2005.02～2010.04</td></tr>
<tr><td>黄剑</td><td>部长</td><td>2010.04～2010.11</td></tr>
</table>

续表 3-1-3

部门名称	姓名	正职(责任人)	任职时间	曾任副科	科室职责	曾设机构及任职
工程技术处	吴宝书	科长	1984.09~1987.03	任景华 耿焰 张文权 吴庆才 顾纯敏 贾福元 孙宝玉 岳峰 周文祥 王淑敏	负责枢纽工程的技术工作及其他零星工程的设计、质检、验收,保证大坝的安全运行;参与编制工程管理规划、工程岁维修计划;负责工程概预算编制及审查;参与工程除险加固、更新改造等项目立项的申报和实施及施工管理;参与汛前准备、汛期抢险及水毁修复;参与隐患、事故的调查处理并进行技术分析;参与工程管理的科研开发与新技术的应用	6. 辽阳气动液压机械设计研究所:沈国舜、李庆贺曾任所长;关显龙、黄柱台曾任所长、副所长。
	贾福元	副科长	1987.03~1987.12			
	陈广符	科长	1987.12~1994.02			
	李道庆	科长	1994.02~2002.05			
		科长(兼)	2002.05~2004.02			
	岳峰	科长	2004.02~2010.07			
	周文祥	部长	2010.11~			
水情调度处	顾纯敏	副科长	1987.12~1991.02	苏再清 顾纯敏 贾福元 孙百满 李道庆 李祥飞 尚尔君 白子岩 姜国忠	按上级指令做好防洪调度;负责编制水库防洪运用方案及应急预案;负责水量平衡计算、水文观测、工农业及发电供水调度;负责水文预报、防汛值班、信息收集及报汛、水质监测;负责水情测报自动化系统、局域网、远程视频的安装及运行管理	7. 渔政管理站:贾福元曾兼站长;崔加强曾任副站长。 8. 劳动服务公司:夏绍政、石振友、彭德生曾任经理;夏绍政、董德禄、周丽斌、张维曾任副经理。
		科长	1991.02~1992.03			
	李道庆	副科长	1992.03~1994.02			
	李祥飞	副科长	1994.02~1998.02			
		科长	1998.02~2006.02			
	白子岩	副科长	2006.02~2006.06			
		处长	2006.06~			
计划财务处(以财务科和计划财务科为主线)	祝恩玉	副科长	1987.12~1988.10	王素华 刘志凯 慕兵 张晓梅 田洪静	负责编制中长期发展规划、年度计划、年度财务收支计划;负责资金和国有资产的监管;负责项目建议书、可行性研究报告、初步设计的审查和报批;协助局长拟定合同、协议;负责财务日常管理、结算业务和资金周转;负责会计档案及各种财产保险;负责工商执照及税务登记的年检;负责监管局二级法人单位及内部审计	9. 基建工程队:张文权、关忠阳曾任副队长
	刘志凯	副科长	1987.12~1992.10			
	贾福元	科长	1991.02~1991.11			
	刘志凯	副科长(1993.03 兼副总会计师)	1991.11~1996.07			
	慕兵	副科长	1996.07~1997.03			
		科长	1997.03~2010.07			
	张晓梅	科长	2010.11~			

续表 3-1-3

部门名称	姓名	正职(责任人)	任职时间	曾任副科	科室职责	曾设机构及任职
人事劳资处	石振友	副科长	1985.03～1989.04	石振友 崔加强 秦维利 于程一 凌贵珍 李光 朱月华	负责局机关和下属单位的机构编制及人事管理、工资、职称、职工教育、养老保险、失业保险、人事档案的管理;负责全局的人事制度改革、人员调配、招聘工作;负责全局的安全生产及水上交通安全管理;负责下属企业的劳动用工管理;负责中层干部的届期竞聘和任期内调整;负责职工的年度考核及劳动纪律;负责法人证书年检;负责职工劳保用品的审批	10. 审计监察科:韩兆林曾任科长(兼);王素华曾任副科长。 11. 政研经营办:王振铎曾任主任;孙百满、高丽华、王素华曾任副主任。 12. 供水计量监察科:董连鹏、张晓梅曾兼任科长。 13. 库区管理科:冯超明兼任科长;赵春林任副科长。 14. 驻本溪地区管理站:王玉华兼任站长;许兆安、冯超明曾任副站长。
	崔加强	负责人	1989.04～1991.02			
		副科长	1991.02～1994.03			
	秦维利	副科长	1993.02～1995.04			
		科长	1995.04～1999.03			
	王庆斌	部长	1999.03～2001.03			
	崔加强	副部长	2001.03～2004.02			
	于程一	副处长	2004.02～2005.02			
		处长	2005.02～2010.11			
	黄剑	处长	2010.11～			
供水处	苏再清	科长	1989.04～1994.03	孙建华 朱玉玲	负责制定年度供水计划、工农业用水计量工作;负责与用水户签订用水协议;负责新用水户的普查和开发工作;负责按照用水协议收缴水费和库区用水收费工作等	
	孙建华	副科长(至1995.04兼团委副书记)	1993.10～1996.03			
供水水政处	孙建华	处长	1996.03～2004.06	朱玉玲 董连鹏 冯超明		
	孙建华	处长(兼)	2004.06～2006.02			
	王飞	处长	2006.02～2007.12			
供水处	王飞	处长	2007.12～	董连鹏	负责制定年度供水计划、工农业用水计量工作;负责与用水户签订用水协议;负责新用水户的普查和开发工作;负责按照用水协议收缴水费和库区用水收费工作等	

续表 3-1-3

部门名称	姓名	正职(责任人)	任职时间	曾任副科	科室职责	曾设机构及任职
水政处	王玉华	主任(兼)	1992.03～1996.03	任景华 陈广符(兼) 苏再清 李光 李德晋	负责库区的水政监察,查处各类水事案件,协调库区的水事纠纷;负责土地的确权划界工作;负责库区补偿费的收缴工作;负责库区的清淤工作;负责《中华人民共和国水法》的宣传和普法工作等	15. 生技科:耿焰、贾福元、袁世茂曾任科长;袁世茂、彭凯忠、王远迪曾任副科长。
	任景华	副主任	1992.03～1996.03			
	冯超明	副处长	2007.12～2010.04			
	时劲峰	处长	2010.04～			
保卫处	何跃生	科长	1984.09～1987.03	赵芳林 孙泽增 李生鹏 李永敏 赵立伏 吴殿洲	负责全局的安全保卫和消防,维护水库的正常生产、生活和工作秩序;负责全局综合治理和普法工作;负责协助当地公安机关对辖区内刑事案件的侦破和重大灾害事故的现场保护	16. 总工办:耿焰、李民春、王远迪曾任主任;李民春、吴廼田、张文权、刘志杰曾任副主任。
	李生鹏	副科长	1987.03～1991.02			
	宋庆利	派出所所长(兼)	1988.07～1993.05			
	李生鹏	科长	1991.02～1998.02			
	李永敏	副科长	1998.02～2001.03			
	赵立伏	处长	2001.03～2010.04			
	李永敏	处长	2010.04～			17. 计划科:王远迪曾任副科长。
经营开发处	郑伟	处长(兼)	2009.03～	褚乃夫	负责开发项目规划、调研、立项、实施及管理;负责出租房屋的监管、闲置房地产的盘活;负责招商引资和镁碳公司的管理	
机关服务中心	王飞	主任	1998.02～2006.02	屈庆允 高丽华 刘坤	负责全局的后勤及固定资产管理;负责局房产的维修、养护;负责辽葠两地办公区和生活区的环境卫生、用水、用电、供暖及库区的植树造林;负责葠窝职工食堂的管理;负责职工福利及劳保的发放;负责职工医疗保险工作	18. 经营管理科:魏永文曾任科长;吴廼田、石振友、祝恩玉曾任副科长。
	胡伟胜	主任	2006.02～			

续表 3-1-3

部门名称	姓名	正职(责任人)	任职时间	曾任副科	科室职责	曾设机构及任职
离退休办公室	衣明和	主任	1993.04～1994.12	崔加强 应宝荣 贾文志 金福强	负责离退人员的日常管理和服务;组织离退人员参加有关会议;负责离退人员的联系、走访、住院探望、节日慰问及丧事处理;负责精简下放人员管理;负责老干部活动室的建设和管理	19.动力队:赵玉玺任队长;彭凯忠任副队长。
	郑永选	主任	1994.12～2004.02			
	胡伟胜	主任	2004.02～2006.02			
	应宝荣	副主任	2006.02～2010.04			
		主任	2006.06～			
水电公司	张明山	厂长	1984.09～1987.12	刘志杰 王忠林 张明山 陈杰新 付会成 赵生久 李光 王爱文 崔永生 李海军 张元增 谷凤喆	负责实施电力生产管理和设备维护;负责电费的收缴;负责公司的安全生产;负责国有资产管理;负责公司职工的日常管理和培训教育;完成局和董事会交办的临时性工作	20.大修厂:赵德丰任副厂长。 21.煤矿:陈书香任副科长主持工作;孙泽增任副科长。
	赵玉玺	厂长	1987.12～1991.02			
	张明山	副厂长	1991.02～1992.03			
	刘志杰	副厂长	1992.03～1994.02			
	陈广符	厂长	1994.02～1996.12			
	王爱文	厂长	1997.03～2010.05			
	吴登科	经理	2010.05～			
大坝公司	宋庆利	处长(兼)	1988.10～1991.02	孙百满 王振铎 李振发 屈庆允 关显龙 吴安和 孔令柱 叶书华 时劲峰 胡孝军 李奎涛	负责坝上机电设备的维修和养护,确保主体工程安全运行;负责工程的日常监测、巡检及监测结果的定性分析;按照调度指令做好春灌放水和安全防汛;负责承担坝上用电管理、冬季吹冰、廊道排水;负责局内岁修工程和新建工程的施工;对外承揽测量、土建、水利及防渗工程	22.碳素厂:彭德生任副厂长。 23.葰窝水库除险加固工程办公室(一次加固):苏文华、袁世茂曾任主任;刘少文、吴廼田、彭凯忠任副主任。
	赵玉玺	处长	1991.02～1992.03			
	贾锐臣	处长	1992.03～1994.02			
	李振发	副处长	1994.02～1997.03			
		处长	1997.03～2001.03			
	吴安和	处长	2001.03～2002.12			
	孔令柱	副处长	2003.01～2004.02			
	孔令柱	处长	2004.02～2010.04			
	孙忠文	处长	2010.04～			

续表 3-1-3

部门名称	姓名	正职(责任人)	任职时间	曾任副科	科室职责	曾设机构及任职
衍水宾馆	郑伟	总经理	1996.12～2003.03	孙百满 富丽英 赵立伏 李永敏 马素坤 赵立英	负责宾馆的日常经营和管理;负责宾馆的安全生产;协助局里做好辽阳办公楼的消防和安全保卫;负责做好辽阳职工的工作餐并保证质量;协助局里做好内部接待就餐工作	24. 葠窝水库除险加固工程办公室(二次加固):王玉华、贾福元曾任主任;陈广符、王远迪、李道庆任副主任。
	富丽英	总经理(副科级)	2003.03～2004.02			
		总经理	2004.02～2006.02			
	刘海涛	总经理	2006.02～			
旅游公司	董德禄	经理(副科级)	1993.05～1994.02	董德禄 赵立伏 胡伟胜 孙延芬 顾晓东	负责旅游资源的合理开发和利用,逐步发展旅游经济;负责管理旅游门票、游船、坝上酒店和木屋;负责公司的安全生产工作	25. 葠窝水库河道整治工程建设管理办公室:王远迪曾任主任;岳峰任副主任。
	夏绍政	经理	1994.02～1999.03			
	董德禄	经理(副科级)	1999.03～2002.03			
	胡伟胜	经理	2002.03～2003.03			
	郑伟	主任(兼)	2003.03～2007.12			
	顾晓东	经理(副科级)	2007.12～2009.03			
		经理	2009.03～2010.04			
	冯超明	经理	2010.04～			
渔场筹建处	顾晓东	经理	2010.04～	赵春林	负责渔业开发和渔政站日常管理;研究制定渔业发展规划,制定保护和合理开发渔业资源措施,保护渔业水域生态环境;负责库区资源保护、钓鱼票的出售和垂钓人员的管理	26. 葠窝水库金属结构改造工程办公室:李道庆曾任主任;孔令柱任副主任

注:1. 水库历年中层干部任职文号见《文件附录1:葠窝水库历年中层干部任职文件文号及详细内容》。

2. 此表干部任职情况源自于档案记载(1986 年、1988 年两次任职和部分科室设立时间,来源于退休职工刘洪庄与任景华工作记录)。虽全面真实,但不作为个人晋升职务及工资薪级调整的依据凭证,只作为历史参考和查证。

第三节　临时工作机构

水库管理局历年临时工作机构设置情况见表3-1-4。

表3-1-4　葠窝水库管理局历年临时工作机构设置一览表

设置时间		机构名称	备注
1984年	11月19日	安全委员会	1991年、1992年、1995年、1996年、1999年、2001年、2002年、2005年、2007年、2010年对局安委会成员调整10次
1987年	6月2日	职称改革工作领导小组	1997年、1999年、2001年、2002年对局职改领导小组成员调整4次
1988年	8月	档案鉴定委员会	1992年、1995年、2010年对局档案鉴定委员会成员调整3次
1989年	7月4日	工人技术考核委员会	
1990年	4月13日	突发案件预备领导小组	2010年调整组织机构
	5月29日	分(调)房委员会	
1991年	4月24日	建设职工之家	
	4月30日	交通安全领导小组	1992年调整组织机构
	6月28日	女职工工作委员会	
	8月10日	计算机安全领导小组	
1992年	7月11日	治安综合治理委员会	下设治安综合治理办公室，1996年、2001年、2007年进行3次调整
1994年	3月24日	老干部工作委员会	1998年进行调整
	5月10日	葠窝水库管理局人民武装部	
1995年	1月24日	保密工作委员会	1997年进行第二次调整
	6月20日	省水利学会葠窝水库分会	
	8月3日	第三次工业普查领导小组	
	10月20日	税收、财务、物价大检查领导小组	
1996年	4月8日	“科教兴水”领导小组	
	4月2日	扶贫解困、领导干部联系贫困户领导小组	2007年进行调整
	8月16日	普法领导小组	
1997年	4月23日	科技成果评审与申报委员会	
1998年	4月25日	“双文明”考核领导小组成员	2001年、2007年进行两次调整
2000年	4月26日	信访工作领导小组	2005年、2007年进行两次调整

续表 3-1-4

设置时间		机构名称	备注
2002 年	11 月 12 日	葠窝水库住房分配货币化领导小组	
	6 月 5 日	葠窝水库管理局防汛领导小组	
	6 月 24 日	葠窝水库防洪抢险突击队	
2003 年	8 月 5 日	劳动保护监督检察委员会	
	9 月 28 日	清债工作领导小组	
	4 月 25 日	预防“非典”领导小组	
2004 年	10 月 21 日	水库管理局招工领导小组	
	12 月 20 日	葠窝、汤河水库水难救援队	
2005 年	1 月 20 日	反恐怖工作领导小组	
	5 月 12 日	计算机网络、通信安全领导小组	
2006 年	12 月 20 日	清产核资工作领导小组	
2007 年	6 月 25 日	社会治安综合治理工作领导小组	下设办公室负责处理日常工作
	11 月 27 日	扶贫帮困工作领导小组	
2008 年	8 月 6 日	增收节支工作监督检查领导小组	
2009 年	9 月 9 日	综合楼消防改造工程建设管理领导小组	

第二章　水库确权与水政监察

葠窝水库管理范围内的土地 53.8 km^2,共有 26 宗地。其中:20 宗地产权清晰、四至清楚、手续齐全,全部取得土地使用证;2 宗土地有土地批复件,没有土地使用证(坝后水域 1 宗地,微波通信 1 宗地);4 宗土地因为历史遗留问题没有确权(辽阳县境内兰河流域 1 宗地、细河流域 1 宗地,本溪市境内太子河流域 1 宗地,坝前水域 1 宗地)。

第一节　水库管理范围

水库管理面积,包括工程区,库区,生产、生活区,计 53.8 km^2。其中:工程区土地 2.90 km^2(一宗是水库大坝下游的保护区,只明确了范围),库区土地 50.70 km^2,生产、生活区土地 0.20 km^2。

第二节　库区山林管理范围

葠窝水库管理处成立后,库区内山林界线一直没有划定。1975 年 1 月 13 日,辽阳市林业局向市革命委员会提交了《关于划定汤河、葠窝水库界线的报告》(辽林字〔1975〕1 号)文件,同年 7 月 19 日,辽阳市革命委员会给予批复《关于批转市林业局〈关于划定汤河、葠窝水库界线的报告〉的通知》(辽市革发〔1975〕52 号),提出“今后有关界线以此为准”。文件中对葠窝水库库区及坝址附近山林作了如下规定:由原兰家崴子大队的西大沟通往过岭的西南小道分界,南为水库管理处所有,北为铧子林场所有;与孤家子公社范围内有关界线划定:大坝南山迎水面为水库管理处所有,由东山头向西南奔主岗,以岗脊分水为界,东南坡为集体所有,西北坡为水库管理处所有。

1976 年 4 月 13 日,辽阳市林业局向市革命委员会提交了《关于葠窝库区与孤家子公社前达子大队山林界限重新划定的请示报告》(辽林字〔1976〕13 号)文件,同年 6 月 2 日,辽阳市革命委员会给予批复《关于市林业局〈关于葠窝库区与孤家子公社前达子大队山林界限重新划定的请示报告〉的批复》(辽市革发〔1976〕36 号)文件,为解决孤家子公社前达子大队第三生产队不动迁问题,同意重新划定原山林界线:由小北沟东南岗脊分水为界,下至库区水面,上至乱石头北岗脊直交山峰,西北为国家所有,东南为集体所有。重新划定界限后,原葠窝库区与前达子大队的山林界限即行作废。

第三节　坝址以下管理范围土地征用及演变

一、土地征用情况

共征地九次，面积27 826.79亩。

1971年水库兴建至1974年水库建成运行。根据1972年6月27日的《本溪市立新区东风公社革委会动迁办公室报告》、《辽阳市革命委员会葠窝水库移民安置办公室关于葠窝水库移民安置工作的总结报告》(辽市革农字〔1973〕第7号)概述，共征用辽阳市3个公社的19个生产大队土地21 909亩，含民房6 383间，动迁13 058人；征用本溪市1个公社的2个大队土地1 273.5亩，含民房227间，动迁553人。

1985年，水库管理局搞多种经营，辽阳市计划委员会给予批复《关于建立"辽阳振兴综合修配厂"的批复》(辽市计发〔1985〕141号)，同意葠窝水库《关于申批"辽阳振兴综合修配厂"的报告》(辽葠水经字〔1985〕第37号)，转让8.24亩土地。

1986年，辽阳市弓长岭区土地管理委员会给予批复《征用土地批复》，对葠窝水库1959年到1961年兴建水库遗留征地的意见是"按双方协议办理"。补办征用南沙村8宗土地手续，计3 940.15亩。

1989年，葠窝水库改建汽油库，辽阳市弓长岭区人民政府给予批复《征用土地批复》(辽弓政地字〔1989〕14号)，同意征用安平乡北沙村土地4.8亩。

辽阳市弓长岭区人民政府给予批复《征用土地批复》(辽弓政土字〔1989〕127号)，批准葠窝水库关于《南沙商店占地补办手续》。占用弓长岭区安平街道南沙委土地2.49亩。

根据辽阳市人民政府《土地登记审批表》，辽阳市土地管理局同意。补办1974～1979年葠窝发电厂征占弓长岭区安平乡北沙村土地146.72亩，用于住宅、碳素厂、碳化硅厂的建设。

1992年，辽阳市人民政府给予批复(辽市政土字〔1992〕87号)，同意葠窝水库补办征用安平乡南、北沙村非耕地538.05亩，用于护坝防护林建设。

1993年，辽阳市弓长岭区人民政府给予批复《征用土地批复》(辽弓政土字〔1993〕17号)，批准葠窝水库《补办生活水井用地的申请》(辽葠水局字〔1993〕第48号)，同意征用辽阳市弓长岭区安平街道南沙委土地0.6亩，用于生活用地(水泵房)的建设。

1994年，葠窝水库为美化库区建造风景亭。辽阳市弓长岭区人民政府给予批复《征用土地批复》(辽弓政土字〔1994〕10号)，同意葠窝水库《建风景亭征用土地的请示》，征用弓长岭区安平街道北沙村土地0.45亩。

辽阳市弓长岭区人民政府给予批复《关于确定葠窝水库坝下管护范围的批复》(辽弓政发〔1994〕44号)，确定从大坝背水坡脚向下游垂直方向，距坡角1 365 m，即至葠窝水库大桥桥墩下背水面50 m止，横向边界为最高洪水位72 m至70 m高程为葠窝水库坝下安全管理和保护范围。

辽阳市弓长岭区人民政府给予批复《征用土地批复》(辽弓政土字〔1994〕9号)，同意葠窝水库《补办邮局、粮站用地的申请》。占用弓长岭区安平街道南沙委土地0.69亩。

1995年,葠窝水库为建立防汛微波通信网站。辽阳市弓长岭区人民政府给予批复《征用土地批复》(辽弓政土字(1995)14号),同意征占贾彬村、南沙村山林地2.04亩。

2002年,葠窝水库建立微波中继站。辽阳市弓长岭区发展计划局给予批复《关于征用"321"山土地的批复》(辽弓计发〔2002〕第43号),同意葠窝水库征用"321"山0.06亩土地。

二、土地演变情况

北沙住宅、碳素厂、碳化硅厂(1#宗地):自1971年开始,发电厂主厂房同大坝主体工程同时施工;1974年4月18日,辽建二团将电厂主厂房交付给电厂,将施工占地居住时仅有的10栋破旧油毡纸房(占地2 200 m^2)按每平方米3元的折价价格卖给发电厂;其后发电厂为修建办公室、仓库、车库、宿舍、修配厂、卫生所、托儿所等附属设施,又陆续占用北沙大队土地146.72亩;1979年,双方依据辽革发〔1977〕140号文件精神达成协议,葠窝发电厂一次性给辽阳市首山区安平公社北沙大队三年产值补偿费(1979~1981年),计49 434.46元。1989年12月5日,由辽阳市弓长岭区土地管理局审批同意发证。

机关办公楼、住宅、生活区、农场等(2#、3#、4#、5#、6#、7#、10#、11#宗地):葠窝水库在1959~1961年兴建过程中,曾占用南沙村土地,工程下马后,部分土地退还给农民耕种,部分土地作为生活区或物资仓库继续被占用,直至1970年水库工程再次上马兴建,占用安平公社南沙大队土地60亩,当时未办理征地手续;1986年4月8日,葠窝水库与安平乡南沙村民委员会达成协议,一次性补偿土地征用费7万元,共征用8宗地,计3 837.06亩。1993年8月27日,由辽阳市弓长岭区土地管理局审批同意发证。

水泵房(8#宗地):葠窝水库于1970年占用南沙清水沟荒地,作为生活水井用地,一直遗留没有解决,1993年8月19日经弓长岭区土地局、南沙村、水库管理局协商,本着尊重历史事实的原则,补办0.6亩生活水井用地手续,缴纳土地赔偿费360.00元;1993年9月1日,由辽阳市弓长岭区土地管理局审批发证。

坝后林地(9#宗地):为1972年占地用的林地,依据辽阳市革命委员会《关于批转市林业局〈关于划定汤河、葠窝水库界线的报告〉的通知》(辽市革发〔1975〕52号)文件精神,属于政府批准,但由于划界不清楚,一直存在着争议;1988年12月19日,葠窝水库管理局向辽阳市弓长岭区土地管理委员会递交土地登记申请书,申请征用辽阳市弓长岭区安平街道南沙委土地538.05亩,用于林地建设,但未得到批复;1992年1月25日,经弓长岭区土地局、林业局、安平乡政府、南沙村、水库管理局多次协商,达成协议,同意本着尊重历史事实的原则,补办征拨538.05亩林地手续,土地赔偿费150 112.00元,交给当地人民政府,待手续清楚,发证后一次结清;1992年3月30日,葠窝水库再次向弓长岭区人民政府递交《关于补办护坝防护林地的申请》(辽葠水水政字〔1992〕第22号);1992年8月31日,弓长岭区人民政府向辽阳市人民政府递交《关于葠窝水库管理局占用南沙村林地补办征地手续的请示》(辽弓土申发〔1992〕2号);1992年11月25日,辽阳市人民政府给予批复(辽市政土字〔1992〕87号),同意葠窝水库补办征用安平乡南、北沙村非耕地538.05亩,用于大堤维护,接到土地批复后,由县土地局组织现场划拨,埋桩定界;1993年

8 月 25 日,经辽阳市弓长岭区土地管理局审批发证。

油库(12#宗地):葠窝水库原油库建设在南沙村居民区,由于不符合辽阳市公安局安全条例要求,1988 年 10 月 31 日,葠窝水库管理局向弓长岭区土地管理办公室提出用地申请,1989 年 7 月 7 日,辽阳市弓长岭区人民政府批准葠窝水库占用弓长岭区安平乡北沙村土地 4.80 亩荒山改建油库(辽弓政地字〔1989〕14 号),1995 年 4 月 6 日,辽阳市弓长岭区土地管理局同意发证。

风景亭(13#宗地):1994 年,葠窝水库为美化库区建造风景亭,征用弓长岭区安平街道北沙土地 0.45 亩。葠窝水库与弓长岭区土地局签订《征(拨、占)地费用包干协议书》,付给乙方征(拨、占)地费用 866.00 元;1995 年 4 月 20 日,由辽阳市弓长岭区土地管理局审批发证。

坝后管护用地(14#宗地):1994 年 8 月 15 日,葠窝水库根据中华人民共和国国务院令第 77 号《水库大坝安全管理条例》的规定,向辽阳市弓长岭区人民政府递交《关于确定葠窝水库坝下管护范围的请示》(辽葠水水政字〔1994〕第 54 号);1994 年 12 月 19 日,辽阳市弓长岭区人民政府给予批复(《关于确定葠窝水库坝下管护范围的批复》(辽弓政发〔1994〕44 号),确定从大坝背水坡脚向下游垂直方向,距坡角 1 365 m,即至葠窝水库大桥桥墩下背水面 50 m 止,横向边界为最高洪水位 72 m 至 70 m 高程为葠窝水库坝下安全管理和保护范围。

南沙商店(15#宗地):南沙商店是葠窝水库建库时,政府为水库提供的服务部门,葠窝水库向辽阳市弓长岭区人民政府提出南沙商店占地补办手续的申请后,1989 年 12 月 5 日,辽阳市弓长岭区人民政府同意补办南沙商店占用弓长岭区安平街南沙委 2.49 亩土地的用地批复(辽弓政土字〔1989〕127 号)。1993 年 12 月 15 日,由辽阳市弓长岭区土地管理局审批发证。

邮局、粮站(16#宗地):邮局、粮站是葠窝水库建库时,政府为水库提供的服务部门,故政府将其划归水库所有;1994 年 4 月 14 日,葠窝水库管理局向征用地部门及上级管理部门提出申请,要求补办征占邮局、粮站土地手续,占用弓长岭区安平街道南沙委土地 0.69 亩;1995 年 4 月 6 日,由辽阳市弓长岭区土地管理局审批发证。

辽阳振兴综合修配厂(18#宗地):1985 年,葠窝水库为搞多种经营,同中国人民保险公司辽阳支公司达成协议,将其所属辽阳保险车辆修配厂的固定资产(包括已征用的土地)、低值易耗及库存材料等,有价转给葠窝水库管理局综合经营公司;同时辽阳市计划委员会根据水库的申请,批准水库在第二修理车间的基础上,建立"辽阳振兴综合修配厂";在此基础上,1988 年 12 月 6 日,葠窝水库向辽阳市土地管理委员会提出用地申请,征用土地 8.25 亩;1999 年 11 月 4 日,宏伟区人民政府颁发土地证。

防汛微波通信站(20#宗地):1995 年 6 月 28 日,葠窝水库管理局根据工程需要,向辽阳市弓长岭区土地局递交《关于建立太子河流域防汛微波通信网用地申请》(辽葠水水政字〔1995〕第 21 号),申请征用弓长岭区安平乡贾彬村、南沙村荒山 2.04 亩;1995 年 8 月 21 日,辽阳市弓长岭区人民政府给予批复(辽弓政土字〔1995〕14 号),同意占地;1995 年 11 月 9 日,由辽阳市弓长岭区土地管理局审批发证。

微波中继站(21#宗地):2002 年 4 月 18 日,辽宁省水利厅根据水利部松辽委员会《关于辽宁省葠窝水库除险加固工程初步设计报告的批复》(松辽规计〔1999〕52号)及《关于辽宁省葠窝水库除险加固工程补充初步设计报告的批复》(松辽规计〔2001〕112)文件精神,需要在321山征用0.06亩土地,用于建立微波中继站(塔),由葠窝水库管理局向当地政府提出用地申请;2002年4月25日,辽阳市弓长岭区发展计划局给予批复《关于征用"321"山土地的批复》(辽弓计发〔2002〕第43号),同意葠窝水库管理局征用"321"山0.06亩土地,用于建立微波中继站。

灯塔市水域用地(22#宗地):为建库时葠窝水库征用土地,1999年9月30日,灯塔市土地管理局进行确权发证。

第四节　土地证取得情况

水库保护和管理范围内有各种土地共26宗。

(1)20宗地取得土地使用证。

库区土地1宗,工程区土地5宗,生产、生活区土地14宗。产权清晰、四至清楚、手续齐全,全部取得土地使用证。

(2)2宗地有土地批复件,没有土地使用证。

工程区土地1宗,生产、生活区土地1宗。

(3)4宗地没有确权。

辽阳县境内兰河、细河流域2宗地(23.30 km^2),本溪市境内太子河流域1宗地(4.35 km^2),坝前水域1宗地(4 km^2)。

第五节　水库库区土地确权各宗土地汇总

葠窝水库库区土地确权明细表见表3-2-1。

表3-2-1　葠窝水库库区土地确权明细表

宗地号	宗地用途	宗地面积(亩)	四至范围	确权时间	土地证号	备注
1#	住宅 碳素厂 碳化硅厂	146.72	东 围墙外山洪沟 南 公路 西 住宅区外小路中 北 山腰人行路,路中以外均为北沙村荒山	辽阳市 首山区农业局 1979.09.22	国用 〔1989〕字第 105300482号	
2#	机关 住宅	103.08	东 以山脊分水为界 南 以住宅区边廓至山脊铁塔 西 以冲水沟为界,界外均为南沙村荒山居民点 北 以冲水沟为界与公路北宗地相接	辽阳市 弓长岭区 土地办公室 1986.04.16	国用 〔1993〕字第 105300638号	

续表 3-2-1

宗地号	宗地用途	宗地面积(亩)	四至范围	确权时间	土地证号	备注
3#	机关(葠窝办公楼)	3.11	四周围栏和围墙封闭 东 邻商店 南 抵公路边 西 以墙外 1 m 为界与村民住宅相接 北 墙外为荒山,并有铁塔建在山坡上	辽阳市弓长岭区土地办公室 1986.04.08	国用〔1993〕字第 105300639 号	
4#	库房(南沙岭下)	16.81	东 住房外小路中 南 围墙外 西 围墙外 北 至公路边和山洪沟为界	辽阳市弓长岭区土地办公室 1986.07.16	国用〔1993〕字第 105300640 号	
5#	生活区(南沙岭下)	5.85	东 住房外 5 m 斜线到水沟 南 公路边 西 房外 5 m 路边 北 住房后 2 m 以外北东为南沙村南西路	辽阳市弓长岭区土地办公室 1986.07.16	国用〔1993〕字第 105300641 号	
6#	机关(508)	0.15	只有机房一座无围栏 后左右各 2 m、前 4 m 为界 以外是南沙村荒山 路宽 5 m、长 270 m 通局内	辽阳市弓长岭区土地办公室 1986.07.16	国用〔1993〕字第 105300642 号	
7#	变电所(南沙)	2.74	四墙封闭以外墙为界 四周为南沙村耕地	辽阳市弓长岭区土地办公室 1986.07.16	国用〔1993〕字第 105300643 号	
8#	生活用地(水泵房)	0.60	只有水泵房一座无围栏 东 至清水沟 房前 6 m、左右各 2 m 为界 以外均为南沙村荒山	辽阳市弓长岭区土地局 1993.08.31	国用〔1993〕字第 105300644 号	
9#	林地(坝后河两岸)	538.05	东 坝轴线为水库水面和绿化山林 南 与南沙村以上山小路为界 西 与北沙村以上山小路为界 北 与北沙村与分水为界	辽阳市人民政府 1992.11.25	国用〔1993〕字第 105300645 号	

续表 3-2-1

宗地号	宗地用途	宗地面积(亩)	四至范围	确权时间	土地证号	备注
10#	绿化林地(坝前)	1 842.14	北东 与库水面相接 南 以分水岭为界南侧归辽阳县 西 至大坝端至主岗一线为界	国务院 省革委会 1975.07.19	国用〔1993〕字第105300646号	
11#	绿化山林与农场(坝前)	1 966.27	东南 库水面 北 库水面山地边界以分水岭为界 西 为北沙村	国务院 省革委会 1970.11.16	国用〔1993〕字第105300647号	
12#	油库	4.8	东 葠窝水库9#地 南 北沙山林 西 北沙山林 北 公路	辽阳市 弓长岭区 人民政府 1989.07.07	国用〔1995〕字第105300661号	
13#	风景亭	0.45	东 北沙村荒地 南 水库9#宗地 西 北沙村荒地 北 北沙村荒地	辽阳市 弓长岭区 人民政府 1994.11.18	国用〔1995〕字第105300663号	
14#	商店	2.49	东 围墙 南 公路 西 围墙 北 围墙	辽阳市 弓长岭区 人民政府 1989.12.05	国用〔1993〕字第105300316号	
15#	邮局粮站	0.69	东 墙壁外1 m 南 墙壁外东南7.20 m、西南6.00 m 西 墙壁外1 m 北 墙壁外3.80 m	辽阳市 弓长岭区 人民政府 1994.11.18	国用〔1995〕字第105300662号	
16#	办公楼(辽阳)	11.02			国用〔1999〕字第10305429号	
17#	工业用地(四里庄)	8.24	东 宏伟区曙光乡四里庄村 南 宏伟区曙光乡四里庄村 西 辽兰公路 北 村路	辽阳市计划委员会 辽市计发〔1985〕141号	辽宏国用〔1999〕字第103500005号	

续表 3-2-1

宗地号	宗地用途	宗地面积(亩)	四至范围	确权时间	土地证号	备注
18#	城镇混合住宅用地(网点)	0.29	东 邻道路 南 小区住宅 西 小路 北 邻道路	辽阳市白塔区国土资源局	辽白土〔2004〕第101802268号	
19#	微波中继站(312)	2.04	东 至荒山 南 至荒山 西 至荒山 北 至荒山	辽阳市弓长岭区发展计划局1995.08.21	国用〔1995〕第105400004号	
20#	微波中继站(321)	0.06	GPS测量记录 微波站中心点坐标 坐标点 X 0536121 坐标点 Y 4567095	辽阳市弓长岭区发展计划局2002.04.25	辽弓计发〔2002〕第43号	有批复文件没有土地使用证
21#	安全管理和保护范围(坝后)		从大坝背水坡脚向下游垂直方向,距坡角1 365 m,即至葠窝水库大桥桥墩下背水面50 m止,横向边界为最高洪水位72 m至70 m高程			有批复文件没有土地使用证
22#	水域用地(灯塔)	28 574.12		1999.09.30	灯国用〔1999〕字第2213008号	
23#	水域用地(辽阳县兰河)	27 500.56				未确权
24#	水域用地(辽阳县细河)	7 448.96				未确权
25#	水域用地(本溪市)	6 524.96				未确权
26#	坝前水域用地	5 999.97				未确权

第六节　水政监察

一、水政监察机构设立

1992 年 3 月前,水政监察工作由总工办代管;1992 年 3 月,首次成立水政科;1996 年 3 月,水政科与供水处合并称供水水政处;2007 年 4 月,成立库区管理科;2007 年 12 月,成立水政处;2011 年 6 月,成立辽宁省葠窝水库水行政执法监察大队。

二、水政监察工作职责

宣传贯彻《中华人民共和国水法》及其他有关法律、法规、规章;依法保护水库库面、水库大坝及相关水工程设施,维护水库正常的水事秩序;配合公安和司法部门对水库水事案件的查处;按照省水利厅水政监察局的规定和要求,完成业务管理工作。

三、水政监察要事

(一)水法宣传与普及

(1)每年在"世界水日"、"中国水周"宣传期间,采取发放、张贴主题宣传画,设立彩虹门、气球,张贴、悬挂横幅、标语,在辽阳电视台综合、公共收视率高的频道播放滚动字幕等多种形式,面向社会,全面宣传,增强全民的水忧患意识。

(2)组织全体职工观看《人、水、法》宣传片,开展水法律法规知识讲座,举办水法知识竞赛等活动,普及水法知识。

(3)在库区下发相关通告,明确水库管理局库区管理权,在违法违规行为频发地区设立警示标志,宣传水法律法规知识。

(二)库区管理

葠窝水库库区山脉铁矿含量丰富,1994 年随着国家允许个体企业开采矿藏的相关政策出台,库区周边采选矿企业逐年增多。库区采选矿企业在生产过程中向库区排污、排尾、弃渣,造成了水库水质污染、水土流失、库容严重淤积,周边生态环境遭到严重破坏。

2006 年以前,葠窝水库周边采选矿企业在规模、数量上都处于发展阶段。但随着库区铁矿石资源被探明,库区采选矿企业逐渐增多,针对企业向水库倒岩弃渣、排污排尾等违法违规行为一再发生,水库管理局认识到问题的严重性,安排专职人员,定期或不定期地进入库区巡视检查,并于 2005 年 10 月安排水政人员和工程管理人员对库区进行了全面巡视检查,了解每个采选矿企业的资质、手续等情况,先后对十几家有排尾、排岩的采选矿企业下发了禁止向库区排尾、排岩及禁止非法取水的通知。

2006 年以后,铁矿石价格持续走高,利益驱动影响增大,库区采选矿企业违法违规生产问题充分暴露。面对这种情况,水库管理局于 2007 年 7 月成立库区管理科,12 月将库区管理科提升为水政处,增加管理人员,专职履行库区管理职责,安排 5 名巡库人员长期驻扎在库区昼夜监管,每年拿出近 10 万元作为 5 名巡库人员的各项费用。安排了专门车辆及船只等交通工具,配置了录像机、照相机等相关设备,要求水政人员除定期巡视外,还要加强对违法违规情况的发现处理。期间,4 月 16 日向辽阳市人大、市政府递交了《关于葠窝水库库区违规开矿、选矿情况的报告》,然后在“环保世纪行”活动中,就葠窝水库库区采选矿问题作了专题报道,引起了广泛关注。5 月,水库管理局联合辽阳市国土资源局监察支队对 4 家超深度开采企业作出处罚;6 月 21 日,针对本溪北台地区的一家采石场弃渣情况,向本溪市环保局举报,并将其在辽宁省电视台“第一时间”栏目上曝光; 8 月 3 日、11 月 1 日,辽阳市人大常务副主任田长连先后两次到葠窝水库考察库区周边采选矿情况。10 月 8 日、11 月 26 日市人大就葠窝水库的问题向辽阳市政府先后致函(《关于建议市政府严厉打击葠窝水库周边采选矿企业严重违法行为的函》、《关于葠窝水库周边采选矿企业违法行为整治工作进展的情况反馈》)。11 月 1 日,辽宁省水利厅向辽阳市人民政府致函(《关于帮助解决葠窝水库库区违规采矿选矿问题的函》),请辽阳市政府从长远利益出发,继续采取有效措施,彻底解决葠窝水库库区周边违法违规采选矿问题。

2008 年,为巩固已取得成果,水库在继续加强库区监管的同时,积极配合有关市县及职能部门对库区周边的执法检查,同时积极向市政府、市人大汇报库区治理情况,对进一步解决库区问题提出整治意见。5 月 23 日,在葠窝水库召开了关于库区整顿治理的专项工作会议,市人大主任王义信、常务副主任田长连、常务副市长张洪武、副市长陈强等领导对今后葠窝水库库区治理工作作了明确的指示和安排。8 月 27 日,辽阳市政府成立铁选矿企业整顿领导小组,由辽阳市副市长陈强任领导小组组长,决定从 9 月 1 日至 11 月 15 日,按三个阶段,对全市铁选矿企业进行清理整顿。对处在葠窝水库周边的铁选矿企业的违法违规生产问题,提出明确要求:“对近两年来存在违法向水库、河流排放尾矿渣两次以上,且对直排后果不负责任(即没有清理到位)的铁选矿企业,予以停产治理,直至清理完毕恢复原状,经验收合格后,方可恢复生产”。在市人大、市政府的高度重视下,辽阳县、灯塔市及辽阳市相关职能部门也对葠窝水库库区周边采选矿企业违法违规生产问题进行了大力整治。

2009 年,水库管理局在巩固成果、消除后果、争取赔偿的基础上,进一步加强了库区监管,同时将大部分力量投入到库区出现的“三无”再选船只工作中。

2010 年,水库管理局在巩固以往治理成果的基础上,积极探索库区治理整顿的新理念、新思路、新办法,走出了一条依法治库与依靠政府支持相结合、规范企业行为与规范企业用水的新路子,提出“加强葠窝水库库区管理、更好服务于辽阳经济发展”理念,得到了辽阳市人大、市政府的高度认同,并在“葠窝水库是全辽阳市人民的水库,需要辽阳市人大、市政府、有关县(市)政府和市直有关职能部门同心协力,进行保护”上达成了共识。4 月 27 日,副市长陈强、市环保局局长到库区鸡冠山、双河地区巡查。5 月 5 日,召开葠窝水库库区管理工作会议,市人大环资委主任李宏斌,灯塔市副市长王作余,市环保局副局长朱江立,辽阳县县长助理郭广兴,市内保支队队长金玉敏、副队长王桐,辽阳市白塔区律师事务所所长刘君,辽阳市电视台新闻记者,水库管理局班子成员和相关工作人员参加了会议。5 月 11 日,市人大副主任田长连、副市长陈强到库区巡视检查。5 月 24 日,辽阳市人民政府下发《关于印发辽阳市集中打击矿业违法行为综合整治矿区环境工作方案的通知》(辽市政办电〔2010〕10 号)。6 月 6 日,在辽阳市市长唐志国的带领下,副市长郝春荣、陈强、韩春军、王树卿及市直有关部门、县(市)区领导一行二十余人到葠窝水库库区视察采选矿企业治理工作。唐志国市长作重要讲话,他指出:第一,葠窝水库库区周边采选矿企业违法违规行为整治工作取得了一定成效,但问题仍旧很严重;第二,生态恢复要有大动作,一是要研究清理措施,二是要加大植被恢复,政府企业都要积极参与;第三,双河自然保护区内,不再审批采矿、选矿权,延续采矿手续要执行市人大决议和相关法律法规规定;第四,各市、县、区要进一步加大打击力度,联动执法;第五,各市、县、区、市直各部门如不作为,将追究相关人员责任;第六,坚决打击滥采乱排行为和"三无"再选船只,特别要坚决打击向水库排岩、排污的采选矿企业,要抓典型处理、法办。7 月 1 日,市公安局内保支队在葠窝水库正式建立警务工作站,协助葠窝水库开展专项整治、安全防范、隐患排查、案件处理等各项工作。全年,葠窝水库以"规范企业行为,规范企业用水"为手段,依法对周边采选矿企业的违法违规行为进行规范。水政、供水共入库调查 900 多人次,形成企业档案 15 份,下发函件、通知 70 余份,联合内保支队对 6 家企业采取了停水措施;与 5 家企业签订了《库区清淤补偿协议》,与 6 家企业签订了《库区保护协议》,对 11 家企业安装计量表 19 块。在打击库区非法经营的小选厂、小碾子过程中,共查扣设备 6 台、捣毁非法生产设备 3 台,没收、捣毁非法取水设备 30 余处,迫使库区周边的小碾子、小选厂全部停产。

2011 年,水库管理局坚持延续"一依靠(依靠法律)、两规范(规范企业行为、规范企业用水)、三必须(企业必须承担消除危害后果责任,企业必须履行保护水库责任,企业用水必须安表计量、按量交费)"管理思路,重点实施"规范企业行为、加强执法检查、强化联合执法、开展确权划界、库区驻守巡查"五大举措。细化和完善了库区保护协议,先后下发文件 21 份,同 8 家企业签订了保护协议,7 月成立了水行政执法监察大队,向违法行为频发地区派驻执法检查组长期驻守,先后派遣驻守人员 72 人次,出车 600 余次,出船 300 余次,及时制止、查处违法违规行为 40 余起;办案组针对违法严重的兰河大桥填土造地、白石砬子非法采选等事件进行了立案调查;在库区企业集中区域和交通要道设立警示宣传墙 13 处,针对库区周边企业、村组织、村民下发通告 4 份;配合政府矿山整治,成功取缔非法小碾子、小磁选 20 多家。水库管理局在履行职责的同时,将葠窝库区现状通过省政协向省政府进行了汇报,省长陈政高作出了重要批示,引起了省水利厅、各级政府及职能部门的高度重视。省水利厅史会云厅长入库区视察,并于 11 月 4 日召开厅长专题会议,会议要求抓住机遇,力争尽早完成太子河重点河段生态环境综合治理,并结合治理,彻底解决葠窝水库"工程安全、库容淤积、水质污染"三大问题。会后,厅直属设计院、供水局等共计 10 个部门积极开展工作,对太子河流域进行实地调查,制定了太子河流域生态环境综合治理初步规划;12 月 2 日,史会云厅长在召开布置 2012 年主要工作办公会议上,再次强调各有关部门要协调抓好太子河流域生态环境综合治理规划的单项设计工作,做好太子河、细河流域路、堤、渠结合和山洪沟治理与雨污分流的设计工作。结合太子河流域综合治理,举全厅之力,治理好葠窝水库水质污染、库区淤积、大坝安全等问题,做好葠窝水库封闭管理总体设计,分年度实施;力争 2012 年完成葠窝水库大坝的安全鉴定和加固工程的设计与批复;尽早完成 100 m 淹没线以下范围的人口、企业等实物指标和情况调查,在摸清底数的基础上,合理制订搬迁安置方案,做好水库管理范围的确权划界工作;协调做好葠窝水库周边,特别是矿山企业水土流失综合治理工程措施方案的设计。辽阳市市长王正谱对葠窝水库状况高度关注，自年初开始先后4次进入库区实地考察，并于2011年5月在辽阳市召开市长办公会，专题研究双河矿区整治有关问题（《市长办公会议纪要》第19期），会议要求从资源整合、建立长效机制恢复矿山生态等几大方面展开工作；为落实《市长办公会议纪要》第19期有关问题，辽阳市国土资源局委托大连理工大学、辽宁工程技术大学等单位联合编制了《双河矿山地质公园初步规划方案》；辽阳县将双河地区7家采矿企业重新整合成2家具有实力、管理规范的企业，之后对矿区环境进行整治，由矿山企业对矿区道路进行修复，路边恢复绿化，同时全力打击非法经营的再选活动；灯塔市成立水库综合治理领导小组，制定了《关于葠窝水库保护区矿山企业环境综合整治暨地质公园建设的实施方案》，根据方案，截至2011年年底，鸡冠山地区矿山原有3家整合成2家工作正在进行，矿区道路路基已基本形成，植被恢复工程的覆土工作也在进行中。

（三）"三无"船只的整治

"三无"船只"是指"无船名船号、无船舶证书、无船籍港"的船只。2009年水库库区水面出现了抽取水下尾矿进行再选的船只。4月以后，"三无"再选船只的数量迅速增多，主船及运输船300多只，加上其他的"三无"船只，总数已达500只左右，已严重干扰水库的正常运行管理，威胁水库安全运行，对水库生态环境造成严重破坏。5月26日开始，葠窝水库协同辽阳市公安局内保支队、弓长岭公安分局，连续对库区的"三无"船只进行清理，采取查扣、处罚、签保证书等措施，累计查扣39条船只，53个船主签写保证书。在此基础上，葠窝水库分别以文件、影像等多种形式向辽阳市政府、辽宁省水利厅及辽阳市有关职能部门报告了葠窝水库"三无"船只泛滥的情况，请求辽阳市政府责成相关职能部门予以打击和取缔。"三无"船只整治工作得到了辽阳市政府的关注，辽阳市政府依据省有关文件制订了整治实施方案，成立了以副市长陈强为组长的"三无"船舶整治领导小组并明确了责任分工。6月以后，陈副市长多次亲自主持召开葠窝水库"三无"船只整治工作领导小组会议，专题研究取缔葠窝水库库区从事非法再选船只问题。9月23日，辽阳市公安局等六大局下发了联合通告，予以取缔和打击；10月10日起，在市政府统一部署下，市公安局、工商局和辽阳县政府几次到库区联合执法，采取果断措施查扣没收"三无"船只26艘。

2010年，在严厉打击"三无"再选船只过程中，葠窝水库会同市公安局内保支队、市工商局多次联合执法，经过不懈的努力，共扣押"三无"船只102艘。2011年，葠窝水库继续严格监控"三无"船只活动。11月5日，市长王正谱召开市长办公会，专题研究葠窝水库"三无"船只治理有关问题，会议决定成立辽阳市保护汤河水库和葠窝水库领导小组，并明确责任主体，全面展开行动，力争短期内全面取缔葠窝库区"三无"船只。市交通局、海事局、交通公安分局及葠窝水库等多部门联合，对葠窝库区"三无"船只进行治理，全年保持高压态势，共计查扣主、副船只113艘。

第三章　水库制度建设与规范

强化水库内部管理，必须依靠一套系统、科学、严密、规范的管理制度。在葠窝水库的建设和发展过程中，历届领导始终把规章制度的建设与规范列为重要工作日程，并且不断地补充、修改和完善，同时作为政治体系建设、精神文明发展、物质生产管理的重要组成部分常抓不懈。据不完全统计，自1979年至2010年年底，水库管理局（处）及内部各系统共建立、健全和修订制度144项。

第一节　制度建设沿革

葠窝水库最早的制度建设始于1979年。1979～1983年，参照企业整顿的要求，制定了《请消假及考勤制度》（1982年4月）、《通勤车管理制度》（1979年10月）、《财务管理制度》（1981年11月）、《机械、电气管理维修制度》（1979年10月）、《工具管理制度》（1979年10月）、《汽车管理使用规定》（1979年10月）、《安全生产的几项规定》（1980年9月）、《观测制度》（1980年1月）、《水文水情工作制度》（1980年1月）、《技术档案工作岗位责任制度》（1982年8月）、《技术资料整编制度》（1982年8月）等制度。当时在“三查三定”工作中，结合水利工程管理通则，水库管理处认为还需要建立和进一步健全《计划管理制度》、《技术管理制度》、《经营管理制度》、《观测制度（健全）》、《水质监测制度》、《财务管理制度（健全）》、《器材管理制度》、《安全保卫制度》、《请示报告制度》、《工作总结制度》、《事故处理报告制度》、《考核评比和奖励制度》、《工程管理办法》、《闸门启闭机操作规程》等14项规章制度。截至1993年年底，已建立和健全并完善了以上制度。

随着葠窝水库内部管理的不断强化，水库各项管理工作逐步走上规范化、标准化、系统化轨道，1994～2006年又对规章制度进行了多次补充和修订，并健全了部分规章制度。2006年11月对水库管理局规章制度进行了审定，为便于职工学习和遵循，并汇编印刷出版《葠窝水库规章制度汇编》内部资料，共8部分68项。

第一部分公司：《辽宁葠窝供水有限责任公司章程》、《局务公开民主议事制度实施办法》、《机关工作规则》、《职工代表大会实施细则》、《职工代表大会民主评议领导干部实施法》、《职工守则》。

第二部分党务：《党委会议制度》、《学习制度》、《民主生活会制度》、《党的组织生活制度》、《党风廉政建设责任制》、《党员干部行为规范》、《构建惩防体系实施意见》、《内部审计工作规定》。

第三部分行政管理：《会议管理制度》、《文秘工作管理规定》、《对外接待暂行办法》、《车辆管理办法》、《固定资产管理规定》、《材料物资管理办法》、《低值易耗品管理办法》、《职工基本医疗保险办法》、《职工补充医疗保险暂行办法》、《工伤、职业病患者医疗费管理暂行规定》、《爱国卫生管理规定》、《全局用电管理规定》、《安全保卫工作制度》、《消防安全管理制度》、《综合治理管理办法》。

第四部分技术业务:《水情调度工作制度》、《防汛工作制度》、《葠窝水库防洪应急预案》、《水文工作制度》、《网络管理制度》、《水库工程管理办法》、《土建工程管理办法》、《土建工程竣工验收办法》、《工程观测制度》、《水工观测规程》、《真空激光系统操作规程》、《真空激光设备管理维护规程》、《水利学会工作制度》、《档案管理制度》、《图书杂志管理制度》、《坝上机电设备养护运行管理办法》。

第五部分人事劳资:《职工奖惩管理规定》、《职工教育暂行规定》、《离退休职工管理办法》、《职工考核管理办法》、《葠窝水库管理局安全生产考核办法》、《劳动防护用品管理规定》、《职工个人防护用品标准》、《事故管理规定》。

第六部分计划财务:《计划管理办法》、《合同管理办法》、《现金管理办法》、《财务公开办法》、《经营管理分析制度》、《会计核算电算化管理制度》、《统计工作管理办法》、《会计档案管理办法》、《财务审批权限》、《财务收支管理规定》、《实体单位财务管理规定》。

第七部分供水水政:《供水收费管理办法》、《供水计量监察制度》、《水政工作制度》。

第八部分水电公司:《辽宁葠窝水力发电有限责任公司章程》。

2007 年至 2010 年年底,为深入整顿水库管理,进一步健全制度建设,对 2007 年以前建立的各种制度进行清理,过时不起作用的制度予以废止;交叉重叠相互矛盾的制度重新整合;将有缺陷、漏洞的制度补充、修改完善,同时又制定了一些新的规定和办法,最终形成葠窝水库周全缜密的制度体系。这些制度主要有:《水库中层干部年度考核办法》(2007 年 2 月 8 日)、《关于解决葠窝水库管理局遗属住房问题的实施办法》(2007 年 8 月 16 日)、《葠窝水库民主评议党员工作制度》(2008 年)、《辽宁省葠窝水库管理局下属实体单位中层领导干部离任审计制度》(2009 年 10 月 20 日)、《葠窝水库党支部书记定期工作汇报制度》(2009 年 8 月 6 日)、《葠窝水库管理局党务公开制度》(2009 年 8 月 4 日)、《2009 年葠窝水库管理局中层干部考核管理办法》(2009 年 8 月 4 日)、《建立健全惩治和预防腐败体系 2008—2012 年工作规划》(2009 年 6 月 25 日)、《葠窝水库管理局党风廉政建设责任制》(2009 年 6 月 25 日)、《葠窝水库管理局岁维修工程管理办法》(2009 年 8 月 18 日)、《葠窝水库管理局岁维修工程竣工验收办法》(2009 年 8 月 18 日)、《葠窝水库管理局岁维修工程质量管理与监督办法》(2009 年 8 月 18 日)、《局务公开民主议事制度实施办法》(2009 年 8 月 10 日)、《辽宁省葠窝水库管理局安全生产考核办法补充规定》(2009 年 8 月 11 日)、《葠窝水库管理局用电管理规定》(2009 年 8 月 1 日)、《关于内部职工参与库区非法采选矿活动的规定》(2009 年 7 月 20 日)、《加强财务收支管理的有关规定》(2009 年 7 月 10 日)、《葠窝水库防汛值班规定》(2009 年 6 月 10 日)、《水库调度值班制度》(2009 年 6 月 10 日)、《关于控制费用支出的有关规定》(2009 年 3 月 11 日)、《关于进一步加强车辆调度管理、节约费用支出的办法》(2009 年 3 月 11 日)、《辽宁葠窝供水有限责任公司固定资产管理办法》(2010 年 10 月 28 日)、《葠窝水库管理局应急事件信息报告制度》(2010 年 8 月 16 日印发)、《公章管理使用办法》(2010 年 7 月 5 日)、《葠窝水库库区安全管理工作的补充规定》(2010 年 6 月 28 日)、《辽宁省葠窝水库管理局职工教育暂行规定》(2010 年 6 月 11 日)、《辽宁省葠窝水库管理局科技成果管理与奖励办法》(2010 年 6 月 11 日)、《职工综合奖金与双文明考核挂钩发放办法》(2010 年 6 月 4 日)、

《葠窝水库管理局工作日禁酒规定》(2010年6月3日)、《葠窝水库管理局废纸回收管理办法》(2010年5月25日)、《局对水电公司财务管理规定》(2010年5月20日)、《招待费用管理办法(试行)》(2010年4月20日)、《机关和下属企业工作人员竞争上岗补充规定》(2010年4月20日)、《视频监控系统使用管理制度》(2010年4月19日)、《辽宁省葠窝水库管理局岗位设置和人员聘用实施方案》(2010年4月2日)、《辽宁省葠窝水库管理局机关工作人员竞争上岗实施方案》(2010年4月2日)、《辽宁省葠窝水库管理局2010年中层干部竞聘上岗实施方案》(2010年4月2日)、《辽宁省葠窝水库管理局下属企业管理办法》(2010年3月30日)、《辽宁省葠窝水库管理局会议纪律考核办法》(2010年3月30日)、《辽宁省葠窝水库管理局职工加班管理规定》(2010年3月30日)、《辽宁省葠窝水库管理局病假产假婚丧假有关规定》(2010年3月30日)、《辽宁省葠窝水库管理局职工奖惩暂行规定》(2010年3月30日)、《辽宁省葠窝水库管理局重大事项报告制度》(2010年3月30日)、《辽宁省葠窝水库管理局增收节支奖励办法》(2010年3月30日)、《辽宁省葠窝水库管理局职工休长假待遇有关规定》(2010年3月30日)、《葠窝水库管理局职工承包局内经营项目暂行规定》(2010年3月30日)。

第二节　制度建设依据与规范过程

葠窝水库制度建设工作是在水库依法行政基础上制定、补充、完善和健全起来的;各项制度在建设过程中内容上都遵循水库管理和发展规律,根据工作实际切实解决了实际问题;准确把握了概括性、严谨性和逻辑性。

葠窝水库在制度执行过程中,坚持"以人为本、标本兼治"的原则,同时建立健全了激励与制约相结合的监督体系,经历了一个不断充实、改进、提高的良性循环过程。

第四章　计划与财务管理

葠窝水库管理处成立初期,在办公室管辖下设置了财务器材科,并相应配备了财务和物资器材工作人员。1984 年成立经营管理科,下设财务组,负责财务核算;1987 年设财务科,负责财务核算。1987 年以前,水库的计划管理工作由总工办负责,1991 年设立计划财务科,计划和财务的业务也随之合并,全面负责财务核算和计划管理。运行到 1993 年 2 月,计划管理和财务核算工作分开,重又设立财务科,负责财务核算。1994 年至 1997 年 2 月计划工作由计划科负责。1997 年 3 月设计划财务科,统一负责财务核算及计划管理。1999 年成立葠窝供水有限责任公司后,计划财务科更名为计划财务处,负责全局的财务管理、计划管理、固定资产管理和内部审计工作。1999 年被辽宁省财政厅评为"会计基础规范化先进单位",2004 年计划财务处被辽阳市财政局授予"财务会计工作先进集体"荣誉称号。

第一节　计划管理

水库计划工作由计划财务处统一管理,计财处设一名专职计划员具体负责计划管理工作。水库的各项财务收支、工程投资、原材料及设备购置计划由计财处根据供水局下达的财务收支计划进行分解,经局务会研究决定后下达各有关部门具体执行。计财处负责分解下达公司各部门的承包费用,承包费用根据工作实际需要下达,并控制监督包干费用使用情况,计财处可根据实际需要对费用进行二次调整,经局长同意后,各部门执行。编制计划时以水库生产经营需要及年度经营目标来确定计划指标。编制计划的原则是:增收节支、积极稳妥、确保完成。通过这些程序,真正起到对各部门督促和制约作用,调动和激励各部门积极完成或超额完成各自的生产任务。

一、年度计划管理

为充分发挥计划管理的重要作用,每年 10 月 30 日前,各部门要根据本年度计划完成情况及下年度实际需要,制定本部门下年度的年度计划。

各项计划经各责任部门汇总后,交由计财处统一整理。由计财处编制年度计划初稿经局务会讨论通过,重新整理后,作为上报供水局的年度财务收支计划。年度计划经供水局批复后,计财处根据批复的要求,编制分解计划,并报局务会审查后下发至各部门,分解计划要求详细、具体、合理、便于执行。

计财处每年 7 月做好上半年计划完成情况总结及年度计划调整工作,年末做好全年计划完成情况书面总结,并按计划要求对水库各部门的财务收支执行情况进行考核。同时,将全年收支计划完成情况上报供水局。

二、月份计划管理

为确保计划的顺利实施和严肃性,建立月计划会议制度。每月初召开一次局计划工作会议,计划会所需内容:上月计划执行情况、本月计划安排草案、其他汇报说明的事项。各部门要在每月26日前将计划工作执行情况及下月计划安排上报到计财处,由计财处初步确定计划项目,在计划会上经讨论后确定。计财处在计划会议后2日内将本月计划公布在局域网上,同时以书面形式存档备查。局各部门及实体单位严格按年初确定的分解计划落实各项工作,严格控制计划外项目。计划外项目报局长审批,计财处每月初以统计报表形式将各项收入、费用、投资执行情况通过局域网下发至各部门。计财处定期检查计划的执行情况,总结经验,找出差距,计划的调整要控制在计划总指标内,较大调整(5万元以上)要报局长审批,经供水局同意后方可实施。

第二节　财务管理

薓窝水库管理局(处)是准公益性自收自支的事业单位,但在管理上实行企业化管理。依据《中华人民共和国会计法》,执行《水利工程管理单位财务会计制度》,遵守《会计基础工作规范》。

计划财务处由局长(法人)分管,总会计师主抓。依法进行会计管理、会计核算和会计监督,认真贯彻执行国家财经方针政策和统一的会计制度及局财务会计管理制度。

一、会计核算

(1)设置会计岗位,明确职责范围,建立健全岗位责任制。局本级会计岗位设置主要有计财处长、副处长、主管会计、审核员、出纳员、微机管理员。相应建立的岗位责任制有"处长岗位责任制"、"副处长岗位责任制"、"主管会计岗位责任制"、"审核人员岗位责任制"、"微机管理办法"等,各岗位人员有章可循,各尽其责。

(2)依据国家会计法规、制度,结合水库管理局实际情况,建立账目,设置会计科目,明确会计凭证的传递程序,实行先制单后付款管理。

(3)建立会计内部控制制度,不相容业务相分离,银行预留印章分别由不同人员保管。

(4)会计档案管理。会计档案包括书面形式的和介质上的各种会计数据。严格执行会计档案管理办法,调阅会计档案必须经财务处长、总会计师批准。调阅人不得擅自复制会计档案,会计档案销毁按《中华人民共和国档案法》及国家有关制度进行。

二、历年财务收支情况

1974~2010年,实现总收入87 062.5万元,其中:供水收入54 407.7万元,发电收入32 281.3万元,综合经营收入373.5万元;总支出76 356.4万元。其中,供水支出56 005.9万元,发电支出20 118.00万元,综合经营支出232.5万元,总盈余10 706.1万元。1996年开始缴纳企业所得税,累计缴纳企业所得税2 216.8万元,2005年开始缴纳供水营业税，累计缴纳营业税918.8万元。

1988年，水利厅开始对省直各水库实行承包管理，每年年初核定财务收支计划，并将剩余利润定额上交。1994年成立供水局后，水库直接划归供水局领导，财务收支计划由供水局核定，扣除成本费用、固定资产购置、工程投资等各项支出后的货币资金上交供水局。1988～2007年累计上交4 650.2万元。历年财务收支情况见表3-4-1。

表3-4-1　历年财务收支情况　（单位：万元）

年份	收入				支出				盈亏			
	合计	水费	电费	综合经营	合计	水费	电费	综合经营	合计	水费	电费	综合经营
1974	124.6	5.6	119.0	—	104.4	4.4	100.0	—	20.2	1.2	19.0	—
1975	203.1	57.1	146.0	—	139.2	35.2	104.0	—	63.9	21.9	42.0	—
1976	247.4	68.1	179.3	—	152.4	43.1	109.3	—	95.0	25.0	70.0	—
1977	226.7	69.0	157.7	—	153.2	47.5	105.7	—	73.5	21.5	52.0	—
1978	191.1	80.1	111.0	—	143.7	47.7	96.0	—	47.4	32.4	15.0	—
1979	262.6	84.6	178.0	—	166.0	67.0	99.0	—	96.6	17.6	79.0	—
1980	170.3	56.1	70.0	44.2	179.4	37.9	102.0	39.5	-9.1	18.2	-32.0	4.7
1981	295.7	50.9	218.0	26.8	187.2	41.2	119.0	27.0	108.5	9.7	99.0	-0.2
1982	314.5	98.1	205.0	11.4	198.0	43.0	143.0	12.0	116.5	55.1	62.0	-0.6
1983	318.6	80.1	233.0	5.5	215.6	59.0	154.0	2.6	103.0	21.1	79.0	2.9
1984	391.0	201.8	183.0	6.2	286.6	118.0	162.0	6.6	104.4	83.8	21.0	-0.4
1985	600.1	230.1	341.0	29.0	379.2	142.9	216.5	19.8	220.9	87.2	124.5	9.2
1986	696.7	263.5	431.0	2.2	468.3	214.5	248.0	5.8	228.4	49.0	183.0	-3.6
1987	603.8	280.2	315.6	8.0	376.9	220.2	150.6	6.1	226.9	60.0	165.0	1.9
1988	697.5	267.3	420.0	10.2	511.3	200.9	297.0	13.4	186.2	66.4	123.0	-3.2
1989	466.0	248.7	213.7	3.6	519.2	231.3	286.4	1.5	-53.2	17.4	-72.7	2.1
1990	963.0	633.0	330.0	—	640.4	339.4	301.0	—	322.6	293.6	29.0	—
1991	1 303.2	936.0	358.4	8.8	674.6	359.2	310.4	5.0	628.6	576.8	48.0	3.8
1992	1 407.1	1 051.4	343.0	12.7	740.8	455.2	283.0	2.6	666.3	596.2	60.0	10.1
1993	1 862.3	1 354.4	485.0	22.9	727.8	525.6	189.0	13.2	1 134.5	828.8	296.0	9.7
1994	2 963.2	1 627.0	1 332.7	3.5	1 750.0	736.6	1 013.4	—	1 213.2	890.4	319.3	3.5
1995	3 683.7	1 934.0	1 733.1	16.6	2 374.9	1 048.7	1 318.2	8.0	1 308.8	885.3	414.9	8.6
1996	3 305.4	1 748.3	1 527.2	29.9	2 476.6	1 077.5	1 381.6	17.5	828.8	670.8	145.6	12.4
1997	3 400.5	2 211.5	1 189.0	—	2 824.6	1 696.1	1 128.5	—	575.9	515.4	60.5	—
1998	3 251.6	2 125.6	1 123.6	2.4	2 694.2	1 624.1	1 070.1	—	557.4	501.5	53.5	2.4
1999	4 031.9	3 074.1	955.3	2.5	2 773.2	2 187.6	585.6	—	1 258.7	886.5	369.7	2.5
2000	3 951.1	3 068.6	833.8	48.7	2 818.9	2 307.3	480.5	31.1	1 132.2	761.3	353.3	17.6
2001	3 427.9	2 383.2	1 023.3	21.4	3 040.1	2 525.8	510.2	4.1	387.8	-142.6	513.1	17.3

续表 3-4-1

年份	收入				支出				盈亏			
	合计	水费	电费	综合经营	合计	水费	电费	综合经营	合计	水费	电费	综合经营
2002	3 673.5	2 366.9	1 292.4	14.2	3 307.7	2 661.2	639.7	6.8	365.8	-294.3	652.7	7.4
2003	3 969.3	2 748.5	1 200.1	20.7	3 272.3	2 562.4	701.0	8.9	697.0	186.1	499.1	11.8
2004	3 840.2	2 613.6	1 222.8	3.8	3 277.2	2 564.1	713.1	—	563.0	49.5	509.7	3.8
2005	5 129.2	2 803.3	2 313.6	12.3	3 991.9	3 017.1	974.2	0.6	1 137.3	-213.8	1 339.4	11.7
2006	5 449.8	3 117.3	2 326.5	6.0	4 266.6	3 248.4	1 017.8	0.4	1 183.2	-131.1	1 308.7	5.6
2007	5 182.1	3 556.2	1 625.9	—	6 990.8	6 011.7	979.1	—	-1 808.7	-2 455.5	646.8	—
2008	6 460.0	4 289.2	2 170.8	—	7 197.0	6 135.9	1 061.1	—	-737.0	-1 846.7	1 109.7	—
2009	5 890.2	4 013.9	1 876.3	—	8 081.3	6 968.9	1 112.4	—	-2 191.1	-2 955.0	763.9	—
2010	8 107.6	4 610.4	3 497.2	—	8 254.9	6 399.3	1 855.6	—	-147.3	-1 788.9	1 641.6	—
合计	87 062.5	54 407.7	32 281.3	373.5	76 356.4	56 005.9	20 118.0	232.5	10 706.1	-1 598.2	12 163.3	141.0

三、财务规章制度建设

为规范葠窝水库财务会计行为，保证会计资料真实完整，进一步完善财务手续，全面加强水库管理局工作的经营管理和财务管理，不断提高经济效益，根据《水利工程管理单位会计制度》、《中华人民共和国会计法》、《会计基础工作规范》和国家有关财经法规，结合水库管理局实际情况，制定了计划管理办法、现金管理办法、财务公开办法、经营管理分析制度、会计核算电算化管理制度、会计档案管理办法、财务审批权限、财务收支管理规定、实体单位财务管理规定。并在2004 年作了修改和完善，汇入水库管理局《规章制度汇编》。

四、财务公开

为进一步提高水库管理局财务管理水平和财务收支的透明度，强化财务管理和财务监督，实行民主理财，充分调动全局职工参与财务管理和财务监督的积极性，2001 年在全省水利系统率先实行财务公开，并制定了财务公开办法。

财务公开具体内容包括财务计划公开、财务收支公开、固定资产处理公开、经济合同公开、会计人员调动公开、会计技术职务聘用公开、财务审批权限及程序公开、财务会计管理制度公开等。

财务公开形式及办法：对年度上报的财务计划、上级审批核准的财务计划和分解下达财务计划下发到各部门，由各部门负责传达到每位职工。计划财务处对上级审批核准的财务收支计划总额进行层层分解，全面落实计划项目、计划额度、责任部门、责任人和经费审批人。会计核算按年度分解计划口径和计划管理办法，建立会计核算体系，按实核算各项财务收支金额。全面反映局财务收支情况。以局域网为主、其他方式为辅的形式进行财务公开，并及时对财务焦点问题进行解释说明。对大型物资设备的处理，进行公开招标处理。

五、合同与统计工作

(一)合同管理

为适应市场经济,保护水库合法权益,规范经济秩序,提高经济效益,完善合同管理手续,结合水库管理局生产经营实际,制定了合同管理办法。

葠窝水库管理局经济合同管理工作,由计财处具体负责,计财处指定一名合同管理员,负责日常合同管理工作。对外签订的各项经济合同,一律使用"合同专用章",不准用行政公章代替。合同管理员负责经济合同的日常管理工作,合同管理员要建立合同管理台账,规范合同管理。经济合同的条款必须齐全有效,使用统一示范文本,符合国家《合同法》的要求。经济合同必须由局长审批,重要的经济合同还要经法律顾问审阅后实施。

在建工程、工程岁修等工程施工合同,要附有工程图纸、工程概算、工程预算。工程技术部先行拿出工程图纸和工程概算,交施工单位作出预算,经局总工程师审核、局长审批后生效。工程项目完工后,按《建筑工程管理办法》验收通过,方可交付使用,办理决算手续。年度终了,由合同管理员对各类合同进行整理,装订成册,办理归档手续。

(二)统计工作

为及时准确地为水库管理局经营管理提供统计决策资料,制定了统计工作管理办法。

公司的统计工作由计财处统一管理,计财处设一名专职统计员具体负责统计工作。统计员除完成上级各部门的统计报表外,还要负责公司内部统计报表。统计工作要依照《中华人民共和国统计法》规定,做到上报统计报表及时、完整、准确,保证报表质量。统计员对报表质量负全责。上报报表时,计财处处长和局长签字,并加盖公章。统计工作要建立统计台账制度,做到统计数字真实,不得估计数字。内部统计资料,要内容完整,能全面反映水库经营运行情况。

统计员要保管好手中的统计资料,收集齐全后,每年进行一次统计资料整理,按档案管理要求及时归档,并办理档案移交手续。

六、内部审计工作

根据《中华人民共和国审计条例》和《审计署关于内部审计工作的规定》以及其他审计法规,为更好地发挥审计工作在经营管理中的职能作用,加强审计监督,维护财经纪律,健全和完善各项规章制度,使审计工作逐步走上规范化的轨道,结合公司具体情况,制定了内部审计办法。

内部审计工作由计财处负责,计财处设一名专职审计员,负责局内部审计工作。内部审计工作的主要任务是:贯彻执行国家、各级人民政府、省主管部门和局制定的各项政策、法规、条例、制度、办法等,对其贯彻执行情况进行审计监督。对局下属企业的各项生产计划、财务收支、在建工程、资产和资本金的完整与安全、各项收入、债权债务、上缴款项、货币资金管理、各项成本费用开支、经营活动、经济效益进行审计监督。对签订的合同、协议、契约等进行审计监督。对违反财经纪律以及严重损失浪费、贪污受贿、弄虚作假等违纪问题进行审计。对会计核算、会计报告的真实、正确、合规、合法性及企业经营情况进行审计并签署意见。办理本单位领导或上级审计机关交办的审计工作,配合上级审计机关对本单位、本系统进行审计监督,协助纪检等部门查处有关违纪案件。

第三节　固定资产与物资管理

一、物资管理

葠窝水库管理(处)物资管理工作,1974 年 10 月至 1984 年 10 月划归器材科。1984 年 10 月电厂和水管处合并成立供应科,专管物资设备工作。设物资采购员、仓库保管员、油库保管员、物资管理员等岗位,负责水库物资采购、运输、保管和供应工作。有物资仓库 3 处,面积 1 100 m^2;油库一处,面积 2 400 m^2。工作流程:各个部门所需物资、器具,先编制年度计划,列出型号、规格、数量、用途和时间,统一报到计划财务部门,经计划财务部门审核、汇总、平衡,报局长审批后列入年度计划,最终经辽宁省供水局批示后方可采购。物资采购后,按所列品名、规格、数量由仓库保管员验收入库,做到型号、规格、数量清晰,摆放整齐,账、物、卡一致。各部门领用物资需填写领料单,由分管局长审批;工器具、办公用品、劳保用品等建有物资领用台账。仓库物资每月盘点一次,查清物资储备、积压、盈亏情况及原因,向分管局长汇报。补缺物资,经分管领导批准后补充、处理和调整账务,做到按月结清,凭证齐全。物资出入库单据和月报表按时报送计财科结算。

1994 年,葠窝水库管理局实现了固定资产管理电算化,使用先锋 CP801 固定资产核算软件,财务科、供应科账与实物核对准确无误,受到辽宁省水利厅的好评。

1998 年 12 月,水库管理局进行了改制,重新确立内部机构设置,物资设备管理划归物业管理中心;2010 年物业管理中心更名为机关服务中心。改制后,改变了管理办法,物资管理方法、方式也有所变化,工作量有所减少,固定资产按年度计划进行采购,低值易耗品由各个部门根据工作需要自行采购。进一步加强了对计算机等办公自动化高档办公用品及配件的管理,强化更新、报废、领用手续制度,延长了用品的使用寿命,增强了领用人的责任心,节约了开支,同时提高了工作效率。

二、固定资产管理

(一)管理办法

早在 1986 年,水库管理局就以辽葠水〔1986〕38 号文规定《葠窝水库物资管理办法》,对物资管理流程、采购和发放办法作了具体规定;1996 年以辽葠水〔1996〕53 号文重新修订了《葠窝水库物资管理办法》,明确了固定资产的采购、使用、管理等各个环节的责任部门和各个部门的职责。机关服务中心负责日常管理工作,并建立固定资产台账,全面掌握固定资产的使用、维修、运行情况。固定资产的购置和修建必须以年度计划为依据,计划外购置固定资产要经局务会议研究决定,由局长签批。修建新房屋等固定资产按局下达的工程修建管理规定执行。对固定资产购置进行市场调研,由使用部门和固定资产管理部门共同进行,确保设备质量一流,价格合理。购建固定资产后及时办理手续,落实责任部门和责任人。实体单位可自行购置和管理,报计划处和固定资产管理部门备案。固定资产按月计提折旧,其折旧率以国家规定的单项资产最低使用年限分别确定,固定资产大修列年度财务计划,否则不予安排。个别实体单位占用局固定资产,实行有偿使用,按年上缴费用。各项固定资产不经局长批准,不得外借和挪用。固定资产变卖和报废,原值5万元以上的报供水局批准;原值5万以下的由局长批准,经资产部门评估后,实行公开拍卖。

(二)固定资产增值情况

1993~1994年,根据辽宁省清产核资工作要求,对水库固定资产按照物价指数法进行评估,固定资产评估增值9 582万元,评估后固定资产总值18 405万元。

2005年除险加固工程移交固定资产,固定资产增值4 806万元,加固工程竣工后,固定资产总值21 903万元。

2007年辽宁省水利厅对厅直属水库统一重新评估,固定资产评估增值110 680万元。截至2010年年末,葠窝水库的固定资产总值为138 722万元。葠窝水库固定资产详细情况见表3-4-2。

表3-4-2　葠窝水库固定资产统计

序号	固定资产名称	原值(元)	累计折旧(元)	净值(元)
一	水工建筑物	1 330 316 766.10	254 897 263.01	1 075 419 503.09
1	重力坝	1 329 700 272.10	254 737 159.43	1 074 963 112.67
2	遥控系统工程	616 494.00	160 103.58	456 390.42
二	房屋及其他建筑物	41 415 243.29	16 012 295.93	25 402 947.36
1	生产车间	590 769.75	188 011.90	402 757.85
2	迎宾楼	126 556.00	95 336.69	31 219.31
3	夜校	47 973.89	42 842.91	5 130.98
4	修配厂厂房	77 765.64	73 613.71	4 151.93
5	小楼	209 510.46	63 469.03	146 041.43
6	启闭机室	334 808.75	184 632.83	150 175.92
7	平房	120 987.17	117 357.55	3 629.62
8	配电室	625 247.14	149 219.27	476 027.87
9	农场前栋房	26 800.64	20 135.01	6 665.63
10	农场警卫室	46 308.67	22 480.60	23 828.07
11	农场后栋房	40 728.18	30 599.79	10 128.39
12	农场房	112 049.00	48 215.41	63 833.59
13	农场办公室	99 200.00	48 157.69	51 042.31
14	家属宿舍	1 819 533.83	1 297 214.74	522 319.09
15	木工房	62 927.93	47 312.84	15 615.09
16	辽阳商业网点	167 600.00	59 927.28	107 672.72

续表 3-4-2

序号	固定资产名称	原值(元)	累计折旧(元)	净值(元)
17	辽阳警卫室	208 100.00	56 782.08	151 317.92
18	辽阳车库	44 856.17	32 638.70	12 217.47
19	辽阳办公楼	23 724 653.37	8 431 641.09	15 293 012.28
20	空压机室	55 439.63	30 573.06	24 866.57
21	俱乐部	113 929.83	108 336.96	5 592.87
22	警卫房	4 940.76	3 728.73	1 212.03
23	简易库房	5 495.00	5 495.00	0
24	鸡舍	83 745.99	50 654.60	33 091.39
25	职工浴池	599 913.87	330 828.28	269 085.59
26	观测警卫室	96 768.15	53 363.35	43 404.80
27	工作间	31 795.23	29 539.35	2 255.88
28	改建新车库	201 798.17	96 656.74	105 141.43
29	发电机油库	15 408.00	14 945.76	462.24
30	发电机室	36 926.40	27 725.20	9 201.20
31	锻工房	24 285.28	21 182.88	3 102.40
32	独身宿舍楼	497 511.56	341 070.39	156 441.17
33	电锯房	12 508.82	9 404.19	3 104.63
34	大修厂办公室	75 600.00	73 332.00	2 268.00
35	车间厂房	194 981.80	69 366.02	125 615.78
36	仓库楼	293 898.94	283 745.23	10 153.71
37	办公楼	162 558.24	154 100.06	8 458.18
38	坝上电梯楼	48 356.00	36 355.93	12 000.07
39	引水工程	179 481.48	54 557.77	124 923.71
40	移动厕所	46 540.00	2 941.32	43 598.68
41	养鱼池	300 502.14	218 407.84	82 094.30
42	围墙门卫	25 898.64	24 071.08	1 827.56
43	水源工程	55 787.75	55 787.75	0
44	山门	332 114.06	321 469.52	10 644.54
45	三一二站	113 820.35	25 989.20	87 831.15
46	葡萄架	53 773.97	0	53 773.97

续表 3-4-2

序号	固定资产名称	原值(元)	累计折旧(元)	净值(元)
47	农场路	15 033.49	13 488.58	1 544.91
48	南沙大井	85 635.75	73 870.88	11 764.87
49	烈士墓	96 395.02	11 181.82	85 213.20
50	河道工程	7 324 480.07	2 013 590.22	5 310 889.85
51	郭家堡雨量站	33 774.71	1 756.30	32 018.41
52	观测亭	21 633.00	17 936.92	3 696.08
53	供水线路改造工程	144 537.23	15 031.90	129 505.33
54	调度楼院墙	282 573.02	14 283.46	268 289.56
55	雕像工程	125 180.70	13 018.72	112 161.98
56	船台	75 400.00	45 805.50	29 594.50
57	陈列馆	507 540.19	98 665.92	408 874.27
58	厂内道路	141 998.73	137 738.77	4 259.96
59	爱晚亭	410 904.73	102 709.61	308 195.12
三	设备及设施	13 864 279.49	8 234 898.75	5 629 380.74
1	自动门	14 100.00	13 677.00	423.00
2	中控机	28 500.00	17 544.60	10 955.40
3	蒸饭车	2 700.00	85.32	2 614.68
4	音响设备	28 850.00	12 186.24	16 663.76
5	音响	5 600.00	4 581.36	1 018.64
6	液压升降平台	23 200.00	7 514.48	15 685.52
7	遥测设备	30 000.00	11 880.00	18 120.00
8	消防设备	493 022.27	224 115.76	268 906.51
9	微波塔	173 042.92	103 604.03	69 438.89
10	拓普康脚架	2 000.00	31.6	1 968.40
11	投影机	26 170.00	13 665.63	12 504.37
12	水情自动化系统	991 255.00	613 416.46	377 838.54
13	水泵(19 台)	59 888.00	37 691.40	22 196.60
14	数码相机	31 800.00	15 830.10	15 969.90
15	视频监控系统	101 331.34	82 929.65	18 401.69
16	摄像机	28 858.00	23 339.71	5 518.29

续表 3-4-2

序号	固定资产名称	原值(元)	累计折旧(元)	净值(元)
17	扫描仪	103 000.00	99 910.00	3 090.00
18	全站仪	43 000.00	2 038.20	40 961.80
19	气温百叶箱	995.00	15.72	979.28
20	流量计	206 000.00	11 391.80	194 608.20
21	库区视频监控系统	163 144.40	80 216.86	82 927.54
22	控制柜	19 700.00	12 535.11	7 164.89
23	空压机	149 800.00	11 834.20	137 965.80
24	空调(96 台)	646 071.00	309 662.33	336 408.67
25	开关柜	32 766.33	22 823.17	9 943.16
26	开度仪	43 200.00	24 710.40	18 489.60
27	净化器	10 388.00	5 553.36	4 834.64
28	交换机	115 520.00	112 054.40	3 465.60
29	监控设备	13 823.46	6 842.50	6 980.96
30	焊接机	12 100.00	7 454.81	4 645.19
31	锅炉	300 200.00	176 952.85	123 247.15
32	供水计量遥测系统	126 787.50	49 956.96	76 830.54
33	割草机	6 400.00	3 421.44	2 978.56
34	复印机	40 620.00	25 672.00	14 948.00
35	对讲机	24 960.00	20 430.13	4 529.87
36	断路器	6 820.00	1 800.4	5 019.60
37	电子显示屏	10 800.00	3 136.32	7 663.68
38	电梯	248 430.00	130 798.20	117 631.80
39	电台	3 800.00	2 069.10	1 730.90
40	电视机	28 800.00	19 566.72	9 233.28
41	电脑(59 台)	602 072.00	425 312.55	176 759.45
42	电动机	103 625.00	54 001.50	49 623.50
43	电动葫芦	27 310.34	13 996.42	13 313.92
44	打印机(12 台)	51 611.00	38 524.56	13 086.44
45	传真机	2 860.00	1 661.00	1 199.00
46	超声波流量计(40 台)	786 800.00	304 520.06	482 279.94

续表 3-4-2

序号	固定资产名称	原值(元)	累计折旧(元)	净值(元)
47	操作台	100 087. 26	97 084. 64	3 002. 62
48	变压器	7 841. 00	7 240. 14	600. 86
49	办公自动化设备	921 563. 00	682 782. 10	238 780. 90
50	GPS	2 700. 00	127. 98	2 572. 02
51	机动艇	145 820. 00	6 771. 10	139 048. 90
52	公安艇	98 534. 67	95 578. 63	2 956. 04
53	船	440 550. 00	298 078. 40	142 471. 60
54	雅阁轿车(辽 K63081)	265 741. 00	157 850. 10	107 890. 90
55	途胜汽车	201 140. 00	51 773. 41	149 366. 59
56	桑塔纳轿车(辽 K04633)	171 360. 00	166 219. 20	5 140. 80
57	三菱(辽 K51842)	314 786. 00	161 485. 18	153 300. 82
58	尼桑轿车(辽 K60377)	270 065. 00	199 632. 16	70 432. 84
59	金旅客车(辽 K01010)	651 282. 00	412 652. 16	238 629. 84
60	轿车(辽 K61433)	260 000. 00	164 736. 00	95 264. 00
61	海狮面包车	303 932. 00	2 948 14. 04	9 117. 96
62	丰田汽车	915 238. 00	197 766. 16	717 471. 84
63	丰田霸道(辽 K55007)	565 300. 00	410 952. 96	154 347. 04
64	丰田锐志(辽 K82128)	370 000. 00	200 244. 00	169 756. 00
65	别克(辽 K61097)	300 000. 00	186 120. 00	113 880. 00
66	本田轿车(辽 OK0266)	330 000. 00	320 100. 00	9 900. 00
67	奔驰面包(辽 K10968)	508 675. 00	465 060. 19	43 614. 81
68	奥迪轿车(辽 K41458)	300 000. 00	190 080. 00	109 920. 00
69	奥迪 A6(辽 K60198)	447 933. 00	306 793. 79	141 139. 21
四	工具及仪器	1 536 931. 00	616 277. 52	920 653. 48
1	真空泵	9 630. 00	2 738. 70	6 891. 30
2	掌上 GPS	5 300. 00	2 679. 68	2 620. 32
3	远程传输超声波流量计	240 000. 00	18 960. 00	221 040. 00
4	遥测雨量计	7 000. 00	6 790. 00	210. 00
5	小型远程超声波水表	210 000. 00	22 176. 00	187 824. 00
6	水文仪器	33 700. 00	26 690. 40	7 009. 60

续表 3-4-2

序号	固定资产名称	原值(元)	累计折旧(元)	净值(元)
7	摄像机	6 600. 00	2 744. 28	3 855. 72
8	日立除湿机	2 300. 00	181. 7	2 118. 30
9	平板仪	6 620. 00	6 421. 40	198. 60
10	经纬仪	11 231. 00	10 894. 07	336. 93
11	电阻式测缝计	12 000. 00	4 633. 20	7 366. 80
12	电梯	722 010. 00	330 640. 40	391 369. 60
13	电视机	23 320. 00	13 544. 30	9 775. 70
14	大平板仪	3 900. 00	3 783. 00	117. 00
15	超声波流量计配套设备	110 400. 00	47 096. 64	63 303. 36
16	测距仪	56 350. 00	54 659. 50	1 690. 50
17	闭路电视系统	61 500. 00	59 655. 00	1 845. 00
18	UPS 电源	15 070. 00	1 989. 25	13 080. 75
五	其他固定资产	83 830. 00	26 712. 92	57 117. 08
1	消毒柜	5 520. 00	5 354. 40	165. 60
2	书柜	3 800. 00	1 661. 76	2 138. 24
3	健身器材	3 500. 00	1 990. 80	1 509. 20
4	会议桌	2 800. 00	1 723. 68	1 076. 32
5	防盗门	2 750. 00	608. 3	2 141. 70
6	玻璃钢雕塑制品	22 180. 00	1 752. 20	20 427. 80
7	办公桌	5 000. 00	3 160. 00	1 840. 00
8	板椅	2 680. 00	381. 06	2 298. 94
9	板台	7 600. 00	1 080. 72	6 519. 28
	固定资产合计	1 387 217 049. 88	279 787 448. 13	1 107 429 601. 75

第五章　人事管理与安全防范

葠窝水库人事管理工作是水库行政管理的核心内容，在调整水库内部人与人、人与事、人与组织的关系过程中起到指导和调控作用。特别是近十年，水库管理局在人事制度改革、人员录用、干部选拔与考核、职工岗位管理与调配、工资福利等方面做出了很多努力，为水库创造最高效益做出了很大的贡献。人事业务在1975～1987年由经营管理科代管，1987年成立人事劳资科，1999年至2004年2月更名为人事劳资部，2004年3月至2010年年底为人事劳资处。水库自1983年成立劳资安全组始，安全工作一直挂靠在人事部门统一管理。

第一节　干部聘用与使用

水库的机构设置与行政干部任命始于1975年6月，当时设立办公室等6个科室，聘任8名副科级干部。40年来，水库一直坚持党管干部的原则，严格贯彻干部管理和使用方针，认真选拔各类领导干部，1998年以前的23年间水库副处级以上干部的任命由辽宁省水利厅人事处考核，正（副）科级干部的任命由党委考核，共选拔和任命副科级以上干部96名。从2001年起为适应企事业单位人事制度改革和新时期形势发展的需要，中层干部竞聘上岗、实行干部聘任制，年终述职、实行民主考核制。每年年底由党群、人事部门共同组织对全局中层干部进行考核，并对考核结果进行跟踪管理，实行解聘或调换部门制度，中层干部选拔和考核实行公开、公正、公平的原则，真正实现干部管理的科学化、规范化和制度化。2009年制定《葠窝水库管理局中层干部管理办法》和2010年制定《中层干部竞聘上岗实施方案》来进一步推动干部人事制度改革，打破身份界限，坚持任人唯贤、平等自愿、公平竞争、民主选拔、择优录用的原则，选拔德才兼备、群众公认的行政管理人员。截至2010年年底，共培养和选拔副科级以上干部180名（现有50人）；水库管理局向上级主管部门（辽宁省水利厅）推荐后备干部11名，提拔使用6名；辽宁省水利厅从葠窝水库管理局内部选拔副处级以上干部12名。2010年年底，葠窝水库管理局行政干部人员名册见表3-5-1。

表3-5-1　葠窝水库管理局行政干部一览表（2010年12月）

级别	人员名册	总数	备注
正科级	尚尔君　黄　剑　李文来　张晓梅　王　飞　时劲峰 白子岩　周文祥　李永敏　胡伟胜　应宝荣　郑　伟 吴登科　孙忠文　冯超明　顾晓东　刘海涛	17人	女3人

续表 3-5-1

级别	人员名册	总数	备注
副科级	汪慧颖　凌贵珍　田洪静　董连鹏　李德晋　姜国忠　王淑敏　师晓东　刘　坤　贾文志　金福强　富丽英　李海军　张元增　崔永生　王爱文　胡孝军　李奎涛　孙延芬　赵春林　赵丽英　朱月华　褚乃夫	23 人	女 8 人
副处调	赵立伏　孔令柱	2 人	
主任科员	胡玉清　刘桓利　吴殿州　李永敏　孙百满　应宝荣	5 人	应宝荣(兼、女)
副主任科员	杨春录　胡宗德　黄柱台	3 人	
合计		50	12 人

第二节　水库编制与实际人数变化

一、水库管理局历年编制变化

(1)1987 年 10 月 18 日,辽编发〔1987〕133 号文《关于省大伙房水库管理局等单位内部机构人员编制的批复》规定,葠窝水库管理局内部机构设 11 个科室,人员编制为 433 名(含电厂人员编制 202 名)。

(2)1999 年 10 月 21 日,辽编发〔1999〕20 号文《关于成立辽宁省辽河防洪工程建设管理局的批复》,葠窝水库管理局人员编制由 433 名减至 412 名。

(3)2003 年 9 月 23 日,辽编办发〔2003〕168 号文《关于精简省水利厅事业单位空余人员编制的通知》,葠窝水库管理局人员编制由 412 名减至 345 名。

(4)2004 年 12 月 28 日,辽水人劳函〔2004〕110 号文《关于精简厅直事业单位空余人员编制的通知》,葠窝水库管理局人员编制由 345 名减至 319 名。

(5)2006 年 12 月 6 日,辽编办发〔2006〕391 号文《关于精简省水利厅所属部分事业单位人员编制的通知》,葠窝水库管理局人员编制由 319 名减为 300 名。

(6)2011 年 12 月 20 日,辽编办发〔2011〕229 号文《关于精简省水利厅所属部分事业单位人员编制的通知》,葠窝水库管理局人员编制由 300 名减为 251 名。

二、水库人员变化

(1)1984 年年底,省政府以辽政函〔1984〕16 号文批复葠窝发电厂与辽宁省葠窝水库管理处合并,成立葠窝水库管理局后,原葠窝水库管理处共有职工 185 人,其中干部 30 人(包括技术干部 13 人),工人 155 人;电厂 202 人,计 387 人。

(2)1987 年实际人数 355 人,2003 年实际人数 312 人,2004 年实际人数 307,2006 年实际人数 300 人,2011 年实际人数 235 人。

(3)2010 年 12 月,现有职工 235 人(内退 35 人,女职工 57 人)。其中,技术人员 119

人,工人103人,行政管理人员13人。三家下属企业分别为辽宁省葠窝镁碳公司、辽宁省葠窝水库衍水宾馆、辽宁葠窝水力发电有限责任公司,共计职工168人 。

第三节　劳动纪律与岗位标准化管理

一、劳动纪律

葠窝水库兴建时期,为提高劳动生产率,库区总指挥部采取劳动力组织军事化编制,劳动出勤实行定额管理的办法,有效地加强了劳动人事管理。

1974年10月,水库建成竣工,移交后的葠窝水库管理处属于水库的初期营运阶段,这时水库并没有把职工考勤和劳动纪律放在水库管理的首位,管理重心主要是完善管理体制,健全管理机制,偶有职工上班期间纪律涣散、迟到和早退的现象发生。

1984年,水库管理局制定了《考勤与请假制度(试行)》,期间相继采取科室考勤、月底计工,不定期查岗并与奖金挂钩等办法。

2000年,水库管理局制定了《葠窝水库管理局职工考勤与劳动纪律管理规定》,职工劳动纪律有了很大改观,并逐步走上了正轨。2009年年初,葠窝水库管理局领导把职工劳动纪律的管理和要求纳入了重要议事日程。从筑牢职工思想道德防线、改进工作作风入手,收到了增强法纪观念和遵纪守法的自觉性效果。2010年又制定了《葠窝水库管理局会议纪律考核管理办法》和《葠窝水库管理局工作日禁酒规定》,并且由局精神文明建设考核领导小组负责监督检查。

在强化劳动管理和严明纪律的同时,职工从思想观念到行为方式逐步改观,定时定量或提前超额完成工作任务在葠窝水库管理局已蔚然成风。

二、岗位标准化执行情况

自2007年开始葠窝水库管理局执行岗位标准化管理,内部采用竞聘和双向选择相结合的形式,制订合理的岗位分配方案,明确葠窝水库领导、中层干部、普通工作人员各自岗位标准,关键岗位能够做到持证上岗,使工作更加细化、量化,2010年制定了《辽宁省葠窝水库管理局岗位工作标准》,局长洪加明和全局每位职工签订了劳动聘任岗位聘用合同。提高了工作质量、优化了工作效率、增强了职工的岗位责任意识。

第四节　安全生产与管理

一、安全生产活动

葠窝水库管理局历届领导班子坚持把安全生产作为头等大事来抓,以“安全第一,预防为主,综合治理”的方针为指导。每年定期开展“安全生产月”活动,还开展了其他的“反习惯性违章”、“安全生产确认制”、“安全生产标准化”等安全活动。进一步落实责任、细化措施、强化管理,全局职工安全生产意识有了显著提高,实现了连续数年安全生产无事故。1995 年被水利部评为全国水利系统安全生产先进单位;2006 年、2007 年、2008 年、2010 年被辽阳市评为安全生产先进单位;2009 年被辽宁省水利厅评为安全生产目标管理先进单位;2010 年被水利厅评为安全生产先进单位。

二、安全生产网络建设

1984 年 11 月,成立了葠窝水库管理局安全生产委员会,截至 2010 年年底,局安全生产委员会成员调整 10 次。历次安全生产委员会由局长担任主任,副局长担任副主任,各科室负责人任委员,并设专、兼职安全员。2005 年 5 月,在安全生产委员会人员调整时成立了三个安全领导小组:交通安全领导小组、防火安全领导小组、网络安全领导小组。安全生产委员会及各领导小组都设办公室负责日常工作,建立了安全生产网络系统,由人事劳资处统一管理并负责。

三、安全工作责任落实

在加强安全生产管理过程中,葠窝水库管理局与局下属各单位每年签订安全生产责任书,明确了当年安全生产工作的重心和要点,并把安全生产“层层落实、责任到人”。制定了葠窝水库应急预案、完善葠窝水库管理局安全管理体系,编制《安全管理制度汇编》;同时,强化企业安全生产规范化建设,强化安全培训教育,提升职工安全技能和安全管理水平。水库管理局安全生产与管理工作已走上了良性发展的轨道。

四、劳动保护与用品发放

为保护职工在工作(生产)过程中的安全和健康,改善职工的生产防护条件,1984 年 12 月按照辽宁省劳动厅〔1964〕辽劳保字第 15 号《关于公布试行〈辽宁省国营企业职工个人防护用品发放标准〉的通知》和辽宁省水电厅下发的《辽宁省水利系统国营职工个人劳动保护用品标准(试行)》,结合水库管理局的实际情况制定了《职工劳动保护用品发放标准的规定》,建立了劳保品的发放、使用、保管制度;规定定期进行劳保品的发放和对高空、高强度、危险性作业防护器具的发放。

2006 年 9 月 14 日,为进一步加强劳动保护用品的管理,保证劳动保护用品的质量,根据辽宁省劳动局、财政厅、税务局《关于对职工个人劳动保护用品按金额进行控制的通知》(辽劳安字〔1990〕79 号),并结合水库管理局的实际情况重新制定了《关于职工个人劳动保护用品的管理规定》,建立健全劳动保护用品的购买、验收、保管、发放、使用、更换、报废制度;根据职业、岗位、工种、劳动条件制定了发放标准和使用要求;严格规定了购买要求和批准程序(由人事处、计财处和物业管理中心共同到三证齐全的定点经营单位或生产企业购买特种劳动保护用品;单项工程和特殊工作大劳保用品由有关部门提出申请,安全生产委员会批准后统一购买;保安服和水政服由局按权限批准后统一购买)。此标准应用执行至现在。实行劳动保护,在保护职工生产安全和健康的同时,对促进各项生产事业的发展,也起到了一定的保证作用。水库管理局职工个人防护用品标准见表 3-5-2。

表 3-5-2 职工个人防护用品标准(2006 年 9 月)

序号	品种	单防护服	棉防护服	棉短大衣	棉上衣	雨衣	单防护帽	皮毛手套	棉防护帽	单防护帽	防寒鞋	防护胶鞋	布(线)手套	绝缘手套	棉手套	防尘(毒)口罩	防护眼镜	防冲击眼镜	单绝缘鞋	备注
	单位	套	套	件	件	件	顶	副	顶	顶	双	双	副	副	副	个	副	副	双	
	使用期限	月	年	年	年	年	月	年	年	月	年	年	月	月	年	月	年	年	月	
1	大坝观测工	18	3	3	3	5	24	3	4	24	2	5			2			3		
2	电工	18	3	3	3	5	24	3	4	24	2	5	1	6					24	
3	电气焊工	18	3	3	3	5	24	3	4	24	2	5	1	6		1		3	12	
4	机船驾驶员	18	3	3	3	5	24	3	4	24	2	5	1	6			3			
5	司炉工	18	3	3	3	5	24	3	4	24	2	5	1				3			
6	仓库保管员	18	3	3	3	5	24	3	4	24	2	5								
7	通信工	18	3	3	3	5	24	3	4	24	2	5	2	6	2				24	
8	汽车驾驶员	18	3	3	3	5	24	3	4	24	2	5	1				3			
9	其他工作人员	18	3	3	3	5	24	3	4	24	2	5								

五、历年安全责任事故情况

水库管理局(处)历年安全责任事故情况见表 3-5-3。

表 3-5-3 葠窝水库管理局(处)历年安全责任事故一览表(2010 年 12 月)

时间	事故名称	发生事故原因	事故处理
1972 年 9 月 6 日上午 10 时	模板垮塌致人死亡	在 21 号坝段浇筑 103.5 m 高程混凝土时由于悬壁部位模板支撑不牢被压塌，造成孟兆荣、陈伟民、杨柏强三人死亡，还有一人重伤的恶性事故	
1982 年 10 月 6 日	车祸伤人	由朱喜勋驾驶的通勤车因大箱板折断摔伤 16 人(重伤 2 人、轻伤 14 人)的意外事故	
1986 年 4 月 9 日	乙炔罐爆炸事故	振兴汽车修配厂发生乙炔罐爆炸，造成佟恩博死亡	厂长赵德峰受行政记大过处分
1991 年 4 月 12 日	民宅失火	葠窝水库北沙住宅区陈书香家发生火灾，两户住宅烧光。原因是烟道附近木柱长期被电烤燃所致	

续表 3-5-3

时间	事故名称	发生事故原因	事故处理
1992 年 11 月 7 日	失火造成 14.458 万元损失	葠窝水库在辽阳市宏伟区四里庄原大修厂院内车库中停放的 2 台黄海牌大客车，于 0 时 30 分左右发生火灾，烧毁了 2 台大客车、4 间车库	
2006 年 6 月 11 日	肇磊电击受伤	12 时 20 分左右，肇磊用电锤打孔时，因电锤漏电造成触电，当场昏迷，头部流血	1. 报销住院期间和出院后的医药费、差旅费，还有护理费。 2. 水库管理局与肇磊签订长期临时工合同。待遇按其参加工作时间、职务层次和学历等参照在职人员

葠窝水库的安全管理工作经历了很多的曲折和磨难，有些同志在工作中因安全生产事故受伤，甚至死亡。但随着社会的发展、文化的进步，水库管理局正在尽最大努力把安全生产工作逐步推上规范化、标准化的轨道。

第六章　科技管理与学会建设

水库管理局在“科教兴水、科技兴库”的方针指导下，定期或不定期地组织开展职工教育与业务培训，不断提高技术人员的专业水平和综合素质。自1987年成立了辽阳市水利学会葠窝水库分会以来，水利学会在科技管理与科技人员之间就发挥着桥梁和纽带作用，能够把握机遇、迎难而上，带领技术人员根植于水库工程建设和管理实践之中，深入开展学术交流、技术考察调研、科技创新等学术活动。截至2011年年底，水利学会参与了水库一次和二次加固工程、发电厂技术改造和金属结构改造等工程，发挥了主力军的作用。共获科技进步奖8项，并荣获辽宁省水利学会第十届大会先进集体的荣誉称号。

第一节　科技队伍的构成与发展

水库管理机构成立初期，仅有少量科技人员。管理队伍中，只有党务和行政人员而缺少专业管理干部，随着水库事业的发展和科技工作的需要，各类专业队伍逐步壮大，在1983年“三查三定”期间，水库管理处共有职工185人（不含电厂），其中技术干部13人，仅占职工总数的7%，且只包含两三个专业。1989年12月底，职工总数已达370人，其中科技人员73人，包含水工、水文、电力、机械、化工、自动化、仪表、计算机、财会、统计、经济、档案、医疗等十几个专业，具备高级职称的有4人，中级职称19人，初级职称43人，具有大专以上学历11人，中专学历的31人；35岁以下青年科技人员28人，占科技人员的38%。他们朝气蓬勃，积极进取，是全局科技队伍的生力军；36～55岁中年科技人员42人，占科技人员的58%，他们多数是局内各级领导干部和技术业务骨干；55岁以上的仅3人，占科技人员的4%。科技队伍从总体上看，专业门类还不够齐全，缺乏电子计算机、微波通信和企业管理等专业人才。受过高等教育的科技人员比例偏小，总体素质参差不齐，不能满足水库管理与发展的需求。至2010年12月底，水库运行40年来，256名职工中，行政干部17人，专业技术人员已经达到119人。其中，教授级高级职称9人、高级职称40人、中级职称35人、初级职称35人。按学历层次分：具有研究生学历3人、本科学历42人、大专学历48人、中专学历31人。按年龄构成分：40岁以下的专业技术干部43人，占专业技术干部的36%；女职工人数已经达到59人，占总职工人数的23%。在向市场经济转换的过程中，科技队伍在不断充实和扩大，为水库的未来发展奠定了坚实的人力资源基础。水库管理局技术人员类别及人员统计见表3-6-1。

表 3-6-1 葠窝水库管理局专业技术人员统计一览表(2010 年 12 月) (单位:人)

类别	教高	副高	中级	助级	员级	合计
工程	5	34	28	12	4	83
经济	1	2	3	4		10
会计	2	2	1	7	3	15
审计	1					1
档案		2	1	2		5
统计			2	1		3
医学				1	1	2
总计	9	40	35	27	8	119

第二节 职工教育与培训

为进一步提高管理水平,提升职工队伍综合素质。水库管理局历年来分别采取学历教育、单项业务培训、冬学冬训、岗位技能大赛、岗位练兵、拜师认徒等形式,促进全体职工提高素质。

1994 ~2002 年,每年举行一次岗位技能大赛,涉及计算机、测量、财会、电气、电焊等 8 个专业,激励全局职工爱岗敬业、钻研技术、努力学习业务知识,8 年参加比赛职工共 330 人次。

自 2005 年开始, 在全局范围开展拜师认徒活动。召开拜师认徒大会,双方签订师徒合同,并定期评选优秀师徒。2005 年、2006 年、2008 年,共结成师徒对子 22 对。自 2009 年开始,葠窝水库管理局将冬学冬训纳入局双文明考核中,并下发《葠窝水库管理局冬学冬训实施方案》(辽葠水局字〔2009〕49 号),组织全局在岗职工利用冬闲时间,学习局内规章制度、业务技能和法律法规。2010 年接受教育培训 420 人次,其中外出培训 124 人次,内部培训 296 人次(冬学冬训 247 人次)。

一、技能培训

1989 年 12 月,葠窝水库管理局对在职职工队伍进行了调查统计,其结果表明,在职工人总数 277 人,其中,初级工(1 ~3 级)60 人,占总数的 21.7%;中级工(4 ~6 级)167 人,占总数的 60.3%;高级工(7 ~9 级)29 人,占总数的 10.5%,平均级别为 4.6 级。在 30 多个工种里,电力工人最多,85 人,占总数的 30.7%,主要分布在电厂和工程管理部门。岗位分布:技术岗位 195 人,占总数 70.4%;其他 82 人,占总数的 29.6%,分布在后勤、警卫等部门。

葠窝水库管理局历次工人晋级情况见表3-6-2。

表3-6-2　葠窝水库管理局历次工人晋级情况统计(2010年12月)　(单位:人)

时间(年·月)	晋级状况					备注
	小计	技师	高级工	中级工	初级工	
1995.09	122		25	61	36	逐级递升
1996.09	2				2	
1997.09	39	6	23	9	1	
1999.09	133	3	101	29		
2002.09	27	1	22	4		
2005.09	42	31	11			
2008.11	27	14	13			
总计	392	55	195	103	39	

二、继续教育

葠窝水库管理局1985年制定了《职工培训教育管理规定》,根据工作岗位和专业的需要,鼓励全体职工进行各类专业的培训学习。

1989年年底,共有18人取得大、中专文凭,分别向松辽中等职工专业学校、武汉水利专科学校选送两批成绩较好的应届职工子女代培,有5人取得毕业或结业文凭,并安置到专业匹配的工作岗位。

1990年以来,葠窝水库管理局鼓励和支持具有一定文化水平的党政干部、技术工人和大中专学校毕业的专业技术人员,通过自考、电大、函授等形式,参加水利工程、经济管理、财会、电力等10多个专业的学习。

1990年9月,葠窝水库管理局与大连理工大学签订技术服务合同书,对水库洪水优化调度模型及人员培训提供技术服务,局选派2名水库调度技术人员参加培训,学期2年;1990年11月,与辽宁省水利学校签订技术合同书,委托培训专业技术人才2名;1992年6月,与辽宁省水利学校签订联合办学协议书,每年招收1名葠窝水库管理局内部职工,进职工中专班脱产学习,并为葠窝水库管理局不能全脱产的职工提供接受继续教育机会;1993年科教处委培一名职工子弟到丹江口大学学习。

2010年,葠窝水库管理局下发《关于印发职工教育暂行规定的通知》(辽葠水局字〔2010〕56号)文件,明确在职教育的范围和方式、审批程序、培训费用报销程序等内容。截至2010年年底,全局共有93人参加后续学历教育。其中,硕士研究生4人、本科生42人、大专生48人、中专生31人。共有390人次参加特殊工种培训和短期业务培训。

第三节　学会建设与学术成果

一、学会机构与会员情况

早在1984年10月25日，就有李长久、李民春、刘洪庄、耿焰、孙宝玉、张文权、顾纯敏、苏文华、刘志杰等9名同志成为东北地区水利发电工程学会会员。

1985年2月，葠窝水库与汤河水库联合成立了辽阳市水利学会葠汤分会，并选举产生了理事会。为了便于学术活动，于1987年经辽阳市水利学会同意，成立了辽阳市水利学会葠窝水库分会，选举产生了第一届理事会。苏文华任理事长，李长久任副理事长，耿焰任秘书长，刘少文、袁世茂、顾纯敏、李民春任理事，同时制定了年度活动计划，并吸收会员34名。1995年3月25日，加入辽宁省水利学会，成立了辽宁省水利学会葠窝水库分会。通过了学会理事会人员组成，共吸收会员52名。至2010年年底，共有会员118名，全部为辽宁省水利学会会员，其中59名同时又是中国水利学会会员，其中教授级高工10名、高级工程师41名、中级职称35人，专业涉及水利、电力、计算机、财务、经济、统计等各个领域。辽宁省（辽阳市）水利学会葠窝水库分会历届理事会人员组成情况见表3-6-3。

表3-6-3　辽宁省（辽阳市）水利学会葠窝水库分会历届理事会人员组成情况（2011年4月）

届次	时间	学会职务	名单	名称
第一届	1987年至 1993年4月	理事长	苏文华	辽阳市水利学会 葠窝水库分会
		副理事长	李长久	
		秘书长	耿焰	
		理事	刘少文、袁世茂、顾纯敏、李民春	
第二届	1993年4月至 1995年3月	理事长	王保泽	
		副理事长	贾福元	
		副理事长 兼秘书长	袁世茂	
		理事	李长久、李民春、孙宝玉、陈广符	
第三届	1995年3月至 1996年3月	理事长	李广波	辽宁省水利学会 葠窝水库分会
		副理事长	贾福元	
		副理事长 兼秘书长	袁世茂	
		副秘书长 兼秘书	杜廷君	
		理事	李长久、李民春、孙宝玉、陈广符、黄柱台	
第四届	1996年3月至 1998年12月	理事长	贾福元	
		名誉理事长	吴士吉	
		副理事长	袁世茂、李长久、齐勇才	
		秘书长	杜廷君	
		秘书	刘桂丽	
		理事	李民春、李道庆、于俊厚、陈杰新	

续表 3-6-3

届次	时间	学会职务	名单	名称
第五届	1998 年 12 月至 2011 年 4 月	理事长	贾福元	辽宁省水利学会葠窝水库分会
		副理事长	陈广符、齐勇才、王远迪	
		秘书长	杜廷君	
		副秘书长	王远迪	
		秘书	刘桂丽	
		理事	李道庆、于俊厚、慕兵、王爱文、崔永生	
第六届	2011 年 4 月至今	理事长	洪加明	
		副理事长	王健	
		副理事长兼秘书长	李道庆	
		秘书	赵静	
		理事会成员	洪加明、王健、王远迪、朱洪利、宋涛、李道庆、朱明义、周文祥、吴登科、张元增、张晓梅、郑伟、白子岩、孙忠文	

二、学术活动与论文成果

1988 年 12 月，葠窝水库水利学会召开了第一届会员大会暨学术交流会，会上收到学术论文 62 篇，其中 6 篇在会上进行了交流，评出 31 篇优秀论文，有 4 篇论文向上级学会进行了推荐。1990 年 2 月，召开了第一届第二次会员大会，收到学术论文 27 篇，其中 8 篇被评为优秀论文，有 4 篇推荐到上级学会，8 篇论文被辽阳市水利学会入选，其中获一等奖 2 篇，二等奖 2 篇，三等奖 4 篇。2004 年至今共有 13 篇论文获辽宁省自然科学优秀论文奖。其中，一等奖 2 篇，二等奖 5 篇，三等奖 6 篇。经学会推荐在国家二级以上专业学术刊物发表论文 146 篇。

1995 年以前，学会的科学研究工作技术力量比较薄弱。1995 年以后，结合水库实际开展科学技术研究，于 1996 年 4 月成立葠窝水库管理局“科教兴水”领导小组，并出台了科技成果管理与奖励办法，将科技创新纳入到局物质文明建设考核，使得“科教兴水”工作卓有成效。为使科技成果申报与评审更加规范化，1997 年 4 月成立科技成果评审与申报委员会，并获得多项科技进步奖。葠窝水库历年科技成果获奖项目情况见表 3-6-4。

三、学会调研与科技引进

（一）学会积极组织会员参加和尝试多层次的学术考察

1999 年到丰满、云峰、白山、太平湾电站进行溢流堰面加固方案调研；2001 年到潘家口、凌津滩水库对大坝安全监测自动化系统进行调研；2003 年到河北桃林口对水库环境建设进行调研；2003 年到北京水科院对混凝土病害处理技术进行学习调研；2003 年去南京国电自动化研究院、南京南瑞集团公司、武汉华工电气自动化有限公司进行电厂自动化改造等项目考察;2005 年学习浙江赋石水库先进的自动化、数字化管理手段;2007 年到碧流河、大伙房、铁甲水库进行冬季吹冰方案的调研。2007 年 2 月 15 日,葠窝水库作为辽宁省科普教育基地和辽宁省青少年关心下一代爱国主义教育基地,接待了国内、省内水利科研、设计、管理、学校等单位人员考察团队。

表 3-6-4 葠窝水库历年科技成果获奖项目一览表(2011 年 12 月)

编号	成果项目名称	获奖日期	获奖等级	授奖部门
1	《膨胀浆塞法大坝横缝堵漏技术》	1998 年 4 月	辽宁省水利厅科技进步一等奖	辽宁省水利厅
		1998 年 10 月	辽宁省政府科学技术进步二等奖	辽宁省政府 辽宁省科委
2	《人事档案管理信息系统》	1999 年 6 月	辽宁省档案局科技进步二等奖	辽宁省档案局
3	《退水阶段库水位调度技术研究》	2005 年 8 月	辽阳市人民政府科技进步一等奖	辽阳市政府 辽阳市科委
4	《葠窝汛限水位动态控制和预报调度方式的研究》	2007 年 4 月	辽宁省水利厅科技进步一等奖	辽宁省水利厅
		2007 年 12 月	辽宁省人民政府科学技术进步三等奖	辽宁省政府
5	《太子河流域葠窝水库防洪安全动态监控系统的创建与联合运用研究》	2007 年 7 月	辽阳市人民政府科技进步一等奖	辽阳市政府 辽阳市科委
6	《闸门边导板修复与保护技术》	2009 年 6 月 4 日	辽宁水利科学技术进步二等奖	辽宁省水利厅
7	《葠窝大坝外部变形监测分析评价系统的研究与应用》	2009 年 6 月	辽阳市人民政府科技进步一等奖	辽阳市政府 辽阳市科委
8	《葠窝水库供水调度动态监控系统的创建与应用》	2011 年 6 月 27 日	辽阳市人民政府科技进步一等奖	辽阳市政府 辽阳市科委

(二)在技术引进方面比较稳妥和超前

2000 年在水库大坝二次加固工程溢流面补强项目中,引进了北京水科院的 SPC 薄层砂浆修补技术。在水库大坝二次加固工程激光位移观测项目中,引进了大连理工大学的专利“ CCD 摄像和计算机数字图像处理技术”;2008 年在闸门边导板锈蚀处理项目中,引进了美国“贝尔佐纳”超级金属修补材料;2005 年在混凝土坝裂缝处理及防渗堵漏项目中,引进了美国“膨内传”原装“水泥基渗透结晶型防水材料”、韩国的“结晶渗透”裂缝处理材料、杭州院“水溶性聚氨酯”化灌材料和“HK－1型”嵌缝材料。

(三)科技创新

2011年在科技创新上涌现出了水情调度的“流量—闸门开启—机组负荷瞬时调度表”和电力公司的“EPS电源改造”等创新项目,为推动学会的发展注入了新的动力,并激发了新的活力和学术建设目标。

水库管理局在运用新技术、新材料、新工艺的同时,兼顾积极稳妥的引进措施,成功解决了病险水库加固、金属结构改造中的许多技术难题,保证了主体工程安全。同时,水库管理的自动化水平也有了很大提高,成功地实现了水情测报、闸门控制、视频监视、激光观测、办公网络、部分远程供水计量等现代化管理手段,水库调度也由“实时调度”改为“预报调度”模式,提高了水库防洪安全和兴利效益。

第七章　档案管理与开发利用

加强档案管理是翔实体现葠窝水库生产建设、经营管理、事业发展历史见证的重要保障措施。葠窝水库的档案管理工作,经历了一个从无到有、从分散到集中、从集中到规范的发展过程。截至2010年年底,水库管理局库存档案4 511卷、1 968件。1999年获辽宁省档案局科技进步二等奖1项,2004～2010年获辽宁省档案局科技成果奖7项,2004～2006年获辽阳市档案科技信息资源开发一等奖5项。

第一节　档案管理与发展

一、全宗介绍

全宗Ⅰ,是已被撤销合并的原葠窝发电厂形成的档案。档案年限为1974年至1984年5月。

全宗Ⅱ,是已被撤销合并的原葠窝水库管理处形成的档案。档案年限为1974年至1984年5月。

全宗Ⅲ,是1984年5月葠窝水库管理局成立以后形成的档案。

二、沿革与管理

由于葠窝水库修建在"文化大革命"时期,没有正式履行竣工验收移交手续,因此工程技术档案也没有履行正式的移交,接管初期的技术资料并不完整。1974年年底,辽阳市葠窝水库管理处成立了档案资料室,此时的档案虽有实体存在,但并不十分系统和规范,因此配备了专人整理档案、管理图书。期间隶属科室有所变化,曾隶属于工程科、总工办、办公室、总工办、工程技术部,1987年成立综合档案室;1989年档案管理工作逐步走上了正规,开始加大力度整顿档案工作,共整理科技档案321卷、财务档案754卷、文书档案97卷、人事档案120份、备查科技资料345盒。1990年10月,经省档案局评审,水库管理局晋升为省二级档案工作先进单位。1991年8月,整理各类档案2 816卷,其中科技档案381卷、底图399张、军用地图66份137张、文书档案527卷、财务档案240盒(1 887卷)、声像档案21卷。1991年10月,经省档案局评审,水库管理局晋升为省一级档案工作先进单位。2010年年初,档案工作划归局办公室统一管理,图书归入工会"职工之家",为全局职工提供服务。

1988年10月成立档案鉴定委员会,1992年、1995年、2010年进行了三次调整。1995年成立葠窝水库保密工作委员会,1997年3月进行了调整。1989年建立了兼职档案员网络系统,期间有过三次调整。

水库竣工后截至2010年年底,文书档案销毁两次:2006年3月销毁长期档案134卷

(1975～1986年)、短期档案383卷(1975～1991年);2010年销毁长期档案32卷(1987～1989年)、短期档案95卷(1992～1995年)。财务档案销毁五次:1998年销毁会战期间(1970～1979年)2 924册;2001年销毁(1980～1985年)1 052卷;2005年销毁(1985～1989年)113卷;2008年销毁(1990～1992年)544卷;2010年销毁(1993～1994年)328卷。

截至2010年年底,水库管理局档案室馆藏各类档案:科技档案771卷、备查科技档案113卷,底图399张、军用地图66份137张、照片档案36卷、录音(像)108盒、文书档案979卷(2004年以前),按件计算1 432件(2004年以后),财务档案2 504卷。

各类档案科学分类,合理组卷、排列、编目。按照档案管理业务要求编制各类检索工具22本,健全规章制度6项,制定和修订档案管理规范12项,定期完成档案归档监督指导和安全检查工作。1991年开始尝试进行档案目录自动化管理,2000年开始进行档案数据(目录级)和各类管理规范局域网建设。

三、人事档案

1974～1998年人事档案管理隶属于人事科,1998年年底至2006年按综合档案统一管理的规定,由工程技术科综合档案室统一管理,管理期间按照中组部干部档案管理规范整理,进行标准化管理,整理干部档案114卷、工人档案124卷、退休档案68卷。2006年4月至2010年年底归属人事劳资部管理,并设有专职的档案管理人员,进一步强化了人事档案的标准化管理,截至2010年年底,共有干部档案136卷、工人档案120卷、退休档案156卷。

第二节　档案利用与开发

一、档案提供利用

(1)当好局领导的助手和参谋,为局领导提供准确、有价值的信息。如领导离任审计、固定资产评估、水利工程基本建设项目专项资金审查使用等。

(2)发扬奉献精神,为全局职工提供信息和咨询服务。如成果申报、撰写论文、晋升职称、业务参考、编史修志等。

(3)做好并健全利用登记工作。使有关发挥显著经济效益的事件和人物在档案利用登记簿中有详细的记载,并有实例分析。截至2010年年底,已有利用实例256例,调阅档案近2万次,利用人次17 000余次。典型应用:减免葠窝水库淹没区动迁赔偿费296.733万元;档案室配合局事业变企业固定资产清产核资工作,利用财务档案,间接创造效益160万元。

二、编研工作

为使档案工作进一步为葠窝水库供水、发电、工程管理等各项工作更好地提供利用和服务,同时也是档案管理工作的要求,主要有以下编研:按照档案升级和档案管理的要求编制《葠窝水库档案工作制度资料汇编》;配合水库管理局固定资产管理,便于电厂生产检修利用,编写《葠窝发电厂主要机电设备规范》编研资料;为更好地发挥文书档案利用效果,方便全局职工利用,编写《葠窝水库干部任免、机构调整、职称聘任》汇编;加大档案工作宣传力度,强化档案管理质量,编写《葠窝水库档案工作业务建设和规范》;每年续编水库历史沿革、基础数字汇编、重要会议简介、档案利用实例、成果简介、档案信息开发及利用效益综合分析汇编材料。

三、成果与信息资源开发

档案人员根据档案理论和实际工作经验,独立研制开发或参与以下获奖科技成果项目:1999 年 8 月《人事档案管理信息系统》软件开发工程获辽宁省档案局科技进步二等奖;2005 年 7 月“工程档案在水利工程建设管理中的社会经济效益研究与分析”项目获省档案局科研成果一等奖;2006 年 7 月“水利工程基本建设项目的管理与研究”项目获省档案局科研成果二等奖;2007 年 7 月“档案在固定资产评估中价值体现的分析与对策研究”项目获省档案局科研成果二等奖;2008 年 7 月“电子文件开发利用管理模式的研究”项目获省档案局科研成果二等奖;2008 年 7 月“水利档案事业建设可持续发展的研究”项目获省档案局科研成果三等奖;2010 年 7 月“档案信息资源共建共享策略研究”项目获省档案局科研成果一等奖。2004 ~ 2006 年“葠窝水库水利工程土地确权”、“葠窝水库水情自动化工程”、“葠窝电站原设计图纸再次开发利用”、“葠窝水库除险加固工程”、“固定资产清查核资”五个项目获辽阳市科委、计划委员会、档案局等单位档案科技信息资源开发一等奖。

第八章　职工福利待遇

“以人为本”始终是葠窝水库历届党政领导治库理念的核心，关心职工生活、丰富职工文化，并且把福利待遇作为维持、改善、提升职工物质和文化生活水平的基本保障。如兴建职工宿舍、购买福利住房、发放房改和公积金补贴、缴纳社会保险、安置子女就业、发放奖金与福利费等，同时加强对离退休老干部待遇和活动的管理。职工的物质和文化生活水平都有所提升，对增强职工与水库同荣共辱的责任感与使命感，起到了一定的积极促进作用。

第一节　职工住房与生活服务

一、住房建设

职工福利住房包括葠窝地区房屋建设和辽阳市内福利购房两大部分。库区福利住房有平房32栋147户，面积7 529.69 m²；库区楼房2栋35户，面积2 162.56 m²。辽阳及沈阳福利购房住宅楼200户，面积12 644.79 m²。职工福利分房详细情况见表3-8-1、表3-8-2。

表3-8-1　库区房屋建设统计表(2010年12月)

房屋位置	栋数	户数	建筑时间	面积(m²)	产值(元)
库区南沙	1	5	1974年	251.10	28 601.37
库区北沙	4	16	1974年	815.28	194 921.76
库区南沙	4	23	1975年	1 216.60	213 946.24
库区北沙	5	20	1975年	1 019.10	284 227.84
库区北沙	3	13	1976年	668.34	132 240.00
库区南沙	2	11	1977年	559.20	159 914.39
库区北沙	2	9	1978年	407.64	120 987.17
库区北沙	3	12	1979年	611.46	225 633.11
库区南沙	1	4	1980年	235.53	59 934.54
库区北沙	2	8	1981年	407.64	154 280.00
库区南沙	2	11	1982年	557.90	87 965.04
库区南沙	2	11	1986年	579.02	152 323.88
库区南沙	1	4	1987年	200.88	76 050.00
库区南沙	1	27	1993年	1 587.40	745 000.00
库区北沙	1	8	1975年	575.16	160 998.00
平房合计	32	147		7 529.69	1 891 025.34
楼房合计	2	35		2 162.56	905 998.00

表 3-8-2　市内职工福利分房统计表(2010 年 12 月)

分配时间	分配面积(m^2)	分配户数	备注
1984 年	1 643. 53	28	
1986 年	1 153. 40	20	
1987 年	138. 00	2	
1989 年	1 272. 25	21	
1993 年	3 648. 00	62	
1994 年	1 669. 48	24	
1995 年	802. 70	9	
1996 年	1 884. 95	28	
1997 年	79. 16	1	
1998 年	127. 79	1	
1987 年	33. 97	1	沈阳
1994 年	100. 56	2	沈阳
1995 年	91. 00	1	
合计	12 644. 79	200	

二、职工住房改革

(一)房改和货币分房

2007 年,根据辽宁省水利厅关于厅直属单位实行职工住房货币化改革的会议精神,依据《关于进一步深化城镇住房制度改革的通知》(辽市政办发〔2001〕37 号)、《辽阳市机关事业单位住房分配货币化实施方案补充规定》(辽市政办发〔2002〕38 号)、《辽阳市住房分配货币化有关政策修改补充规定》和《关于做好省直水库住房分配货币化工作的通知》(辽供水〔2007〕4 号)文件规定,2007 年 6 月,第一批葠窝水库离退休职工 220 人,补贴额5 053 314. 52 元;2009 年 1 月,第二批葠窝水库在职职工 198 人,补贴额5 876 959. 38 元;2010 年 6 月,第三批水库电厂企业合同制 15 人,补贴额 453 750. 00 元。

(二)职工住房公积金

职工住房补贴按照有关标准规定,首次缴存公积金是 1996 年 10 月,同时补缴 1993 年 7 月至 1996 年 9 月住房公积金。根据 1993 年辽阳市住房公积金管理办法实施细则,1993 年 7 月至 1996 年 6 月公积金缴存额为月标准工资的 5%。

1996 年 7 月至 1999 年 1 月,根据辽阳市住房资金管理中心《关于住房公积金缴存基数比例调整的通知》,将缴存基数由原来标准工资调整为月工资总额,单位和个人各按 3% 比例逐月缴存。

1999 年 2 月至 2001 年 8 月,调整为工资总额的 5%;2001 年 9 月至 2003 年 12 月调

整为工资总额的8%;2004年至2011年年底调整为工资总额的15%;2009年工资总额里含13个月工资;2010~2011年工资总额含奖金。

三、生活服务

(一)办公环境改善

为改善职工办公条件和环境,葠窝水库库区办公楼于1986年建成,面积1 973.60 m^2,6层混合楼,产值1 823 606.00元;辽阳办公楼地处辽阳市中华大街四段158号,总建筑面积7 346.76 m^2,葠窝水库于1996年8月购入,当时价格1 800万元。1998年对办公楼全部进行了装修,2009年进行了消防系统改造,2008年对全局职工办公桌椅进行了更换。

(二)独身职工宿舍

为改善新毕业学生和独身职工住宿条件,库区北沙1980年建成独身楼,面积611.80 m^2,二层混合结构,产值233 881.27元;库区南沙独身楼1993年建成,面积428.84 m^2,二层混合结构,产值263 630.29元。

(三)煤气和取暖供应

库区住平房职工每年单位发给煤补,1996年前,每年每户150.00元;1997~2008年,每年每户250.00元;2010年以后,每年每户1 100.00元。市内及弓长岭住楼的职工,按辽阳市取暖费政策报销取暖费;库区住宅楼局里统一供暖。市内住楼房职工每户报销一次煤气初装费。住平房的职工2009年前,每户配备液化气钢瓶2个,每月每名职工发给10.00元液化气补助。

(四)工作餐

葠窝水库库区和辽阳两地都为职工提供工作餐,库区办公职工在葠窝食堂就餐,市内办公职工在宾馆餐厅就餐,职工每餐自费2.00元,单位早餐补助3.00元,中餐补助4.00元。

(五)职工通勤车

为解决职工到水库上班通勤困难,1985年购入丹东、黄海两台客车作为通勤车;1994年更新又重新购入2台丹东、黄海客车;2007年4月,电厂黄海通勤车更换为金龙客车;2008年4月,水库黄海通勤车更换为金龙客车。

(六)福利发放

每位职工每年劳动保护品260元;福利费2000年前,每位职工每年有1 000~1 500元(含实物);2001年后,每位职工每年有2 000~2 500元(含实物)。

(七)奖金分配与发放标准

葠窝水库管理局为调动全局职工的工作积极性,建立健全激励机制,制定了职工综合奖分配具体办法,综合奖与葠窝水库双文明考核挂钩并倾斜生产一线职工,综合奖与年底评先和中层干部考核挂钩。另外,部门奖金总额在确定基数的前提下,双文明考核名次在奖金基数的基础上每相邻名次人均加减30元,得数为部门固定分配奖金额度。

(八)卫生医疗

1974年建库同时成立水库卫生所,1996年撤销。2000年前职工住院药费报销,工龄

25 年以下的按住院药费的 85% 报销，工龄 26 年以上的按住院药费的 90% 报销；退休职工按住院药费的 95% 报销；离休的 100% 报销；工伤职工按住院药费的 90% 报销。水库每年按每名职工工龄不同发给相应的门诊药费。2001 年后，全局职工参加了辽阳市医疗保险，参加保险后职工医疗费用按《辽阳市城镇居民基本医疗保险办法》执行。水库每年按每名职工工龄不同发给相应的门诊药费，住院职工医药费一个年度内自己承担费用超过 2 000 元，执行《葠窝水库职工补充医疗保险暂行办法》的规定。

（九）子女考学教育奖励

为激发葠窝水库管理局职工子女的学习积极性，培养社会有用人才，葠窝水库管理局制定了子女考学教育奖励办法，考取研究生奖励 2 000 元，本科奖励 1 500 元，专科奖励 1 000 元。

第二节　社会保险与就业安置

一、养老、失业、医疗保险

葠窝水库管理局于 1993 年为 321 名职工上缴失业保险，参保金额 2 131.2 元。由于特殊的历史原因，省直事业单位失业保险从 2004 年已暂缓缴费。根据辽人社发〔2010〕22 号文件的通知，补缴 2010 年 12 月 31 日前欠的失业保险。2011 年 12 月为全局 236 名职工上缴失业保险金额为 210 204.17 元，根据辽劳社发〔2004〕19 号文件，2004 年为 310 人办理了养老保险，上缴缴费金额为 1 006 955.40 元；2002 年为 319 人办理了职工医疗保险，参保金额为 388 675.29 元。

二、大集体

1984 年辽宁省葠窝水库管理局劳动服务公司有 49 人（其中辽宁省葠窝水库青年综合服务公司 32 人，葠窝发电厂综合服务队 17 人）。1986 年建碳素厂时又安置了 29 人。为解决水库管理局待业青年安置问题，经水库管理局党委扩大会议研究决定，1999 年度招收集体所有制固定工人 50 人。截至 2010 年年底，在职集体职工 171 人，退休 27 人，职工总数 198 人。

参加养老、失业和生育保险的职工 164 人，参加医疗保险的职工 163 人，年参保险金额 108 万元。

三、就业安置与农转非

1980 年葠窝发电厂为解决职工子女就业，安置职工子女 30 人；1980 年水管处安置职工子女就业 26 人；1987 年辽宁省葠窝水库管理局解决职工子女就业 15 人。

葠窝水库管理局参照辽政〔1987〕32 号文件《关于东北电业管理局系统部分农转非问题》的批复精神，在电厂和大坝生产工人中解决 21 名职工家属农转非问题。1993 年解决农转非 75 户、75 人；1995 年解决农转非 73 户、144 人。

第三节　离退休人员管理

一、离退休人员结构与分布

离退休人员由离退休职工、预退职工及精简下放退职职工组成。离退休办公室对离退休人员实行统一管理、自主活动为主。1993 年 4 月成立离退休办公室,2010 年 5 月设立离退休办专职党总支书记。在职工作人员从最初 2 人增至 7 人,截至 2010 年年底调整为 5 人。离退休办公室设主任 1 人、书记 1 人、工作人员 3 人。离退休党总支设总支书记 1 人,总支委员 4 人,下设三个支部,由三位退休总支委员兼任支部书记,协助离退休办公室做好离退休人员日常管理和文体活动的组织开展。

离退休人员在外市居住 6 人、葠窝库区居住 30 人、辽阳市内居住 178 人,另有精简退职职工在册 386 人分布在全国各地。1993 年年底离退休人员为 66 人。至 2010 年年底,有离休干部 1 人(已故 9 人)、退休职工 165 人(已故 45 人)、预退职工 48 人(已故 6 人),合计 214 人。年龄结构:80 ~ 85 岁 9 人、70 ~ 79 岁 53 人、60 ~ 69 岁 94 人、42 ~ 59 岁 58 人,精简退职职工最小的年龄为 72 岁。享受副处级以上待遇干部 15 人。

1986 年 4 月 15 日,按辽政发字〔1985〕24 号文件,关于解决 20 世纪 60 年代精简下放职工的生活补助费问题的精神,省水电厅决定,原葠窝水库工程局下放人员的生活补助费,由葠窝水库管理局负责。核定人数为 581 人,每年生活补助费 17 万元。截至 2010 年年底,有 20 世纪 60 年代精简退职职工 386 人,每年发放生活费合计 1 018 656 元。

二、离退休职工福利

离退休职工工资待遇根据国人部发〔2006〕60 号文件《关于机关事业单位离退休人员计发离退休费等问题的实施办法》的通知规定实行全额发放;预退人员享受在职职工工资待遇,福利待遇与在职职工等同。从 1995 年起,单位每年坚持为每位退休职工发放老干部基金,总计 1.4 万元。根据省政府文件对精简退职职工实行一年两次的生活困难补助费的发放,不享受单位的福利待遇。

离退办认真贯彻党和国家离退休管理工作的方针、政策,落实老干部两个待遇:一个是坚持向老同志通报情况制度,及时传达上级文件精神和局各项决议、决定;另一个是重要会议、重大活动邀请老干部参加。为了丰富离退休职工的文化生活,还为离退休干部订阅了《辽宁日报》、《辽阳日报》、《晚晴报》、《辽宁老年报》、《老同志之友》报刊杂志。

三、其他福利

(1)春节、中秋节、重阳节期间坚持走访慰问制度,到离退休老干部家中进行走访慰问,并看望慰问长期病号、有病住院的退休职工及老干部遗属。每年春节单位都拿出一定救助资金,用于退休困难职工的“送温暖”活动。

(2)对待老干部的特殊困难,采取特殊的政策,特事特办(曾为离休老干部发放特需费 500 元、护理费 600 元、电话费 40 元)。

(3)从2006年开始每年坚持为80岁老人送生日蛋糕祝寿。

四、活动与设施

2010年8月经过维修改造后的离退休职工活动中心正式启用,集学习、休闲、娱乐、健身为一体,宽敞明亮、整洁美观、功能设施齐备(按摩椅、跑步机、足疗器、健身器、台球、乒乓球、麻将、象棋等)。为丰富葠窝库区退休职工业余文化生活,利用闲置空地改造扩建健身娱乐场地,安置健身活动器材;在局库房紧张的情况下为他们提供固定活动室,闲暇时间可以进行娱乐活动。组织活动主要采取对内和对外有效结合的办法,组织参加辽阳市和水利厅举办的升级扑克、门球、象棋和竞技麻将等项目的比赛,获市级以上奖励35项。

第九章　大坝工程保卫与治安管理

水库建成40年来,大坝重点工程保卫和水库治安管理人员,始终坚守在工程守卫和水库治安第一线,吃苦耐劳,无私奉献,保证了大坝主体工程的安全护卫和水库秩序的安然稳定,得到了社会和水库管理局历届领导的肯定与认可。曾连续多次授予保卫科先进集体和先进党支部荣誉;1987 年获辽阳市弓长岭区公安保卫先进单位和弓长岭区政府政法工作先进集体称号;2008 年,保卫处被辽宁省公安厅授予奥运安保集体三等功;2009年,保卫处被辽宁省公安厅授予国庆安保集体先进单位称号。

第一节　大坝工程保卫

葠窝水库管理处自 1974 年成立以来,在坝上和电厂分别设置了警卫室,由保卫人员昼夜值班、巡查,对保护水库大坝、闸门、电站主体工程的安全起到了至关重要的作用,从而保证了水库枢纽建筑物的安全。1974 年 10 月成立葠窝水库管理处,保卫工作由政工科代管。1976 年保卫工作从政工科分离出来,组建了保卫科,受辽阳市公安局经文保二处领导,保卫科首任正、副科长由王勇新、富怀珠担任,大坝警卫由保卫科领导。1994 年以前保卫科与派出所同时存在,只是隶属关系不同,对内是保卫科,对外是派出所,受不同的上级部门双重领导。1987 年 12 月,经辽阳市公安局批准,工程保卫人员改为经济民警,成立了葠窝水库经济民警小队,编制为 15 人,隶属葠窝水库管理局保卫科领导。由于警力不足,1989 年经辽阳市公安局批准又增加 2 名经济民警。1996 年,经辽阳市公安局支队同意增加经警编制 20 名,设辽阳办公楼经警编队,并有专职队长。2000 年保卫处的经济民警转为保安,保留保安人员 10 人(其中 5 名协警)。2001 年保卫科更名为保卫处。保卫处共有 10 名保安,设坝南、坝北、山门 3 个固定警卫点。2010 年 7 月,葠窝水库管理局建立了警务工作站,警务工作站常驻警察 4 名,葠窝水库协警 9 名,负责水库库区秩序维护、治安管理和刑事案件侦破。

此外,水库管理局领导对大坝工程保卫人员除加强武器装备的配置外,还着重抓队伍建设,组织人员培训,开展思想教育和法制教育,建立健全安全保卫制度,落实岗位责任制,全面实行目标管理。

第二节　水库治安管理

1980 年 10 月,为加强水库的治安保卫工作,经辽阳市公安局及辽阳市编制委员会同意,以辽市编发〔1980〕40 号文《关于成立辽阳县葠窝水库治安派出所批复》成立葠窝水库治安派出所,隶属辽阳县公安局领导,编制暂定 5 人。1984 年 3 月,辽阳县公安局葠窝水库治安派出所划归辽阳市弓长岭区公安分局领导。治安管理工作,除由专管部门负责外,1985 年 6 月,水库还建立了安全治保组织,由负责治安工作的局领导牵头,吸收居民委员会和村屯负责人组成安全治保委员会,科室设兼职安全员。1985 年 8 月为加强水库治安力量,辽宁省水利厅以辽水电字〔1985〕178 号文批复,同意葠窝水库治安派出所编制由现在的 5 人增加到 10 人,因此从水库内部选调何跃顺等 5 名同志为派出所民警。葠窝水库治安派出所管辖区域及职责:维护库区、坝区、厂区、办公区、家属住宅区以及涉外的辖区社会治安,确保生产工程秩序及要害部位安全。1993 年全国企事业公安系统整顿,实行警衔制,葠窝水库治安派出所逐渐和地方公安脱钩,1994 年取消葠窝水库治安派出所,派出所相关职能和业务随之取消。

水库治安管理工作在水库管理局党委和上级公安部门的领导下,在水库保安卫士的共同努力下,依靠广大群众,为维护本地所辖范围的治安秩序,保护水库和所辖区域人民生命财产安全做出了很大的贡献。

第四篇　党群建设与荣誉典范

志书此篇主要记述党委、纪检委、工会、共青团的组织建设和活动要点；收录了水库集体和个人历年重要荣誉、建库先锋典范事迹等内容。

葠窝水库管理局党委以提高领导班子执政能力为目标，加强自身建设。领导班子团结务实，围绕全局经济建设和工作重心，充分发挥党的政治核心作用，领导纪检委、工会、共青团积极有效地开展了各项工作。在实施铸造团队精神、提升企业文化、树立水库形象、增强水库实力等创建工程中，深入开展了“争创文明单位”、“创先争优活动”、“重温入党誓词”、“典型示范与宣传”、“社会治安综合治理”、“思想道德建设”、“落实科学发展观”、“党风廉政建设”、“创建职工之家”、“扶贫帮困温暖工程”、“民主管理”、“企业文化建设”等系列主题实践活动，效果显著。这些实践活动充分调动了广大职工为水库无私奉献的积极性和创造性，不断开创水库管理局建设和发展的新局面，培养和形成了具有葠窝水库特点的“团结奋进、开拓创新、务实奉献、争做一流”的企业精神，对水库工作走上制度化、规范化、程序化的发展轨迹和营造风正气顺、心齐劲足的团结统一政治氛围，起到了一定的促进作用。

葠窝水库管理局先后荣获了“辽阳市先进党委”、“辽阳市模范职工之家”、“辽宁省思想政治工作先进单位”、“辽阳市厂务公开先进单位”、“全省水利系统文明单位”、“全省水利先进单位”、“辽宁省文明单位标兵”、“辽宁省先进集体”、“辽宁省文明单位”、“松辽流域水库管理先进单位”、“全国水利系统水利管理先进单位”、“全国水利系统安全生产先进单位”、“全国安康杯竞赛优胜单位”等荣誉称号。

第一章　党务工作

葠窝水库管理局党委以经济建设为中心，以建设和谐葠窝、创建文明单位为目标，坚持解放思想、实事求是、开拓进取，为水库的管理和建设提供精神动力与智力支持，使水库不断取得新的业绩和成就。党政和谐互助，干部廉洁勤政，对塑造葠窝水库“团结奋进、开拓创新、务实奉献、争做一流”的企业精神和两个文明建设起到了一定的推动作用。为辽宁省水利事业的繁荣和发展作出了应有的贡献，在水库全局范围内，呈现出“团结、文明、友爱、务实、创新、奋进”的工作局面和良好氛围。

第一节　党组织沿革

1984年9月14日，成立首届中共辽宁省葠窝水库管理局委员会，党员大会选举产生书记刘洪庄，5名党委委员，隶属于中共辽阳市农业系统直属企事业委员会；1990年12月27日，成立第二届委员会，选举产生书记杨志文，9名党委委员，1991年11月8日，王保泽任副书记；1996年2月14日，成立第三届委员会，选举产生书记邵忠发，9名党委委员，隶属于中共辽阳市农委委员会；2001年3月8日，成立第四届委员会，选举产生书记马俊，7名党委委员，2002年3月7日以后，委员会隶属于中共辽阳市委组织部；2004年6月23日，成立第五届委员会，选举产生书记马俊，9名党委委员；2007年5月22日，成立第六届委员会，选举产生书记洪加明，11名党委委员。中共辽宁省葠窝水库管理局历届党委书记和党委委员一览表见表4-1-1。

表4-1-1　中共辽宁省葠窝水库管理局历届党委书记和党委委员一览表

<table>
<tr><th>届次</th><th>届次起止时间
（年·月·日）</th><th>职务</th><th>姓名</th><th>隶属关系</th></tr>
<tr><td rowspan="7">中共辽宁省
葠窝水库管理局
第一届委员会</td><td rowspan="7">1984.09.14～
1990.12.27</td><td>书记</td><td>刘洪庄</td><td rowspan="7">中共辽阳市农业系统直属企事业委员会</td></tr>
<tr><td>副书记</td><td>宋庆利
（1987.11.2）</td></tr>
<tr><td rowspan="5">委员</td><td>刘洪庄</td></tr>
<tr><td>苏文华</td></tr>
<tr><td>张锡勇</td></tr>
<tr><td>赵德丰</td></tr>
<tr><td>赵玉玺</td></tr>
</table>

续表 4-1-1

届次	届次起止时间（年·月·日）	职务	姓名	隶属关系
中共辽宁省葠窝水库管理局第二届委员会	1990.12.27～1996.02.14	书记	杨志文	中共辽阳市农业系统直属企事业委员会
		副书记	王保泽（1991.11.08）	
		委员	杨志文 迟殿奎 王保泽 宋庆利 陈庆厚 吴宝书 沈国舜 陈广符 吴庆才	
中共辽宁省葠窝水库管理局第三届委员会	1996.02.14～2001.03.08	书记	邵忠发	中共辽阳市农委委员会
		委员	邵忠发 贾福元 王玉华 刘占清 沈国舜 齐勇才 韩兆林 石振友 朱明义	
中共辽宁省葠窝水库管理局第四届委员会	2001.03.08～2004.06.23	书记	马　俊	中共辽阳市农委委员会（2001.03.08～2002.03.07） 中共辽阳市委组织部
		委员	马　俊 王玉华 陈广符 刘占清 王永森 宋宝家 朱明义	

续表 4-1-1

届次	届次起止时间（年·月·日）	职务	姓名	隶属关系
中共辽宁省葠窝水库管理局第五届委员会	2004.06.23～2007.05.22	书记	马　俊	中共辽阳市委组织部
		委员	马　俊 王玉华 宋宝家 王远迪 谷凤静 孙建华 李道庆 慕　兵 朱明义	
中共辽宁省葠窝水库管理局第六届委员会	2007.05.22～	书记	洪加明	中共辽阳市委组织部
		委员	洪加明 王玉华 王远迪 孙建华 朱洪利 朱明义 李道庆 慕　兵 吴登科 王　飞 郑　伟	

第二节　党支部建设

截至2010年年底，葠窝水库管理局共有党员210人。其中，在职党员109人（女党员27人），离退休党员89人（女党员14人）。葠窝水库管理局党支部设置及党支部书记任职一览表见表4-1-2。

表 4-1-2　葰窝水库管理局党支部设置及党支部书记任职一览表　（截至 2010 年 6 月 4 日）

时间	支部名称	姓名	职务	级别	备注
1984 年 9 月 1 日	工程管理科党支部	苏再清	副书记	副科级	
	劳动服务公司党支部	杨彬芳	书记	正科级	
	基建工程队党支部	贾锐臣	副书记	副科级	
	发电厂党支部	孙泽增	副书记	副科级	
	行政办公室党支部	任景华	书记（兼）	正科级	
	供应科党支部	赵玉玺	书记（兼）	正科级	
1986 年 5 月 30 日	行政办公室党支部	吴庆才	书记	正科级	
	保卫科党支部	何跃生	书记	正科级	
	劳动服务公司党支部	贾锐臣	书记	正科级	
	机关党支部（人事、经管、生技）	石振友	书记	副科级	
	供应科党支部	赵玉玺	书记	正科级	
1987 年 5 月 11 日	行政办公室党支部	贾锐臣	书记	正科级	
	发电厂党支部	吴宝书	书记	正科级	
	供应科党支部	赵玉玺	书记	正科级	
	工程管理科党支部	苏再清	副书记	副科级	
	保卫科党支部	何跃生	书记	正科级	
	机关党支部	石振友	副书记	副科级	
	劳动服务公司党支部	任景华	书记	正科级	
	党群党支部	吴庆才	书记	正科级	
1987 年 12 月 21 日	党群党支部	吴宝书	书记	正科级	1988 年 7 月 16 日，李生鹏任保卫科党支部副书记（主持工作）
	发电厂党支部	赵玉玺	书记	正科级	
	工程管理科党支部	陈广符	书记	正科级	
	行政办公室党支部	贾锐臣	书记	正科级	
	计财、供应科党支部	刘志凯	书记	副科级	
	经营科党支部	任景华	书记	正科级	
	人事总办党支部	石振友	副书记	副科级	
	保卫科党支部	何跃生	书记	正科级	
	水情科党支部	苏再清	书记	副科级	
	劳动服务公司党支部	夏绍政	书记	副科级	
	离退休党支部	安朝举	书记		

续表 4-1-2

时间	支部名称	姓名	职务	级别	备注
1991 年 3 月 26 日	市离退休党支部	安朝举	书记		1991 年 8 月 23 日,吴宝书任发电厂党支部书记(正科级); 1992 年 3 月 4 日,朱明义任发电厂党支部书记(正科级)
	人事、总工办党支部	崔加强	书记	副科级	
	工程管理科党支部	陈广符	书记	正科级	
	保卫科党支部	李生鹏	书记	正科级	
	发电厂党支部	沈国舜	书记	副处级	
	行政科党支部	郑　伟	书记	副科级	
	党群党支部	韩兆林	书记	正科级	
	综合经营处党支部	贾锐臣	专职书记	正科级	
	综合经营处党支部	赵玉玺	副书记	正科级	
	办公室党支部	朱明义	书记	副科级	
	葠退休党支部	焦景喜	书记		
	劳动服务公司党支部	董德录	书记	副科级	
	供水、水情党支部	苏再清	书记	正科级	
	计财、审计科党支部	贾福元	书记	正科级	
1994 年 3 月 21 日	党群党支部	韩兆林	书记		1994 年 9 月 14 日,孙建华任供水、水政党支部副书记
	局办党支部	郑　伟	书记	正科级	
	人事、财务、生技党支部	秦维利	副书记	副科级	
	行政科党支部	郑永选	副书记	副科级	
	保卫科党支部	吴殿洲	副书记	副科级	
	工管水情党支部	孙宝玉	副书记	副科级	
	经营公司党支部	贾锐臣	专职书记	正科级	
	经营、离退办党支部	孙百满	副书记	副科级	
	发电厂党支部	陈广符	书记	正科级	
	供水、水政党支部	苏再清	书记	正科级	
	供应科党支部	赵玉玺	书记	正科级	
	劳动服务公司党支部	夏绍政	书记	正科级	
	研究所党支部	李庆贺	书记	正科级	
	离退西关党支部	安朝举	书记		
	离退金银库党支部	陈庆厚	书记		
	离退葠窝党支部	顾宝库	书记		

续表 4-1-2

时间	支部名称	姓名	职务	级别	备注
1996 年 4 月 26 日	党群党支部	吴登科	书记	副科级	1997 年 1 月 10 日,郑伟任经营公司党支部书记
	局办党支部	王庆斌	书记	正科级	
	发电厂党支部	赵生久	书记	副科级	
	水事党支部	任景华	书记	正科级	
	经营公司党支部	郑　伟	书记	正科级	
	工管水情党支部	孙宝玉	书记	副科级	
	劳动服务公司党支部	夏绍政	书记	正科级	
	保卫科党支部	吴殿洲	书记	副科级	
	辽阳党支部	孙百满	书记	副科级	
	离退办党支部	郑永选	书记	副科级	
	行政科党支部	李生鹏	书记	正科级	
	供应科党支部	王　飞	书记	副科级	
	计财科党支部	王远迪	书记	副科级	
	人事党支部	秦维利	书记	正科级	
	研究所党支部	李庆贺	书记	正科级	
	农场党支部	崔加强	书记	副科级	
1998 年 3 月 12 日	党群党支部	吴登科	书记	正科级	
	局办党支部	王庆斌	书记(兼)	正科级	
	发电厂党支部	赵生久	书记	正科级	
	工管水情党支部	崔加强	书记	副科级	
	保卫科党支部	吴殿洲	书记	正科级	
	供水水政科党支部	任景华	书记	正科级	
	离退办党支部	郑永选	书记(兼)	正科级	
	行政科党支部	李生鹏	书记(兼)	正科级	
	联合党支部	王振铎	书记(兼)	正科级	
	劳动服务公司党支部	夏绍政	书记(兼)	正科级	
	经营公司党支部	吴安和	书记	正科级	
	宾馆党支部	郑　伟	书记(兼)	正科级	
	总办计财党支部	王远迪	书记(兼)	正科级	
	人事科党支部	秦维利	书记(兼)	正科级	
	供应科党支部	王　飞	书记(兼)	正科级	

续表 4-1-2

时间	支部名称	姓名	职务	级别	备注
1999 年 3 月 15 日	党务群团党支部	吴殿洲	书记(兼)	正科级	
	电力公司党支部	吴登科	书记(兼)	正科级	
	人劳计财党支部	王庆彬	书记	正科级	
	劳服农场党支部	夏绍政	书记	正科级	
	经营旅游党支部	吴安和	书记	正科级	
	离退休办党支部	郑永选	书记	正科级	
	总经理办党支部	谷凤静	书记	正科级	
	宾馆经所党支部	郑　伟	书记	正科级	
	工管技术党支部	李道庆	书记	正科级	
	供水水政党支部	孙建华	书记	正科级	
	服务中心党支部	王　飞	书记	正科级	
	公安保卫党支部	赵立伏	书记	副科级	
	水情调度党支部	尚尔君	书记	副科级	
2001 年 5 月 16 日	离退休办党支部	郑永选	书记	正科级	2003 年 3 月 5 日，孔令柱任经营公司党支部副书记(主持工作)；2003 年 4 月 2 日，郑伟任旅游公司党支部书记；富丽英任衍水宾馆党支部副书记(主持工作)
	离休党支部	孙广达	书记		
	退休党支部	衣明和	书记		
	葠窝党支部	董德录	书记		
	党务群团党支部	吴殿洲	书记	正科级	
	总经理办党支部	谷凤静	书记	正科级	
	供水水政党支部	孙建华	书记	正科级	
	服务中心党支部	王　飞	书记	正科级	
	人劳计财党支部	慕　兵	书记	正科级	
	公安保卫党支部	李永敏	书记	正科级	
	工程技术党支部	李道庆	书记	正科级	
	水情调度党支部	尚尔君	书记	正科级	
	水电公司党支部	吴登科	书记	正科级	
	大坝工程公司党支部	吴安和	书记	正科级	
	衍水宾馆党支部	郑　伟	书记	正科级	
	镁碳公司党支部	夏绍政	书记	正科级	

续表 4-1-2

时间	支部名称	姓名	职务	级别	备注
2004 年 3 月 1 日	党务群团党支部	尚尔君	书记	正科级	
	总经理办党支部	刘海涛	书记	正科级	
	离退休办党总支部	胡伟胜	书记	正科级	
	大坝工程公司党支部	王海华	书记	正科级	
	工程技术党支部	岳　峰	书记	正科级	
	供水水情党支部	孙建华	书记	正科级	
	衔水宾馆党支部	富丽英	书记	正科级	
2006 年 2 月 14 日	衔水宾馆党支部	刘海涛	书记	正科级	
	人劳计财党支部	于程一	书记	正科级	
	供水水政党支部	王　飞	书记	正科级	
	物业中心党支部	胡伟胜	书记	正科级	
	总经理办党支部	师晓东	副书记（主持工作）	副科级	
	离退休办总支部	应宝荣	副书记（主持工作）	副科级	
	水情调度党支部	姜国忠	副书记（主持工作）	副科级	
2006 年 6 月 7 日	党务群团党支部	尚尔君	书记	正科级	2009 年 3 月 18 日，郑伟任旅游公司党支部书记；王海华任党务群团党支部书记；董连鹏任供水水政党支部书记；孔令柱代理大坝工程公司党支部书记
	局办公室党支部	师晓东	书记	正科级	
	人劳计财党支部	于程一	书记	正科级	
	供水水政党支部	王　飞	书记	正科级	
	工程技术党支部	岳　峰	书记	正科级	
	水情调度党支部	姜国忠	书记	正科级	
	公安保卫党支部	李永敏	书记	正科级	
	物业中心党支部	胡伟胜	书记	正科级	
	离退休办党总支部	应宝荣	书记	正科级	
	水电公司党支部	吴登科	书记	正科级	
	旅游公司党支部	郑　伟	书记	正科级	
	衔水宾馆党支部	刘海涛	书记	正科级	
	大坝工程公司党支部	王海华	书记	正科级	

续表 4-1-2

时间	支部名称	姓名	职务	级别	备注
2010 年 6 月 4 日	机关第一党支部（党群工作部、办公室）	汪慧颖	书记	正科级待遇	
	机关第二党支部（人事劳资处、计划财务处）	张晓梅	书记	正科级待遇	
	机关第三党支部（工程技术处、水情调度处）	姜国忠	书记	正科级待遇	
	机关第四党支部（供水处、水政处）	董连鹏	书记	正科级待遇	
	机关第五党支部（机关服务中心）	师晓东	书记	正科级待遇	
	保卫渔场党支部（保卫处、渔场筹建处）	赵立伏	书记	正科级	
	经营旅游党支部（经营开发处、旅游公司）	周文祥	书记	正科级待遇	
	离退休办党总支（离退休办公室）	贾文志	书记	正科级待遇	
	水电公司党总支（水电公司）	富丽英	书记	正科级待遇	
	大坝工程公司党支部（大坝工程公司）	王爱文	书记	正科级待遇	
	衍水宾馆党支部（衍水宾馆）	刘海涛	书记	正科级	

第三节　重点活动与成效

一、加强思想道德建设

葠窝水库管理局历届党组织，根据中共中央及上级党组织不同时期的部署和要求，定期开展思想政治教育学习，加强思想建设和组织建设，注重党的纪律检查工作。长期坚持带领党员干部和全局职工进行马列主义、毛泽东思想、邓小平理论和“三个代表”重要思想的学习,坚持各党支部每周理论学习制度,深入贯彻落实科学发展观,全面开展创先争优活动。党员干部素质逐步提高,党的基层组织和党员队伍建设不断增强,在水库管理和建设事业的发展中发挥了先锋模范作用。

二、创先争优活动

葠窝水库管理局党委在深入开展创先争优活动过程中,以水库管理局各项事业和谐发展、改革创新突破为基点,把“推动科学发展、促进社会和谐、服务人民群众、加强基层组织”作为目标,以点带面,抓典型,树样板,充分发挥典型示范带动作用,不断全面推进水库建设事业。

自党的“十七大”提出开展“创先争优”活动后,水库管理局首先从提高党员干部的思想、业务素质上下工夫。引导党员干部学习理论、解放思想、转变观念,增强事业心和责任感。在开展政治理论学习的同时,还采取举办培训班、集中辅导、外出培训等形式,开展“岗位练兵”、“技术比武”等活动,组织干部职工学习业务知识和相关技能。在全局培养和树立了一批政治思想好、业务能力强的先进典型。为了让典型树得起、立得住,局党委建立了全新的“一先两优”评选机制,结合本单位实际,科学制定评先标准,确定硬性指标,充分发挥党内民主。优秀党员要通过竞选产生、先进党支部要依据考核结果产生、优秀党务工作者为先进党支部书记。评选工作严格按程序开展,做到公开、民主、透明,使典型有群众基础,更具说服力。

2010 年 6 月 28 日, 开展“迎七一,我身边优秀共产党员”事迹报告会,李海军、赵春林、姜国忠、胡孝军四名优秀共产党员作为典型示范,结合自身工作经历,倡议全局党员“以忠诚之心,立足岗位争先锋;以奉献之心,围绕大局促和谐;以责任之心,弘扬正气树新风”,充分发挥党组织的战斗堡垒作用和党员的先锋模范作用。

在先进典型的带动下,水库管理局人人都想争当生产工作的先锋、人人都愿争做建功立业的模范。创先争优活动达到了预期效果,对水库的物质文明和精神文明建设产生了重要影响,起到了有力的推动作用。

三、加强社会治安综合治理

葠窝水库管理局坚持“打防结合,预防为主”的方针,在开展库区治理工作的同时,进一步加强社会治安防范和管理,加强基础组织建设和制度建设,加大技防投入,消除治安死角。坚持“重点区域重点防范”、“谁主管,谁负责”、“看好自己门,管好自己人,做好自己事”的原则。水库管理局领导始终把社会治安综合治理工作放在重要的议事日程上,成立了社会治安综合治理领导小组。根据局下达的年度目标,将任务分解、落实到各处室,层层签订责任书。完善了各项规章制度。同时,紧紧围绕精神文明建设,开展形式多样的治安防范教育和普法教育活动,促进了水库管理局社会治安综合治理工作不断创新与发展,且维护了水库管理局安定团结的良好局面。

四、强化纪律检查监察工作

(一)纪律检查委员会组织沿革

1984 年 12 月 25 日,成立首届中共葠窝水库管理局纪律检查委员会,副书记由陈广符担任,由 3 名委员组成,隶属于中共辽阳市农业系统直属企事业委员会;1990 年 12 月 27 日,选举产生第二届纪律检查委员会,书记陈庆厚,由 6 名委员组成;1996 年 2 月 14 日,选举产生第三届纪律检查委员会,副书记韩兆林,由 5 名委员组成,隶属于中共辽阳市农委委员会;2001 年 4 月 11 日,选举产生第四届纪律检查委员会,书记王永森,由 5 名委员组成;2004 年 6 月 23 日,选举产生第五届纪律检查委员会,书记朱明义,由 5 名委员组成,隶属于中共辽阳市委组织部;2007 年 5 月 22 日,选举产生第六届纪律检查委员会,书记朱明义,由 5 名委员组成。中共辽宁省葠窝水库管理局历届纪律检查委员会书记及委员一览表见表 4-1-3。

表 4-1-3　中共辽宁省葠窝水库管理局历届纪律检查委员会书记及委员一览表

届次	届次起止时间(年·月·日)	职务	姓名	隶属关系
中共葠窝水库管理局第一届纪律检查委员会	1984.12.25 ~ 1990.12.27	副书记	陈广符	中共辽阳市农业系统直属企事业委员会
		委员	陈广符 吴庆才 何跃生	
中共葠窝水库管理局第二届纪律检查委员会	1990.12.27 ~ 1996.02.14	书记	陈庆厚	中共辽阳市农业系统直属企事业委员会
		委员	陈庆厚 吴殿洲 张明山 王素华 崔加强 韩兆林	
中共葠窝水库管理局第三届纪律检查委员会	1996.02.14 ~ 2001.04.11	副书记	韩兆林	中共辽阳市农委委员会
		委员	韩兆林 王素华 李道庆 吴殿洲 朱明义	

续表 4-1-3

届次	届次起止时间（年·月·日）	职务	姓名	隶属关系
中共葠窝水库管理局第四届纪律检查委员会	2001.04.11～2004.06.23	书记	王永森	中共辽阳市农委委员会
		委员	王永森 李永敏 吴殿洲 崔加强 慕　兵	
中共葠窝水库管理局第五届纪律检查委员会	2004.06.23～2007.05.22	书记	朱明义	中共辽阳市委组织部
		委员	朱明义 慕　兵 刘海涛 尚尔君 李永敏	
中共葠窝水库管理局第六届纪律检查委员会	2007.05.22～	书记	朱明义	中共辽阳市委组织部
		委员	朱明义 慕　兵 尚尔君 富丽英 李永敏	

（二）廉政学习、责任制与违法违纪处理

自1984年水库管理局纪委成立以来，坚持在党委领导下工作，从严治党，维护党的纪律。按照构建教育、制度、监督并重的惩防体系要求，通过落实党风廉政建设责任制，结合不同时期的工作特点，坚持预防教育为基础，注重从源头抓起。另外，还通过参与和注重过程监督、参与内部审计等手段，加大纪检监察工作力度，促进工作作风的自主转变，增强职工服务意识、提高队伍整体素质，从而使两级领导班子得到了上级组织的认可和群众的好评，保证了工程安全、资金安全、干部安全。多年来，没有重大违法违纪现象发生，促进了物质文明、政治文明、精神文明的和谐发展。

（三）企业文化建设

葠窝水库管理局始终坚持"励精图治、以人为本"的企业哲学思想，循序渐进地实施了具有辽宁水利特色和时代特征的企业文化软实力战略。弘扬企业精神，加强企业精神文明建设，开展形势任务教育，号召水库管理局职工遵守"职工守则"和"五树立、六反对"行为准则。把企业文化建设的落脚点放在建设高素质的党员队伍、干部队伍和职工队伍上。经过多年摸索和实践,水库管理局确立了"为社会提供最优的服务,为企业获取最高的利益,为员工搭建最广的平台"的企业追求目标。形成了"简单经济,无为而治"的管理理念和"竞聘上岗,能上能下"的用人机制。树立了"主人翁意识,积极进取意识,求真务实意识,团结协作意识,开拓创新意识"等五种意识。在水库管理过程中,挖掘员工潜能,为员工才能的施展提供最适合的平台,对优秀人才及时培养、重点选拔和锻炼,不断鼓励、激发员工积极为水库奉献的意识和热情。从葠窝水库建设和发展进程来看,职工个人的发展与水库的发展融为一体,进而形成了具有水利人特点的"团结奋进、开拓创新、务实奉献、争做一流"的葠窝水库职工企业精神,实现了个人利益和水库整体利益的和谐发展,推动水库走上了标准化管理、良性循环的可持续发展道路。

(四)民兵与武装工作

1991 年 3 月 20 日,葠窝水库成立民兵连,连长由吴述礼担任,副连长由王海华担任,指导员由吴殿洲担任;1994 年 5 月 10 日,经辽阳军分区批准组建葠窝水库武装部,部长由邵忠发担任,副部长由朱明义担任,王海华任武装干事兼任 12.7 高机连连长,吴登科任指导员;2002 年 2 月 8 日,经弓长岭武装部批准,马俊任第一部长、朱明义任部长、王海华任副部长。

葠窝水库民兵与武装工作,在水库建设发展过程中发挥了重要作用。多年来,葠窝水库武装部在党委和上级军事机关双重领导下,按照党管武装的原则开展工作。始终坚持服务水库,为水库安全度汛作好应急准备;常年组织民兵抢险反恐应急分队在库区安全巡逻检查。特别是在 1995 年水库安全度汛、2008 年奥运安保中完成了应急抢险和安全反恐任务。每年在建军节和春节期间还对水库荣转退军人和驻军部队进行走访慰问,做好拥军优属工作。1995 年、1996 年、1997 年、1998 年,连续四年被辽阳军分区评为军事训练先进单位。

第二章　工　会

辽宁省葠窝水库管理局工会在局党委和上级工会组织领导下，独立自主开展各项工作。加强自身建设、围绕党政中心工作，在水库管理局与职工之间发挥着桥梁和纽带的作用。切实维护和保障好职工参与民主政治的权益、丰富职工精神文化生活、促进职工身心健康和维护女职工合法权益，充分发挥女职工作用。特别是扶贫帮困温暖工程的实施，让关心困难职工、关爱弱势群体的行动落到实处。截至 2011 年年底，水库管理局工会委员会共经历了六次换届选举，会员 235 名。

第一节　组织沿革

葠窝水库管理局工会第一届会员代表大会于 1984 年 11 月 21 日举行，在充分发扬民主、广泛酝酿讨论的基础上，采用差额选举的办法，选举产生辽宁省葠窝水库管理局工会第一届委员会委员 11 名，当日等额选举产生了工会副主席吴庆才；1987 年 5 月 14 日，召开第二届会员代表大会，采用差额选举的办法，选举产生工会委员会委员 11 名，当日等额选举产生了工会副主席任景华；同年 12 月 4 日由于工作需要，由吴宝书担任局工会副主席；1991 年 4 月 29 日，召开第三届会员代表大会，采用差额选举的办法，选举产生第三届工会委员会委员 9 名，当日等额选举产生了工会主席吴宝书、副主席石振友；1996 年 6 月 20 日，召开第四届会员代表大会，采用差额选举的办法，选举产生第四届工会委员会委员 9 名，当日等额选举产生了工会副主席石振友；2000 年 3 月 17 日，辽宁省水利厅以辽水利党组字〔2000〕8 号文，任宋宝家为葠窝水库管理局工会主席；2001 年 5 月 21 日，召开第五届会员代表大会，采用差额选举的办法，选举产生第五届工会委员会委员 11 名，当日等额选举产生了工会主席宋宝家；2007 年 6 月 12 日，召开工会第六届会员代表大会，实到代表 80 人，采用差额选举办法，选举产生第六届工会委员会委员 13 名，当日等额选举产生了工会副主席李文来、经审委员会主任慕兵、女职工委员会主任黄剑。

辽宁省葠窝水库管理局历届工会主席及委员会一览表见表 4-2-1。

表 4-2-1　辽宁省葠窝水库管理局历届工会主席及委员会一览表

届次	届次起止时间（年·月·日）	职务	姓名	工会小组（个）	会员人数（人）	备注
辽宁省葠窝水库管理局工会第一届委员会	1984. 11. 21 ~ 1987. 05. 14	工会副主席（主持工作）	吴庆才	11	432	

续表 4-2-1

届次	届次起止时间（年·月·日）	职务	姓名	工会小组（个）	会员人数（人）	备注
辽宁省葠窝水库管理局工会第二届委员会	1987. 05. 14 ~ 1991. 04. 29	工会副主席（主持工作）	任景华（1987. 05. 14 ~ 1987. 12. 04）	11	416	
			吴宝书（1987. 12. 04 ~ 1991. 04. 29）			
辽宁省葠窝水库管理局工会第三届委员会	1991. 04. 29 ~ 1996. 08. 01	工会主席	吴宝书	11（1991. 05. 21）12（1994. 08. 10）	409	
		工会副主席	石振友			
		委员	吴宝书 石振友 李生会 孙泽增 刘志凯 吴安和 孙宝玉 马金兰 吴芷威			
辽宁省葠窝水库管理局工会第四届委员会	1996. 06. 20 ~ 2001. 05. 21	工会主席	宋宝家（2000. 03. 17）	9	324	
		工会副主席	石振友			
		委员	马素坤 王　辉 石振友 李文来 李生会 吴安和 刘志凯 张金平 韩桂芝			
辽宁省葠窝水库管理局工会第五届委员会	2001. 05. 21 ~ 2007. 06. 12	工会主席	宋宝家	8	237	
		委员	宋宝家 李文来 应宝荣 汪慧颖 张金平 赵丽英 胡伟胜 王政友 王　辉 李永敏 刘成章			

续表 4-2-1

届次	届次起止时间（年·月·日）	职务	姓名	工会小组（个）	会员人数（人）	备注
辽宁省葠窝水库管理局工会第六届委员会	2007.06.12～	工会副主席	李文来	9	246	
		委员	马常复 王　辉 刘　坤 孙大伟 李文来 李永敏 杜　书 尚洪斌 赵丽英 赵建华 赵春林 贾文志 黄　剑			
		经审委员会主任	慕　兵			
		经审委员会委员	李加明 李敬江 赵丽萍 顾晓东			
		女职工委员会主任	黄　剑			

第二节　民主管理

职工参与企业民主管理，实现其民主政治权利，在葠窝水库经济建设中起着重要作用。2001 年 12 月 22 日，葠窝水库通过民主程序成立了职工代表大会。职工代表共 70 名，占水库管理局总人数的 22%。其中，中层管理干部占 35%，骨干技术工人占 45%，一线工人占 20%，选出的代表既有代表性，又有广泛性和先进性。职工代表大会成立后，建立并正常运作了职工代表大会制度，每年召开职工代表大会，开展职工代表提案征集、基层巡查、学习培训及制度审议，成为实现和保障职工参与民主管理的有效途径之一。基本解决了职工参与企业民主管理的审议建议权和审议通过权，基本保证了改革创新、涉及职工切身利益的重大事项，都提交职工代表大会审议通过。水库共召开 6 次工会换届和 18 次职工代表大会。2009 年至 2010 年年底，水库管理局正式推行局务公开民主管理体系，以此来密切干部与职工关系，促进水库各方面工作和谐发展。

水库管理局自 2010 年年初起，以落实民主管理工作制度、充分调动全局职工参与管理和经营的积极性与创造性、尊重职工的参与热情和首创精神为出发点，召开了不同层面的征求意见座谈会，为水库建设管理谏言献策，共征集各种建议和意见 100 余条。水库管理局党政领导对大家提出的建议和意见高度重视，针对不同问题采取不同措施进行整改和落实。

第三节 职工之家

1991年4月24日，葠窝水库开展建设"职工之家"活动。"职工之家"于1991年12月27日通过了辽阳市总工会的达标验收，批准为合格的"职工之家"，2010年9月14日重新装修，总面积240 m^2，内设乒乓球室、棋牌室、台球室、健身房，并由专人负责管理，坚持每天对全局职工开放。

自"职工之家"成立以来，水库管理局以"围绕中心，促进工作，活跃生活，凝聚人心"为中心，关注职工权益为重点，创建模范职工之家为目标，间接地促进了全局物质文明、政治文明和精神文明的协调发展。2004年获辽阳市"模范职工之家"荣誉称号；2009年8月6日，在辽阳市总工会第十八次代表大会上，水库管理局荣获辽阳市总工会"模范职工之家"荣誉称号；2011年荣获辽阳市"标准化职工之家"荣誉称号、辽宁省水利厅"模范职工之家"荣誉称号。

水库管理局工会每年以元旦、三八、五一、七一、国庆、春节等节日为契机，以"职工之家"为纽带，开展演讲比赛，知识竞赛，篮球、乒乓球、拔河比赛，登山、摄影、书法、绘画展等丰富多彩的各项文娱活动，以此来丰富职工业余文化生活，促进职工身心健康，增进职工之间的感情交流，调动职工为水库更好服务的积极性。

2008年8月1日，在发电厂建成了"职工书屋"，藏书2 000册；2010年在"职工之家"建成局机关"职工书屋"，藏书4 000册，面积60 m^2，配备了电脑、阅览用桌椅等。职工不仅能够从中陶冶情操、丰富文化知识，还增强了集体荣誉感和责任心。

水库管理局工会连续6年组织全局职工进行无偿献血，为需要帮助的病人奉献爱心，多次被辽阳市评为"义务献血先进单位"，全局共有400余人次义务献血83 400 mL。工会还坚持努力为职工多办事、办实事、办好事，专门制定了职工家庭和个人重大事件慰问走访制度，使送温暖工作制度化，更好地发挥了工会组织的凝聚力和亲和力。

第四节 扶贫帮困温暖工程

葠窝水库管理局工会于2007年始，建立帮扶困难职工的工作机制，形成扶贫帮困网络，实行局领导和支部负责制，为困难职工家庭提供助困、助学、助医、助业等帮扶措施，确保困难职工家庭生活有着落。家有子女上学的，不能因为贫困而辍学；家有危重病人的，不能因为没钱而得不到及时医治。在职工遭受天灾人祸或生老病死时，工会派人慰问，坚持走访看望伤残职工、职工遗属、孤寡老人和生活确实有困难的职工。2007年年底为水库管理局患重病职工李敬文捐款6 000元。

2008年水库管理局成立扶贫帮困温暖工程领导小组，2009～2011年，每年都制订《葠窝水库管理局扶贫帮困温暖工程建设实施方案》，期间由局长和书记主抓扶贫帮困的全面工作。共下设过35个帮扶小组，对口帮扶48名困难职工。2009年7月，水库管理局党委书记洪加明，从人道和关爱职工角度出发，号召全体中层以上干部为大坝公司患病职工吕军捐款85 000元，使他的病得到了及时的医治。2011年，水库管理局为因病丧失劳动能力的集体职工，送去6 000元困难补助，以维持其正常的生活；为吴琼等4人支付养老、失业、医疗保费8 000多元，让他们再次感受到党的温暖和水库领导的关怀。为保证让困难家庭的孩子完成学业，水库管理局从2009年起设立助学金，至2011年已为4名学生捐助助学金32 000元。

葠窝水库管理局不但对内部职工进行扶贫帮困，对社会弱势群体也进行扶贫济困。2001年7月5日，局党委书记马俊、副局长刘占清带领基层党支部书记一行20余人，到辽阳县八会镇上八股和中八股村与贫困户结亲。2005年6月1日，水库管理局领导到帮困点辽阳县八会镇八股村，实地考察重点帮扶对象，半年后局党委组织温暖工程扶贫捐款，全局12个党支部共计捐款11 480元；2008年水库管理局积极帮扶河栏镇玉石村，捐助8 000元扶贫资金；2009年水库管理局与下达河村结成帮扶对子，为下达河村捐资30 000元帮助村里建桥。

2003年7月30日，为贯彻落实省总工会《关于切实解决单亲女职工生活困难问题的意见》精神，水库管理局工会组织全体职工开展"捐五元钱不嫌少，捐五十元钱不嫌多"的爱心奉献活动，全局共229人参与了这次活动，共捐资金1 325元。9月18日，水库管理局积极响应辽宁省省长在9月13日发出的"关于全省广大干部职工向贫困职工及其家属捐款献爱心活动"号召，2天时间内全局干部职工共捐款18 210元。

2008年5月12日，四川省汶川县等地区发生了8级强地震，损失惨重，自5月16日水库管理局发起全局抗震救灾爱心捐款活动，全局职工共向四川灾区捐款46 920元；2010年4月青海省玉树县发生地震，灾情十分严重，水库管理局党员、干部、群众向灾区人民捐款35 900元，贡献了微薄的力量。

2009年、2010年、2011年水库管理局对文圣区、弓长岭区困难群众共捐款60 000元，向市工会温暖工程捐款近2 000元。

截至2011年年底，葠窝水库管理局及全体职工，为困难职工以及捐资助学捐款72 860元，为社会捐款共272 970元。总计捐助345 830元。

第五节　女职工工作

1991年6月28日，葠窝水库管理局成立女职工工作委员会。女职工工作委员会在工会领导下工作，开展女职工思想教育，维护女职工合法权益，提高女职工文化素养和工作技能，关心女职工身心健康，并定期组织女职工进行妇科检查，同时抓好单位计划生育工作。水库管理局每年在"三八"国际劳动妇女节来临之际，以不同的形式召开女职工座谈会，举行"健康知识"或"家庭美德"等知识讲座；每年组织全局女职工进行一次妇科病普查工作，目的在于关爱女职工身心健康，有病早发现、早预防、早治疗。从2008年起局工会为全局在职女职工投保安康保险。此险种是在保险期内（一年），经县级以上医院初次确诊为原发性卵巢癌、子宫内膜癌等五种疾病中的一种或多种的，由保险公司按其保险金额给付保险金1万元；截至2010年年底，水库管理局共有女职工109名，单位计划生育率、独生子女率和晚婚晚育率均达到100%；2003年水库管理局全部女职工参加了辽阳市工会举办为期一个月的计算机技能操作培训学习，合格率100%；在葠窝水库管理局各个重要岗位上都有默默奉献的女职工，她们对水库的建设和发展起着不可或缺的作用。在2010年辽阳市文明办召开的“弘扬雷锋精神 道德模范要先行”座谈会上，葠窝水库管理局职工武雪梅荣获辽阳市“第五届道德奖章”荣誉称号；2009年，凌贵珍获“辽阳市先进女职工”荣誉称号；2011年，黄剑获“辽阳市先进女职工工作者”荣誉称号，郭晨辉获“辽阳市先进女职工”荣誉称号。

第三章　共青团

共青团是党的助手和后备军，在党委领导下独立开展工作。多年来，水库管理局共青团委员会紧紧围绕党委工作，在葠窝水库建设和发展过程中以推进水库的各项工作为着力点，发挥青年团员生力军和突击队的作用，全面加强全体团员的思想建设和德育建设。每年都组织团员参加义务植树，祭扫烈士墓，举办心得交流会、专题讨论会、演讲比赛，观看教育性强的影视节目，参观英雄事迹展览，推荐阅读书籍等活动。

第一节　组织沿革

1975 年 8 月 26 日，辽葠水核字〔1975〕第 5 号文，决定建立共青团葠窝水库管理处总支委员会，由王海、孙胜军、刘勤、王旭久、刘艳、胡宗德、王明新等七名同志组成。王海任书记，孙胜军、刘勤任副书记。1984 年 11 月 21 日，辽葠党委字〔1984〕第 5 号文，根据辽葠水管局字〔1984〕第 2 号文，同意成立葠窝水库管理局共青团委员会，并从即日起启用“中共共产主义青年团辽宁省葠窝水库管理局委员会”印章。2002 年 6 月 21 日，经团市委常委会研究决定，辽市团复字〔2002〕8 号文，同意组建共青团辽宁省葠窝水库管理局委员会，隶属共青团辽阳市委组织部。

1984 年 12 月 28 日，成立葠窝水库管理局首届共青团委员会，书记陈广符（兼任），副书记艾宏佳，委员有艾宏佳、王辉、阎俊臣、朱明义、郑伟、张德义、张艳华，设支部 7 个；1987 年 4 月 21 日，组建第二届共青团委员会，副书记朱明义，委员有 7 人，设支部 7 个；1991 年 5 月 21 日，组建第三届共青团委员会，副书记由李德晋担任，委员有 5 人，设支部 4 个；1993 年 8 月 28 日，组建第四届共青团委员会，副书记由孙建华担任，委员有 7 人，设支部 7 个；1996 年 4 月 18 日，组建第五届共青团委员会，副书记由吴登科担任，委员有 9 人，设支部 9 个；2001 年 7 月 27 日，组建第六届共青团委员会，王海华担任副书记，委员有 5 人，设支部 5 个；2004 年 2 月 26 日，凌贵珍任第七届团委副书记；2010 年 4 月 14 日，葠窝水库管理局以辽葠水党字〔2010〕3 号文，凌贵珍任水库管理局青年工作委员会副主任兼团委书记，组建第八届团委委员会。截至 2010 年年底，有团员 97 人（45 周岁以下）。葠窝水库管理局历届团委书记及委员会一览表见表 4-3-1。

表 4-3-1　中共共青团辽宁省葠窝水库管理局历届团委书记及委员会一览表

届次	届次起止时间（年·月·日）	职务	姓名	支部个数（个）	团员人数（人）
中共共青团辽宁省葠窝水库管理局第一届委员会	1984. 12. 28 ~ 1987. 04. 21	书记	陈广符（兼任）1984. 11. 21 ~ 1986. 02. 20	7	43
		副书记	艾宏佳		
		委员	艾宏佳 王　辉 阎俊臣 朱明义 郑　伟 张德义 张艳华		
中共共青团辽宁省葠窝水库管理局第二届委员会	1987. 04. 21 ~ 1991. 05. 21	副书记	朱明义	7	46
		委员	朱明义 郭日辉 赵立伏 方志乾 郑　伟 赵彦伏 杨晓东		
中共共青团辽宁省葠窝水库管理局第三届委员会	1991. 05. 21 ~ 1993. 08. 28	副书记	李德晋	4	44
		委员	李德晋 王远迪 方志乾 袁纯杰 王　辉		
中共共青团辽宁省葠窝水库管理局第四届委员会	1993. 08. 28 ~ 1996. 04. 18	副书记	孙建华	7	46
		委员	孙建华 田洪久 方志乾 王　飞 凌贵珍 李奎涛 王　辉		

续表 4-3-1

届次	届次起止时间（年·月·日）	职务	姓名	支部个数（个）	团员人数（人）
中共共青团辽宁省葠窝水库管理局第五届委员会	1996.04.18～2001.07.27	副书记	吴登科	9	42
		委员	吴登科 田洪久 方志乾 李奎涛 王海华 姜国忠 朱　岩 王　俊 谢　君		
中共共青团辽宁省葠窝水库管理局第六届委员会	2001.07.27～2004.02.26	副书记	王海华	5	32
		委员	王海华 尚尔君 黄　剑 谢　君 赵晓明		
中共共青团辽宁省葠窝水库管理局第七届委员会	2004.02.26～2010.04.14	副书记	凌贵珍	7	22
		委员	凌贵珍 佟陆萍 刘　坤 姜国忠 刘春妍 孙大伟 赵晓明 赵春林		
中共共青团辽宁省葠窝水库管理局第八届委员会	2010.04.14～	书记	凌贵珍	5	97（45周岁以下）
		委员	凌贵珍 杨　艳 潘高峰 尚宏斌 马常复 胡声宏		

第二节　主要活动

一、清明节祭扫

水库管理局团委每年清明时节都组织全局青年团员到烈士陵园扫墓，并举行哀悼仪式，祭奠为水库建设而牺牲的英烈。以此来号召青年团员以英烈们为榜样，增强爱国主义热情，继承英烈们的遗志，勤勉学习，以饱满的热情投身到水库的建设中。

二、青年义务植树

水库管理局团委每年“3·12”植树节或其他时间，组织青年团员到水库库区义务植树。意在保护库区生态环境，教育青年团员爱库如家，增强青年人的民族意识和保护水库环境责任感，为建设库区生态环境作贡献。

三、文化培养与熏陶

水库管理局团委每年在“七一”前夕或“五四”青年节，不定期地组织青年团员参加诗歌、散文的征集比赛和各种形式与主题的演讲比赛，以充分展示青年人的青春才华，体现青年人用青春打造葠窝水库“人水和谐”人文环境的热情和决心；让他们能够拥有坚实的文化素养基础和正确的文化宣传导向，更好地为水库的发展和建设作贡献。

四、文体活动

水库管理局团委以充分展现水库青年锐意进取、蓬勃向上的精神风貌为宗旨，努力引导青年积极参与健康、文明、向上的文体活动。每年积极选拔和推荐青年团员参加辽阳市共青团委、辽宁省水利厅举办的各种文体活动。如青年歌手大奖赛、青年文化艺术节、羽毛球赛、乒乓球赛和象棋赛等。

第四章　水库荣誉

葠窝水库建成40年,在历届党政班子领导下,全体职工奋发图强、积极进取、勤勉奉献、务真求实,共获得水库集体和个人荣誉约500项。截至2012年6月,水库获省(厅)级以上荣誉45项、市级荣誉44项。职工个人获市级以上荣誉100余项。局内劳动模范、先进个人、优秀共产党员、优秀党务工作者计300余人次。

第一节　葠窝水库集体荣誉

葠窝水库管理局历年所获单位集体荣誉一览表见表4-4-1。

表4-4-1　葠窝水库管理局历年所获单位集体荣誉一览表

(截至2012年6月)

获奖称号	获奖时间	颁奖单位
省(厅)级以上荣誉		
全省水利先进单位	1993年12月	辽宁省水利厅
全省水利先进单位	1994年1月15日	辽宁省水利厅
发电厂获省地方水电系统管理先进单位	1994年8月23日	辽宁省水利厅
葠窝水库管理局水文站获水文系统防汛测报先进集体	1994年9月13日	辽宁省水利厅
水利系统国有资产清产核资优胜单位	1995年1月10日	辽宁省水利厅
全国水利系统安全生产先进单位	1995年3月	国家水利部
水利工程确权划界先进单位	1995年5月9日	辽宁省水利厅
水利系统水利管理先进集体	1996年	辽宁省水利厅
局办公室获全省水利系统办公室工作先进单位	1996年	辽宁省水利厅
松辽流域水库管理先进单位	1996年9月	水利部松辽水利委员会
全国水利系统水利管理先进集体	1996年12月2日	水利部水利管理司
全省水库管理先进单位	1997年4月18日	辽宁省水利厅
水利厅厅直单位工作目标责任制考核评定优秀单位	1998年	辽宁省水利厅
全省水利系统文明单位	1998年	辽宁省水利厅

续表 4-4-1

获奖称号	获奖时间	颁奖单位
水库局电站获标准化电站	1998 年	辽宁省水利厅
人才开发年先进集体	1998 年	辽宁省水利厅
理论学习年优秀组织单位	1998 年	辽宁省水利厅
辽宁省水利厅第八套广播体操比赛第五名	1999 年 4 月 26 日	辽宁省水利厅
水利厅首届职工游泳比赛团体总分第七名	1999 年 8 月 11 日	辽宁省水利厅
全省水利系统先进办公室	1999 年 10 月 22 日	辽宁省水利厅
省级安全文明单位	2000 年 3 月	辽宁省社会治安综合治理委员会
安康杯竞赛优胜企业	2000 年	辽宁省总工会、辽宁省经济贸易委员会
思想政治工作先进单位	2003 年	辽宁省思想政治工作协会
2003 ~ 2005 年度优秀政研会	2003 ~ 2005 年	国家水利部
水利工程建设项目管理工作先进集体	2005 年 12 月 23 日	辽宁省水利厅
全国工业旅游示范点	2006 年 12 月 27 日	国家旅游局
辽宁省水利系统宣传信息工作先进集体	2007 年 8 月	辽宁省水利厅
国家 AAA 级景区	2007 年 9 月 29 日	全国旅游景区质量等级评定委员会
大坝公司机修班被授予“辽宁省优秀班组”	2008 年 5 月 5 日	辽宁省总工会
全省单位内部奥运安保工作集体三等功	2008 年 10 月	辽宁省公安厅
全省文明景区旅游区创建工作先进单位	2008 年 10 月 24 日	辽宁省精神文明办公室、辽宁省建设厅、辽宁省旅游局
文明单位	2009 年 10 月	辽宁省人民政府
重合同守信用单位	2009 年 10 月	辽宁省工商行政管理局
辽宁省水利系统办公室工作先进集体	2009 年 11 月 16 日	辽宁省水利厅
水利厅文明单位	2009 年	辽宁省水利厅
水电公司荣获水利厅文明单位	2009 年	辽宁省水利厅
模范职工之家	2010 年	辽宁省水利厅
2010 年度“安康杯”竞赛优胜单位	2010 年	辽宁省总工会、辽宁省安全生产监督管理局
大坝公司机修班获“安康杯”竞赛优胜班组	2010 年	辽宁省总工会、辽宁省安全生产监督管理局

续表 4-4-1

获奖称号	获奖时间	颁奖单位
葠窝水库水利学会获辽宁省水利学会第十届代表大会优秀学会	2010 年	辽宁省水利学会
中央 1 号文件知识竞赛活动优秀组织奖	2011 年 11 月 25 日	国家水利部
全国“安康杯”竞赛优胜单位	2012 年 1 月	中华全国总工会、国家安全生产监督管理总局
辽宁省先进集体	2012 年 4 月 25 日	辽宁省人民政府
辽宁省文明单位标兵	2012 年 6 月 7 日	中共辽宁省委员会、辽宁省人民政府
全国水利安全知识网络竞赛企业总分第一名	2012 年	水利部安全监督司
市级荣誉		
辽阳市文明单位	1993 年度	辽阳市委
水情科获抗洪抢险先进集体	1995 年度	辽阳市弓长岭区人民政府
先进党委	1998～2000 年	中共辽阳市农委
社会治安综合治理先进单位	2000 年 2 月	中共辽阳市委员会、辽阳市人民政府
连续五年重合同守信用单位	2001 年 5 月	辽阳市人民政府
党建研究理论宣传工作先进集体	2001 年 11 月	辽阳市农委
纳税先进单位	2001 年	辽阳市地方税务局
水情调度处、衍水宾馆、保卫处获青年文明号	2002 年 7 月 19 日	共青团辽阳市委
旅游工作先进集体	2001～2003 年	中共弓长岭区委、弓长岭区人民政府
辽阳市民防知识大赛特殊贡献奖	2004 年	辽阳市民防办公室
会计工作先进单位	2004 年 6 月	辽阳市财政局
辽阳市思想政治工作先进单位	2004 年	辽宁省思想政治工作协会
模范职工之家	1999～2004 年	辽阳市总工会
安全生产工作先进单位	2004 年	辽阳市人民政府
安全生产工作先进单位	2005 年	辽阳市人民政府
中国优秀旅游城市先进集体	2005 年 6 月 18 日	辽阳市人民政府
安全生产工作先进单位	2005 年	辽阳市人民政府

续表 4-4-1

获奖称号	获奖时间	颁奖单位
辽阳市基本医疗保险工作先进参保企业	2006 年	辽阳市人民政府
安全生产工作先进单位	2006 年	辽阳市人民政府
辽阳市旅游先进单位	2007 年 1 月 8 日	辽阳市旅游局
大坝公司机修班被授予辽阳市工人先锋号	2007 年	辽阳市总工会
辽阳市基本医疗保险工作先进参保单位	2007 年	辽阳市劳动和社会保障局
安全生产工作先进单位	2007 年	辽阳市人民政府
辽阳市先进集体	2006～2008 年	辽阳市人民政府
大坝公司机修班被授予辽阳工人先锋号	2008 年 4 月 30 日	辽阳市总工会
辽阳市基本医疗保险工作先进参保单位	2008 年	辽阳市劳动和社会保障局
安全生产工作先进单位	2008 年	辽阳市人民政府
厂务公开民主管理先进单位	2007～2009 年	辽阳市厂务公开领导小组
模范职工之家	2009 年 8 月 6 日	辽阳市总工会
辽阳市基本医疗保险工作先进参保单位	2010 年	辽阳市人民政府
标准化职工之家	2010 年	辽阳市总工会
辽阳市职代会制度建设先进单位	2010 年 12 月	辽阳市厂务公开领导小组
辽宁省思想政治工作先进单位	2010 年	辽阳市委
水电公司发电车间获辽阳市工人先锋号	2010 年	辽阳市总工会
辽阳市工商企业免检单位	2009～2010 年	辽阳市工商局
水电公司获省工商局守信用重合同企业	2010 年	辽阳市人民政府
水电公司获得辽阳市青年文明号	2010 年	共青团辽阳市委
辽阳市模范职工之家称号	2010 年	辽阳市总工会
安全生产工作先进单位	2010 年	辽阳市人民政府
辽阳市“安康杯”竞赛优胜单位	2011 年	辽阳市总工会、辽阳市安全生产监督管理局
汽车班荣获工人先锋号	2011 年 4 月 28 日	辽阳市总工会
辽阳市先进党委	2011 年 5 月 5 日	中共辽阳市委
葠窝水库机关第一党支部获辽阳市先进党支部	2011 年 5 月 5 日	中共辽阳市委
“五五”普法和依法治市先进集体	2011 年 12 月	辽阳市委、辽阳市人民政府

第二节　葠窝水库个人荣誉

葠窝水库管理局历年个人所获市级以上荣誉称号一览表见表4-4-2。

表4-4-2　葠窝水库管理局历年个人所获市级以上荣誉称号

（截至2011年12月）

年度	姓名	获奖称号
1986	顾纯敏	抗洪抢险突出贡献奖
1987	李庆贺	辽宁省劳动模范
1989	金利顺	辽阳市公安局经济民警先进个人
	宋庆利 黄继财	辽阳市农业系统优秀共产党员
1990	宋庆利	水利系统综合经营先进个人
	刘志凯	全省水利系统优秀财务会计工作者
	李生会	辽阳市“安全宣传周”活动先进个人
1993	王保泽 刘德祥 陈广符	全省水利系统先进个人
	冯超明	水政工作先进个人
1994	贾福元	辽宁省水利系统十佳青年
	李家明 郑　刚 赵生久	地方水电系统先进生产工作者
1995	顾纯敏	辽阳市抗洪抢险先进个人
	任景华	水利工程确权划界先进个人
	刘志凯	辽宁省水利系统国有资产清产核资先进个人
	王海华	辽阳军分区抗洪抢险先进个人
	胡立策	辽阳日报社《社会治安综合治理》新闻一等奖
1996	谷凤静 刘志杰	全省水利系统办公室工作先进个人
	秦维利	水利科教年先进个人
	王海华	辽阳市优秀团干部 辽阳军分区武装战线先进工作者

续表 4-4-2

年度	姓名	获奖称号
1998	齐勇才 王爱文	辽宁省水利厅地方水电工作先进个人
	贾福元	辽宁省水利厅水利人才开发年先进个人
	齐勇才	辽宁省水利厅全省水利经济先进个人
	李庆贺	全省水利系统文明职工
1999	谷凤静	全省水利系统优秀办公室主任
2001	邵忠发	辽阳市优秀党务工作者
	王海华	辽宁省青年岗位技术能手
	胡立春	辽阳市劳动模范
	谷凤静	全省水利系统办公室工作先进工作者
2002	宋宝家	辽宁省五一劳动奖章
	吴继伟	辽阳市五一劳动奖章
	武雪梅	辽阳市先进女职工
2003	王玉华	辽阳市劳动模范
2005	吴登科	辽阳市五一劳动奖章
	胡孝军	辽阳市人民政府授予 2003～2005 年度劳动模范
	尚尔君	水利部 2003～2005 年度优秀政研工作者 辽阳市保持共产党员先进性教育活动先进个人
2006	王玉华	辽宁省五一劳动奖章
	慕　兵	辽阳市五一劳动奖章
	赵丽英	辽阳市旅游工作先进个人
2007	胡孝军	辽阳市总工会授予首席工人
	李海军	辽阳市五一劳动奖章
2008	王　义	辽阳市劳动模范，并被评为“感动企业的优秀首席工人”
	孙建华	辽阳市青年五四奖章
	吴登科	辽阳市劳动模范
	王远迪 于程一	省水利厅安全生产工作先进工作者
	王玉华	辽宁省水利厅先进工作者
	李海军	辽阳市五一劳动奖章
	李文来	辽阳市职工经济技术创新活动优秀组织者
	胡孝军	辽宁省水利厅先进工作者

续表 4-4-2

年度	姓名	获奖称号
2009	吴登科	辽阳市劳动模范
	凌贵珍	辽阳市先进女职工标兵
	尚尔君 吴登科 王　飞 胡孝军	辽宁省水利厅文明职工
	师晓东	辽宁省水利系统办公室工作先进个人
	李道庆	辽宁省水利系统科技工作先进工作者
	汪慧颖	辽宁省水利系统宣传信息工作先进个人
2010	洪加明	辽阳市五一劳动奖章
	吴登科	辽宁省五一劳动奖章
	王　飞 尚尔君 时劲峰 郑　伟	辽宁省水利厅文明职工
	白子岩 李海军	辽宁省水利厅先进个人
	孙忠文	辽宁省水利厅安全生产先进个人
	黄　剑	辽阳市女职工先进个人
	姜国忠	辽宁省水利厅先进工作者
	孙　凤	辽阳市基本医疗保险工作先进参保个人
2011	洪加明	辽宁省五一劳动奖章
	王　飞 吴登科 时劲峰 孙忠文	辽宁省水利厅文明职工
	尚尔君 张晓梅 李文来 周文祥	辽宁省水利厅先进个人

续表 4-4-2

年度	姓名	获奖称号
2011	赵立伏	辽宁省水利厅安全生产先进个人
	武雪梅	辽阳市第五届道德奖章
	王玉春	辽阳市第六届道德奖章
	胡玉清	辽宁省公安厅“忠诚卫士”
	郑　伟	辽宁省总工会“二〇一一年优秀职工代表”
	李永敏	辽阳市“五五”普法和依法治市先进个人
	郭晨辉	辽阳市女职工先进个人
	朱洪利	辽阳市优秀共产党员
	黄　剑	辽阳市优秀党务工作者
	谷凤喆	辽阳市“安康杯”竞赛先进个人
	黄　剑	辽阳市先进女职工工作者

葠窝水库管理局历年个人所获局内荣誉称号一览表见表 4-4-3。

表 4-4-3　葠窝水库管理局历年个人所获局内荣誉称号一览表

（截至 2011 年 12 月）

年度	获奖称号	获奖人员姓名
1994	文明职工	陈广符、郑伟、孙建华、李道庆、朱明义、屈庆允、夏绍政、秦维利、袁世茂、李承宝、袁加维、姜国忠、杨晓东、刘伟、董菊华、王辉、王义勇、朱景芳、单德文、胡孝军、朱月华、高玉桓、孔令柱、刘恒利、李永敏、李承志、袁纯柱、赵建华、张云海、刘沛怀、涂艳秋、田延利、武雪梅、于忠砚、潘元友、宋艳、胡玉英、李奎明、李德晋、刘成章、王义、赵福振、袁纯杰、李家明、赵兴民、杨发宏、郑华、王世忠、吴殿权、于忠维、吴庆祝、刘忠奇、朱士勋、赵丽华、王喜成、佟广仁、白福生、石大朋、屈良仁、王艳、赵岩、王景友、高春芳、应宝荣、薛如昌、吴登科、马素坤、张庚、胡立策(特殊贡献奖)
1995	文明职工	李庆贺、袁世茂、吴登科、孙宝玉、王飞、李振发、薛如昌、刘伟、马素坤、杜廷君、冯超明、白子岩、富丽英、张庚、栾景广、应宝荣、孔令柱、高玉桓、李承宝、赵文凯、黄柱台、周立明、李永敏、金利顺、李成志、刘恒利、夏敏、李奎明、潘元友、高丽华、胡玉英、张云财、单德文、王辉、王希成、赵丽华、袁加联、朱福平、赵福义、闫太久、赵兴民、赵福振、吴庆祝、胡立春、吴殿全、郑华、李奎涛、于立明、田洪久、焦绪涛、、李之书、涂艳秋、王玉春、刘沛怀、武雪梅、刘德祥
	优秀党务工作者	朱明义、贾锐臣
	优秀共产党员	韩兆林、王政友、李道庆、吴殿洲、吴安和、王远迪、黄继才、孙建华、韩桂芝、张金平、顾纯敏、王景友

续表 4-4-3

年度	获奖称号	获奖人员姓名
1996	文明职工	袁纯杰、刘玉春、焦绪涛、于忠伟、于立明、李家明、汪慧颖、金振兴、韩桂芝、宁振宇、袁纯福、吴庆祝、武雪梅、张云海、李敬文、田延利、周斌、李文来、王海华、李玉英、薛如昌、朱月华、黄功台、杨春录、赵丽萍、李奎明、潘元友、杨晓东、赵秉政、尚顺林、陈庆新、兴成群、白子岩、刘恒利、孙玉良、金利顺、李成志、兰锡旺、朱福平、袁加连、王希成、詹克录、赵春林、于忠砚、冯超明、孔令柱、胡立策、张庚、高春芳、王静、杨桓英、张金凤、李玉凤
	优秀党务工作者	赵生久、吴殿洲
	优秀共产党员	黄继才、吴登科、孙建华、李庆贺、崔加强、李永敏、刘德祥、孔令梅、赵芳林
1997	优秀工人	张庚、于忠砚、吴长胜、赵建华、潘元友、田延利、武雪梅、王政友、刘沛怀、孙玉良、金利顺、李承志、胡孝军、齐忠发、张云财、白福生、尚福林、袁加连、朱福平、胡立春、郑华、郑刚、于忠伟、吴庆祝、吴殿泉、赵福振、刘成章、王艳华、王晓峰、赵立华、薛如昌、单德文
	文明职工	王玉成、金纪良、赵福振、谢君、姜克军、刘玉春、吴庆祝、张元增、郭晨辉、于忠伟、于立明、杨发宏、刘沛怀、张云海、田延利、周彬、赵文凯、董连鹏、单德文、王辉、王义勇、李敬天、吴殿利、朱福平、袁加连、詹克录、贾文志、白子岩、赵建华、李玉英、薛如昌、王艳华、胡丹怡、褚乃夫、王海华、李萍、陈庆新、杨晓东、李成志、李生会、孙玉良、杜廷君、黄功台、刘桂丽、赵丽华、吴长胜、王素华、张庚、袁纯杰
	优秀党务工作者	韩兆林、朱明义、吴殿洲
	优秀共产党员	吴登科、刘德祥、黄继才、屈庆允、王远迪、张云财、郑刚、张金萍、祝义勋、宋艳、王景友、孙广达
	优秀干部	孙建华、王爱文、李道庆、黄柱台、郑伟、王庆斌、朱明义、慕兵、谷凤静、李生鹏
	优秀行政干部	李庆贺、李生鹏、朱明义、郑永选
1998	劳动模范	王政友
	优秀干部	慕兵、郑伟、朱明义、谷凤静、孙建华、王爱文
	文明职工	刘伟、胡丹怡、王艳华、田延利、赵艳伏、罗晓军、胡玉英、袁加维、董连鹏、崔永生、张元增、王明印、袁纯福、吴庆祝、金振兴、李敬伟、于立明、方志胜、田洪久、黄克英、杨晓东、陈庆新、李玉英、薛如昌、白子岩、赵秉政、胡孝君、尤长顺、刘永谋、兴成群、张云财、刘坤、袁加连、朱福平、白福生、贾文志、高玉桓、朱月华、宋静、孙玉良、李成志、李文来、吴长胜、张庚
	优秀共产党员	王政友、赵立伏、吴登科、朱玉玲、李道庆、富丽英、郑刚、祝义勋、衣明和、高丽华、赵生久、张金平、于俊厚、宋艳、朱福平、黄剑
	优秀党务工作者	崔加强、吴殿洲、王远迪

续表 4-4-3

年度	获奖称号	获奖人员姓名
1999	优秀共产党员	吴殿洲、王政友、富丽英、王远迪、朱玉玲、黄剑、于俊厚、吴述礼、郑永选、孙广达、郑刚、李之书、赵丽华、祝义勋、屈庆允
	优秀党务工作者	吴登科、石振友、王庆斌
	优秀干部	郑伟、慕兵、孙建华、谷凤静、朱明义
	文明职工	涂艳秋、王艳华、全喜淑、张晓梅、于忠砚、赵彦伏、王伟玲、应宝荣、于忠威、李海军、方志胜、焦绪涛、王洪海、吴庆祝、田波、刘成章、赵福振、吴继伟、王玉成、朱月华、王辉、时劲峰、罗晓军、吴长胜、潘元友、袁加连、朱福平、兴成群、单德文、孔令柱、李敬夫、白子岩、孙玉良、吴忠全、薛如昌、赵春林、孔令梅、张庚、李玉凤
2000	优秀干部	朱明义、慕兵、谷凤静、李道庆、郑伟、黄柱台、孙建华
	文明职工	张晓梅、刘伟、王政友、武雪梅、吴述民、高玉桓、时劲峰、赵秉政、王海华、杨桓英、褚乃夫、祝义勋、毕立友、于忠砚、白子岩、赵丽华、薛茹昌、赵春林、金利顺、田述海、胡玉清、孔令梅、王希成、袁加连、尚顺林、朱景芳、单德文、孔令柱、贾文志、张云财、杜廷军、袁纯彬、王义、袁纯杰、马金权、李敬伟、、刘日升、吴继伟、姜克军、谷凤喆、王玉成、胡立春、关旭、吴长胜、赵丽华、孙凤、张云海、詹克录
2001	优秀党务工作者	孙建华、郑伟、谷凤静、慕兵、尚尔君、吴殿洲
	优秀共产党员	王海华、吴述民、富丽英、田延君、董连鹏、孔令梅、白子岩、孙玉良、孙广达、衣明和、李家明、郑刚、孙百满、张金平、孔令柱
	先进生产者	王义、吴继伟、田洪久、张威、马金海、关旭、张静、赵秉政、金利顺、于忠砚、、赵丽华、杨晓东、潘元友、吴长胜、尚顺林、马长福、贺广伟、朱福平
	先进工作者	谷凤静、慕兵、朱明义、李道庆、王飞、赵立伏、李家明、杨发鸿、田波、田延霞、刘坤、杨桓英、赵丽萍、姜国忠、时劲峰、隋丽君、尚洪斌、胡玉清、朱月华
2002	优秀党务工作者	吴登科、尚尔君、王飞
	优秀共产党员	郑永选、吴殿洲、孔令柱、岳峰、董连鹏、富丽英、祝义勋、李家明、郑刚、张金平、王玉春、刘坤、张云财、姜国忠、郑万威、董德禄
	先进生产者	袁庆录、焦绪涛、宁振宇、吴殿权、夏庆民、杨晓东、吴长胜、张吉顺、尚顺林、马长福、赫广伟、张静、赵彦伏、于忠砚、田述海、顾晓东、王海燕
	先进工作者	张元增、金福强、赵丽萍、叶书华、刘伟、任启胜、朱月华、刘桂丽、周文祥、时劲峰、郑伟、谷凤静、慕兵、孙建华、朱明义

续表 4-4-3

年度	获奖称号	获奖人员姓名
2003	优秀党员	刘伟、王辉、黄柱台、董连鹏、李家明、郑刚、孔令柱、张金平、师晓东、王海华、刘坤、张云财、姜国忠、胡伟胜、孙广达、衣明和、董德禄
	优秀党务工作者	吴殿洲、郑永选、王飞、尚尔君
	先进个人	兴成群、吴殿权、胡玉清、安文志、闫太久、罗晓军、陈庆新、于俊厚、王国华、袁加维
2005	优秀党务工作者	孙建华、慕兵、王飞、李永敏、胡伟胜
	优秀共产党员	董连鹏、姜国忠、刘桂丽、朱月华、顾晓东、师晓东、衣明和、董德禄、刘洪庄、黄剑、李文来、时劲峰、李海军、刘日升、赵丽英、沈红、刘坤、王勇
	劳动模范	吴登科、李道庆、胡孝军
	先进生产(工作)者	崔永生、张晓梅、尚尔君、于程一、王爱文、岳峰、孔令柱、赵立伏、李祥飞、郑伟、冯超明、汪慧颖、马金海、田洪久、张元增、李家明、田洪静、应宝荣、王辉、、刘春妍、胡玉清、白子岩、于忠威、姜克军、赵彦伏、安文志、吴殿利、马常复、詹克录、张吉顺、王玉华
2006	优秀党务工作者	胡伟胜、应宝荣、尚尔君、王海华
	优秀共产党员	董连鹏、栾景广、王辉、朱月华、顾晓东、王玉春、衣明和、董德禄、刘洪庄、黄剑、王勇、郑刚、杜书、时劲峰、刘坤、赵丽英
	先进工作者	吴登科、孔令柱、张晓梅、王飞、于程一、刘海涛、师晓东、赵立伏、李文来、李家明、金福强、张元增、刘日升、田延军、刘春妍、胡玉清、田洪静、田洪久、赵丽华
	先进生产者	于忠砚、吴殿利、黄克让、王玉华、赵彦伏、张吉顺、詹克录、焦绪涛、姜克军、于忠萌、赵建华、毛伟
2007	优秀党务工作者	师晓东、岳峰
	优秀共产党员	董连鹏、朱月华、顾晓东、衣明和、董德禄、刘洪庄、黄剑、孙忠文、胡玉清、武雪梅、杨晓东、姜国忠、孙大伟、刘日升、时劲峰、祝义勋、夏绍政
	先进生产(工作)者	吴登科、王飞、郑伟、尚尔君、李文来、崔永生、汪慧颖、周文祥、张元增、孙延芬、王辉、赵丽萍、田洪久、田延霞、栾景广、田洪静、王海燕、陈熹微、安文志、于忠砚、赵彦伏、刘青、姜克君、詹克录、黄克让、王玉华、李敬江、毛伟、苏卫宾、宫海斌

续表 4-4-3

年度	获奖称号	获奖人员姓名
2008	优秀党务工作者	郑伟、于程一、岳峰
	优秀共产党员	董连鹏、朱月华、李加明、刘日升、姜国忠、胡玉清、赵丽华、刘洪庄、衣明和、董德禄、应宝荣、黄剑、朱伟、孙忠文、武雪梅、刘坤、祝义勋、夏绍政
	先进生产(工作)者	王飞、吴登科、孔令柱、王海华、尚尔君、富丽英、李文来、张元增、李海军、田洪静、于立明、赵建华、马金海、于忠萌、刘青、王经臣、宫海斌、黄克让、马常复、于忠砚、王海燕、王海玲、毛伟、赵彦伏、赵丽萍、詹克录、王辉、杨桓英
2009	优秀党务工作者	尚尔君、应宝荣、师晓东
	优秀共产党员	李海军、赵春林、姜国忠
	先进生产(工作)者	吴登科、王飞、胡孝军、田洪静、田延利、张吉顺、孙大伟
2010	优秀党务工作者	姜国忠、汪慧颖、富丽英、董连鹏
	优秀共产党员	于忠砚、胡孝军、田洪久、崔永生、祝义勋
	先进生产(工作)者	郑万威、黄剑、李海军、周文祥、孙忠文、张晓梅、张桂欣、李德晋、张元增、袁加维
2011	优秀党务工作者	富丽英、汪慧颖
	优秀共产党员	李德晋、刘伟、田波、张吉顺、齐涛
	先进生产(工作)者	白子岩、应宝荣、李海军、董连鹏、王淑敏、崔永生、于忠萌、袁加维、罗晓军、武法强、田延军、关旭、苏卫兵

注:1984 ~ 1993 年、2004 年个人所获局内荣誉档案没有记载,在此没有收录。

第五章　水库典范

葠窝水库自20世纪70年代修建时期至2010年的管理阶段,不同时期、不同阶段宣传的先进典型都具有鲜明的时代特征和精神内涵,引领着广大员工朝着健康、正确、积极的方向努力,同时,水库的建设和发展也需要这些典型示范的鼓舞与引导。因此,水库管理局一直在围绕工作重心来选树、宣传和培养先进典型,倡导职工向先进看齐,争当先进典型。

第一节　建库先锋

一、先锋连队

1972年3月18日,中共辽宁省葠窝水库会战指挥部核心小组以辽指核发〔1972〕第7号文通报表扬:自从会战指挥部发出“大干四十天”的战斗号召以来,全地区广大干部、民兵立即积极响应。通过自上而下层层发动,进一步加深了对早日实现落闸蓄水重大意义的认识,增强了革命干劲。沙岭团小北河连、柳条连,灯塔团张台子连和邵二台连,兰家团麻屯连、小屯连成绩尤为显著。

小北河连,群众发动充分,作风雷厉风行,3月4日顶风冒雨,连续奋战8小时,提前完成了清理迎水面木杆和下水抬水泵任务。在挖南岸坡面排水沟战斗中,全连干部、民兵齐上阵,一锤一杆向坚硬的混凝土渣堆展开“攻坚战”,打得顽强出色。

柳条连,10月3日刚下夜班,又接受了抢挖排水沟任务,全连冒雨跑步上前线,大干3小时,提前完成。最近,承担电站挡土墙清基任务,他们发扬了去年开挖时的劲头,不少同志肩压肿了,脚划破了继续坚持战斗。

张台子、邵二台两个连队,于10月3日下午,接受了电站闸门槽、检修室拆模的关键性任务。在团党委副书记、第二团长叶成尧直接率领下,全体干部民兵发扬了“一不怕苦,二不怕死”的革命精神,提前完成了上级交给的任务。

会战指挥部号召全工地工人、民兵、解放军指战员、革命干部和工程技术人员,积极开展向钟玉库等四名同志学习的活动,学习他们忠于党、忠于人民、忠于毛主席的深厚无产阶级感情;学习他们坚持认真读书、理论联系实际的革命作风;学习他们为公忘私、舍己为人、团结战斗的高尚风格。

二、先锋事迹

事迹一。1972年3月18日,中共辽宁省葠窝水库会战指挥部核心小组以辽革葠核字〔1972〕第1号文,对钟玉库、刘国祥、张志臣、徐成廉四名同志荣记二等功的决定。

辽宁省农田水利建设工程二团水泥连工人、共产党员钟玉库,沈阳地区于洪区民兵独立营二连民兵、共产党员刘国祥，辽阳地区沙岭区民兵团沙岭民兵连二排排长、共产党员张志臣，沙岭区民兵团小北河民兵连连长、共产党员徐成廉，他们在1971年的水库建设中，积极工作，忘我劳动，忠心耿耿为革命，全心全意为人民，充分发挥了共产党员的先锋模范作用，为葠窝水库建设作出了贡献，成为全工地学习的榜样。钟玉库常年坚持参加班后劳动，以苦为乐，以苦为荣，发扬了革命工人的硬骨头精神；刘国祥以蔡永祥为榜样，一心忠于毛主席，舍身忘我救火车；张志臣学习“铁人”精神，哪里艰苦到哪里去，为革命忘我劳动；徐成廉始终坚持战斗在第一线，既是指挥员，又是战斗员，带领民兵出色地完成施工任务。为了表彰他们的先进事迹，会战指挥部党的核心小组决定，给钟玉库、刘国祥、张志臣、徐成廉各记二等功一次。

事迹二。1972年4月14日，中共辽宁省葠窝水库会战指挥部核心小组以辽葠发〔1972〕7号文决定：

营口地区海城县民兵团南台民兵连、营口县民兵团周家民兵连，在水库建设中，认真贯彻执行省委关于“水库建设要保证质量加快速度”的指示，积极完成各项施工任务；发扬共产主义大协作精神，抢困难，让方便；继承和发扬了党的光荣传统，为葠窝水库建设作出了突出贡献。会战指挥部党的核心小组决定，给南台、周家民兵连各记集体三等功一次。

营口地区海城县民兵团南台民兵连连长郑平，营口县民兵团周家民兵连指导员曲洪飞，他们在水库建设中，认真学习，努力改造世界观，以水库为家，带领全连同志抢困难，挑重担，脏活、累活干在前，言教身带，团结战斗，出色完成本职工作任务，充分发挥了共产党员的先锋模范作用，为葠窝水库建设做出优异成绩，成为全工地学习的榜样，会战指挥部党的核心小组决定，给郑平、曲洪飞两名同志各记二等功一次。

事迹三。1972年7月31日，中共辽阳市民兵指挥部核心小组以辽葠核〔1972〕第17号文批准：对辽阳市沙岭区民兵团黄泥洼民兵连、沙岭民兵连、佟二堡民兵连、灯塔区民兵团西大窑民兵连、柳河民兵连，兰家区民兵团兰家民兵连、安平民兵连为先进连队；沙岭区民兵团小北河民兵连和灯塔区民兵团邵二台民兵连为先进连队并荣记集体三等功一次，兰家区民兵团兰家民兵连一排二班、小屯民兵连一排二班荣记集体三等功一次。

对沙岭区民兵团邵二台民兵连王来富，沙岭民兵连任中，沈旦民兵连刘绍满和丁宗河，柳条民兵连刘兴高，佟二堡民兵连金文育和邓长策，唐马民兵连吴殿邦、孟宪纪，黄泥洼民兵连郭宝胜和赵德元，刘二堡民兵连赵纪恒和杜天林，小北河民兵连刘宝国、刘庆禹和陈殿伍，王家民兵连任风雨，首山民兵连崔井中，沙岭团机关白荣林，灯塔区民兵团张台子民兵连闻连仲，灯塔民兵连付兴绵，西大窑民兵连印平平和黑忠文，柳河民兵连金德荣，东京陵民兵连张永久，沙浒民兵连田福忠和吴金昌，兰家区民兵团八会民兵连张效武，兰家民兵连曹德仁、秦国强和王明启，安平民兵连聂太光，小屯民兵连李孝志和孙文绪，装卸连韩延须和朱成拥，甜水民兵连程万金，兰家团机关孔祥石和屈丰满，辽阳市民兵指挥部机关湛秀荣等40名同志荣记三等功一次。

事迹四。1972年9月30日，中共辽宁省革命委员会葠窝水库会战指挥部核心小组以辽葠核〔1972〕第24号文决定：

辽建二团水泥连副连长、共产党员钟玉库，营口地区海城县民兵团南台民兵连连长、共产党员郑平，营口县民兵团周家民兵连指导员、共产党员曲洪飞，辽阳地区沙岭区民兵团沙岭民兵连副指导员、共产党员张志臣，沙岭区民兵团小北河民兵连连长、共产党员徐成廉，中国人民解放军三二七三部队九二分队战士、共青团员曹振峰，他们在1972年的水库建设中，保持荣誉，继续革命，立场坚定，旗帜鲜明；在抓革命促生产活动中，忠心耿耿为革命，兢兢业业为人民，为葠窝水库建设作出了新的贡献。

钟玉库同志，刻苦读书，努力改造世界观，甘做革命的"老黄牛"。郑平同志人老心红，心想全局，急工程之所急，想工程之所想，以身作则，在增产节约运动中做出了优异成绩。曲洪飞、张志臣、徐成廉同志，艰苦工作干在前，危险部位冲在前，参加生产、领导生产，出色地完成上级党委交给的各项任务。曹振峰同志继承发扬了"拥政爱民"的光荣传统，临危不惧、迎险而上，奋勇抢救阶级兄弟，做到了全心全意为人民服务。为了表彰他们的先进事迹，会战指挥部党的核心小组决定：给钟玉库、曲洪飞、郑平、张志臣、徐成廉、曹振峰六名同志各记二等功一次。

第二节　时代先进典型

2008年6月3日，中共辽宁省葠窝水库管理局委员会结合"创先争优"活动，以辽葠水党〔2008〕4号文，作出向胡孝军等五名同志学习的决定。

一、典型一：葠窝水库大坝工程公司机修班班长胡孝军

水库管理局以《平凡人生的背后》为主题内容，在全局范围内进行宣传和学习。

胡孝军，1961年生，18岁开始在葠窝水库做临时工，20岁转为水库正式工人，一直从事水库机械设备的维护维修工作。20多年来，凭着对自己所从事的工作一如既往高度的热情和勤奋不怠的敬业精神，20年后终于成为了岗位上的技术能手，随着技术的成熟和年龄的增长，他逐渐成为了班组中的骨干力量，并且发明了在使用效率上高于成品工具的提拔器，曾被施工人员戏称为"胡氏提拔器"。2004年被评为葠窝水库管理局劳动模范、2005年被评为辽阳市劳动模范、2006年被评为辽阳市百名首席工人代表、2008年被评为辽宁省水利厅先进工作者。

胡孝军从一个不谙世事的少年，通过自己的努力和执著，对自己从事了20多年的工作仍然拥有饱满的热情，这是对人生价值的追求，不是个人荣誉可以涵盖的，他取得的成绩和作出的贡献也无法用数字去衡量，然而在这些成绩和贡献背后却掩盖着他真实的身份——一个普通工人！普通的身份背后却闪耀着眩目的光辉。

二、典型二：葠窝水库共产党员王玉春

水库管理局以《用爱心托起明天的太阳》为主题内容，在全局范围内进行宣传和学习。

葠窝水库管理局王玉春是一名普通的共产党员，从1999年起，他开始资助一名辽阳县甜水乡东沟村贫困山区小学五年级学生高晓晴上学。提起他爱心助学的故事，在这个近500人的单位里，知道的人恐怕不多。但了解实情的人都不免为之感叹。他默默地将

爱心惠及一个素昧平生的贫困山区学生,为身边的党员群众上了生动的一课。辽阳日报社的记者曾执意要采访宣传他,但被王玉春婉言谢绝了,直到党群工作部部长黄剑以配合工作为由求他,他才讲述了故事的点滴。3 年后,为完善王玉春的事迹材料,党群工作部部长黄剑又采访了他。这几年王玉春依然资助晓晴读书,两家像亲戚一样走动。2007 年,晓晴考上渤海大学数学系,她的理想是教书,当一名光荣的人民教师。因为上大学的费用很高,王玉春增加了对晓晴的资助,每年拿出 1 000 元。2010 年,这个苦难又幸福的孩子走入了另一个校园,不过是以老师的身份出现,她的人生开始了崭新的一页。

由于各方面表现突出,王玉春多次被水库管理局授予各种荣誉称号,2003 年还获得了省水利厅"学雷锋标兵"称号。对于王玉春来说,资助贫困山区学生的出发点只是基于同情和爱心,然而他的行为对身边的人来说却是一面旗帜,对社会来说是一滴映射出太阳光辉的水。

"送人玫瑰,手有余香。"王玉春用爱心支撑了一个即将辍学的小学生成为大学生,最终成为一名人民教师。感动了身边的许多人,成全了自己善良的心。

三、典型三:葠窝水库劳动模范姜国忠

水库管理局以《为理想跋涉》为主题内容,在全局范围内进行宣传和学习。

1992 年,姜国忠从辽宁省水利学校毕业,被分配到葠窝水库管理局水情科工作。他所在的水情科当时有 14 名同志。在简陋的办公环境中只有一台 286 计算机,等别人不用电脑的时候,他就上机操作。办公桌上堆满了当时常用的计算机相关书籍,在日积月累、帮学互助中,他的业务水平不断提高。1994 年水库管理局搞水文资料整编,姜国忠编写了一个六七千行、20 多页的程序,解决了大量沉积多年的数据需要存储到电脑里,并需计算出相应结果的棘手难题。1998 年,水库管理局要建立一套新的水情自动测报系统,姜国忠只用了一个编程器,并且节省了 1 000 多元钱,就解决了这套系统里的雨量筒和传感器的每年维修问题;2001 年,受命成功组建了局域网;2002 年,姜国忠和同志们受到局里的嘉奖,因为用 5 000 元干了 5 万元的活,成功解决了自动测报系统中的商家台雨量站受到外界信号的强烈干扰难题;2006 年,姜国忠主持更新改造自动化系统成功完成。

姜国忠从没有完整的双休日,因为上班时间维护系统会影响正常办公,他总要抽周末时间到单位做;他很少有空安静地呆在办公室或家里,市内、葠窝、电厂,无论他到哪里,不断有单位和同事的电脑等他去维护。时光荏苒,春去秋来。姜国忠由当初的水情科技术员逐渐成长为技术骨干、水情调度党支部书记、网络管理中心主任,可他依然谦虚勤奋,依然是 15 年前朝气蓬勃的小姜,在忙碌中享受着工作的快乐,为理想不停脚步!

四、典型四:辽阳市五一劳动奖章获得者吴登科

水库管理局以《开拓者的足迹》为主题内容,在全局范围内进行宣传和学习。

吴登科,中共党员,大学学历,高级工程师,葠窝水库管理局党委委员、葠窝水力发电有限责任公司总经理、辽阳市电力行业协会副理事长、辽阳市青年企业家协会副秘书长、省青年文明号带头人、省模范团干部、省抗洪抢险先进个人、市"五一劳动奖章"获得者。曾获辽阳市政府科学技术进步一等奖三项、二等奖一项,辽阳市思想政治工作优秀研究成

果一等奖一项，先后主持完成了葠窝发电厂、铁甲电站、南沙电站和红河电站20余项机组大修和设备改造工程。自2001年5月吴登科被聘任为辽宁葠窝水力发电有限责任公司总经理始，他就勇挑重担，带领职工使原本管理落后的企业发生了根本性的变化，不仅出色地完成了太子河流域的工农业供水任务、带出了一支过硬的水电职工队伍，还使本企业的效益稳步上升。

吴登科始终把工作放在第一位，当成自己的家去经营，在他的带领下，改制后的葠窝发电厂确实发生了很大的变化，他所领导的公司不仅是水利系统两个文明建设的先进单位，而且还获得了2006～2008年度市级工商免检单位、2001～2006年度市先进党支部、辽宁省青年文明号单位、辽宁省地方标准化电站等荣誉称号。2006年，他作为全省水利系统三名模范典型中的一员，作了题为《我爱电厂，电厂是我家》的巡回演讲。有了一个这样勤奋、务实的带头人，葠窝水库电厂正以日新月异的速度发展着、变化着。人们相信，葠窝水库发电厂的未来一定会更加美好！

五、典型五：葠窝水库管理局慕兵

水库管理局以《桃李不言　下自成蹊》为主题内容，在全局范围内进行宣传和学习。

慕兵，1989年毕业于辽宁省供销学校会计学专业，被分配到辽宁省汤河水库管理局工作，先后担任局主管会计、计划财务科副科长等职务。1996年7月1日，被调到辽宁省葠窝水库管理局工作，先后任水库管理局财务科科长、计划财务处处长、总会计师。他刚到水库管理局时，工作中面临着很大的困难，他并没有气馁和抱怨。用自己的满腔热情和积极行动来感化大家，解决了财务报销上的亲近远疏的现象；推荐具有一定业务素质和敬业精神的刘伟为水库管理局主管会计；力荐刚刚从东北财经大学会计学专业毕业两年的张晓梅任发电厂的主管会计，实践证明这都是正确的决策。

在慕兵的努力下，葠窝水库财务基础规范工作于1999年被辽宁省财政厅评为“会计基础规范化先进单位”；2001年被授予“辽宁省水利系统财务工作先进工作者”称号；2004年局计划财务处被辽阳市财政局授予“财务会计工作先进集体”的荣誉，他本人也被授予“财务会计管理工作先进个人”称号。

2002年，被水利厅聘为葠窝水库管理局总会计师。2005年，被聘为教授研究员级高级会计师，先后被推选为辽阳市会计学会第五届理事会理事、辽宁省企业管理协会会员、辽宁省水利学会会员。2006年取得了国际财务管理师资格。2007年，被辽宁省人事厅、省财政厅聘为辽宁省高级会计师评审委员会评审专家库专家、中国总会计师协会会员、辽宁省总会计师协会理事；2007年，获得辽阳市五一劳动奖章后，当年又以高票当选为文圣区第十六届人大代表。

第五篇　水库与库区地域历史文化

志书此篇主要记述了水库库区得天独厚的旅游资源、人水文化特点、地域历史特色及典型建筑与自然景观深厚的水利文化底蕴。

2007年葠窝水库风景区被批准为“国家AAA级景区”。葠窝水库汇集了太子河、兰河及细河三条河流，沿太子河上溯可达本溪市。地貌为地势陡峭的低山及绵延起伏的慢坡丘陵，沟壑纵横、山势险峻，与宽阔的水库库面、雄浑健壮的混凝土大坝构成一幅巍峨壮观的自然美景。山水交映，景色怡人。

葠窝水库风景区内，水库四周群峰环绕，乘船由库区沿太子河向上游观光，峰回水曲，清幽绝佳，碧波荡漾，与桦子国际狩猎场相互呼应，相得益彰；乘船沿兰河方向游览，可见古老的铁瓦寺遗址和具有传奇色彩的一担山，能够引起人们对葠窝库区历史文化的遐思，使人回味无穷；库区北山断崖绝壁绵延数里，望海双泉寺遗址就坐落在此。峰峦叠嶂，古迹错落。

水库大坝有溢流孔和泄流底孔，坝体分上下两层空心廊道且冬暖夏凉，堪称一绝。利用水库工程自身功能，能够直观地展现大坝工程底孔泄流的壮观场景和发电生产的基本过程，使人身临其境，真正进行一次水电科普知识的认知与实践。葠窝水库为纪念水库建设者而投资修建的桃李园、建设者墙、水库烈士陵园和水库周边的文物、宗教寺庙等遗址，都蕴藏着深厚的水库地域历史文化特色，呈现出水库建设者战天斗地的无畏气魄，哺育和激励了一代又一代人成长。人文特色与自然景观浑然一体，让游人在陶冶情操的同时，真正体验自然天泽的无穷魅力。

葠窝水库已被批准为“全国工业旅游示范点”和“辽宁省青少年科普基地”，旅游发展也为促进水库的经济建设和文化繁荣起到一定的催化作用。

第一章　库区文化

综观太子河流域人水文化漫长历史,仰视葠窝水库工程雄伟英姿,展示流域文明硕果,记录水库文化繁荣影像,讴歌水库创业者功绩。敬仰人物、怀念英雄、尊师重教、水利之歌、典型建筑、水库景观等为本章记述的重点。其中,葠窝水库的一些典型建筑,之所以称之为典型,大多并不是因为建筑本身的形态、构造和风格别树一帜,而是因为葠窝水库特殊的历史背景、地域特点和文化内涵与粗犷雄伟的水工建筑物和碧波奇峰浑然一体、自然天成。

第一节　典型建筑

一、葠窝广场

葠窝广场建于2004年9月10日,位于大坝尾水至南北沙大桥之间河道左侧,利用河道开挖工程而修建成型,投资3 667 000.00元。广场分成林区和平台区两大区域,电厂尾水至山门之间形成人工树林区,面积约1万m^2。中间平台为休闲服务管理区,面积2.5万m^2,设有休闲广场4 000 m^2、荷花池2 000 m^2、停车管理房屋和休闲设施等,广场内建有停车场和汪应中塑像。上部林区以栽植基本成型的柳树为主,下部林区以观赏花卉树木为主,配有林间卵石便道,具有典型的现代园林建筑特色。在大坝下游修建一座面板坝,使水库大坝和面板坝之间形成20万m^2的人工湖。春季伊始,这里翠红柳绿,鸟语花香,既美化了库区环境,又为当地百姓提供了休闲娱乐的场所。人们既能享受到清晨卵石便道上的幽静,又能欣赏到黄昏晕染上晚霞光芒的迷人景色。

二、望湖亭

望湖亭建于1997年6月,是葠窝水库坝上一处精妙建筑。亭基坐落在大坝中轴线北端观测点上,能将观测点有效地防护起来,它与大坝南端的海燕亭遥相呼应,成一条直线,构成一坝两亭的奇丽特色景观。

望湖亭由本溪市大龙台球桌厂建造,由本溪市桥头石器厂承修,采用当地产条石,石材为灰白色,拼接承插而成。石亭结构为六角亭,投资181 850.00元,占地面积15.5 m^2,高8 m,亭内上方雕刻梅兰竹菊四君子及长寿松、出水荷等植物图案。亭顶刻有盘蛇,六面为凤、鱼、玉兔、鹤、虎、鹿等动物图案,惟妙惟肖,栩栩如生。四周为镂空雕刻栏杆,精美绝伦,别具一格。正门方柱刻有贾福元局长的撰联“登亭揽胜,五湖烟景皆入画;观天测海,万家忧乐总关情”,由省楹联协会理事胡立策书丹。

三、海燕亭

海燕亭建于1994年10月,与望湖亭遥相对应,亭子外形像三只展翅飞翔的海燕,它背山面水、临崖而建，建在大坝南端观测点上方。寓意葠窝水库的发展前景犹如这三只海燕振翅高飞、鹏程万里。沈阳鲁迅美术学院毕业的孙大力设计，葠窝水库经营处施工。投资55 532.12元，占地面积13.5 m^2。

四、望海亭

望海亭始建于金皇统五年(1145年)，后世宗完颜雍登基后又为贞懿皇后思念故乡渤海而重修。位于坝东，西山脊，气势洪重，为著名古遗迹景观。

1994年，葠窝水库管理局王保泽局长携其他班子成员为加大旅游景区景点建设，在坝北金山山谷处重建望海亭一座。石亭为六角型，亭高4.15 m，六柱六角，密格式塔身，由浙江天台蓝天雕塑厂加工运至库区，投资42.5万元，投入人工计1 500人次。混凝土亭基20 m^3。亭内设圆桌、茶座等，供游人乘凉、弈棋。

正门(南)有时任葠窝水库管理局副局长王玉华撰联“清松明月印神州四时千般景色，苍松翠柏记筑库儿女万代功勋”。

北门有葠窝水库管理局工程师、省楹联协会理事胡立策撰联“踞岭摧涛纵观水利风流史，乘风步月笑看葠窝锦绣图”。两联均由中国书法协会理事、著名书法家温同春书丹。

五、入库山门

入库山门建于1993年10月，山门高8.03 m，宽33 m，厚0.6 m，材质为混凝土表面镶嵌大理石。山门上方外形像在山水之间翻滚的浪花，与水库建筑在两山夹水间，文化特色相得益彰，建筑整体简洁稳固。进入山门600 m就能目睹雄伟壮观的葠窝水库大坝。此山门由沈阳鲁迅美术学院毕业的孙大力设计，葠窝水库经营处施工。工程总造价280 747.45元。葠窝水库四个镶金大字由著名书法家温同春书丹。

六、迎宾楼

1972年，斯里兰卡总理班达拉奈克夫人来辽宁参观访问，并点名要参观正在兴建中的葠窝水库。为迎接贵宾的到来，水利建设者们夜以继日地奋战，修建了此楼。小楼建筑为典型的欧式风格，古朴典雅，占地为1 210 m^2，材质为砖石混凝土，建筑面积304 m^2，坐落在落叶林中。每当风吹草木，休闲木屋时隐时现，更显得幽静质朴，是避暑消夏的好地方。同年7月1日，班达拉奈克夫人在水利部前部长钱正英，外交部副部长韩念龙，省革委会主任、沈阳军区司令员陈锡联的陪同下，参观葠窝水库并在此休息，这个二层小楼也就成了中斯两国友好的历史见证。以后担任省长的李长春同志、国务委员宋健同志等来水库视察工作时，都曾在此休息过。这座楼既实用，又有水库历史文化见证价值，每当行人驻足楼前，不禁会追忆起关心过葠窝水库的友人和领导，这对后人是温暖、是鼓励，更是鞭策。

第二节　水库文化

一、葠窝水库之名由来

葠窝的葠字为古体异体字的写法，起初写作参窝。据《满文老档》记载，参窝一词开始出现事因：明代万历二年（1574年），李成梁[1]任辽东总兵，官职为左都督，镇守辽东（辽东总兵府邸辽阳）；万历十一年（1583年），李成梁以劲旅捣毁了古埒城，阿台（宋城官）被杀，当时努尔哈赤[2]的祖父觉安昌、父亲塔克世同时被害，在年轻的努尔哈赤心中埋下了复仇的种子。努尔哈赤自此便决心设法接近总兵李成梁，伺机为其父报仇。

努尔哈赤自小便以其民族习俗，打猎采参经常游弋于新宾与辽阳之间的崇山峻岭中，以挖参为生计，当时女真人把人参通称"棒槌"，后来经医药界筛选定等级，七两重以下为棒槌，八两以上为参，或曰七两为参，八两为宝（时为十六两是一斤[3]）。在近十年的山林挖参经验中，努尔哈赤已将这一带生长野山参的地方熟知无误，入林即可直接采集挖取。

努尔哈赤进献人参，李成梁定名葠窝。有一段历史记载，据《努尔哈赤传》记载，年二十四为报父仇，而欲近李成梁，取进见礼"参"，参一直称为关东三宝之首。

明万历二年（1574年）秋，努尔哈赤乘木筏顺太子河直下，至华表山北麓，便直至太子河南岸华表山脚下靠岸取山参，竟然在当年挖参的地方，挖出5株八两以上的山参。

努尔哈赤以此5株野山参得以晋见辽东总兵李成梁，如此厚礼并没得到总兵欢心，只将努尔哈赤留在身边初作马弁，努尔哈赤便以韬光养晦之计，在总兵府卧薪尝胆，寻机接近李总兵，并取得他的欢心。一天李成梁问起他挖参的地点，并乘马由努尔哈赤陪同到挖取人参的地方观看，努尔哈赤便欣然前往，原来山参长在一个山窝窝里，当时李成梁便为此地取名——参窝。之后村民陆续集聚，村庄因此而得名。经李成梁炫耀参窝产宝人参，从此参窝一名便名传辽东，至今已有430余年的历史。1970年，在参窝村附近修建水库，参窝水库便以此得名。

二、《葠窝水库之歌》

葠窝水库之歌

作词：刘鹤　作曲：刘鹤

我爱水库的泥土，温馨纯朴坦荡，
河面上漂浮着山影，碧波里跳跃着阳光，
鸭在起落畅游，船在水中逐浪，

---

[1] 李成梁，字汝契，辽东铁岭（今辽宁铁岭）汉人，由生员升为指挥佥事，隆庆元年丁卯（1567年）升副总兵协守辽阳，万历二年甲戌（1574年）晋升左都督，镇守辽东，次年（1575年）封宁远伯，予袭荫前后镇辽28年，莅任最久，著在国史，加太傅后罗疏乞休。93岁卒，赐祭葬。

[2] 努尔哈赤，爱新觉罗·努尔哈赤，明嘉靖三十八年（1559年）生，明天启六年（后金天命十一年，1626年）卒。享年63岁，为后金开国国主。

[3] 清时老秤16两为一斤，以十两为一斤换算折合每两为0.625两。

三伏数九,烈日风霜,不能改变我奉献的情肠。

我爱水库的大坝,浑厚宏伟雄壮,
田野里稻浪起舞,水渠里碧波荡漾,
笑筑农家小院,情牵矿工柔肠,
相依厮守,晓月夕阳,不能改变我奉献的情肠。

我爱水库的电厂,威严整洁明亮,
地面上高塔林立,天空中线连四方,
轮机日夜旋转,汗水编织阳光,
艰难曲折,汗水沧桑,不能改变我奉献的情肠。

我们筑库为人民,要为祖国贡献力量,
为了四个现代化,苦乐年华更荣光,
万亩水田把歌儿唱,万家灯火是我们的理想。

三、《太子河之歌》

太子河之歌

作词:王玉华　作曲:刘畅

美丽的太子河,从我家乡流过,每一朵银色的浪花
都是一首童年的歌。贫穷中的岁月,追求里的思索,
世世代代呀,治水人的足迹,汇入你古老的传说古老的传说。

啊!美丽的太子河,世世代代呀,治水人的足迹,
汇入你古老的传说古老的传说。
美丽的太子河,从我心头流过,每一股涓涓的细水
都是青春热血喷薄。哺育大地丰收,浇开幸福花朵,
新一代呀,大禹后人雄风,掀起你新生活的风波新生活的风波。

啊!美丽的太子河,新一代呀,大禹后人雄风,
掀起你新生活的风波新生活的风波。
美丽的太子河,从历史长河流过,每一个深沉的转弯
都是水利儿女的歌。前进中的葠窝,崛起的观音阁,
你用银线呀,串起颗颗珍珠,镶嵌在美丽的祖国美丽的祖国。

啊!美丽的太子河,你用银线呀,串起颗颗珍珠,
镶嵌在美丽的祖国美丽的祖国。

四、桃李园记

1951年春,东北水利专科学校(现辽宁农业工程职业学院)经东北人民政府农林部批

准，开始建校的筹建工作，校址确定在葠窝水库工程所在的沙土坎。沙土坎属于辽阳管辖，距辽阳—本溪铁路线的安平镇三十多华里（1 华里 =0.5 km），是三面环山、一面傍水的谷地。在这荒凉的山村里，有新中国成立后不久修建的几幢简易房舍和仓库。刚刚筹建的浑太水库工程局（现在为葠窝水库管理局）就设在这里。1951 年 9 月 1 日，东北第一所培养水利建设技术人才的学校就在几间简陋房舍里成立，1951 年 9 月 18 日正式开学。1971 年 5 月，大连工学院水利系水工专业师生结合水库工程建设在此现场教研，当年水利师生们艰苦勤工办学，老师们在艰难时期无私地为广大水利学子传道、授业，并带领他们操作实习，深入工程实践，为水库的建设和施工提出了宝贵并具有指导意义的建议。如今的他们仍在全国各地传播着水利文化，担任着国家水利建设、管理和发展的重任。他们不仅是水利界的精英，还是国家的栋梁。葠窝水库在纪念和传承他们博学、无私优秀品质的同时，也是让水库代代水利工作者谨记：先辈学者们爱祖国、爱科学、爱水利的执着和奉献精神；以便自觉、自警、自励、自勉，为葠窝水库的明天和水利事业建设发展发挥所长。

辽宁省水利厅厅长仲刚、副厅长李福绵曾在此学习过，他们如今还仍然为水利事业辛勤工作着。葠窝水库职工为了把先辈们的勤勉奉献精神铭记在心，齐心协力在此修建了桃李园。园中种植桃树和李子树，每年夏天果树枝头都挂满果实，硕大的果实让游人垂涎欲滴，总要摘下一个送给自己的孩子，希望他将来也成为祖国的栋梁之才。园中还有翠绿如茵的草坪，给游人一种和谐之美感；姹紫嫣红、五彩纷呈盛开的鲜花，向游人争相绽放着芬芳与美丽，似乎在向人们传递着某种隐含的信息，它们之所以如此娇艳欲滴，应该是园丁们呕心沥血培育和照料的结果。

五、青年爱国主义教育基地

1972 年 9 月 6 日，水库会战指挥部埋葬了第一位为抢修 23 号坝段而英勇牺牲的烈士。随着葠窝水库建成，共有 21 位烈士英勇献身，因此建造了烈士陵园，占地面积 600 m^2。1997 年 10 月末，水库管理局将烈士陵园进行了修缮，开辟了登山道路，修建了 262 个台阶，投资 2 万元。2007 年 11 月 3 日，对烈士陵园再次进行了修缮，投资 5 万元。2010 年 5 月又投资 15 390.79 元，对烈士陵园进行整修。

1998 年，葠窝水库管理局团委为号召青年团员和青少年一代，继承和发扬先烈们不畏艰险、英勇献身的高尚品质，同时更是纪念和缅怀 30 年前修建水库而因公殉职的 21 位水利先辈们，将烈士陵园正式命名为“青年爱国主义教育基地”。2008 年 5 月 20 日，原水利厅厅长刘福林为青年爱国主义教育基地纪念碑题词——永远怀念为修建葠窝水库献身的水利先辈！2008 年 6 月 30 日，举行揭碑仪式，仪式由党委书记洪加明主持，局长王玉华致揭幕词。每年清明时节，葠窝水库青年团员、部分学校中小学生和其他团体成员到这里扫墓并举行缅怀先烈仪式，缅怀先烈的同时也洗涤和净化了一次心灵，让人们的思想境界得以再次升华。

建立爱国主义教育基地，既是为了纪念和缅怀为水库建设而牺牲的先辈们，也展示了葠窝水库的历史背景和水利文化的深刻内涵，对提高水库职工的思想境界、坚定人生追求、锻炼意志品质都有着重要意义。同时，对展示水利人风采、宣传水利人的献身精神、教育青少年一代将产生更深远的意义和影响。

六、建设者墙

建设者墙位于坝上南端、观测室与警卫值班室之间，利用山坡挡土墙表面修建而成。长 46 m，高 2.3 m，大理石雕刻画面。画面场景由大坝土石方开挖、筑坝砂石料运输、大坝混凝土施工、围堰截流四部分构成，由曾经参加修建葠窝水库时期的水利文化工作者、铁岭市清河区美术家协会宋界英主席和水库管理局副研究馆员王海华，于 2002 年 8 月 20 日雕刻完成。画面场景文字描述由水库管理局第十二届局长王玉华撰写。

建设者墙从四幅不同的画面逼真、翔实、生动地重现了当年修建水库自力更生、战天斗地、人定胜天的拦河筑坝精神和宏伟壮观的主要施工过程与施工场面。意在纪念和缅怀老一辈水利建设者们为修建葠窝水库所作出的杰出贡献和不怕苦累、不怕牺牲，向科技进军、向大自然进军的忘我无私奉献精神。另外，也便于敬仰英杰、激励后人、再创佳绩。

画面文字记载如下。

大坝土石方开挖：大坝土石方开挖量一百三十五万立方米，机械化程度低，施工环境恶劣，建设者怀着根治水患、造福人民的愿望，迎风雪、踏泥泞、人工肩扛，创造了一百二十天投入三十万工日，完成坝基开挖十四点二六万立方米的记录。

筑坝砂石料运输：筑坝用砂石料九十万立方米，采运系统由两艘旧式采砂船，五台挖土机、十台推土机、六台小火车和建设者自制的筛分楼组成，这是当时较高的机械化施工手段。建设者们在河谷里安营扎寨，夜以继日奋战二百五十五天，筛分运输砂石料八十三万立方米。

大坝混凝土施工：大坝混凝土量五十一万立方米，在大坝左、右岸设拌和系统，由皮带机运输，人工手推车辅助运料，缓降器入仓，混凝土工们一锹锹摊平，一层层捣实。

围堰截流：一九七一年九月三十日，水库大坝上游围堰实施截流。先于二十七日组成突击队。向龙口进占，截流当时，一百四十五米宽的龙口水流量增至每秒一百五十立方米（原预计每秒五十六立方米），流速五米每秒，风急浪高，惊涛裂岸，两次投入铁笼和混凝土块均失败，至下午十六时，总指挥采纳工程技术人员建议，投放旧混凝土脚手集束成功，突击队员快速投石块和混凝土块填堵，至二十三时二十分合龙成功。

七、爱晚亭与今仿爱晚亭说

爱晚亭于 2006 年 8 月 3 日建成，位于青山绿水的环绕之中，坐落在水库坝下桃李园内。由本溪市大龙台球桌厂制作，投资 364 934.37 元。石亭结构为三层六角亭，材质为白色带黑点花岗石，刻画部分为绿色云石外围栏杆，桌椅同石亭材质一样，地面铺白色花岗石，台阶材质与地面相同。亭高 12 m，直径 8 m。一、二层均雕刻六幅具有精细人物、景色、文字的帧幅。爱晚亭成为葠窝水库库区一处体现水利人气节情怀与人文特色的别致建筑。

仿爱晚亭说，岳麓山爱晚亭为中国的四大名亭之一，乃由岳麓书院罗典先生创建。取“停车坐爱枫林晚，霜叶红于二月花”意。

今仿爱晚亭，因此地依托雄浑之大坝，靠如碧之青山，而亭周枫林簇簇，红叶斑斑。又念及“晚”：爱晚者，岂止如霞之红叶乎？还有晚景、晚情、晚节，更有那些献身水利事业，致力水库建设的,或故去的,或退去的前人。

丙戌初秋,葠窝水库第十二任局长王玉华为此亭题词“天意怜幽草,人间重晚情”。

八、“顺”字当头与“千秋华表”

进入葠窝水库库区,首先映入眼帘的是威武壮观的入库山门,还有山门上方好像翻滚在山水之间的浪花标志,左有“顺”字当头,右有“千秋华表”。

“顺”字:进入山门在马路的左侧有一块从山顶滚落的大石头,正好坐落在适当的位置,后来葠窝水库就在上面雕刻了一个红色大字“顺”。预示在此路过的每一个人:一顺、百顺、事事顺!更预示着葠窝水库事事顺利!

“千秋华表”:在马路的右侧高处有一块巨大的石头,上面刻有红色“千秋华表”四个遒劲大字,石头上方这座山是华表山的余脉,寓意着华表山千秋万代永恒,同时也寓意着葠窝水库蓬勃发展的事业长存。而这座山的奇特之处在于,山顶是平的,而普通的山顶都是尖的,如一列平稳缓缓驶来的火车头,当地人把它叫做“火车头山”。为葠窝水库库区景观和葠窝水库这方水土增添了更加丰富的文化色彩,赋予了更深层次的文化内涵。

第三节　人物略传

一、汪应中

汪应中,水利专家、军事家,修建葠窝水库指挥员。汪应中1916年12月生于陕西省镇安县一个贫苦农民家庭。1934年12月参加革命工作并加入中国共产党。

土地革命战争时期,汪应中历任先遣队情报员、文书,在艰苦卓绝的战争环境中,他不畏艰险,英勇奋战,表现出了对共产主义事业的赤胆忠心。

抗日战争时期,汪应中历任侦察科长、参谋长等职,参加了反扫荡、反蚕食等多次战斗。特别是在1943年冬担任二分区侦察科长期间,他率队坚持制高点和情报站工作,在突围跌伤的情况下,不顾伤痛沉着应战,勇敢杀敌,出色地完成了任务,受到了分区首长的嘉奖。

解放战争时期,汪应中历任晋冀纵队参谋长、团长,率部参加了晋北战役、集宁阻击战,保卫张家口、进军大西北、陇东八百里追歼、解放银川等战斗。他作战勇敢,执行上级命令坚决,指挥灵活果断,出色地完成了战斗任务,为中国人民的解放事业作出了贡献。

中华人民共和国成立后,汪应中历任军政干校校部部长、参谋长、兵役局局长、辽宁省军区司令部参谋长等职。在他担任省军区副司令员期间,奉命带领部队和民兵修建数座大型水库,他不负众望,出色地完成了任务,为辽宁农业和水利事业的发展作出了重要的贡献,深受部队和地方同志的敬重。

在半个多世纪的革命生涯中,汪应中为共产主义事业和人民军队建设无私地奉献了毕生的精力。他勤奋好学、善于思考、理论联系实际解决问题,在群众中享有极高的威望。

汪应中1960年被授予大校军衔,荣获独立自由勋章、二级解放勋章、二级红星功勋荣誉章。他的一生是革命的一生、战斗的一生、全心全意为人民服务的一生,他的高尚品质和革命精神永远值得我们学习和怀念。

二、丁令威

丁令威,汉辽阳鹤野(今辽阳县河栏镇亮甲村)人,做过州官,他为人清廉,爱戴百姓,是深受百姓信赖的清官。其祖先以游牧为生,在丁令族对匈奴的战斗中,逐渐强大起来。到2世纪中叶,鲜卑族壮大,丁令族并未屈服,并成为部落军事能力较强的北方劲敌。三国时期(220~265年),移至辽东(今辽阳)衍水、室伪水及辽河流域,存其一支。当时的衍水、室伪水及辽河流域,水域辽阔,地域宽广,森林密布,水草丰茂,极适于游牧民族的生存。所以,在地广人稀的辽东选择了落脚点,室伪水流域占地是西汉所建的居就县地。到东汉初,光武帝刘秀实行内迁与合并,将居就和宣丰并为鹤野县(金代改鸡山县),此时丁令威的先祖迁至此处后,驻牧室伪水与衍水流域。

汉武帝建元年前七年,丁令威出生。丁令威出生在汉居就县,居就县是其祖籍地,已被近代史学家认同。丁令威出生在一个游牧民的家庭,襁褓中就跟随父亲在马背上奔走在草木山林之中,上至白云天桥山(今水泉鸡爪山),北至横山(今华表山)放牧和渔猎,过惯了马背上的生活,丁令威自懂事开始,便喜欢大自然中的一草一木,一禽一鸟,捉鸟放生,捕鱼归河,珍惜一切有生命的鸟兽。他聪明好学,有过目不忘的记忆力。同时,爱歌唱,聪明好学,自幼受汉文化的熏陶,对汉文化产生浓郁的情怀,上山随父亲捕猎,下河随父亲筏水,从小便养成吃苦耐劳的品德,走上艰苦度日的苦炼之路。

据《道教三字经》卷一记载:七岁童,丁令威,学仙道,千年归。据《辞海》卷一,丁令威条记载:丁令威七岁学道于太平府(今广西察县西北郊)灵虚山(无考),拜玄真道人(道教老子三代传人)为师,即七岁拜师学道,入深山,进古观,日间在林间拾柴,夜间伴残灯读黄经而苦炼苦修。入山学道十年,道成归籍辽东(今辽阳)时年十七岁(汉武帝元光五年,公元前130年)。初露才华,受封刺史。

汉武帝元光六年(公元前129年)三月初三,汉武帝在京城长安(西安)为王母举办蟠桃盛会,会期汉武帝邀请了诸路神仙,为王母祝寿,宴会设在承华殿(据陶潜著《搜神后记》卷一记载);帝(汉武帝)大宴群仙,在朝阁老廷重臣,席间有东华帝君、南极长生大帝、八仙、人间的香山九老。在宴会上,西王母命侍女董双成吹起云和玉笛,王子登击响八琅云傲,许飞琼安法兴唱咏仙曲,刘纲、茅盈作诗。麻姑弹筝,谢自然击筑,丁令威唱歌,王子晋吹笙相和。此时,汉武帝说:朕闻丁令威能歌,何不当庭一曲。丁令威不假思索,当即果然曼歌一曲,歌词是:二月骊山露泣花,似悲先帝早升遐,自今犹有长生鹿,时绕温泉绕翠华。汉武帝突然于大庭广众之下命丁令威献歌,实际是对丁令威才华的一次面试,宴会殿试。当王子晋吹笙相和时更使丁令威之曲悠扬婉转。汉武帝赞赏不已。从此丁令威更加声名大震,并列众仙榜首,并深得汉武帝的赏识和偏爱(据西晋文学家陶潜所著《搜神后记》卷一记载)。

丁令威参加汉武帝三月三的宴会展露了他的超人才华,汉武帝决定赐封其官爵,出任辽东刺史(一说州官,按中国历代官职大典),为正四品的朝廷命官(据《中国天地人三百神》丁令威条记载)。实际上,丁令威出任地方大员州官,当时是临危授命,出任年龄应当是21岁。他是在最困难时担当州官的,按汉制应是"隶属辽东刺史部"。任职期间,适逢辽东连年大旱滴雨不降，寸草不生，五谷不收，饥民背井离乡，四处乞讨，加之辽东瘟疫泛滥。饥民无以为食，以草根树皮果腹，饿死人口日益增多，辽东刺史部统治的地区已是哀鸿遍野，人民在死亡线上挣扎。

丁令威所辖辽东郡，治所在襄平（今辽阳市）。时任一郡的父母官，眼看本郡百姓处于饥寒交迫之中，心急如焚，连连几次向幽州刺史部上报郡情，并恳请同意开仓放粮，以救饥民。可上报文本，石沉大海，渺无音讯，迟迟不予批准，丁令威面对此情此景，见为民请命不得批准，便毅然决然开仓，打开国库（今称国储粮库）放粮赈灾。如此举动，饥民得食，社会秩序相对稳定，可是得罪了平时嫉妒他的同僚，同僚向刺史部参奏，弹劾丁令威妄自尊大，目无王法，私开国库，恣意对抗朝廷，三本上去，幽州刺史部并没有上奏朝廷，挟天子而令诸侯，断然以此罪名判定丁令威死刑，文书列曰，立即执行（据《中国历史地理》）。

自秦汉开始，辽阳的刑场都设在大西门外，八步两座桥边，俗称断魂桥。这个刑场一直沿用到中华民国前期。当天，辽东郡新任郡守，将丁令威打入囚车，押往法场，静待午时三刻，开刀问斩。深秋季节，天朗气清，法场上一片萧然。在刑场上百姓自发来给丁令威送行，就在要行刑的午时三刻，突然间，狂风骤起，飞沙走石，天昏地暗，伸手不见五指，突然听到天空中嘎嘎叫声，有两只仙鹤从天而降，展翅将丁令威托起，直向东南方向飞去。百姓纷纷跪拜，就这样丁令威幸免于难。丁令威鹤落华表山，成道升仙，台畔遗迹颇多。丁令威其人并非是虚构的人物，华表山胜迹亦非空穴来风。胜迹包括华表柱、落鹤湖（在今水库南缘）、观鹤桥、升天台、神仙洞等均有实地所在。人们为纪念他，把水库对面南山上的一块巨石认为是他的化身，认做他驾鹤仙游在此休息，今亦清晰可见。丁令威驾鹤华表山，为华表山开辟了道教文化的先河，同时为葠窝水库打造了天然的名胜景区，并在2006年在国家旅游局注册。而丁令威廉正爱民的高风厚德，更是世代相传。葠窝水库为了纪念这位人民的清官修建了“清风亭”和精雕“丁令威雕像”。

丁令威是一位传奇式的历史人物，他爱民如子，同时也是一位环保主义者，这为历代史学家所认可。更重要的是，丁令威对中国文化巨大的影响力和对历代文学家、诗人的心灵震撼，包括唐代伟大诗人李白、杜甫、杜牧等；伟大的新文化运动创始人鲁迅、何其芳、韦君宜等也为丁令威人物事实所动容；道士封君达、吴文英等著名词作家与苏东坡（唐宋八大家之一）都曾为丁令威和华表山填词作文。目前，在全国范围内不止一省市争相研究丁令威，更想开发华表山这一名山大川。如浙江的诸暨、东北的鞍山等地多处也在大力宣传丁令威。但他们首先都承认丁令威是辽阳人，并且承认丁令威驾鹤落至华表山。

三、袁镇南

袁镇南（1845～1925年），字保臣，号辛坡，清末名宦，世居辽阳城东葠窝村。

据《袁氏谱书》序言所记，袁镇南的一世祖袁进福祖籍河北省昌黎县城外，后人已忘其详址于何村落。清顺治八年（1651年），袁镇南的先祖迁居到辽阳城北棒槌台，不久移居城南石桥子（今汤河镇石桥子村），并在此处立祖茔筑墓建庐。袁镇南二世祖袁起龙、袁起凤、袁起蛟都喜习枪行，兄弟三人经常到野外山中行围打猎，一天哥仨打猎至太子河畔的葠窝村，见此处依山傍水，风景秀丽，形胜异常，于是便决定移居于此。在葠窝村定居后，至今已传承十二三代，延续200余年，已有族人200余口。因族大则必然分支。分支后，其中一支落户于北沙土坎村，袁镇南一支便定居在葠窝村，清道光五年（1825 年），又一次分支各立祖茔，其分支祖茔现存于北沙土坎村黄家沟，有石碑铭记。在此碑上记有袁氏分支论辈的排字序为：进起思有登，汝文钧宗勋，景纯芝家世，永春明惠兴，孝友光天化，育新广治平。

袁镇南年幼聪明好学，善解人意，七岁时，被送到邻村的私塾读书，有过目不忘的记忆力，读书十分刻苦，四书五经、诸子百家，读而详解，在幼小的袁镇南心中种下了学而优则仕的儒家思想。在先祖袁思敬和袁登仕的影响下，袁镇南自幼发奋读书，自强不息。同治十二年（1873 年），28 岁的袁镇南考中了举人，时隔三年，光绪二年（1876 年）秋季特开恩科，他三场开考过后参加殿试，一一通过，终于登上皇家的龙虎榜，获得恩科进士，这年他 31 岁。

袁镇南在未放任前均称"散馆庶吉士"，这虽然是一个虚职，但取不到这个职位的资格，也不能放任和委派实职官位。袁镇南通过庶吉士的过渡后，首派到河南任县令之职。从此，袁镇南由翰林正式任职地方官，步入官场生涯。

袁镇南初出任职，委派到桐柏县（今属河南省）。当时，桐柏县地方经济十分困难，财政税收入不抵出，属河南省甲等困难县。他到任后，首查国库存粮，账目上有余粮 2 万石，按每石 400 市斤计算，当有 800 万斤。可是库粮一空，已被盗匪烧掠殆尽，历代县令均按库存 2 万石上报，欺蒙朝廷。袁镇南经详细调查得知库粮早已空空，为此据实上报。光绪九年（1883 年），调任永城县（今属河南省）。永城县地处偏远地区，更兼连年河水泛滥，民不聊生，饿殍遍野，又值盗贼蜂起，社会秩序异常混乱。袁镇南为了稳定社会秩序，安定民心，下令严捕巨盗，勒令将盗贼首恶缉拿到案，缉捕盗匪头目十余人，均按大清律典分其犯罪轻重，依法制裁，这样，平息了盗匪的猖獗气焰，使永城县境内社会安定。

光绪十一年（1885 年），袁镇南又从永城县调到祥符县任职。当时的祥符亦是省内的贫困县，财政十分困难，官府差役人员的月间俸禄的支付都成为问题。在财政亏空、支付困难的条件下，袁镇南充分认识到要想克服这一困难，必须压缩不必要的花销。他提出"俭以养廉"的施政方针，以缓解财政开支的紧张局面。为了鼓励下属发扬勤俭节约的作风，袁镇南首先从自身做起，具体做法是除朝廷规定应得的俸禄外，分文不得超额支取，凡政府官吏不论官位职务高低，均不得妄取毫厘。由于他自身做表率，因此祥符县官府上下人员均按此办理，使全县大小官吏均能自身节省，廉洁自律。从此改变了从前铺张浪费、巧取豪夺、多吃多占的弊端。

不久，袁镇南又从祥符县被调到河内任职，到任后，得知河内县以前积压 200 余件未曾了结的案件。他仅用一个月的时间，全部审理结案。光绪十三年（1887 年），河南全境暴雨成灾，河渠洪水泛滥，沁河水势凶猛，汛情严重。袁镇南亲自冒险督工，身临抗洪抢险第一线，不分昼夜，在风雨交加、泥水没胫中行走。沁河干流天师庙一段因河床宽阔，比降落差大，洪水常常在此决口。所以，袁镇南认为此段为险情多发处，为了做永久计，决定在天师庙一段采取以石垒坝的办法，做挡水墙处理，使灾情减小到最低限度，这座石筑大堤，至今在河南省内仍称为袁公堤。该县百姓为感念袁镇南的功绩，在潮音寺内为他修建了生祠。与此同时，沁河下游武陟县小阳庄与黄河边的郑工（村名）先后决口，水势凶猛。此时，凡属官吏，分兵把口各据一段。袁镇南将最危险的一段抢修任务留给自己，将较易防御的地段留给观察使曹公督防。事后，袁镇南到祥符县水灾严重的险段，洪水削减后又回原处任职。

由于袁镇南在任职期间，恪尽职守、勤政爱民、廉洁奉公的行为和颇有建树的功绩，得到河南人民的认可。为此，其政声大振，光绪十六年（1890年），又调回到祥符县任职。此后，袁镇南由知县晋升河南光州州官，州治在潢川，并辖管光（光山）、固（固始）、息（息县）、商（商城）四县，袁镇南一任五年中发奸摘伏，民无冤声。

光绪二十六年（1900年），袁镇南因丁忧（父母均故去），采用水路，从山东烟台沿海入辽河逆太子河而上，运送扶父母双榇（两口小棺材）归籍辽阳故里。他没有惊动乡亲故老，用深葬方式将父母埋葬墓地，就是今称之为袁家坟，通称翰林坟。其父母归葬后，按旧社会的礼制在家守孝三年。袁镇南在守制期间，适逢义和团起义遍及全国，民间盗匪乘机作乱，蜂拥而起，到处烧杀抢掠，扰乱地方。辽阳地区盗匪更为猖獗，社会秩序空前混乱。为了稳定社会秩序，辽阳境内各地组建地方团练。东、西、南、北四路同时举办乡团组织，以维持地方治安。

袁镇南故里葠窝村所属东路。受民众推举，公选袁镇南为团练长，负责指挥陈家台、王罗屯、葠窝等20余乡屯的会首，时称袁镇南为袁太史，亦称太史令，负责指挥操练乡团事宜。他就地挑选乡团人员。凡入乡团的村民，统称为乡勇，袁镇南均酌以发给薪饷，指挥民团和乡民，平时担当守望，协助报警，合力打击匪盗，使地方得以安宁。

三年守制结束，袁镇南重新回到汴梁（今河南开封）供职，充任院署文案。

光绪二十九年（1903年）二月，开封地方掀起抗租抗税运动，百姓拒绝缴纳粮税。袁镇南奉檄到闹事的乡村，他面对抗租抗税的乡民谆谆告诫，动之以情，言之以理，晓之以义，百姓均服服帖帖，按章上缴粮税。

光绪三十年（1904年），袁镇南又受命兼职清化矿务局总办之职。在此期间，处理内政外交事务措施得当，办事得体，矿业稳定。时值唐县教会起哄，教会之间发生纠纷，袁镇南采取和解的方式，将两教首集于一处进行调解，两教首均知其威严而被说服，教会的哄闹事件很快平息了。又值郑州百姓大闹衙署，袁镇南深入百姓之中，经多方了解得知是官吏办事不当，导致激变，根据实际情况，以宽严并施的原则，平息了百姓大闹衙署事件。

宣统三年（1911年），袁镇南又被调任开封，负责河南全省的谳事，即负责对犯法分子的审判工作，为一省最高的法官。当时积压在京、省案件400余件，经其昼夜审查讯问，一个月的时间，结案三分之二。不久，他被提升为巡警道，并兼辖开封、归德、陈州、许县、郑州五州县府的事务。在此之前袁镇南担任河南癸卯科四科场的乡试同考官，在监考中，严厉杜绝考场舞弊。

袁镇南历经同治、光绪、宣统三朝，前后受到朝廷11次嘉奖。解职后，侨居济南13年而卒，终年80岁。袁镇南出身于一个普通的农民家庭，祖上世代具有书香门第的礼义之风，同时始终保持淳朴的农家本色。他从政30年，在宦海生涯中，能出污泥而不染，濯青涟而不妖，洁身自好，廉洁自律，想百姓之所想，急国难之所急，经过十次转职调任，始终能以国事民事为重，以天下事为己任，身体力行，当是一身正气、两袖清风的地方官吏，在当时，也称之为一代清官，足可标榜千秋，为封建社会官吏中的一个典范。

袁镇南的翰林府旧址，原坐落在葠窝村太子河北岸的金山脚下。宅第坐北朝南，为四合院布局。正门悬挂“翰林及第”匾额,后门牌额为“太史第”二进院。因袁氏族人甚众,故将后趟房改为膳房。其他构造皆按清代翰林府造型改造。袁翰林自放任官场后,北院并未身居多久,只是在为父母守制时期暂住。新中国成立前后,正房、东西厢房均为直系子侄居住。1970 年葠窝水库兴建时,翰林府暂作为营口、海城两县民兵团的指挥部。1972 年因水库蓄水而拆除。

袁镇南自幼酷爱书法,体出颜真卿,他的书法作品流传在山东、河南嫡系族中较多,散失在辽阳地区的书法作品很少,他的颜体楷书功底颇深。清末民国初期,他曾为安平华表山观泉寺题写大雄宝殿的“慧我万方”匾额,遒逸洒脱,确有大家气势,可自成一家,堪称珍品,可惜在“文化大革命”时期被付之一炬。留下的作品,尽管散失,书家名流观之,均可为书法艺术的上乘佳作,不失书法大家的风度。其嫡系后裔多分布于山东济南、河南,在辽宁的本溪和辽阳的寒岭、安平、小屯等地均有其子孙。新中国成立后,多有在市、县政府机关部门从事党政工作。据初步调查,仅现居辽阳地区的一支就有数十人任职县团级以上的国家干部,仍旧不失名门望族。而今,袁镇南一族后裔依然保持其袁氏勤俭持家的遗风。

四、陈抟

陈抟,名抟,字图南,自号扶摇子,宋太祖赵匡胤赐号希夷先生。他生于五代十国后周,自幼研究易经,曾得到异人奇书,本欲从科举中寻找仕途,却屡试不中,便淡泊了功名,于后周显德三年(956 年)入华山白岩洞学道。961 年离开华山,云游到辽东,几经辗转来到横山,寻找古洞为观,带着弟子金砺入住横山古洞(后称老祖洞,俗称老洞洼),位于今葠窝水库油库正南悬崖上,洞口坐南朝北。以洞为观,在今华表山小住三年后移居白云山朝阳洞(今弓长岭区汤河镇北山老洞),今称朝阳洞为居仙洞。陈抟虽在横山古洞中修炼仅两年,却成为葠窝道教文化的一个缩影。

据《世界四大宗道 · 道教》记载:陈抟在中国道教史上占有重要的地位,他被列为“高道”,称为睡仙,奉为继老子、张陵以后的道教至尊,享誉“老祖”。《道藏》和宋元时期的许多著作大量收集有关他的事迹与传说。陈抟移居辽东横山(今华表山)是继丁令威之后又一位道教高道的入住与传播者,起到承前启后的作用,为衍水流域开创道教文化起到了不可忽视的作用,对在太子河流域上创建玉清宫、卧龙宫等著名道观起到了决定性作用,葠窝库区的道教主刘泰林的玉清宫所传的道教北宗,推进了太子河流域道教文化,一直到中华民国初期,中国土生土长的道教文化在葠窝太子河流域一直传承着,成为葠窝水库流域文化的一个亮点。

五、公孙渊

公孙渊,公孙度的儿子。公孙度死后,公孙渊篡位自立为王,经略辽东,治理襄平(今辽阳)仍就营造太子河岸的上平洲、下平洲,两地山城为前沿军事据点。太和二年(228 年)公孙渊夺取公孙恭侯位。一面遣使暗通东吴孙权、明依曹魏。魏明帝查明此事,便封公孙渊为大司马、乐浪公,权利依旧。起初拜公孙渊为扬列将军、辽东太守。由于公孙渊知道依靠东吴不可靠,依靠曹魏亦心有不服,所以对魏明帝派遣的使臣出以恶言。

景初元年(238 年)魏明帝派遣幽州刺史(当时辽阳辽东郡隶幽州部)毋丘俭,带着诏书,征讨公孙渊,毋丘俭征战不利而回师。辽隧(汉辽隧县,今海城一带)一战,毋丘俭失利退兵。公孙渊便于此时,自立为燕王,置百官,设各衙署。景初二年春(239 年)魏明帝官督遣太尉司马宣王(司马懿)征伐公孙渊,是年六月魏军至辽东(今辽阳)初,公孙渊派遣将军卑衍、杨祚等帅兵数万屯兵辽阳,围堑二十余里。司马懿大兵一到,公孙渊令卑衍迎战,司马懿遣将军胡遵等击破之。司马懿令急行军向南行而急向东北,前锋到达襄平(今辽阳),卑衍等迎师以殊死搏斗,被司马懿击败,逐进军造城下造为围堑,这年六月,天气恶劣,霖雨三十余天,辽河水暴涨,公孙渊急迫心慌,军粮已尽,民相食,天晴后,司马懿令军士筑土山,修橹,并以连弩箭射向城中,城中死者甚众。将军杨祚等投降。八月丙寅夜,大流星数十丈,从首山东北坠入襄平城东南,壬午日公孙渊全军溃败,和他的儿子公孙修带领数百骑,突围奔向东南,司马大兵急追之,当流星所坠处,斩公孙渊父子。城破,斩相国以下首级以千数计,将公孙渊首级传至洛阳。辽东、带方、乐浪、玄菟均收平定。

按当代史学家王绵厚等所著《东北古代交通》,司马懿追兵斩公孙渊父子于“衍水”上。当公孙渊父子在公孙渊兵败时从首山向东南逃离,欲涉室伪水,转间北回奔上下平洲他的军事要塞。企图再固,可是当逃到衍水古渡时,衍水暴涨,无船渡,父子立马岸边,正急于无法泅渡时,司马懿前锋已到,当时便被斩于衍水古渡口。

这是三国时期发生在今葠窝水库坝下 800 m 处的一次重大历史事件。

六、释灵照

释灵照(1909 ~ 1996)俗姓赵,名胜魁,俗家,辽阳县安平区孤家子乡,梨皮峪村人。27 岁削发为僧于黑龙江寺出家,师父赐法号“灵照”。

他在遁入佛门的年代,已是日本帝国主义侵占中国,东北三省沦陷时期,社会已是国不成国、家不成家的苦难年代。所谓“僧贫寺半荒”,社会的动荡,抗日战争的开展,全国当时兵荒马乱,寺庙也不能避之。因此,寺僧也是到处流浪。

已出家为僧的灵照,还是怀念故土,惦记家乡与父老,更想念年迈的老母亲。所以,他只身回到辽阳,他初次回故土,落脚在华表山的观泉寺。

当时,寺中唯有一位看庙的老僧,年轻僧人已经走出寺庙,灵照入住后,便重整庙堂,不久,也收纳了一个徒弟,也是孤家一人,杨姓初是蓄发修行的“俗家弟子”(观泉寺现存碑有载)。

由于生活的艰辛,庙里的生活就更加艰难了,甚至连盐都买不到。因此,灵照创出了“六戒”,其中就在五戒外增加了一个戒盐。其实当时市面上根本买不到盐。就这样,师徒三人,便以清水煮野菜,当时称之为“白素”,日本帝国主义于 1945 年无条件投降后,本以为国家从此会太平,可是国共战争又拉开了序幕,当时东北三省除少数地方还有红色政权,大部分为国民党沦陷区,白色恐怖将人民又一次推向战争深渊,寺庙基本上是破败不堪。

此时,释灵照将圆寂的老和尚安葬毕(安葬处今称和尚坟),便以行脚僧的身份去山西五台山。临去前,他的弟子也削发取号释沙海,成为观泉寺最后一位僧人。

释灵照去五台山南山护国寺十余载之后便升座为方丈。

1986 年,释灵照再度由五台山回辽阳探望观泉寺,以寻古寺旧迹,此时,观泉寺已是只存有残碑断墙,但山门外古泉尚依然涌溢。

释灵照,以临济派第二十六代正宗传人,先后在观泉寺经营十年之久,后回五台山南山寺,先后被推选为五台县佛教协会会长、山西省佛教协会副会长。他的声望极高,已故许世友将军曾以印度普光寺方丈袈裟赠与释灵照。

释灵照是源自葠窝的一代高僧,是佛教文化中的一代名僧。

第四节　自然现象奇观

一、太子河刀鱼的出现与失踪

1960 年的一场大洪水,渤海与辽河水互逆,辽河与太子河曾有倒灌现象,故许多海生鱼类与淡水鱼类混游。洪水过后,在太子河干流的捕鱼者,可常常捕到太子河刀鱼。刀鱼的体形与海洋刀鱼类似,与长江淡水刀鱼无异,唯独鱼尾是曼圆形,无鳞,皮色甚白,而且肉质十分鲜嫩,身长 1.2 ~ 1.5 市尺(1 市尺 = 0.333 3 m),扁身宽 3 ~ 4 cm 不等,这种鱼在太子河生殖繁衍至少有 20 余年,在坝下还有人捕到过这种鱼。直到 1982 年后,方很少见到踪影,可能与水质有关系,但它的出现为研究太子河刀鱼提供了历史佐证。

二、庞大鸿雁队伍落住库区

1996 年春节过后,时值正月二十五,天朗气清,葠窝水库管理局的员工都已经上班,坝上工人已经按部就班到坝上值班,有人竟发现在坝前 1 m 远处,从坝前至对面山的 5 km 处的宽阔冰面上,再也没有冰层的痕迹,而是清一色的鸿雁。鸿雁密密麻麻,毫无缝隙地蹲伏在冰面上。红冠花羽,把冰层变成了织锦色彩,颇为绮丽壮观。

按当时的冰面长 5 km、宽 2 km,面积应为 10 km^2,不露冰面的鸿雁,按库面积 10 m^2 计算,每平方米 20 只,至少要有 1 万 m^2,可容纳至少 500 万只。雁队是何等的庞大与壮观。

当时,水库管理局工会将此现象报告辽阳电视台和辽阳日报社,新闻记者纷纷赶到,拍摄和记载了这一壮观景象与精彩瞬间。

鸿雁一直持续到二月末方离开葠窝水库库面。

一次偶然的禽鸟长落与栖息虽然只有两个月,但历史的瞬间为气候专家研究 1996 年葠窝水库地区的气候变化提供了一个真正存在过的科研课题。

第二章　水库地域历史文化

水，是生命的源泉和文化的载体。有水，就有生命的繁衍和文化的传承。从古至今，人水相伴，文化丛生。本章简要收录了与葠窝水库区域、流域相关的地域历史、宗教文化、遗址考略等人水文化史料记载，为水库景区旅游开发、文化产业建设等提供点滴参考，在挖掘已有的旅游景区、景点文化内涵的基础上，突出开发旅游资源的文化底蕴。

第一节　考古文物文化遗址

一、葠窝南(北)沙古代新石器晚期文化遗址

葠窝水库地域有着悠久和厚重的历史文化积淀，古代遗址星罗棋布。根据辽宁省文物普查单位1981年5月20日普查报告显示，在葠窝水库南沙，在职工和村民住宅区发现了青铜器早期遗址。遗址位于太子河南岸的小山坡上(原南沙供销社后山坡)，遗物位于葠窝测试电报电线(508站，站体周围的山顶上)处。长60 m，宽50 m，面积约3 000 m^2。文化层(南沙供销社房北)深度为12～30 m。1981年发现在地表和断崖上遗有零星陶片及石器残块。其暴露遗迹是少许烧土块、炭块、陶片及石器残段等。当时暴露在地表的遗物有：夹杂灰褐色手捏陶器口沿，器底、桥形板耳，石棒头，石斧残段等。初步确定其年代为春秋到战国初。上溯统计年代为夏、商、西周时代。

这一古代新石器晚期遗址的发现为研究和确认葠窝水库库址周边人类早期生产活动提供了翔实的历史佐证。《全国第三次文物普查》弓长岭卷一表，已基本得到了确认，为史学家所认同。

从《全国第二、三次文物普查》工作表中，已确认了葠窝水库北沙住区的新石器时期的遗址。北沙住区(即建水库时地勘队住区略西)确定为古遗址，属于新石器时代，属于尚未核定保护单位。其遗址连成一片，由北沙通往高崖村东北方，在遗址上，全国第二、三次文物普查中发现了石斧，据专家推定，此处为新石器时代人类活动遗址，并发现辽金时代的残瓷片，目前遗址已被破坏，据考证应毁于水灾。其自然环境西南100 m为葠窝水库，东约1 000 m为太平山，南约2 500 m为华表山，西约260 m为太子河，北约700 m为顺山口。葠窝水库北沙住区新石器晚期人类活动遗址的发现与确认，使葠窝地区的历史文化向前又有一个大的历史时空的追溯。

二、葠窝水库鲸鱼肱骨化石的出土

葠窝水库鲸鱼肱骨化石的出土，揭开了六十万年前至一万年前，葠窝地区的水文历史的本来根源，一万年前这里曾是茫茫大海或是东海海域。据《全省一、二次文物普查》时所采集的鲸鱼肱骨化石，真实地证明了这一历史。

发现鲸鱼肱骨化石的遗址在葠窝水库 23 ~24 号坝段间坝体下,已被水淹没。自然因素是因水灾造成。遗址处 GPS 坐标:北纬 41°13′59.5″,东经 123°30′47.0″,海拔为 113 m。测点在遗址上方 140 m 处。

鲸鱼肱骨发现于 1972 年,为当时读小学四年级的学生胡孝军发现(现为葠窝水库管理局职工)。当时,供销社大量收购各类兽骨,胡孝军以兽骨去北沙供销社卖,当时收购站负责收购的员工李述君及其他员工不能辨识其骨类,上报后,经辽阳文物管理所人员到现场初步认定为鱼骨化石,带回辽阳市后,又请国内海洋生物专家鉴定,确认为是鲸鱼肱骨化石,是在旧石器晚期的海洋生物,距今为 60 万 ~1 万年,初认为鲸鱼肋骨(后确认为肱骨),化石长 2.2 m,弧长 1.73 m,肋骨一端残缺,时代为更新世。原收藏于辽阳市博物馆,2011 年弓长岭区博物馆建成后,移至弓长岭区博物馆为馆藏品。目前,鲸鱼肱骨化石出土的位置已被葠窝水库 23 ~24 号坝段坝体所覆盖。

葠窝水库鲸鱼肱骨化石的出土,为研究太子河流域远古时期水文地质起到了不可替代的作用,更是葠窝水库历史文化最闪光的一页。它的所有权为国家所有,但目前尚未核定保护单位。

第二节　历史景观遗迹

一、衍水古渡口

衍水一名出自燕太子丹逃匿于衍水之前。衍水自古即是辽东最大河流之一,水域面积广,河道比降大,水流湍急,每发洪水,人畜不得横渡。在造桥工艺和造桥技术不发达的年代,虽然横渡衍水河道,曾不止数次造木桥,但每当洪水暴发时,这种木桩桥皆被冲垮,衍水便成了人们南北往来的天然障碍。战国后期在秦汉两代,衍水经常泛滥,涉水过河溺水而亡的人甚多,因此开启了渡口,以木船往来接送过河人们。

据《三国志·公孙度传》记载,汉献帝初平元年(190 年),天下大乱,诸侯割据,战争频频,时有襄平(今辽阳)人公孙度初为吏,届时,亦参与割据,自立为平州牧、襄平侯,以襄平置平州,开始经营辽东(辽阳)并逐渐东西扩张,东击高丽,北击匈奴,故辽东一时称为太平盛世,因其经营辽东时,励农耕,重讲学,社会趋于稳定。当时,平州(今下平州东山有古城遗址)并在其北,置上平州(上下平州今属辽阳县小屯镇)。汉末,衍水河北为前朝所建的白岩县,其南为安平县(今弓长岭),再东南为汉居就县。衍水已经成为三县通商必跨的河谷。

公孙度为使南北贯通,不受河谷限制,便想选择适当地点建渡口,以船往送。几经沿河一带熟知河道情况的人的勘察,最终选定在两坎之间(即今南北沙土坎)处的稳水区,做一渡口(考旧址,在今门前砬子稍东 50 m 许)。自公孙度创建这一渡口,一直应用到 20 世纪 70 年代,一直存有木船过渡(俗称摆渡),早在元明时期渡口两岸曾均设石刻渡口标记(清初废止)。

南北沙土坎渡口的辟建在相当长的历史时期,起到了横渡衍水的作用,直到 20 世纪 70 年代通往南北沙的居民仍撑杆划木船往来过渡。这是横渡衍水开辟渡口先河的古遗址证明。

二、一担山

一担山为两座山的并称。坐落于太子河葠窝水库大坝右翼兰河上岸，一担山分南一担山和北一担山，北一担山与南一担山两山山体形态基本相同，它与华表山连根于一体，北一担山现已没于葠窝水库库水之中，南一担山坐落在今辽阳县寒岭镇邱家村东北出口，当水位超过 96 m 高程时，山被浸入库水中。东西两座小山高度相差 10 m 左右。据 1927 年出版的《辽阳县志》曾以一担山取代华表山一名，记载在该志的山川条中。

北一担山有著名的古庙铁瓦寺的遗址。北一担山旧古庙前，曾有长近半里路的柳堤，中华民国前是周边乡民赶庙会时叫买叫卖的农贸市场。据《民国志》剑桥编本，庙前原有水塘一处，蓄水颇深，塘中生存有鲤鱼、鳌花等鱼类，在寺僧看护下不准捕捞。

南一担山（史称西一担山）据《辽阳古迹遗闻》一书记载：山顶北有古松一棵，为明代古松，树龄有 500 年左右，至今仍然枝繁叶茂，苍翠挺拔。原有古井一眼，井口呈正方，井口周长一丈六尺（即四尺见方），井深莫测，古井与古松自成一处自然奇观。

2006 年，辽阳县寒岭镇招商引资，由邱家林建成道观称“二郎神庙”坐落在古林下，古井井口被封，并塑杨戬法像一尊端坐其上，成为葠窝水库东南水域边缘兰河干流边的一大历史奇观，更是一道靓丽的旅游风景线。

三、南沙烽火台

在葠窝水库上坝公路南的横山（俗称火车头山）东端头（废弃油库西山崖上），全国文物第二、三次普查发现了山顶有烽火台一座，认定古遗址为军事设施遗址。其 GPS 坐标为：北纬 41°13′41. 8″，东经 123°30′18. 7″，海拔为 252 m。普查已确定所有权为国家，但尚未核定保护单位。

在普查文中简介，南沙烽火台位于辽宁省辽阳市弓长岭区安平乡南沙村村东台山（横山俗称火车头山）山顶，烽台占地面积约 450 m^2。平面呈不规则形，依山势而建，三面为悬崖峭壁，一面可以攀登，西南侧为石材人工砌筑，共 22 行，每行石材厚度约 22 cm × 20 cm，台顶面积 36 m^2，台顶尚有烽火灶痕迹。

这座烽火台居高临下，视野开阔，是一处重要的军事信息烽火台，在普查中，初步断定建在明代。对于这座烽火台的始建年代，史家尚有不同见解，有的认为是唐代渤海政权（渤海国国王大祚荣）为抗击高丽所建，若如此，这座文物古迹将向前推进 700 年的历史时间。

这座烽火台（或称渤海古城）的存在，为考察古代这里的军事战略位置的重要性提供了依据。

第三节　矿产资源开采渊源

一、辽太祖横山寻铁矿

据东北三省总督徐世昌主编的《东北三省政略 · 经济篇》记载：辽天显元年（后唐天

成元年,926年),辽太祖耶律阿保机把开采铁矿的目光瞄到了辽东(辽阳)的东部山区。在丛山峻岭中,他派遣一大批勘探人员南从今甜水站,北到太子河南岸的横山,西南到首山,到处寻取铁矿的生产地。

当他得知,这一片土地上藏有大量铁矿石,而且品质(今称品位)很高,决定在这一段山岭中采取矿石。最后选定南起七盘岭,北至八盘岭叠翠山(即今横山,今称火车头山)为重点采矿区。他亲自乘马实地勘察,最后决定从叠翠山往南至七盘岭,远到今弓长岭矿的哑巴岭矿区,选定露天开采的地点。但由于十国战乱而终止,可是在横山山体上留下了耶律阿保机选矿的历史记载,为后代历朝开采提供了可靠的依据。

二、元世祖忽必烈遗留在横山的矿洞

元至元八年(南宋度宗咸淳七年,1271年)南宋王朝尚未退出历史舞台,忽必烈还没有统一全国,可是胸怀大略的元世祖忽必烈便开始着眼矿业的开发,亲自带领人马走遍辽东地区寻找铁矿石的产地。并以汉(汉人)300户为采铁矿集体冶炼,蒙古官员全部管理,全程跟踪。在南起首山、甜水,直到太子河南岸,至今尚能找到元代炼铁矿的矿坑。年过五旬的忽必烈曾驻马横山,留下许多历史演绎。

三、明英宗横山设置炒铁军

《东北三省政略·经济篇》矿业条记载:明英宗正统六年(1441年),在派遣大批采矿人员到辽阳东部山区寻找金、银、铁矿。南至今甜水站,西至首山,东北至横山,在太子河一带寻铁矿资源藏地,并组成官员1 500人为炒铁军,分段驻入南北山脉,横山至七八盘岭和八盘岭500人,甜水站500人,首山500人,采铁冶炼,铸造兵器及农耕具。今在横山南段仍存有明代采矿时的探坑及矿洞。

第四节　宗教寺庙遗址

一、铁瓦寺

铁瓦寺原建于一担山东峰之巅,原寺坐北朝南。

据白永贞主撰的《辽阳县志·坛庙篇》铁瓦寺条记载:踞城东一擔山,东峰之巅,相传建自唐代,初仅一山庙,清康熙癸酉(清康熙三十二年)(1693年),益铸瓦扩建其庙基,年久坍塌,乃移置山下,现有铁瓦仅占一坡,形同陶瓦惟稍薄耳,瓦共七十七块,每块重十二斤,宽长五寸,厚五分。

另据清嘉庆十九年(1814年),重修碑记载:"山巅古寺移置山下后,修正殿三楹,东西廊房各三间,山门殿一,钟楼一",成为辽阳东部山区的铁瓦为一坡的名胜古寺。寺庙被拆毁,铁瓦散落民间,按清嘉庆十九年(1814年)重修铁瓦寺碑记记载,此庙已初具规模。殿中奉龙王、关帝、娘娘等法像三十余尊。为一古刹也(嘉庆十九年重修碑,1998年尚在遗址残垣中,后不知去向)。

1998年,葠窝水库管理局为开发葠窝水库旅游业曾拟恢复铁瓦寺。

二、望海双泉寺

民间俗称的望海双泉寺，初称双泉寺，是葠窝水库库区最古老的一座寺庙。据《全国第二、三次文物普查》记载：双泉寺遗址位于葠窝水库大坝北 500 m 处的滚马山上。据 1927 年版《辽阳县志·坛庙篇》双泉寺条记载：在葠窝村北，寺前有二泉，相去丈许，两泉在寺庙下方山门外；一上一下，一甘一苦，泉水终年喷涌。相传寺始建自唐，碑磨灭不可考。据说，甘泉泉水清澈，甘甜寒洌，有生津消渴的功效。苦泉苦而不涩，寒而不洌，回味总是苦中有甜，用苦泉洗浴能治青年痤疮、止痛活血。寺因泉而得名。传说心存不良的人喝一口苦泉水，顿时邪念俱消，可改恶从善。滚马山原来叫望海金山。相传在晴空万里、一望无云的时候，登上山顶可以看到茫茫的渤海湾，所以还称望海金山。

据相关史料记载：此庙毁于火灾，现尚存原庙的四壁残垣断墙，正殿长三丈三尺，宽一丈八尺，为地材石砌筑。正殿奉关帝法像，唯钟楼一座，存残址。考其旧址，乃坐北朝南，原正殿三楹，为古寺耳。

双泉寺遗址占地面积 525 m^2。遗址前约有 200 m 的山坡，坡南距葠窝水库库区约 50 m，北面为石砬子山梁，东侧顺山梁和水库区延伸数里为葠窝水库库区。《辽阳古迹名胜》记载：原有三间房地，一处石台。故址以山势劈出两级台地，台地东西为 10 m 宽空地，西边为山坡，第一级台地距库岸边 200 m，东西长 30 m，宽 4 m，为平地，主要为通行道路。第二级台地是在第一级台地北面由一道断断续续高 1 ~ 2.5 m、长约 25 m 的长石墙围成的宽 8 ~ 10 m，略为凸型狭窄地带。从倒塌的约 1 m 宽的残存石墙看，依稀可辨认出一字排列的三座房址。房址坐北朝南，第一、二处紧连一起，面积相同，面阔为 6 m，进深约 8 m；第三座距第二座约 1.5 m，面阔 8 m，进深 4 m，西面有存高 0.5 m 的残石墙。残存的墙多为 10 ~ 15 cm 厚、20 ~ 50 cm 长的毛石砌筑。

另外，第二处房址前约 2 m 处有长宽为 2.5 m 的方形石砌台基一处。在第三座建筑址内西面有 1 m 宽，3 级石台阶通向西面山坡，从遗址处采集到长 11.5 cm、厚 1 cm、大头宽 17 cm、小头宽 15.5 cm、挠度 4 cm 的瓦片一块，残长 16 cm、宽 13.5 cm、厚 5 cm 的砖一块，初步断定为清代遗物。

现状仅存 3 处残墙基础，除一些瓦片外，无其他遗物。其消失原因多为年久失修。砖瓦木料早已无存。普查组建议村级政府做些登记保护管理工作。葠窝水库管理局党委为落实宗教政策，开发宗教文化旅游，已致力于招商引资，恢复这一具有悠久历史的宗教寺庙景观。1998 年 8 月 15 日，葠窝水库管理局党委邀请辽宁省佛教协会秘书长释正伟、辽宁省民宗局宗教处处长兼办公室主任王利荣（女）、辽阳市民宗局局长庄志学，以及辽阳日报社文化版记者白云、纪燕，到双泉寺旧址进行实地考察，并发出招商引资广告。同时，《辽阳日报》文化版发表考察望海双泉寺文章。

三、观泉寺

观泉寺遗址位于葠窝水库上坝公路，太子河大桥南端，古烽火台南坳的山根下，GPS

坐标为北纬41°13′39.8″,东经123°30′09.8″,海拔为213 m。属寺庙古遗址。据实地考察:观泉寺原有正殿三间,东西配殿各三间,三门殿和钟鼓楼各一间,“文化大革命”期间被毁。初步认定其建筑年代为清代。寺庙遗址占地1 400 m^2。所有权归国家所有,目前尚未核定保护单位。观泉寺已列入国家文物遗址,这对研究葠窝地区宗教文化的传入和传播有着重要的历史价值与现实意义。

观泉寺遗址东西长约70 m,南北宽20 m,占地面积约1 400 m^2。遗址处仅存残留院墙4 m一段,正殿东侧残留约3 m高一部分。遗址东南角存古碑两通,一通为康熙年间重修碑,长1.11 m,宽0.69 m,厚0.15 m。一通为中华民国十二年(1923年)重修观泉寺碑,碑长1.28 m,宽0.53 m,厚0.21 m。山门东存古井一眼,正对山门处和华表柱下山泉,故称观泉寺。

据《佛教文化》一书认定,此寺应该建于东汉,但目前尚未发现足够的证据。另根据《辽阳古迹遗闻》观泉寺条记载,此庙由来甚久,云:城东六十里沙土坎东,原有天顺年间(1211年)金代杨安儿时期重修碑,又曰,寺中有自来玉佛两尊,并有明清两代皇帝所赐铁缕袈裟。清康熙四年(1665年),康熙皇帝为辽阳观泉寺曾写下“铁缕袈裟旧,虬松枝干长”的诗句传世。明代辽东都督佥事刘成德有联云“乱峰横翠,碧水流长”。

四、灵岩寺

灵岩寺是葠窝水库华表山风景区中建筑规模最宏伟的一座古代寺庙,它标志着佛教进入葠窝地区的时代和佛教文化的传入与传播。

金代王寂撰《鸭江行部志》记载:王寂于金明昌二年(1191年)春二月十一日,提点辽东巡狱巡视鸭江一线。当日由辽阳府僚属践行于辽阳东门的白鹤亭之鹤鸣轩,会食于短亭,是日乘船沿太子河故道东行,是夕宿于华表山之灵岩寺。次日辛卯乘雪,扶杖游览华表山。另据当代史学家王绵厚教授所著《东北古代交通地理》一书记载,当时,王寂作为辽东刑狱(正二品)出使辽东,巡视鸭江(鸭绿江一线)。所以夜宿灵岩寺的原因主要是当时安平尚没有驿馆,所以往来官员只能住宿灵岩寺。如此可知,灵岩寺当时是能够接待朝廷命官的馆驿。可知其当时的规模了。

《鸭江行部志》记载:寺去谷三里而近。说明寺庙当在入谷(今清水沟沟口)或观泉寺附近(目前遗址尚未发现),但2006年安平乡与区交通局所筑由清水沟小桥通向谷底的公路,全长1.9 km,说明灵岩寺遗址应在清水沟入口的东面山的西山坡某处。

据《辽东志》古迹遗址坛庙条记载:华表山之灵岩寺原有正殿三楹,东西廊房各三间,钟鼓楼各一,斋房、客房具备云云。可见,华表山之灵岩寺实为葠窝水库华表山风景区中的一座历史悠久的古刹禅寺。《康熙诗选》有描述灵岩寺的《再述灵岩寺》:松窗侵翠霭,经案接旃檀,疏雨度高阁,清风生暮寒,再来禅院静,真远俗尘干,莲社开何日,青山不厌看。

五、正观堂

正观堂是葠窝水库华表山景区最具知名度的寺院。经考证,遗址便在今大瓦寺旧址上。据金代王寂《鸭江行部志》记载:辛卯(十三日)王寂扶杖礼九圣殿,谒正观堂,正观堂乃大师之故居也。这里所说的大师是指金世宗完颜雍生母贞懿皇后,正观堂也是辽阳大清安禅寺的别院。《金史·后妃传》记载:贞懿皇后李氏名宏愿,辽东府安平广宗人,于金皇统五年(1145年)还自上京归于故里辽阳削发为尼,皈依佛门,在市内建大清安禅寺,并在故乡华表山建清安禅寺别院——正观堂,在正观堂修行十五年余而薨。

王寂所谒的正观堂正是贞懿皇后削发后金熙宗赐号"通慧圆明大师"故居。王寂称大师之故居,俗称尼姑庵。2006年弓长岭区政府在复修大瓦寺时,施工出土的铜币及残玉镯证明复修的大瓦寺正是正观堂旧址。出土的铜币多为辽金、北宋时期的流通货币。

正观堂的再度复现,进一步证明了葠窝水库华表山景区的佛教寺院的渊源,为佛教文化增添了浓重的一笔。

大事记

（1959年12月至2012年6月）

一　规划设计阶段（含初建阶段）

（1959～1969年）

1959年

12月18日

辽宁省松辽运河规划委员会及松辽运河工程局辽宁分局成立。松辽运河工程局还在沈阳、鞍山、营口设工程处。12月23日，中共辽宁省委向中央提出《根治辽河流域的规划报告》。报告中称，要在三年内兴修石佛寺、葠窝、观音阁、汤河、白石、上窝堡水库和营口闸、盘山闸等8大工程，共需资金7.85亿元，申请国家投资4.07亿元。在此之前，石佛寺水库、葠窝水库、白石水库和营口闸、盘山闸等大型工程都已开工。

1960年

1月

中共辽宁省委员会基建部部长李澄，在全省基本建设会议上宣布，浑沙工程处和汤河工程处合并，并承担修建葠窝水库任务。

3月

辽宁省水利水电勘测设计院（简称省水电设计院）编报的《葠窝水库初步设计》，经水利电力部建设总局审查并同意修建葠窝水库之后，成立了辽宁省葠窝水库工程局。

4月1日

辽宁省葠窝水库工程局在施工工地召开誓师动员大会，宣布大型临时工程建设和基础开挖准备工作开始。

6月16日

中共辽宁省委向周恩来总理及水电部党组报送《请批根治辽河流域规划的报告》。该报告提出九项重点骨干工程：石佛寺大型水库，营口、盘山两大挡潮闸，葠窝、观音阁、汤河3座大型水库及沈盘新河、白石、上窝堡3座水库。

7月15日

国家经济计划委员会下达对《葠窝水库设计任务书》的批复，同意水库按百年一遇洪水设计，千年一遇洪水校核；辽阳市防洪按百年一遇标准，下游农田防洪按二十年一遇标准，除涝按十年一遇标准。

8月3日

太子河流域普降特大暴雨,36 h降雨250 mm(辽阳站)。历时三天,降雨中心本溪一次点雨量达358.4 mm。

8月4日

太子河葠窝站洪峰流量16 900 m^3/s,比百年一遇洪峰高出1 600 m^3/s。正在进行施工的葠窝水库工地,遭受严重的损失。已修筑的大坝围堰全部被毁,施工现场铁路冲毁长度7 km,沙土坎大桥24个中墩全部冲倒,3 157 m^3木材、200 t钢材和2 615台胶轮手推车被洪水冲走,343台机械设备被淹。水灾损失达393万元。

8月5日

17时30分至8时,辽宁省人民政府派飞机抵达葠窝水库工地上空,空投饼干等食物。

8月19日

葠窝水库工程局党委向辽宁省水利电力局党组呈送了《关于洪水受害情况及今后施工计划安排意见的报告》。

12月6日

中共辽宁省委批准张常哲任葠窝水库工程局党委书记。

1961年

3月13日

根据辽宁省委"必须确保葠窝水库在1962年拦洪"的指示精神,辽宁省水电厅决定,由辽宁省清河水库工程局组织一支由书记、局长带队的支援队伍,参加葠窝水库施工。

3月20日

中共辽宁省委决定,辽宁省水电厅副厅长鲁峰兼任葠窝水库工程局局长。

4月26日

辽宁省建设委员会委派省建委副主任苏明,传达中共辽宁省委关于葠窝水库工程局与清河水库工程局合并的批示。

9月

辽宁省水电设计院在1960年发生特大洪水之后,重新提出并呈报了《葠窝水库初步设计》。按百年一遇洪水设计,五千年一遇洪水校核;水库最高水位103.2 m;坝型为混凝土宽缝重力坝。

10月23日

水电部水电建设总局召开《葠窝水库初步设计》审查会议。会议由总局崔宗境副局长主持。除总局有关人员外,水电部规划局总工程师陆铿侃、辽宁省水电厅总工程师高福洪、辽宁省水电设计院主任工程师金匡九以及葠窝水库工程局副局长同恒恩、工程科科长张晓岩等参加。会议至11月8日结束。

11月9日

中共辽宁省委召集会议研究葠窝水库施工问题。会议由胡赤民、张正德主持。就葠窝水库施工所需资金、劳力、材料、机械以及施工组织等问题,作出了安排,并要求在1963

年拦洪。

1962 年

2 月 15 日

辽宁省水电厅宣布:葠窝水库停工,人员分批精简下放。当时共有职工 6 893 人,其中干部 890 人,技工 2 386 人。

3 月 21 日

辽宁省水电厅党组决定,葠窝水库工程局和清河机械修配厂归辽宁省水电厅直接领导。

4 月 25 日

国家计划委员会、财政部、水电部联合下发《关于解决辽宁省葠窝水库工程下马费用问题的意见》。文件指出,葠窝水库工程 1960 年 4 月开工迄今,已完成大型临时工程和施工的准备,原拟列入 1962 年基建计划,后来由于该水库设计尚未最后审定,并且考虑今后三年的工程安排,决定今年暂时下马。

8 月 18 日

辽宁省计划委员会、省财政厅联合发出《地方停建项目维护费控制指标的通知》。核定省属水利工程项目有葠窝、白石、石佛寺水库及营口防潮闸,共四项。停建时已完成投资 4 029 万元,当年维护费 33. 17 万元,共计 4 062. 17 万元。

8 月 29 日

辽宁省水电厅向省编制委员会上报厅直单位机构调整意见中提到,撤销葠窝水库工程局,成立葠窝水库筹备处。

9 月 25 日

葠窝水库筹备处在向省水电厅呈送的《精简工作总结》中提到,截至 8 月末,共精简 5 242人,占职工总数的 76% 。其中,精简干部 477 人,占干部总数的 53. 6% ;精简技工 1 490人,占技工总数的 62. 4% 。精简去向:还乡 3 535 人,退职 863 人,调出 795 人,下放农场 40 人,去向不明 9 人。

• 根据党中央“调整、巩固、充实、提高”的方针和缩短基建战线、集中兵力打歼灭战的精神,水库工程局报经辽宁省水电厅批准,撤销了自办小屯水泥厂。

1963 年

9 月 26 日

水电部以〔63〕水电水字第 177 号文对《葠窝水库初步设计》作了批复。除基本同意该初步设计外,批复指出:本工程上游为本溪市,下游为鞍山市。因此,对上游的回水及浸没影响和对鞍山的供水可能影响,必须细致研究,慎重处理。并指出:大坝上游面底脚位于与坝轴线平行的 F_{20}、F_{24} 断层之上,为了减少断层处理工程量,坝轴线拟应由Ⅳ坝线向下游移动 10 m 左右为宜。

10 月 14 日

辽宁省水电设计院成立葠窝水库山地工程队。在Ⅳ坝线附近进行了大量的坑、槽、井、洞的勘探工作。

1964 年

1 月 8 日

中共辽宁省委召开党委(扩大)会,听取了辽宁省水电厅关于全省水利规划的汇报。会议一致意见是:葠窝、石佛寺两个水库都要修,哪一个勘测设计搞好了,就先上哪一个。

2 月 4 日

辽宁省委、辽宁省政府公布了《辽宁省 1965 ~ 1970 年农业生产规划(草案)》,该规划(草案)中提到,将在此间兴建控制骨干工程(石佛寺、葠窝、汤河等水库)。

7 月 25 日

辽宁省人民委员会在报给国家计委《关于辽宁省污水、废渣、烟尘处理利用初步规划报告》中,除提到"首先集中力量治理浑河,解决沈阳、抚顺水源水质恶化问题"外,还提到"其次是治理太子河,修建葠窝水库,改善水源水质"。

1967 年

4 月

水电部以水电水设字〔1967〕第 72 号文对《葠窝水库技术设计》作了批复。批复意见为基本上同意上述技术,并转发了《葠窝水库设计座谈会纪要》。

1969 年

12 月

辽宁省委、省革命委员会(简称省革委会)于 1969 年底,决定修建葠窝水库,并责成辽宁省军区副司令员汪应中抓水库筹建工作。

● 国务院对处理葠窝水库兴建存在问题十分慎重。派出四部(水电部、冶金工业部、煤炭工业部、地质部)联合调查组,亲临现场进行调查,并对水库设计提出了审查意见。

辽宁省水电设计院(当时称辽宁省革命委员会水利局农田水利建设服务站)先后四次编报《葠窝水库设计任务书》和任务书的补充报告,提请国务院审查批准。

二　施工阶段

(1970 ~ 1974 年)

1970 年

5 月

辽宁省军区副司令员汪应中,召集辽宁省水利局的设计、施工单位,研究水库筹建事宜。会上决定,以辽宁省农田水利建设工程二团为主,进行水库施工准备工作。

8 月

汪应中副司令员指示农田水利建设工程二团立即进驻施工现场,并以该团为主,组建葠窝水库会战指挥机关。

10 月 16 日

国务院计新字〔70〕123 号文正式批准兴建葠窝水库。

10 月 27 日

葠窝水库水电站设计工作由水电部东北勘测设计院负责。该院于当年 12 月派出现场设计组,在水库会战指挥部的领导下开展工作。

11 月 14 日

参加葠窝水库施工会战的全部人员共 17 000 多人进驻现场,其中三个农田水利建设工程团 1 600 多人,沈阳军区指战员 1 400 多人,沈阳、营口、辽阳等市 11 个县(区)的民兵 14 000 多人。

11 月 18 日

葠窝水库工程正式开工。

11 月

辽宁省水利科研所在工地进行消能型式选择试验,最后选定高低坎挑流消能型式,并于 1971 年 12 月提出了水工模型试验报告。

12 月 18 日

葠窝水库会战指挥部在北沙土坎广场召开开工动员誓师大会。辽宁省革委会副主任刘盛田参加大会并讲话。

△坝基第一期基础开挖,当日开工。

12 月

水电部东北勘测设计院完成了葠窝电站的设计工作。

1971 年

3 月 28 日

小屯站至大坝的 762 轻轨铁路运输干线正式通车。干线全长 25 km。

5 月 15 日

砂石骨料筛分场正式投产。截至 1972 年 6 月 16 日,共筛选砂石骨料 83. 2 万 m^3,充分满足了施工所需。

8 月 30 日

坝体混凝土首次发现裂缝,位置在 10 号坝段底孔闸门门槽西南角,67 m 高程处。裂缝长度 6. 6 m。当时采取措施为:沿裂缝垂直方向布设直径 28 mm、长 1. 5 m、间距 20 cm 的钢筋 38 根。

9 月 25 日

右岸四个底孔开始施工导流。

9 月 30 日

左岸施工围堰合龙,龙口宽度 14. 5 m,放库流量 155 m^3/s,流速 5 m/s。

10 月1 日

辽宁省委、省革委会发来贺电,祝贺大坝围堰截流合龙取得成功。

10 月

本月上旬开始第二期基础开挖,至 12 月底,提前四个月完成本期基础开挖任务。

11 月

葠窝水库进行坝基帷幕灌浆。任务由辽宁省水电设计院地质勘探三队承担。截至 1973 年 3 月,对 1 ~ 27 号坝段进行了基础帷幕灌浆,并完成了 4 ~ 25 号坝段、255 个排水孔的造孔任务。

1972 年

3 月 4 日

葠窝水库会战指挥部宣布成立闸门安装组和以辽建二团修配厂为主体的闸门安装队。

6 月

电厂厂房基础混凝土开始浇筑。

7 月 1 日

斯里兰卡总理西丽玛沃·班达拉奈克夫人,在水利部部长钱正英、外交部副部长韩念龙及省革委会主任、沈阳军区司令员陈锡联陪同下,参观了葠窝水库施工工地。

△开始预制交通桥、工作桥、胸墙、栏杆及电站厂房屋架等混凝土构件。当年 10 月完成全部预制构件。1973 年夏完成全部构件的安装。

9 月 6 日

10 时,在 21 号坝段浇筑 103.5 m 高程混凝土时,由于悬臂部位模板支撑不牢被压塌,造成技术员孟兆荣、民兵陈伟民、工人杨柏强三人跌落死亡和一人重伤的恶性事故。自 1971 年 1 月 8 日至 1974 年 8 月 18 日,水库工地因各种事故共死亡 18 人。其中,解放军战士 1 人。

11 月 1 日

六扇底孔平板钢闸门和三扇电站平板钢闸门安装完毕,水库落闸蓄水。

11 月 10 日

混凝土浇筑至 103.5 m 高程,水库大坝基本建成。

12 月

溢洪道堰顶临时性木质挡水坝建成。木坝高 4.5 m,总长 168 m,消耗木料 400 m^3。水库共蓄水 2.6 亿 m^3,设置木坝为农田灌溉多提供了 1 亿 m^3 水源。

1973 年

2 月 16 日

大坝主体尾工工程委托辽建二团负责完成。尾工包括二期混凝土 6 000 m^3,安装坝上交通桥、孤形闸门及启闭机等项。

3 月 25 日

辽阳市 1 800 名民兵进驻工地,配合辽建二团完成工程收尾工作。

6 月 20 日

辽建二团安装队提前完成了 14 扇弧形闸门安装任务,实现了“七一”前落闸蓄水。

6 月

第一台机组(2 号机组)开始安装。

7 月 6 日

在本溪市召开了由葠窝水库会战指挥部和立新区革委会参加的淹没动迁协商会议。会议在 7 月 8 日结束。

9 月

截至本月,共查出坝体裂缝 369 条,其中主要裂缝 52 条。原因是混凝土浇筑过程中基本没有进行温度控制。

10 月 15 日

葠窝水库发电厂厂房竣工。

10 月

水利部会同辽宁省水利局和水库会战指挥部,组织了大坝裂缝联合调查组。并于 11 月 13 日提出了调查报告。

11 月 2 日

辽阳市委以辽市发〔1973〕122 号文,决定成立葠窝水库管理处,宋彪任管理处主任,苏显恩、窦露生任副主任。

△辽阳市电业局领导小组决定成立葠窝发电厂筹备小组。小组由田云彩、沈磊等四人组成。

12 月 22 日

中共辽阳市委决定成立葠窝发电厂机组起动委员会。由该委员会主持发电机起动工作。成员由辽阳市委副书记黄守仁、辽宁省水利局局长石铭增、会战指挥部裴占林、水电部东北勘测设计院徐学策、水电部一局安装处队长王文才、电厂筹备组田云彩等十三人组成。

12 月 23 日

电厂 2 号机组一次起动成功。

1974 年

3 月

葠窝水文站由辽阳市水利局划归葠窝水库管理处领导。

4 月 7 日

辽阳市电业局领导小组决定,由赵德生、王树民、沈磊三人组成葠窝发电厂领导小组。

4 月 18 日

发电厂 2 号机组在 13 时 50 分正式并网发电。3 号机组和 1 号机组分别在 6 月 16 日 7 时和 7 月 1 日 6 时 30 分并网发电。

4 月 20 日

辽阳市革委会以市发〔74〕21 号文,成立葠窝发电厂,由辽阳市农电处代管。

7 月 1 日

3 台机组全部并网发电。

8 月

辽宁省水电设计院提出《葠窝水库混凝土坝补强设计》,其中要求在 23 号坝段未处理前,洪水期最高水位不应超过 97.00 m 高程。

10 月 30 日

召开了由水库会战部主持,辽建二团、水库管理处、发电厂、辽阳市水利局参加的葠窝水库工程移交会议。会上,移交单位向接收单位提供并共同签署了十个竣工移交项目清册。至此,水库工程即分别交由水库管理处和发电厂接管。但水库工程没有办理正式的竣工验收手续。对水库遗留尾工和新增工程项目,决定拨出 20 万元专款,由水库自行处理。

12 月 22 日

水库地区发生里氏 4.8 级地震,为水库诱发地震。震中在大坝上游 6 km 处,主体工程未发生任何破坏。

三　管理阶段

(1975 ~2012 年)

1975 年

2 月 3 日

辽阳市水利局以辽水字〔1975〕第 7 号文通知,经市革委会农业组研究决定,将葠窝、汤河两水库定为事业单位,实行企业化管理。

2 月 4 日

19 时 36 分,营口、海城一带发生里氏 7.3 级地震,震中烈度为 9 度。震后,水库管理处对大坝进行了全面检查,并写出了调查报告。

据辽宁省地震局辽震烈字〔1982〕5 号文,对水库地区的烈度鉴定结论为:综合对该区域内的地质构造条件和地球物理背景的分析研究,葠窝水库地区的地震基本烈度以 7 度为宜。

3 月 7 日

根据辽宁省军区的命令,大坝执勤驻军三七部队撤离葠窝水库。

6 月 18 日

中共辽阳市水利局核心小组,以辽水核字〔1975〕第 1 号文,决定中共葠窝水库管理处核心小组由苏显恩、窦露生、张友林、田庆岩四人组成。苏显恩任组长、窦露生任副组长。

7 月 19 日

辽阳市革委会以辽市革发〔1975〕52 号文,批转市林业局《关于划定汤河、葠窝水库界限的报告》,报告中明确了两水库库区的山林范围。

△因弧型闸门木质底水封有5孔先后损坏,故14孔全部更换为橡胶底水封。

7月30日

上坝公路清水沟桥被洪水冲毁。翌年5月重建为双孔16 m跨度的浆砌石双曲拱桥。

8月2日

水库最大下泄流量1 600 m^3/s,削减洪峰64.7%。水库起调水位81.15 m,最高水位98.50 m,拦蓄洪量5.14亿m^3,是23号坝段处理前的最高蓄水位。

9月

对23号坝段观测廊道顶拱裂缝进行丙凝化学灌浆止水试验。无明显止水效果。

10月

对2号底孔闸门首次进行沥青油漆防腐试验。

11月25日

水电部在郑州召开了全国防汛及水库安全会议。葠窝水库管理处苏显恩副主任参加了会议,并参观了河南"75·8"特大洪水冲毁的三座水库现场。会后,苏显恩副主任向水库职工传达了会议精神,并制订了水库安全管理及防洪等措施。

1976年

2月14日

进行23号坝段横向裂缝止水处理。由于1974年8月采用橡皮环氧水泥砂浆涂贴未获明显效果,故本次在灌浆廊道对横向裂缝采用注入式,低压、浓浆、间歇促凝方法灌浆,止住了漏水。次年渗水量又加大。

△为解决观测廊道经伸缩缝窜入灌浆廊道的渗漏水问题,在观测廊道排水沟0+384.2桩号处,打一水平角25°、孔径110 mm、孔深22.4 m的斜孔,使渗漏水直接排至下游坝坡。

3月6日

发电厂对1号机组进行大修,至4月20日竣工。

6月10日

发电厂对2号机组进行大修,至8月9日竣工。

10月

为避免1号、2号底孔泄流淘刷岸坡,危及坝基,在河道右岸修建一道长30 m、高10 m的重力式挡水墙。

11月23日

发电厂对3号机组进行扩大性大修,3月21日完成。

1977年

4月

在提升6号底孔闸门时,启闭机钢丝绳因打结被拉断,但未酿成设备重大损坏事故。

6月20日

辽阳市革委会以辽市革发〔77〕36号文下达《关于葠窝发电厂纳入地方预算的通

知》。通知决定,从 1977 年 1 月 1 日起,电厂纳入地方预算,实行独立核算。隶属关系由农电处改为市电业局代管。

8 月 4 日

入库洪峰流量 3 090 m^3/s,过程洪量 3.81 亿 m^3。

8 月 5 日

水库最大下泄流量 630 m^3/s,削减洪峰 79.6%。水库起调水位 79.76 m,最高水位 90.66 m,调蓄洪量 2.46 m^3。

8 月

提升弧形闸门的导向滑轮尼龙轴瓦共 56 个,因受潮使滑轮不转,易损钢丝绳,故全部更换为铜轴瓦。

1978 年

4 月 6 日

辽宁省革委会以辽革发〔1978〕78 号文,下达《关于葠窝发电厂隶属关系的通知》,通知决定,葠窝发电厂为省属企业,受东北电业管理局和辽阳市双重领导,并以东北电业管理局为主。

6 月 28 日

中共辽阳市委组织部以辽市组发〔1978〕42 号文,任命张锡勇为葠窝水库管理处党委书记、何云龙为党委副书记兼副主任、张友林为党委副书记兼副主任。

7 月 29 日

东北电业管理局任命姜洪涛为发电厂厂长,王绍志、孟照福为副厂长,撤销原电厂领导小组。

△辽阳市委指定姜洪涛、王绍志、孟照福三人组成电厂临时党支部委员会。姜洪涛任党支部书记、王绍志任党支部副书记。

12 月 13 日

辽宁省革委会以辽革发〔1978〕328 号文,决定葠窝水库管理处改由辽宁省水利局直属单位,党务工作受辽阳市委领导。

1979 年

6 月

完成对 14 号弧形闸门迎水面的防腐喷锌工作。经逐年防腐喷锌,截至 1984 年 7 月,14 扇弧形闸门全部喷锌完毕,总面积为 2 170 m^2。

10 月 16 日

发电厂对 2 号机组进行扩大性大修,1980 年 2 月 23 日全部完成。

12 月 21 日

辽阳市环境监测站对葠窝水库平水年水质污染提出了调查报告。调查报告依据三次取样获得的 294 个数据,认为平水年的主要污染物为酚、硫化物和大肠杆菌等,并且鱼体有明显酚味。

1980 年

7 月

在葠窝水库管理处,召开了东北三省金属防腐技术交流会,包括葠窝水库在内的二十个单位。会上交流了各自的实践经验。耿焰、任景华参加并主持了这次会议。

8 月

按辽宁省水电设计院的《葠窝水库大坝补强设计》要求,进行的基础帷幕灌浆基本结束。并于 1984 年 12 月提出了总结报告。

10 月 16 日

发电厂对 1 号机组进行扩大性大修,1981 年 2 月 25 日完成。

1981 年

3 月

由辽宁省水利局主持,水库管理处的工管处、基建处和水利科研所、水电设计院组成的联合调查组,对葠窝水库大坝裂缝进行了全面调查。截至当年 5 月,共查出裂缝 641 条,其中重要裂缝 104 条。比 1975 年查出裂缝条数,分别增加了 175 条和 42 条。因此,辽宁省防汛指挥部在葠窝水库 1981 年控制运用计划的批复中,将最高水位 102.00 m 降为 97.00 m。辽宁省水利局于 8 月 24 日将裂缝调查结果函告了水利部基建总局。

5 月 11 日

辽宁省水利局党组以辽水利党组字〔1981〕16 号文,任命安朝举为葠窝水库管理处主任。

6 月 14 日

坝顶位移观测基点和校核基点上的铜牌被北沙村村民吴庆力、李庆贺盗走。辽宁省水利局于 7 月 4 日,以辽水管字〔1981〕225 号文,向全省发出了通报。

7 月 20 日

水库坝址以上流域平均降水 78.6 mm。水库发生洪水,入库洪峰流量 3 000 m^3/s,过程洪量 2.62 亿 m^3。当日水库最大下泄流量 1 060 m^3/s,削减洪峰 64.7%。水库起调水位 80.50 m,最高水位 85.58 m,调蓄洪量 0.97 亿 m^3。

8 月 27 日

辽宁省水利局局长刘宗义、总工程师冯友松、基建处副处长林家骅,向水利部副部长冯寅汇报了葠窝水库工程质量问题。冯寅副部长明确了工程质量问题的严重性,并要求对工程质量问题的处理搞一个全面的计划。

△本溪市环境保护科学研究所,根据辽宁省环境保护局下达的《辽河水系污染与保护科研计划》,制订了《葠窝水库主要污染物自净能力和污染综合防治途径研究方案》。之后,开展了研究工作并提出了研究报告。

9 月

发现底孔气蚀破坏。经过对 1 ~ 5 号底孔检查,查明闸门下游底板两侧及边墙下部均有轻重不同的气蚀破坏。以 3 号机底孔左侧最为严重。边墙破坏区高 1.6 m,长 3 m,面积近 5 m^2,气蚀深度 0.2 m;底板气蚀深度 0.41 m。破坏区均裸露出纵向钢筋。

△根据东北电管局和辽阳市委的指示,电厂升格为县团级单位,并成立党总支部。

12 月

辽宁省水电设计院提出《葠窝水库工程加固设计工作大纲》。工作大纲安排第一阶段对大坝工程质量进行全面检查、分析和试验研究,第二阶段编制加固设计。

△辽宁省水利局以辽水利基字〔1981〕280 号文,对《葠窝水库坝体详查及试验性局部处理方案》作了批复。水库管理处按批复的意见进行了裂缝注意详查的必要准备工作。经对 3 号、5 号、7 号、23 号坝段的八条裂缝深度压风检查发现,23 号坝段 0 + 18.4 m 裂缝深度,已由 1975 年的 4.30 ~ 5.10 m 发展到 17.65 m(该处坝体厚度 20 m),近于贯穿性裂缝。

1982 年

3 月

按辽阳市委的指示,葠窝发电厂成立党委,成员有姜洪涛等 5 人。

4 月 26 日

辽宁省水利局党组以辽水利党组字〔1982〕25 号文,任命安朝举为葠窝水库管理处党委书记,张锡勇为副书记,孙广达为水库管理处主任,孙永胜、赵德峰为副主任。

△水利部规划设计管理局以〔82〕水规设字第 17 号文,批转了《柴河、葠窝水库加固设计中间汇报讨论纪要》。纪要指出,葠窝水库存在防洪加固、抗震加固、质量处理三方面问题,并提出了处理原则意见。另对安全运用水位确定为 97.00 m,提出进行大坝稳定验算的建议。

△水电部批准了《葠窝水库加固设计工作大纲》,并提出:①葠窝水库控制水位降为 95.50 m 高程;②对问题严重的 23 号坝段,应首先进行紧急加固处理。

5 月 13 日

辽宁省人民政府以辽政发字〔1982〕145 号文,批转了辽宁省水利局《关于葠窝水库污染严重,严禁捕捞、出售毒鱼的报告》。

6 月

为确保汛期防洪安全,购置一套柴油发电机组备用电源。柴油机为 6250 系列,功率 300 马力;发电机型号 T145 - 10,功率 200 kW。

8 月 9 日

辽宁省水利局以辽水利基字〔1982〕231 号文,向水电部提出下述请示:为确保葠窝水库大坝安全,拟以汛期水位降至 95.50 m 高程。水库防洪标准将相应降低:原千年一遇降为百年一遇,城市防洪标准由百年一遇降为 20 年一遇,农田防洪标准由 20 年一遇降为 10 年一遇。汛后水库最高水位暂定 93.50 m 高程。1988 年 6 月 23 日,大坝加固安全论证会认为加固措施有效,可以恢复到设计正常高水位 96.60 m 高程运行。辽宁省水电厅并以辽水电基字〔1988〕142 号文,上报给中央防汛总指挥部办公室。

8 月 19 日

入库洪峰流量 3 030 m^3/s,过程洪量 4.16 亿 m^3;水库最大下泄流量 738 m^3/s,削减洪峰72.3%。水库起调水位84.64 m,最高水位92.84 m,调蓄洪量2.28亿m^3。

10月6日

由朱世勋驾驶的通勤车,在水库管理处开往大坝途中,发生因大箱板折断摔伤16人(重伤2人、轻伤14人)的意外事故。

11月

《葠窝水库23号坝段紧急加固工程设计》,由辽宁省水电设计院编制完成,翌年3月又报出了施工组织设计概算。

△葠窝发电厂主变压器完成由44 kV升至66 kV的改造。

△水库管理处投资5万元,人工养貂250只,以野生鱼类为饲料。后因经营管理不善,造成亏损数万元而停办。

12月27日

发电厂对3号机组进行大修,1983年1月25日竣工。

1983年

5月

辽宁省水利水电工程公司第四工程处,开始对23号坝段进行紧急加固处理。具体措施为:在背水坡64~80 m高程处,钻四排孔并埋置抗剪钢筋束,截至12月,共埋置73组钢筋束;大坝纵缝进行了水泥灌浆。

8月

按辽宁省政府颁发的《辽宁省水利工程水费征收和使用管理办法》,开始执行新的水费价格。发电用水价格,由每千瓦时2.025厘调至每千瓦时6厘。

12月16日

水库管理处成立青年综合服务公司。

1984年

1月10日

发电厂对1号机组进行大修,3月31日竣工。

2月27日

辽宁省政府以辽政函〔84〕16号文,批复葠窝电厂原由东北电业管理局代管,改由辽宁省水电厅管理;成立葠窝水库管理局,下设葠窝水库管理处(按事业单位)和葠窝电厂(仍为企业单位)。两个单位职工的福利待遇,按原规定不变。

△辽宁省水利厅水科所提出《葠窝水库大坝混凝土的侵蚀作用与水质变化规律》研究报告。报告确认,大坝漏水及廊道排水泄出的大量析出物质,是混凝土体析出的钙盐、氧化铁及滋生的活性污泥,而非基岩的溶出物质。

3月

中国水利学会工程管理专业委员会与辽宁省水利学会在葠窝水库管理局召开葠窝水库大坝安全咨询会议。国内30名知名水利专家参加了会议。会议听取了辽宁省水电设计院对葠窝水库大坝质量检查情况的汇报,并进行了认真的讨论,会后形成了《会议纪要》。

5 月 10 日

由辽宁省水电厅副厅长刘福林、东北电业管理局关局长主持召开会议。会议传达了辽宁省政府的〔1984〕16 号文件，宣告电厂与管理处合并成立葠窝水库管理局。并宣布了筹备小组名单：组长刘洪庄、副组长苏文华，成员有刘兆江、姜洪涛、孙广达、张锡勇、赵德丰。

7 月 10 日

辽宁省水电厅以辽水管字〔1984〕33 号文，发出《关于北台钢厂应交水费问题的解决意见的通知》。其中规定，本溪市水利管理所与葠窝水库管理局对北台钢厂缴纳的水费，按 3∶7分配比例留取。

8 月 14 日

辽宁省水电厅党组，以党组字〔1984〕22 号文通知，任命刘洪庄为中共葠窝水库管理局党委书记，苏文华任局长，李长久任副局长，张锡勇、赵德丰任调研员；刘兆江、姜洪涛调出。原任职务一律免除，原筹备小组撤销。

9 月 1 日

葠窝水库管理局以辽参水管局字〔1984〕2 号文，决定撤销原水管处和发电厂设置的科室机构，重新组建总工程师室、工程管理科、经营管理科、供应科、发电厂、基建工程队、行政办公室、保卫科、劳动服务公司等九个部门。

9 月 4 日

党委书记刘洪庄主持召开水库管理局职工大会。会上公布了重新建立的中层管理机构及中层干部、党支部书记名单。

9 月 21 日

水库管理局召开全局职工大会，选举李敬文为弓长岭区人民代表大会的代表。

△由发电厂投资兴建的北沙子弟小学校舍（建筑面积 685 m^2，投资 10.6 万元）正式启用。

△2 号底孔气蚀补修试验获得成功。其余 5 孔气蚀补修在 1986 年 4～5 月全部完成，共浇筑钢纤维混凝土 22.29 m^3。

12 月 7 日

葠窝水库管理局召开第一次党员大会，在册党员 75 人，实到 64 人。刘洪庄代表临时党委，作了题为《为开创我局的新局面而奋斗》的报告，会上选举刘洪庄为党委书记，苏文华、吴庆才、赵玉玺、陈广符为党委委员。选举陈广符为纪检委书记，吴庆才、何路生为纪检委委员。

12 月 20 日

辽宁省水电厅以辽水电经营字〔1984〕253 号文，同意葠窝水库管理局成立综合经营公司。

12 月 22 日

水库管理局召开全局职工代表大会，选举吴庆才为首届工会委员会副主席。

12 月 28 日

水库管理局召开全局第一届团员大会。选举艾洪佳为第一届共青团团委副书记。

1985 年

2 月 7 日

辽宁省水电厅以辽水电基字〔1985〕32 号文，下达了《关于葠窝水库管理局兼管水库加固工程建设的通知》。根据通知，于 5 月 30 日成立了葠窝水库加固工程办公室。苏文华兼任办公室主任，刘少文为副主任；设专职工作人员 5 人，兼职 3 人。

3 月 12 日

由水利部松辽水利委员会（简称松辽委）对《葠窝水库加固设计》进行了审查。随后，于 3 月 20 日以松辽委基字〔1985〕第 4 号文，提出了审查意见。4 月 25 日，水电厅根据松辽委的审查意见，以辽水电基字〔1985〕98 号文，对葠窝水库加固工程概算，审查确定为 1 266万元，材料差价 137 万元，核定总投资为 1 403 万元。

6 月 21 日

在辽宁省水电厅召开葠窝水库加固工程施工协调会议。由刘福林副厅长主持会议。厅直水库管理局、省水电工程局、省水电设计院、省水科所等单位负责人和厅机关共 15 人参加了会议。会上明确了各单位的职责，并按基本建设的程序，签订承包合同，实行投资包干。

7 月 4 日

辽阳市保险公司所属振兴汽车修配厂，出售给葠窝水库。该厂占地 5 500 m^2，建筑物 700 m^2，售价 34.5 万元，汽车修配厂于 7 月 26 日重新开业。

7 月 21 日

入库洪峰流量 4 170 m^3/s，过程洪量 4.94 亿 m^3；水库最大下泄流量 1 160 m^3/s，削减洪峰 72.2%。水库起调水位 82.52 m，最高水位 87.74 m，调蓄洪量 1.16 亿 m^3。

7 月 23 日

葠窝水库加固办与省水电工程局签订主体工程施工承包合同。

8 月 18 日

库区受当年 9 号台风影响，日降雨量为 32.5 mm。截至 19 日 8 时，降雨量达 136 mm。由于暴雨山洪的袭击，上坝公路路肩多处被冲；清水沟桥东侧桥台冲塌；南坝头迎宾楼前山坡被冲；电厂副厂房房后大面积滑坡，挡土墙被冲倒，泥石流冲入副厂房，冲倒砖柱两根。全局职工冒雨进行防汛抢险。

8 月 19 日

入库洪峰流量 4 070 m^3/s，过程洪量 6.20 亿 m^3。

8 月 20 日

水库最大下泄流量 1 820 m^3/s，削减洪峰 55.2%。水库起调水位 89.78 m，最高水位 94.49 m，调蓄洪量 1.54 亿 m^3。本年度超过 1 000 m^3/s 流量发生 6 次。

8 月 29 日

辽宁省县级以上国家管理的水利工程“三查三定”工作，历经近 4 年时间，宣告结束。

9月18日

电厂年发电量首次突破1亿kWh大关,截至当日累计发电11 498万kWh。

10月

2号底孔闸门背水面喷涂氯磺化橡胶,发生人身中毒事故,20余人有头昏、胸闷、四肢无力现象,经救治,全部脱险。

△1~4号坝段、27~31号坝段的基础帷幕灌浆全部完成,总进尺490 m。

1986年

3月23日

辽宁省水电厅召开葠窝水库加固工程年度计划会议。刘福林副厅长主持,省厅基电处、计财处、工管处,水电设计院、水电工程局、葠窝水库等部门和单位负责人参加了会议。会议明确以防洪安全为主,安全、兴利、施工三者统筹兼顾;为保证施工,实行大伙房、葠窝、汤河三大水库联合调度,使葠窝水库尽早腾空。

4月9日

振兴汽车修配厂发生乙炔罐爆炸事故,大集体工人佟恩博被炸死。厂长赵德峰受行政记大过处分。

4月15日

按辽政发字〔1985〕24号文,关于解决20世纪60年代精简下放职工的生活补助费问题的精神,辽宁省水电厅决定,原葠窝水库工程局下放人员的生活补助费由葠窝水库管理局负责。核定人数为581人,每年生活补助费共17万元。

4月29日

葠窝水库与南沙村、南沙中学共同举办首届体育运动大会。

6月26日

辽宁省财政厅以调度中心楼(水库办公楼)不属水库加固主体工程为由,强令停止施工。8月4日,又接水电厅财务处通知,调度中心楼即日复工。

△25号坝段14孔锚索张拉试验获得成功。随后于10月7~16日,又成功地进行了23号坝段16孔锚索张拉试验。全年共完成20号、23号、25号三个坝段的锚索加固任务。

8月1日

入库洪峰流量4 600 m^3/s,过程洪量9.2亿m^3。

8月2日

水库最大下泄流量2 250 m^3/s,削减洪峰51.1%;水库起调水位78.92 m,最高水位94.15 m,调蓄洪量3.72亿m^3。

9月26日

辽宁省水电厅决定,水电工程局1985年12月底以前部分离、退休人员的工资,由大伙房等六座厅直水库共同负担。其中葠窝水库每年负担15万元。

10月7日

为确定施加锚索坝段及裂缝灌浆数量,重新核实了坝身裂缝、分布及条数,最后核定裂缝共 812 条,总长 5 469.39 m,其中重要裂缝 74 条。

10 月 19 日

葠窝水库管理局 17 户职工喜迁市内消防小区新居。其中离、退休干部居多。

11 月 17 日

姑嫂城至葠窝水库公路,沥青路面铺设竣工(不含降岭段),全长 9 km,并验收合格。

12 月

根据辽宁省水利局 1981 年 11 月“三查三定”会议的要求,葠窝水库《技术档案》(一)编制完成并刊印成册。

△电厂年发电量 15 431 万 kWh,创历史最高纪录。

1987 年

1 月 13 日

水库管理局举行调度中心楼竣工验收剪彩仪式。同年 4 月正式启用。

3 月 27 日

水电部水管司副司长周振先,在厅长周文智、副市长李士杰、水利局长陈宝国陪同下,检查葠窝水库防汛准备工作。

4 月 29 日

水库管理局召开第二届工会会员代表大会。选举吴庆才为工会副主席。免去任景华副主席职务,另行安排工作。

6 月 2 日

水电部水管司周振先副司长等,在周文智厅长陪同下,再次来水库检查病险水库防汛工作。

6 月

发电厂 560 kVA 变压器烧毁,重新更换为 630 kVA 变压器。

7 月 8 日

辽宁省省长李长春、秘书长高启云等,在市长李德琛、副市长李士杰陪同下,检查水库防汛工作,并提出了批评意见。7 月 10 日《辽宁日报》以《葠窝水库令人担忧》为题进行了报道,水库全体职工为之震惊,并急起直追,抓紧防汛各项准备,力争万无一失。7 月 27 日《辽宁日报》又跟踪以《葠窝水库防汛抓得实》为题作了补充报道。

7 月 24 日

辽宁省副省长彭祥松、副厅长王鉴成,为确保葠窝水库防汛做到万无一失,又进行了一次详细、认真的汛期现场检查。

9 月 2 日

葠窝水库超短波电台正式投入使用。电台机型:3JDD-4,铁塔高 48 m。

10 月 2 日

劳动服务公司碳素厂投入试生产。该公司向银行和水库管理局分别筹措 65 万元和 21 万元贷款。电厂为确保碳素厂生产用电,新购一台 4 000 kVA 变压器,取代原 1 000 kVA 变压器。

10 月 18 日

辽宁省编制委员会以辽编发字〔1987〕133 号文,批准葠窝水库管理局设置科室 11 个,人员编制限额 433 人。

△在北沙安装一台可接收沈阳电视台节目的电视差转机,为丰富职工文化生活提供了方便。

11 月 2 日

辽宁省水电厅发出辽水电党组字〔1987〕32 号文,任命吴士吉为葠窝水库管理局副局长(主持行政工作)、冯国治为副局长兼总工程师,宋庆利为党委副书记兼纪委书记、陈庆厚为副局长,免去其党委副书记兼纪委书记职务;免去苏文华局长职务,调出另行安排;免去李长久副局长职务。

1988 年

1 月

水库管理局职称评定工作圆满结束,评出高级职称 4 人;平聘中级职称 6 人,高聘中级职称 10 人;平聘初级职称 2 人,高聘初级职称 32 人。共计 54 人。

△开始进行水溶性聚氨酯化学灌浆试验。对 9 号、1 号、12 号、13 号、23 号坝段的横缝和环向裂缝进行试灌,均取得明显的效果。从 5 月开始,对全坝裂缝逐个进行此种浆材的化学灌浆。

3 月 31 日

在辽宁省水电厅举办省属六大水库经营承包合同签字仪式。刘洪庄、吴士吉、冯国治、陈庆厚参加了会议,省厅代表和各水库书记、局长分别在合同书上签了字。

4 月 12 日

辽宁省水电厅以辽水电基字〔1988〕75 号文,同意在加固工程中,增列防汛调度自动化测报系统,并与观音阁水库共同组成同一系统。该项工程的设计、施工、调试统由省防汛调度中心负责。10 月 22 日,航天部五院烟台遥测技术研究所、省水电设计院、省调度中心等单位的负责人,到水库上游各水文站、流量站进行现场调查。年末,省水电厅以辽水电基字〔1988〕283 号文,表示同意同步卫星设计方案。

5 月 19 日

辽宁省水电厅在大石桥由刘福林副厅长主持召开紧急调水会议。盘锦、营口两市领导及各市、县水利局负责人,葠窝水库副局长冯国治、科长苏再清等参加了会议。会议决定:①大清县南河沿抽水站由六台水泵抽水减为三台;②辽阳灌区水闸按计划放流,不得超过;③葠窝水库放流量由 237 m^3/s 增至 337 m^3/s,并要求当晚 19 时执行。

6 月 2 日

辽宁省水电厅在葠窝水库主持召开加固工程论证会。松辽委、辽宁省水电设计院、省水科所、省厅有关处室及葠窝水库管理局等单位负责人参加了会议。最后形成了会议纪要。会议认为,水库可恢复原设计正常高水位 96.60 m 高程试运行,待其他主要加固措施完成后,水库恢复原设计标准运行。

7月15日

按辽档发〔1988〕4号和12号两个文件的要求，水库管理局完成了水库档案的全面自检工作。截至1989年，共整理科技档案321卷、财务档案754卷、科技资料345卷、文书档案97卷、人事档案120卷。

8月

辽宁省水电厅水科所正式提出《葠窝水库混凝土坝预应力锚索加固效果试验研究报告》。报告证实：葠窝水库对十个有严重裂缝的坝段，施加预应力锚索，起到了加固坝体、限制裂缝继续扩展和压合部分缝顶的作用，达到了加固设计的目的。

9月

由辽阳市水文勘测大队和省水文总站共同编写的《葠窝水库水质调查评价报告》正式提出。

10月10日

根据辽水电党组字〔1988〕29号文，任命陈庆厚为党委副书记兼纪委书记，免去其副局长职务；任命宋庆利为副局长，免去其党委副书记兼纪委书记职务。

△本溪县境内的观音阁水库正式动工兴建。该水库建成后，葠窝水库校核洪水标准将由千年一遇提高到万年一遇。年发电量将由8 000万kWh提高到1.21亿kWh，增长51.25%。

11月8日

由于决策失误、管理混乱和签约漏洞等，使水库在与村民联办煤矿中蒙受38.6万元的经济损失。四名有关责任者分别受到警告、撤职和不晋职称的处分。

11月28日

水库管理局举办全局各科室生产和工作成果展览会。这是水库管理局成立以来开展的第一次采取以实物、文字、图表展览的形式，进行年度工作总结。

12月

水库管理局完成水平位移、倒锤、基础变形、裂缝、扬压力、渗流量、温度、水位等八项大坝外部观测自动化子项的安装、调试工作。

△和奖金挂钩的41项业务目标管理工作，年底全面完成。

1989年

1月

水库管理局所属大集体性质的经营管理处成立。由副局长宋庆利兼任处长。下属碳素厂、碳化硅厂、电力维修队、机械灌浆维修队、修配厂、农场、鸡场、渔场、商店、饭店等经济实体。

△发电厂电力维修队正式成立。

4月24日

葠窝水库管理局原局长苏文华病逝。

5月30日

“双文明”考核领导小组成立。吴士吉任组长，陈庆厚任副组长。

△辽宁省水电设计院提出《葠窝电厂技术改造可行性研究报告》。之后,省水电厅以辽水电基字〔1989〕223 号文作了批复,该项目总投资控制在 800 万元以内。

△辽宁省水电厅以辽水电基字〔1990〕109 号文,《关于葠窝水库电厂技术改造工程初步设计的批复》,核定总概算为 941.08 万元。文件批复时间为 1990 年 4 月 10 日。

7 月 4 日

葠窝水库管理局工人技术考核委员会成立。吴士吉任主任、冯国治任副主任。

△发电厂 1 号水轮机因机组低水头、小流量运行,机组振动大,造成水轮机导轴承烧瓦事故,轴颈处磨偏最大处为 0.4 mm。

7 月 6 日

副省长肖作福在厅长周文智陪同下,检查葠窝水库防汛工作。

7 月 28 日

水库管理局清产核资小组,对部分已损或超期的库存材料、固定资产,向辽宁省水电厅提出报废处理请示报告。

8 月 15 日

水库管理局召开针对弧形闸门边梁腹板开孔事故的咨询会议。邀请省内焊接、钢结构专家等 18 人参加了会议。就边梁腹板开孔过大,对闸门强度及刚度的影响,进行了分析并提出咨询意见,而后又进行了结构验算,采取了补救措施(省厅以〔89〕238 号文批准了由设计院提出的处理方案)。

9 月 3 日

水电部牛运光等水利专家,在刘福林副厅长等陪同下,检查葠窝水库工程加固及工程管理情况,由吴士吉、冯国治、袁世茂等接待并作了汇报。专家们形成一致结论:要根据观测资料,对加固效果作充分的论证,不要急于作工程的评价鉴定。

9 月 21 日

国务委员宋健,在王文元副省长等陪同下,来葠窝水库视察工作。

9 月 23 日

关系葠窝水库水质污染的主要污染源治理的本溪市的《治理污染七年规划》被国家正式批准,并落实治理专项资金 3.6 亿元,当年投资 4 000 万元。

10 月 7 日

大坝自动化观测系统前后方联机获得成功,并开始运行。

△六个放水底孔的保温门及底孔检修闸门室的防冻盖板制作和安装全部完成。

△电厂检修分场支援柴河、汤河、碧流河三个水库发电机组的大修工作全部完成。刘志杰任第一任大修队法人代表。

11 月 17 日

水库管理局开始全面实行目标管理承包责任制。

12 月 10 日

黄继才获得辽宁省水库管理系统先进工作者称号。

△由能源部南京自动化研究所研制、安装、调试的葠窝水库大坝安全自动化监测系统正式投入运行。

1990 年

2 月 25 日

水利部副部长侯杰、副省长肖作福在副厅长曲利正陪同下,来葠窝水库检查大坝加固工程以及了解水情情况,听取了吴士吉副局长的汇报,并参观了大坝。

3 月 29 日

辽宁省水电厅周文志厅长一行 5 人来水库管理局考核领导班子。上午召开了党政班子会,会上周厅长讲了考核班子的四项内容,会后离葠返沈。厅人事处处长李福绵、机关党委书记伊凡、韩庚武在水库管理局组织考核。

4 月 11 日

发电厂 1 号水轮机发电机组大修。

6 月 29 日

召开葠窝地区防汛会,会上由吴世吉宣布,经水利部、省水电厅共同批准,1990 年汛期葠窝水库按原设计标准试运行。

9 月 19 日

辽宁省档案局王跃华,厅办公室主任王树奇、档案室蔡井平,辽阳市档案局胡宝华副局长、监督指导科科长高天星等,对水库管理局综合档案室进行达标验收,得分 91 分,晋升为省二级档案管理先进单位。

10 月 31 日

辽宁省水电厅副厅长、厅人事处处长李福绵、工管处处长陈锦凡,来水库管理局宣布厅党组决定:杨志文任局党委书记;迟殿奎任局长;宋庆利任副局长;沈国舜任副局长兼发电厂厂长;陈庆厚任党委纪委书记;吴世吉任总工程师,免去其副局长职务;刘洪庄任处级调研员,免去其党委书记职务;冯国治任副处级调研员,免去其副局长职务。

12 月 27 日

水库管理局召开中共葠窝水库管理局第二次党员大会,选举了中共葠窝水库管理局第二届委员会和中共葠窝水库管理局纪律检查委员会。党委委员由 7 人组成:杨志文、迟殿奎、宋庆利、沈国舜、陈庆厚、吴庆才、吴宝书。纪委委员由 5 人组成:陈庆厚、韩兆林、崔加强、王素华、吴殿洲。

1991 年

1 月 30 日

葠窝水库在全国率先实行了大坝自动化监测。该系统由南京自动化研究所设计。总投资 110 万元。包括坝顶、灌浆廊道引张线、倒垂、基岩变位、裂缝、温度、扬压力、水位、渗流量、大坝安全信息管理系统等项目。2000 年水库除险加固时,将坝顶引张线改为真空激光,拆除了坝上控制电缆,这套系统便停止了使用。

3 月 9 日

葠窝水库地面卫星接收站当日开工,于 4 月在局办公楼前建成。

△发电厂 2 号水轮发电机组大修。

4 月 12 日

13 时葠窝水库北沙住宅区发生火灾,陈书香家起火,两户住房烧光,其他两户物品抢出。事故原因是烟道附近木柱长期被电烤燃。

4 月 23 日

水库管理局召开葠窝水库第三次工会代表大会,选举了工会委员、工会主席吴宝书、工会副主席石振友。

5 月 20 日

水库管理局召开葠窝水库除险加固工程竣工验收会议,21 日结束。会议由省水利厅主持,水利部松辽委、辽阳市建行、档案局、水利局等单位领导参加。验收后水库恢复正常高水位 96.6 m 运行(1982 年水电部提出最高蓄水位限制在 95.5 m);并按设计洪水位 100.8 m 和校核洪水位 102 m 调洪。

6 月 27 日

葠窝水库管理局被弓长岭区委、区政府命名为"文明单位"。

9 月 3 日

原辽宁省水利水电工程局副局长王玉华调入葠窝水库管理局任行政副局长。

11 月 18 日

葠窝水库与省水电工程局四处签订了关于建筑南沙家属住宅楼一栋的承包合同。

11 月 5 日

发电厂主变大修。

11 月 20 日

辽宁省水电厅领导来水库管理局宣布领导班子调整结果。免去迟殿奎局长职务,调回省水文总站工作;原党委书记杨志文兼任局长;原水电厅水科所王保泽任葠窝水库党委副书记兼副局长;贾福元任副局长。

12 月 27 日

葠窝水库管理局"职工之家"通过市总工会的达标验收,批准为合格的"职工之家"。

1992 年

8 月 26 日

李广波调入葠窝水库管理局任副局长。

9 月 9 日

葠窝水库管理局被评为"辽宁省尊师重教工作先进集体"。

9 月 22 日

发电厂 1 号机组大修。

11 月 7 日

葠窝水库管理局在辽阳市宏伟区四里庄、原大修厂院内库中停放的两台黄海牌大客车,于 0 时 30 分左右发生火灾。烧毁黄海牌大客车两台,车库四间,总损失为 14.458

万元。

12 月 21 日

辽宁省政府下发辽政发〔1992〕46 号文，对水费标准作了调整。农业用水水费每立方米由 0.016 元改为 0.02 元；工业用水每立方米由 0.12 元改为 0.2 元；生活用水每立方米由 0.045 元改为 0.1 元，城市供水综合水价为 0.15 元。调整后的水利工程水费标准从 1993 年 1 月 1 日起执行。这是辽宁省继 1983 年以来第三次调整水费价格。

1993 年

2 月 13 日

由辽宁省水利厅王鉴成副厅长来水库管理局宣布调整领导班子方案：免去杨志文党委书记和局长职务，调大伙房水库管理局任局长；邵忠发任葠窝水库管理局党委书记；王保泽仍任副局长，主持全局行政工作。

3 月 15 日

辽宁省水电厅、省土地管理局、省林业厅联合下发《关于开展水利工程确权划界工作的通知》，水利工程确权划界工作正式开始。水库管理局成立以任景华为组长的确权划界小组，完成了部分地段的划界工作。

1994 年

9 月 28 日

位于葠窝上游、省“七五”重点工程观音阁水库落闸蓄水。

11 月 4 日

葠窝水库管理局发生一起建库以来较大的库区群众闹鱼事件。因葠窝水库在兰河养鱼、下拦河网，与辽阳县寒岭镇邱家村渔民发生利益冲突，邱家村 70 多人冲击坝上观测机房、派出所、办公楼。砸毁看鱼警卫房，殴打水库十余名干警，其中两名所长因伤重住院，严重影响了水库的正常办公秩序。此事件虽经辽阳市、弓长岭区多方调解，仍未能得到满意结果。

11 月 19 日

水库管理局实施排水、灌浆廊道电器工程改造。照明系统由 36 V 低压改为 220 V。对原有配电箱、电缆、灯具全部给予更换。

12 月 14 日

辽宁省水利厅曲利正厅长来水库管理局宣布调整领导班子方案：免去王保泽葠窝水库管理局副局长职务，调辽宁省地方水电总站任主任；李广波任葠窝水库管理局局长。

12 月 19 日

弓长岭区政府以辽弓政发〔1994〕44 号《关于确定葠窝水库坝下管护范围的批复》，划定水库下游的管护范围，从大坝背水坡脚向下游 1 365 m（葠窝大桥桥墩下 50 m）止，横向 72 m 和 70 m 高程为安全管理与保护范围。

1995 年

5 月

葠窝南沙电站成立。电站安装两台机组,每台容量为 320 kW。经济性质为股份合作制,注册资金 112 万元,为职工集资入股。

7 月 30 日

水库入库洪峰流量 3 280 m^3/s,7 日洪量 5.73 亿 m^3;水库最大下泄流量 1 170 m^3/s,削减洪峰 64.3%;水库起调水位 88.12 m,最高水位 96.11 m,调蓄洪量 2.61 亿 m^3。

9 月

葠窝水库测量队承担了汤河水库淤积测量工作,工期两年,承包额 13 万元。

11 月 14 日

辽宁省水利厅以辽水利党组〔1995〕43 号文,任命贾福元为葠窝水库管理局局长;免去李广波葠窝水库管理局局长职务,调汤河水库管理局任局长;齐勇才调入葠窝水库管理局任副局长;刘占清调入葠窝水库管理局任副局长。

1996 年

1 月 1 日

发电厂发生集水井被淹事故。

8 月 6 日

经辽宁省水利厅党组同意,水库管理局在辽阳市购买中房宾馆作为办公用楼,与辽阳市城市建设综合开发公司签订购买中房宾馆(即辽阳办公楼)合同。房屋面积 6 312.88 m^2,其中宾馆面积 2 446.08 m^2(餐厅面积 731.52 m^2、客房面积 1 714.56 m^2)、办公区面积 3 866.8 m^2。购楼价格为 1 800 万元。于 1996 年底完成办公楼搬迁工作。

10 月 23 日

葠窝水库、清河水库、柴河水库、汤河水库、大伙房水库、闹德海水库水文站及沙里寨、开原水文站被水利部列为第二批国家重要水文站。

10 月 24 日

发电厂 3 号机组大修。

1997 年

1 月 14 日

辽宁省供水局局长陈锦范向全体中层干部宣布,辽水利党组〔1997〕3 号文决定,辽宁省大伙房水库管理局副局长王宝龙调入葠窝水库管理局任行政副局长,王玉华调入大伙房水库管理局任副局长。

4 月

对 4 ~ 17 号坝段伸缩缝进行 SR 嵌缝处理(18 ~ 25 号已处理完毕),部分缝先进行聚氨酯化灌。

5月

在水库经营处二队兰锡旺带领下,对95 m高程的19号、20号坝段,89 m高程的22~25号、27号坝段的水平施工缝进行嵌缝处理。方法是在迎水面骑缝凿槽,SR止水材料嵌缝,并用16号铁线拉网,表面抹水泥预缩砂浆。对19~27号坝段间伸缩缝,埋灌浆盒或打孔进行水溶性聚氨酯化灌。在89 m高程以上进行。其中19号、20号坝段间进浆量达105 L。

9月5日

发电厂发生2B变压器烧毁事故。

10月14日

葠窝发电厂被辽宁省地方水电总站授予“标准化电站”的荣誉称号。

1998年

3月

辽宁省水利厅辽水利人劳字〔1998〕221号文,原柴河水库管理局副局长陈广符调入葠窝水库管理局任副局长;免去王宝龙葠窝水库管理局副局长职务,调入汤河水库管理局任工会主席。

6月1日

发电厂2号机组因绝缘老化、定子铁芯松动、单项接地造成机组线圈烧损事故。

6月6日

经电厂班子研究决定,将6月1日耗损的8根线棒切除跨接后继续运行,带负荷15 000 kW。

6月25日

在鞍山水文培训中心会议室召开葠窝水库大坝溢流面修补技术研究会议。研究决定成立葠窝水库大坝溢流面修补技术课题组。参加人员有辽宁省葠窝水库管理局、辽宁省水利水电科学研究院有关领导。会议于6月27日结束。

7月2日

引兰入汤工程竣工并通过验收,此工程是为解决鞍山、辽阳两市工农业及城市生活用水紧张局面,由辽宁省水利厅和鞍山市政府共同出资建设的跨流域引水工程,工程总投资7 700万元。工程设计最大引水流量为7 m^3/s,每年可向鞍山市增加供水3 020万 m^3。

10月12日

发电厂对2号水轮发电机组进行增容改造,机组出力由17 000 kW增至20 000 kW。

11月30日

辽宁省第一资产评估事务所对葠窝发电厂进行固定资产评估,从此葠窝发电厂由企业经营机制转换为民营股份制企业,更名为葠窝水力发电有限责任公司,共有职工78名。

12月

辽宁省水利水电科学研究院完成了《葠窝水库大坝溢流面破坏现状检测分析报告》和《葠窝水库大坝溢流面修补混凝土配合比试验研究报告》。

1999年

3月

辽宁省水利厅在衍水宾馆主持对葠窝水库大坝进行安全鉴定会议。对溢流面混凝土破坏、右岸冲刷、施工缝漏水问题提出建议。

4月

发电厂1B主变压器更换为全密封式新型变压器,型号为SF8－50000/66。

4月23日

松辽委以松辽规计〔1999〕152号文,对《葠窝水库除险加固工程初步设计》给予批复,核定工程总投资2 829.07万元,工期为2年零3个月。

11月28日

投标商代理——水资源开发总公司和辽宁省葠窝水库管理局,在衍水宾馆主持召开加固工程开标会(标号为SW JG LC/01)。最终评委会推荐辽宁省水利水电工程局为第一候选投标商。

2000年

3月24日

水库管理局工会组织了第一次无偿献血活动,并于4月10日组织第二次义务献血活动,两次活动共有47人参加。

3月28日

辽宁省葠窝水库除险加固工程指挥部挂牌成立,加固工程(右岸护岸工程)举行开工仪式。

4月5日

辽宁省水利厅总工程师邹广岐在衍水宾馆主持召开坝上门机方案讨论会。会议确定了大坝门机方案,补充了一些遗漏的加固项目。

6月20日

加固工程门机招标会在衍水宾馆召开,辽宁省水利厅总工程师邹广岐担当评委会主任。7月11日,葠窝水库管理局与郑州水工机械厂签订SW JG LM/01标(门机制造)合同,总额为399.076 9万元。

6月26日

水利部建管司俞衍升在辽宁省水利厅副厅长王永鹏陪同下,到葠窝水库视察除险加固情况。

6月29日

水库管理局举办第二届岗位状元争夺赛,局属各部门139名职工进行了七个岗位的知识理论考试和实际操作比赛。比赛结果:机械状元吴继伟、电工状元金福强、运行状元李海军、客房服务状元胡参、经警状元孙艳彬、汽车状元吴述民、观测状元王辉。

10月16日

发电厂正式对1号水轮发电机组开始进行增容改造。在1999年完成2号机组增容改造的基础上，开始对 1 号机组进行增容改造，容量由 17 000 万 kW 增到 20 000 万 kW。

12 月 1 日

根据辽宁省供水局下发的《关于水库劳动人事制度和综合经营改革的有关规定》(辽供水人字〔2000〕8 号)要求，重新核定葠窝水库人员编制为 135 人，电厂 63 人。

2001 年

1 月 1 日

辽宁省水利厅直属水库实行内退政策。葠窝水库当年实行内退政策，内退人数 44 人。

1 月 5 日

辽宁省水利厅以辽水党利组〔2001〕1 号文，贾福元任大伙房水库管理局局长兼党委副书记，主持党委工作；王玉华任葠窝水库管理局局长。免去王玉华大伙房水库管理局党委书记及副局长职务，免去贾福元葠窝水库管理局局长职务。

2 月 8 日

党委扩大会议通过《葠窝水库中层干部竞聘上岗实施方案》，2 月 12 日，召开中层干部竞聘上岗动员大会。2 月 18 日，召开中层干部竞聘演讲大会(除电厂外)。3 月 2 日，以辽葠水局字〔2001〕第 2 号文，公布了新一届中层干部名单。

2 月 17 日

辽宁省水利厅总工程师邹广岐在水利厅会议室，主持召开关于葠窝水库新浇堰面混凝土裂缝原因分析咨询会。参加会议的单位有葠窝水库管理局、设计院、监理单位、承包商、专家组、厅建设处、供水局等。会议就加固工程新浇的堰面裂缝问题进行分析，并提出了改正意见。

3 月 4 日

辽水党组〔2001〕5 号文，对部分厅直单位领导班子进行调整、充实。马俊任葠窝水库管理局党委书记，王永森任葠窝水库管理局纪委书记。免去马俊柴河水库管理局党委书记职务；免去王永森汤河水库管理局纪委书记职务；免去邵忠发葠窝水库管理局党委书记职务，改任调研员；免去齐永才葠窝水库管理局副局长职务，改任助理调研员。

4 月 10 日

水库管理局召开中共葠窝水库管理局第四次党员大会，选举产生中共葠窝水库管理局第四届委员会、中共葠窝水库管理局纪律检查委员会。党委由马俊、王玉华、王永森、刘占清、朱明义、陈广符、宋宝家七人组成，其中马俊为党委书记；纪委由王永森、朱明义、李永敏、崔加强、慕兵五人组成，其中王永森为纪委书记。市农委党委副书记王长佳，厅党组成员、纪检组长陈锦凡到会并发表重要讲话。

4 月 12 日

辽宁省葠窝水库管理局将修改后的《除险加固工程补充初设》报到松辽委。15 日松辽委以松辽规计〔2001〕112 号文批复，补充投资 2 714. 43 万元，合计加固投资为 5 300. 75 万元。

4月24日

辽宁省水利厅李福绵副厅长、供水局田友局长,在王玉华局长、马俊书记陪同下到葠窝水库工地视察加固现场。

5月9日

水库管理局召开第五届工会会员代表大会。差额选举产生了以宋宝家为主席,李文来、应宝荣、汪慧颖、张金平、赵丽英、胡伟胜、王政友、王辉、李永敏、刘承章等十一名同志为委员的新一届工会委员会;以慕兵为主任,王飞、孙建华、李加明、赵付义为委员的经费审查委员会。

6月29日

党委隆重举办了"'伟大实践,光辉历程'庆'七一'文艺汇演"。省供水局局长田友、市农委党委副书记王长佳、农委副主任米志瀛以及汤河水库的党政领导应邀观看演出。

7月5日

党委书记马俊、副局长刘占清带领基层党支部书记一行20余人,到辽阳县八会镇上八股和中八股村与贫困户结亲。

7月26日

水库管理局召开共青团辽宁省葠窝水库管理局第六次团员大会,选举产生共青团葠窝水库第六届委员会。团委成员为王海华、尚尔君、黄剑、谢君、赵继承。王海华为共青团第六届委员会副书记(主持工作)。

8月17日

辽葠水字〔2001〕27号文,任命李道庆为局长助理,兼工程技术部部长;任命谷凤静为局长助理,兼局办公室主任。

9月4日

在葠窝水库召开加固工程投资审定会。省水利厅李福绵副厅长,供水局、基建处、计财处等单位领导参加了会议,会议确定总投资初步为4 091万元,并在王玉华局长、马俊书记陪同下,与与会者到葠窝水库工地视察加固现场。

10月13日

水库管理局局域网建成。网内布设40个接入点,通过ISDN接入互联网,并实现与省厅之间的互联。

10月29日

发电厂2号水轮发电机组泄水锥因螺栓松动造成泄水锥脱落丢失事故。

11月1日

葠窝水库管理局全局职工参加了辽阳市医疗保险。根据《辽阳市城镇职工基本医疗保险暂行办法》(2001年10月22日实施),共有449人参加了辽阳市医疗保险。

11月7日

水利部市场秩序检查组一行五人在省水利厅建设处蔚处长、人事处邵处长、监察处赵处长陪同下,到葠窝水库检查加固工程。王永鹏副厅长于同月9日到葠窝水库陪同检查。检查组于11月11日结束工作。

12 月 26 日

辽宁供水集团有限责任公司下发《关于调整太子河流域三座水库供水收费关系的通知》(辽供水财字〔2001〕34 号),明确了观音阁水库、葠窝水库和汤河水库的供水收费基本原则(从 2002 年起执行)。

12 月

发电厂 3 号机组增容改造开始实施,容量由 3 200 kW 增到 3 800 kW,施工单位为天发总厂。发电厂完成三台机组全部增容改造项目,总装机容量由 37 200 kW 增加到 43 800 kW,成为当时东北小水电系统最大的发电企业。

2002 年

1 月 15 日

葠窝水库除险加固工程大坝真空激光观测设备采购和安装招标(招标编号为 SW JG LC/02)在衍水宾馆开标。东北勘测设计研究院等四家单位购买了标书并进行投标。2 月 6 日,葠窝水库除险加固工程大坝真空激光观测设备采购和安装工程签订协议书。

2 月 27 日

辽宁省人民政府下发辽政发〔2002〕19 号文《关于调整水资源费、污水处理费征收标准和省直水库供水价格及有关事宜的通知》。省直水库征收水利工程水费标准为:工业消耗用水每立方米由 0.32 元调整到 0.52 元;供应城市自来水厂综合水价每立方米由 0.27 元调整到 0.47 元;农业水价暂不调整,仍为每立方米 0.05 元。水费由灌区征收,水库每立方米提取 0.016 元。

3 月 1 日

葠窝水库除险加固工程溢流坝闸门集中控制和远程电视监控系统、辽宁省防汛指挥系统葠窝水库数字微波工程设备采购和安装招标(招标编号为 SW JG LC/03)在衍水宾馆开标。共有辽宁省水文水资源勘测局等六家单位进行了投标。3 月 14 日,辽宁省葠窝水库管理局与辽宁省水利水电科学研究院签订 SW JG LC/03 标Ⅰ段,闸门控制和远程监视合同,总额为 135.797 35 万元。3 月 19 日,辽宁省葠窝水库管理局与辽宁省水文局签订 SW JG LC/03 标Ⅱ段,微波通信系统合同,总额为 188.787 8 万元。

3 月 8 日

葠窝水库管理局召开第二届一次职工代表大会,会议明确 2002 年为水库管理局第一个"增收节支年"。

3 月 10 日

葠窝水库管理局副局长陈广符因患血液疾病,经抢救无效,在二〇一医院不幸去世,终年 48 岁。

4 月 30 日

国家防汛抗旱总指挥部秘书长鄂竟平在副省长杨新华和水利厅厅长仲刚的陪同下,检查了葠窝水库防汛抗旱的准备工作,并察看大坝除险加固工程。

4 月

葠窝水库被国家防汛抗旱总指挥部办公室列为"汛限水位设计与运用研究"试点水

库之一。由辽宁省水利厅、辽宁省供水局、大连理工大学、辽宁省水利水电勘测设计研究院、葠窝水库管理局、观音阁水库管理局等人员组成了项目组,全面开展葠窝水库汛限水位设计与运用研究工作。

5月16日

辽水党组〔2002〕9号文,任命王远迪、谷凤静为葠窝水库管理局副局长,李道庆为葠窝水库管理局总工程师,慕兵为葠窝水库管理局总会计师,试用期1年。2003年6月30日,经组织考核,厅党组研究同意,对试用期已满的上述人员正式以辽水党组〔2003〕10号文任职。

5月27日

按中国石油辽阳石化分公司要求,结合工艺生产情况,于2002年5月27日梅岭水源(此水源为辽宁省葠窝水库供水)装置停运。

6月28日

水库管理局职工思想政治工作研究会成立。会议由会员投票选举理事33名,由理事选举产生了会长、副会长和秘书长。会长马俊,副会长王玉华、刘占清、王远迪、谷凤静、宋宝家、王永森,秘书长朱明义。

7月15日

省水利厅副厅长李福绵来水库管理局指导加固工作,讨论制订大坝加固工程坝上结构设施恢复方案。参加讨论会的有葠窝水库管理局局长王玉华、党委书记马俊、副局长王远迪、副局长谷凤静、总工李道庆。

8月28日

辽宁省水利厅副厅长李福绵、供水局局长杨志文来到葠窝水库工地,检查除险加固工程的进展情况,对工程进展情况表示满意,对坝顶结构设施恢复、环境美化工作提出了指导性意见。

9月1日

水库管理局实施了《职工医疗补充保险暂行办法》。根据辽劳社发〔2002〕144号文件及辽供水财字〔2002〕33号文件精神,结合水库管理局医疗保险的实际情况,经省供水局批准,为职工建立基本医疗保险补助制度(经职代会讨论通过)。解决了重病职工医药费个人负担过重问题。实施了工伤、职业病患者医疗费管理暂行规定。

10月20日

辽宁省水利厅党组成员、纪检组长杨日桂在监察处处长赵志刚陪同下来水库管理局检查指导工作。

10月23日

辽阳市内办公楼电气主线路更换。由配电室到楼内各楼层配电盘主线路更换,原25 m^2 铝线更换为25 m^2 的铜线;并在局领导办公室新敷设了空调线路。

10月24日

辽宁省水利厅副厅长李福绵、供水局局长赵忠柱到水库工地检查除险加固工程工作情况。

11 月 17 日

松辽委一行 10 人在省水利厅建设处尉成海处长、质检站穆国华陪同下，来到葠窝水库检查加固工程质量建设管理情况。局长王玉华、党委书记马俊、副局长王远迪、副局长谷凤静、总工李道庆、工程科长岳峰等陪同。

2003 年

1 月 1 日

辽宁省水利厅批准从 2003 年起，汤河水库“引兰入汤”工程每年向葠窝水库缴纳源水费 540 万元，即 0.18 元/万 $m^3 \times 3\ 000$ 万 $m^3 = 540$ 万元。

1 月 21 日

辽宁省防汛指挥系统葠窝水库数字微波工程通过验收。

3 月 4 日

根据辽宁省人事厅《关于下达省直机关、事业单位工人技师聘任指标的通知》(辽人〔2002〕127 号)、省水利厅《关于下达厅直事业单位工人技师聘任指标的通知》文件要求，核定水库管理局技师指标为 9 名；文件规定工人技师聘任的工种范围仍按辽人发〔1997〕29 号文件规定执行，其中汽车驾驶员技师指标不得超过本单位技师指标的 10%。

3 月 18 日

根据国家有关住房货币化补贴的具体要求，制订了辽葠水局字〔2003〕6 号《辽宁省葠窝水库管理局住房分配货币化实施方案》。

3 月 20 日

水库管理局召开第二届二次职代会。此次会议审议通过了《住房分配货币化实施方案及说明》和《职工医疗补充保险实施办法》。

4 月 24 日

水库管理局印发《关于成立预防“非典”领导小组的通知》(辽葠水局字〔2003〕8 号)。4 月 29 日，召开防“非典”紧急会议，局长王玉华传达了省水利厅“关于认真做好防治‘非典’工作”的传真和辽阳市委、市政府关于防“非典”的紧急通知，并采取了一系列行之有效的措施，以确保水库局无一人感染和各项工作的正常运转。

5 月 22 日

辽阳市委书记陈世南到葠窝水库坝下，考察弓长岭区新开发的太子河漂流旅游项目。

5 月 29 日

水库管理局举办第三届职工岗位技能大赛，局属各科室 70 余名选手共进行了五个项目的比赛。财务第一名张晓梅，汽车第一名吴述民，电工第一名谢君，运行第一名郑刚，计算机第一名尚尔君。

5 月 30 日

辽宁省政研会秘书长瞿尚成、办公室主任王世杰和《职工文化》杂志编辑丛大庆一行三人，在辽阳市政研会副会长兼秘书长李永振的陪同下，来水库管理局检查指导工作。

6 月 25 日

为庆祝建党八十二周年和迎接建库三十周年，水库管理局工会和团委共同举办了书法、美术、摄影展览。全局70余人参加活动并选送作品178件,此次展出的大部分作品做工精细,情调高雅,讴歌了共产党所走过的82年的光辉历程和改革开放以来葠窝水库在两个文明建设中所取得的辉煌业绩。

6月

水库管理局的安全生产工作推行安全生产网络化管理,把安全生产责任落实到了每个人,此方案得到上级领导的重视和表扬。

7月30日

水库管理局工会为贯彻落实全总、省总《关于切实解决单亲女职工生活困难问题的意见》精神,组织全体职工开展"捐五元钱不嫌少,捐五十元钱不嫌多"的爱心奉献活动,全局共229人参与了这次活动,截至8月11日,共捐资金1 325元。

9月18日

水库管理局积极响应辽宁省省长在9月13日发出的关于全省广大干部职工向贫困职工及其家属捐款献爱心活动的号召,两天时间内全局干部职工共捐款18 210元。

9月22日

根据辽宁省机构编制委员会办公室《关于精简省水利厅事业单位空余人员编制的通知》(辽编办发〔2003〕168号)文件精神,葠窝水库编制由412名减至345名,经费自理。

9月29日

水库管理局举行衍水宾馆晋升二星级宾馆挂牌仪式,辽阳市旅游局郭立梅局长出席并讲话。

10月8日

水库库区深井泵开始使用。此水源是葠窝水库南沙办公区和生活区的水源,位于五营老油库院内,在2002年钻制成功,井深87 m,口径240 mm,水质情况良好。于2004年投入使用,管线及水泵的安装由大坝公司完成。

10月11日

葠窝水库管理局举办建局三十周年老同志招待会。全局离退休老同志在衍水宾馆汇聚一堂,抚今追昔,庆祝葠窝水库管理局建局三十周年。

10月13日

葠窝水库管理局举行建局三十周年暨大坝加固工程竣工庆典。在庆典活动现场,辽宁省水利厅副厅长李福绵、辽阳市副市长郝春荣、松辽委原总工李海璐分别发表了讲话。他们从不同角度高度评价葠窝水库管理局三十年来为国家、为社会、为水利事业作出的贡献,肯定了加固工程的成果。葠窝水库管理局为感谢上级领导和各界朋友对水库管理局三十年发展的关心和支持,10月12日晚在衍水宾馆举行答谢酒会。辽宁省水利厅党组副书记、副厅长李福绵,辽阳市政协主席王义信,省水利厅老领导刘福林、曲立正,参加修建水库的老政委邓光月等老领导和来宾出席了酒会。

10月28日

水库管理局工会组织局属各单位职工到市中心血站无偿献血,全局共有56人参加。

11月8日

葠窝水库泄洪系统等工程设施更新改造专家论证会在葠窝水库管理局举行。参加会议的有省水利厅副厅长王永鹏、总工邹广岐、厅专家组成员、供水局和建设处领导。会议由厅总工邹广岐主持，专家们到大坝进行了现场勘察，葠窝水库管理局局长王玉华对泄洪系统存在的问题和更新改造意见进行了汇报。

11 月

由辽宁省水利水电科学研究院、水利部水工金属结构安全检测中心联合完成了《葠窝水库金属结构安全检测评估报告》。

12 月 22 日

由吉林省松花湖造船厂建造的“太子号”游船正式建成。船舶类型为客船，船舶价值375 000.00 元，吨位(总吨)62.00 t，净吨 37.00 t，载客量人数总计 45 人。

2004 年

1 月 1 日

根据辽宁省政府办公厅《关于进一步规范和完善全省事业单位基本养老保险办法有关问题意见的通知》(辽政办发〔2003〕40 号)和辽宁省劳动和社会保障厅等部门《关于省直属事业单位实行基本养老保险社会统筹有关问题的通知》(辽劳社发〔2004〕19 号)等文件精神，全局职工开始执行基本养老保险制度。

3 月 30 日

辽宁省葠窝水库管理局经营公司更名为辽宁省葠窝水库大坝工程公司。

4 月 27 日

辽宁省供水局赵忠柱局长、黄永毅副局长、郭宇波总工等到葠窝水库，确定坝下河道整治工程初步方案和招投标事宜。5 月 31 日，1 标段面板坝工程、2 标段河道开挖工程、5 标段 63 台地工程由辽宁观音阁水库土木工程有限责任公司中标，3 标段右岸护坡工程由辽阳汤河水库河湖整治工程队中标，4 标段左岸护坡工程由辽宁省葠窝水库大坝工程公司中标。2005 年 8 月 10 日，坝下河道整治工程竣工。

4 月 29 日

辽宁省水利厅下发《转发水利部关于颁发水利工程启闭机使用许可证的通知》(辽水建管转〔2004〕20 号)，明确提出凡辽宁省行政区域内的水利工程，禁止安装和使用未获水利部颁发使用许可证的启闭机。

5 月 18 日

水库管理局团委举办“飞扬的青春”青年报告会暨五四青年表彰大会，会议邀请到爱岗敬业典型唐丽女士(辽宁省十大杰出青年岗位能手、辽阳市十大杰出青年岗位能手、辽阳县商业银行对公存款科科长)和再就业典型曹晓东女士(全国三八红旗手、全国巾帼建功标兵、辽宁省巾帼再就业明星、省家政服务标兵、辽阳市劳动模范、辽阳市人大代表、五一奖章获得者、白塔区晓东职业介绍所所长)为大会作报告，团市委青工部部长吴博达也到会并讲话。

6 月 7 日

辽宁省水利厅人事处处长邵质彬、监察处处长韩君一行两人，来水库管理局宣布厅党组决定(辽水党组〔2004〕15 号)，从 2004 年 5 月 27 日起，孙建华任葠窝水库管理局副局长，朱明义任葠窝水库管理局纪委书记，齐勇才任汤河水库管理局纪委书记。以上新提任领导职务的同志试用期均为1年。免去刘占清葠窝水库管理局副局长职务，改任助理调研员；免去王永森葠窝水库管理局纪委书记职务，改任助理调研员。

6月16日

水库管理局召开中共葠窝水库管理局第五次党员大会，选举产生中共葠窝水库管理局第五届委员会和中共葠窝水库管理局纪律检查委员会。党委由9名组成：马俊、王玉华、王远迪、谷凤静、孙建华、朱明义、宋宝家、李道庆、慕兵，马俊为党委书记。纪委由5名委员组成：朱明义、慕兵、刘海涛、尚尔君、李永敏，朱明义为纪委书记。

7月7日

辽阳市市长孙远良一行到弓长岭区调研旅游及环境保护工作。期间，冒雨到库区考察葠窝水库旅游规划及建设情况。在局长王玉华、党委书记马俊的陪同下，孙远良市长一行考察了水库管理局坝下桃李园、河道整治工程等项目。

10月8日

辽宁省水利厅以辽水党组〔2004〕22号文，任命洪加明为葠窝水库管理局党委副书记，免去其观音阁水库管理局副局长职务。

10月13日

水库管理局召开第二届四次职工代表大会。全局73名职工代表，包括离退休老同志特邀代表、列席代表7人，共计63人出席了大会。会议审议通过了《辽宁葠窝水力发电有限责任公司招工办法》和《葠窝库区职工住房使用权出售方案》。

10月

水库管理局经请示省水利厅人事处和供水局同意，根据《辽宁葠窝水力发电有限责任公司招工办法》（辽葠水局字〔2004〕31号）文件的规定，在全局待业子弟中经考试、面试，公开招聘了20名企业合同制工人充实到水电公司一线岗位。

12月28日

根据省水利厅《关于精简厅直事业单位空余人员编制的通知》（辽水人劳函〔2004〕110号）文件精神，葠窝水库管理局编制由2003年9月核定的345名减至319名，经费自理。

2005年

1月27日

根据《中共辽阳市委关于在全市党员中开展以实践“三个代表”重要思想为主要内容的保持共产党员先进性教育活动的实施意见》要求和厅党组安排，葠窝水库参加第一批次的先进性教育活动。当日召开了“葠窝水库保持共产党员先进性教育活动动员大会”，正式拉开水库管理局开展保持共产党员先进性教育活动的序幕，辽阳市保先教育督导组领导到会。整个活动按照学习动员、分析评议、整改提高三个阶段进行。7月1日召开的“局保持共产党员先进性教育活动总结表彰大会”，为水库管理局此项活动画上了圆满的句号。

3 月 15 日

水库管理局党委举办“保持党员先进性教育活动演讲比赛”,14 名参赛选手都是中层以上干部和党支部书记,在演讲过程中重点阐述了先进性教育活动的重大意义,比赛取得圆满成功,市保先教育督导组领导出席比赛现场。

4 月 27 日

中科院院士、清华大学教授钱易女士一行 7 人在省水利厅副厅长王凤奎、厅水资源处、厅水文局、厅办公室等有关领导的陪同下,到水库管理局库区对太子河流域水污染情况进行现场考察。

4 月 27 日

辽阳市市长唐志国在市政府秘书长马立阳、弓长岭区区委书记王海浩、弓长岭区区长吕有宏等领导的陪同下,到库区对葠窝水库的河道工程进行了现场考察。

5 月 26 日

松辽委防汛检查团在总工朱振家的带领下,由省河务局局长刘继飞陪同,到葠窝水库检查防汛工作,水库管理局局长王玉华、副局长王远迪、总工李道庆及有关人员在水库坝上迎接。

△辽宁省水利厅副厅长韩树君在省河务局副局长王文科的陪同下到葠窝水库视察防汛工作,此次视察是韩厅长作为葠窝水库防汛工作的厅主管领导身份指导工作的。

6 月 15 日

水库政研会征文工作圆满完成,由洪加明和尚尔君撰写的论文——《关于改进和加强职工思想政治工作的思考——葠窝水库职工思想动态调查》在 2005 年水利厅政研会年会上被评为优秀成果一等奖。同时,这篇文章参加了水利部地域四组年会,作为厅政研会唯一一篇上报论文参评,获优秀政研成果奖。此论文还作为省政研会优秀政研成果被选送到水利部政研会进行优秀政研成果评比。葠窝水库政研会被厅政研会推荐为水利部先进政研会上报部政研会待批。

7 月

根据辽宁省人事厅、劳动和社会保障厅《关于开展 2005 年省直机关事业单位工人技术等级晋升培训考核工作的通知》(辽人〔2005〕86 号)文件精神,葠窝水库开始进行 37 名技师和 12 名高级工的报名、培训和考试工作,至 10 月结束。

8 月 2 日

葠窝水库在保持共产党员先进性教育活动中,评选出 14 名优秀共产党员,在洪加明书记的带领下,进行为期五天的“红色之旅”参观学习,6 日结束。游览了延安的宝塔山,毛泽东、周恩来的故居,西安的大雁塔、兵马俑等名胜古迹。

8 月 25 日

根据辽宁省葠窝水库除险加固工程档案专项验收的申请,辽宁省档案局会同辽宁省水利厅和重点工程竣工档案验收监理共同组成辽宁省葠窝水库除险加固工程档案专项验收组,经该验收组验收,已获通过。

9 月 14 日

水利部专家组一行 4 人在省水利厅建设处李守权、高真伟陪同下,来葠窝水库检查评估除险加固工程，水库管理局局长王玉华、总工李道庆、总会计师慕兵等参与检查。检查于9月15日结束。

11月24日

葠窝水库除险加固工程竣工验收会议在辽宁省辽阳市富宏宾馆召开。会议由省水利厅主持，邀请水利部松辽水利委员会、省发展和改革委员会、省审计厅、省档案局、省供水局、省水利工程质量监督中心站等单位代表和有关专家组成验收委员会进行了验收。

2006年

1月24日

辽阳市副市长郝春荣、市水利局局长蒋振涛代表市委、市政府到葠窝水库进行走访。

1月16日

辽宁省水利厅副厅长于本洋、质检站站长刘大军一行3人到葠窝水库检查安全生产工作。

2月13日

辽宁省水利厅以辽水党组〔2006〕4号文，任命朱洪利为葠窝水库管理局副局长，免去其汤河水库管理局副局长职务；任命谷凤静为汤河水库管理局副局长，免去其葠窝水库管理局副局长职务。

3月14日

辽宁省防汛抗旱指挥部办公室下发《关于执行〈水情信息编码标准〉的通知》，明确规定，从2006年4月1日起，只采用新水情编码拍发信息，并对水情新编码的培训、执行等工作提出了具体要求。

4月26日

葠窝水库领导带领全体中层干部到北京参加水展，并去长城、五台山、西柏坡等地参观。

5月11日

辽宁副省长胡晓华在水利厅厅长仲刚、副厅长王永鹏、省河务局局长孙朝余等领导的陪同下，到葠窝水库检查防汛准备工作。水库管理局党政领导，辽阳市水利局局长蒋振涛，汤河水库管理局局长赵志刚、党委书记颜范利等领导参加了接待工作。

6月1日

辽宁省水利厅党组副书记、副厅长李福绵，省供水局局长赵忠柱等领导到葠窝水库检查指导工作。

△根据《辽宁省水利厅直属事业单位实行人员聘用制工作方案》（辽水人劳〔2006〕14号）等有关文件精神，实施人员聘用制改革，除副处以上领导、内退职工外，全局职工全部按照要求签订了劳动合同。

6月2日

水库管理局工会组织召开拜师认徒经验交流会，辽阳市总工会副主席王素彬、技术工作部部长杨丽、工会秘书长张江红和局党政领导参加了会议。6月10日，辽阳电视台《职工之窗》栏目详细报道了葠窝水库开展拜师认徒活动的工作经验，并以此为典型推进全市企事业单位开展此项活动。

6 月 5 日

全局集体职工参加了辽阳市医疗保险。由于镁碳公司经营不善,集体职工医疗没有保障,经局领导研究决定给集体职工上了医疗保险。

6 月 11 日

肇磊在本溪境内水情雨量站改造施工中,因电锤漏电造成触电受伤。11 月 28 日,辽阳市社会保障局认定肇磊所受事故是工伤。

6 月 23 日

水库管理局下发《关于在细河流域建桥等问题的函》(辽葠水局字〔2006〕22 号)文件,就 5 月 18 日寒岭镇人民政府《关于修建新开路大桥的报告》(辽寒政发〔2006〕5 号)文件给予答复。葠窝水库根据省供水局的批复,原则同意辽阳县寒岭镇大瑞铁矿建新开路大桥方案。即在寒岭镇双河原鞍辽选厂桥下游约 500 m 处建一处新桥,即新开路大桥。海拔 115 m,长 70 m、宽 8 m,载荷 80 t。

7 月 1 日

辽宁省防汛抗旱指挥部下发《关于修正葠窝水库调度特征值的通知》,明确了葠窝水库按三百年一遇洪水设计、一万年一遇洪水校核。同时,采用了葠窝水库汛限水位设计与运用项目的研究成果,决定对汛限水位采取动态控制,并对汛期水位动态控制域和动态控制规则作了确定。

7 月 6 日

辽宁省水利厅党组书记、厅长仲刚莅临水库管理局检查指导防汛工作,随同检查的有省河务局孙朝余局长、余翔处长和供水局许海军处长、设计院陈柯明副总工等。局党政班子全体成员参加了接待并听取了仲厅长的重要指示。

7 月 12 日

辽宁省水利厅总工邹广岐、计财处处长贾福元、水利工程技术审核中心主任李国学等一行 8 人,莅临葠窝水库检查指导金属结构维修改造工作。

△14 时,发电厂 2 号机组尾水管钢衬(环缝下)撕裂,脱落面积约 0. 4 m×0. 4 m,内部混凝土被蚀空,入口门左上角发生较大渗漏,经过周密部署,确定抢险方案,采用美国进口材料贝尔佐纳先进技术进行封堵,经过 7 昼夜抢险,2 号机组恢复正常发电。

7 月 17 日

葠窝水库管理局以书面形式委托辽宁省水利水电勘测设计研究院编制《关于葠窝水库金属结构改造工程设计报告》。

7 月

在辽阳市"三先两优"表彰暨保持共产党员先进性教育活动总结大会上,水电公司党支部获得辽阳市先进党支部荣誉称号,李道庆获得辽阳市优秀共产党员荣誉称号,尚尔君获得辽阳市优秀党务工作者荣誉称号。

9 月 19 日

由辽宁省水利厅主持,在本溪市水务局召开了关于加强对北台钢铁集团公司葠窝水库取水征费的协调会议。4 月 5 日,葠窝水库向省水利厅报告北台钢铁集团太子河干流提水泵站提水位置在水库正常高水位 96.6 m 高程以内,就水费征收权属问题请给予解决。会议一致认为北台钢铁集团公司在葠窝水库库区内取水事实是存在的,并确定北台钢铁集团公司在葠窝水库库区内取水其收费主权归属葠窝水库,葠窝水库是收费主体。可以考虑给本溪市水资源办一定比例分成(具体办法由本溪市水务局水资源办和葠窝水库管理局协商决定)。

10 月 12 日

由南京水利水文自动化研究所设计的《葠窝水库水情自动测报系统增容改造项目》顺利完成并通过验收。此次改造中心站 1 处、中继站 3 处、雨量站 10 处、水位站 1 处,同时采用超短波为主通道并使用 GPRS 作为备份通道,以确保数据可靠传输到中心站。

10 月

发电厂经董事会批准购买厦门金龙牌通勤车一辆。

11 月 20 日

辽宁省关心下一代工作委员会科普基地揭牌仪式在葠窝水库库区建设者墙前隆重举行。省、市、区关工委有关领导,省、市、区旅游局有关领导,弓长岭区区委书记,辽阳市部分中学生和水库管理局领导及相关部门参加了仪式。活动由辽阳市旅游局局长郭立梅主持,省关工委屈副主任和水库管理局局长王玉华分别在仪式上作了讲话。

11 月 21 日

爱晚亭工程进行竣工验收,该工程于 8 月 16 日开工建设。此工程基础部分施工单位为葠窝水库大坝工程公司,石亭安装施工单位为本溪市天龙台球桌厂。总投资为 37 万元。

11 月 29 日

葠窝水库与本溪市水资源办签署了委托征费协议书,明确从 2007 年开始,北台钢铁集团公司新太子河水源(新建)取水将完全采用以表计量、按量收费;葠窝水库委托本溪市水资源办代理计量征费,并确定按征费率完成情况不同支付不同比例分成,即征费率完成 90% ~100%,按征费总额 35% 支付;征费率完成 80% ~90%,按征费额 30% 支付;低于 70% 时,按征费额 20% 支付。

12 月 5 日

根据辽宁省机构编制委员会办公室《关于精简省水利厅所属事业单位人员编制的通知》(辽编办发〔2006〕391 号)文件精神,葠窝水库编制由 2004 年 12 月 28 日核定的 319 名减至 300 名,经费自理。

12 月 20 日

在辽宁省水利厅召开《关于葠窝水库金属结构改造工程设计报告》审查会议。参加人员:省水利厅总工、计财处、审核中心等有关专家,以及设计单位、葠窝水库管理局有关人员。会议决定葠窝水库金属结构改造工程设计文件按初设规模编制。

12 月 27 日

葠窝水库被正式批准为“全国工农业旅游示范点”,填补了辽宁省无工农业旅游示范点的空白。

12 月 28 日

葠窝水库管理局与辽阳西洋鼎洋矿业有限公司签署供用水协议。

12 月 29 日

为解决葠窝水库管理局账面资产严重偏离实际资产的现实情况,摸清水库的资产底数,省水利厅统一部署,下发《关于印发省直七大水库清产核资工作实施方案的通知》(辽水计财〔2006〕260 号)文件,31 日为清产核资基准日。经辽宁元正资产评估有限公司评估,辽宁天健会计师事务所审计,最终由辽宁省财政厅以辽财农函〔2007〕335 号文件确认,葠窝水库管理局原账面净值为 16 614.88 万元,经评估后净值为 119 110 万元,评估增值 102 495.12 万元。

2007 年

1 月 1 日

北台钢铁集团公司新太子河水源(新建)正式启用,葠窝水库又新增加一个工业用水大户。

1 月 10 日

辽宁省水利厅以辽水党组〔2007〕1 号文,任命洪加明为葠窝水库管理局党委书记(试用期一年)。免去马俊葠窝水库管理局党委书记职务,改任葠窝水库管理局调研员。

1 月 11 日

葠窝水库管理局以《关于葠窝水库金属结构改造工程方案设计报告的报告》(〔2007〕2 号)上报辽宁省水利厅。5 月 30 日,辽宁省水利厅以《关于葠窝水库金属结构改造工程设计报告的批复》(辽水计财〔2007〕96 号),批复资金 1 066.08 万元。

1 月 29 日

辽宁省水利厅副厅长于本洋,质监中心主任刘大军、副主任李继海,建设处任玉振和人事处刘庆富一行 5 人到葠窝水库检查安全生产工作。水库管理局局长王玉华、党委书记洪加明、副局长王远迪等陪同检查。

2 月 15 日

葠窝水库被辽宁省关心下一代工作委员会审批确定为“辽宁省青少年科普基地”。

4 月 16 日

葠窝水库管理局向辽阳市政府提交了《关于葠窝水库库区违规开矿、选矿情况的报告》(辽葠水局字〔2007〕6 号)。文件建议有关部门,立即解决双河山大面积弃渣和王八盖山破坏地质结构的超深度开采问题,逐步关闭、取缔葠窝水库周边采选矿企业,并向水库作出赔偿。

4 月 28 日

由辽阳市旅游局和弓长岭区人民政府主办、葠窝水库承办的全国工业旅游示范点揭牌暨辽阳市“五一”旅游黄金周启动仪式在水库大坝上隆重举行。辽宁省水利厅老厅长刘福林、纪检组长杨日桂,辽阳市市人大副主任袁芝芬、市政协副主席王清远,辽宁省及市旅游局领导,弓长岭区区委、区政府领导,汤河水库管理局领导,葠窝水库管理局领导,市旅游界、新闻界的人士出席了启动仪式。启动仪式由弓长岭区副区长李强主持。

5月8日

葠窝水库管理局向辽阳市国土资源局提交了《关于在葠窝水库库区最高水位以下采矿问题的函》(辽葠水局字〔2007〕9号)。请求辽阳市国土资源局立即制止超深度开采的违法行为,防止更严重的后果发生。

5月18日

水库管理局召开中共葠窝水库管理局第六次党员大会,选举了中共葠窝水库管理局第六届委员会和中共葠窝水库管理局纪律检查委员会。党委由11名委员组成:洪加明、王玉华、王远迪、孙建华、朱洪利、朱明义、李道庆、慕兵、王飞、吴登科、郑伟,洪加明为党委书记。纪委由5名委员组成:朱明义、慕兵、尚尔君、富丽英、李永敏,朱明义为纪委书记。

6月12日

水库管理局召开工会第六届会员代表大会,辽阳市总工会副主席赵贵林,组织部部长王宇,辽宁省水利厅机关党委专职副书记、工会主席李清照出席了本次会议。经过与会80名代表投票选举,产生了由13名委员组成的新一届工会委员会,由5名委员组成的新一届工会经审委员会。在党委书记洪加明和局长王玉华主持下,分别召开了第六届第一次两委委员会议,会议选举李文来为工会副主席、慕兵为经审委员会主任、黄剑为女职工委员会主任。

6月26日

葠窝水库管理局庆祝建党八十六周年暨中层干部培训班开班仪式在衍水宾馆举行。全局在职党员、中层干部和副高级以上职称的技术干部参加了仪式,辽阳市社科联主席萧璟奇为与会同志作了题为《共产党员如何体现先进性》的报告,王玉华局长宣读了《葠窝水库中层干部培训计划》,自此拉开了葠窝水库中层干部系列培训活动的序幕。

7月2日

依据辽市〔2001〕37号文件《关于进一步深化城镇住房制度改革的通知》、辽市政办发〔2002〕38号文件《辽阳市机关事业单位住房分配货币化有关政策修改补充规定(一)》、辽供水〔2007〕4号文件《关于做好省直水库住房分配货币化工作的通知》的精神,水库管理局实施了水库离退、内退职工220人的货币补贴,本次补贴金额5 053 314.52元。

7月11日

辽宁省水利厅以《关于组建葠窝水库金属结构改造工程项目法人的批复》(辽水建管〔2007〕139号),同意葠窝水库管理局为葠窝水库金属结构改造工程的项目法人;7月12日,葠窝水库金属结构改造工程招标公告在《辽宁省招标投标监管网》和《中国采购与招标网》上公布。

7月16日

辽宁省水利厅副厅长王永鹏莅临葠窝水库检查指导防汛工作,随同检查的有省河务局局长孙朝余、供水局副局长邓程林等。水库管理局局长王玉华、党委书记洪加明、副局长王远迪、总工李道庆和有关人员陪同。

7月19日

葠窝水库管理局中层干部培训班请到省委国防教育讲师团成员、沈阳炮兵学院教授刘孟杰老师为全局中层干部和在职工作人员作了台海形势分析报告。

7 月 28 日

位于辽阳县寒岭镇前牌坊村的辽阳西洋鼎洋矿业有限公司库区水源(新建)启用,葠窝水库一年内又新增加一个工业用水户。此用水户用水量不稳定,年际用水量变化较大,2007 年用水量为 544 万 m^3,2008 年用水量为 1 102 万 m^3。

7 月

经辽宁省人事厅、水利厅同意,葠窝水库管理局通过考试公开招聘了 6 名职工子女。

8 月 3 日

辽阳市人大常务副主任田长连,于 8 月 3 日、11 月 1 日先后两次到葠窝水库考察库区周边采选矿情况。

8 月 13 日

葠窝水库金属结构改造工程招标在辽宁华宁招标代理有限公司进行投标文件的评审。8 月 22 日,金属结构改造工程合同签字仪式在水库管理局办公楼举行,副局长王远迪受局长委托代表甲方在协议书上签字,辽宁省水利水电工程局副局长王彬代表乙方在协议书上签字。合同金额为 7 495 141 元。

8 月 15 日

水库管理局引进石家庄恒源科技开发有限公司的供水计量自动化远程传输系统,先后于 8 月 10 日在辽阳西洋鼎洋矿业有限公司库区水源、8 月 15 日在北台钢铁集团公司新太子河水源安装调试成功。该系统的安装,填补了水库管理局供水计量设施和供水计量自动化远程传输两项空白。

9 月 11 日

水库管理局解决葠窝水库管理局遗属住房补贴问题。2001 年 11 月 1 日前去世的职工货币补贴不包含在省、市货币补贴政策范围内,考虑他们没有享受到单位实物分房政策,货币补贴也没有,遗属生活都很困难,经过局领导研究请示上级,按 1997 年 2 万元为基数,工龄一年增加 200 元,补贴发给她们,解决了住房补贴。

9 月 15 日

水库管理局抽调 5 人驻守双河地区,监管库区采选企业的生产,以防止他们向库区排岩、排尾。

9 月 23 日

水库管理局库区取暖锅炉更换。新采用的 1 t 锅炉是由辽阳市锅炉厂生产,辽阳市锅炉厂安装公司安装,经辽阳市锅炉检验所检验合格后投入使用的。原 2 t 锅炉,于 1992 年安装,至此被淘汰。

9 月 29 日

辽阳市旅游局景区质量等级评委会由副局长栾宇带队,对葠窝水库景区申报晋国家 AAA 级,依照国标 GB/T 17775—2003 考核标准,按程序逐项进行了严格的考核评定。弓长岭区旅游局局长李厚杰,葠窝水库管理局党委书记洪加明、副局长孙建华及旅游开发公司的相关人员陪同参加了考核。考核结果葠窝水库景区符合国家 AAA 级的质量评定标准,通过验收。

10 月 8 日

辽阳市市长唐志国批复辽阳市人大《关于建议市政府严厉打击葠窝水库周边采选矿企业严重违法行为的函》(辽市人办函〔2007〕15 号)。作出批示:①此事很严重,应高度重视;②辽阳县、灯塔市要严格执法,彻底整顿,不能反弹;③市国土局、环保局、林业局、水利局、公安局要切实负责,配合两县,联合执法;④请恩彪同志抓一下此事。

10 月 11 日

金属结构第一次技术交底会议在葠窝水库管理局 5 楼会议室举行。辽宁省水利厅文件以《关于葠窝水库金属结构改造工程开工的批复》(辽水建管〔2007〕214 号),同意葠窝水库金属结构改造工程开工建设。

10 月 30 日

由松辽委副主任王福庆、建管处处长金志功、副处长付洪明等 6 人组成的松辽委病险水库除险加固项目检查组,在厅建设处处长朴忠德、质量监督中心站主任刘大军等陪同下,莅临葠窝水库进行病险水库除险加固项目专项检查。

10 月 31 日

根据辽宁省水利厅向辽阳市人民政府递交《关于帮助解决葠窝水库库区违规采选矿问题的函》(辽水供函〔2007〕89 号);11 月 1 日,葠窝水库向辽阳市政府递交《关于对违法违规采矿企业停办其资格延续手续的报告》(辽葠水局字〔2007〕23 号),抄送辽阳市人大、辽阳市环保局、国土资源局、林业局、灯塔市政府、辽阳县政府。建议市政府加大打击力度,彻底整治库区。

11 月 1 日

姑葠环线公路(朴沟线路)环线沥青路面竣工,增加了水库防汛对外交通线路,对水库防汛十分有利。

12 月 19 日

水库管理局供水水政处更名为供水处,决定成立水政处(辽葠水局字〔2007〕7 号)。冯超明任水政处副处长(主持工作),李光同志任水政处副处长,水政处由孙建华副局长分管。

2008 年

3 月 14 日

水库管理局召开第三届一次职工代表大会,全局职工代表、特邀代表及列席代表共 71 人参加了会议。会议审议通过了《2008 年度教育经费实施计划》和《葠窝水库管理局关于加强库区住宅管理的办法》。

4 月 9 日

辽阳市人大环资委、政府督察办到库区查看葠窝水库周边治理整顿情况,水库管理局局长王玉华、副局长孙建华陪同。

4 月 14 日

葠窝水库管理局金龙 L6127 新通勤车正式投入运行。

4 月 28 日

葠窝水库管理局工会为全局在职女职工上了安康保险。此险种是在保险期内(一年),经县级以上医院初次确诊为原发性卵巢癌、子宫内膜癌等五种疾病中的一种或多种,由保险公司按其保险金额给付保险金 1 万元。

5 月 10 日

葠窝水库大坝安全管理应急预案编制完成。2007 年年底,水库管理局总工程师李道庆组织相关业务科室编制《葠窝水库大坝安全管理应急预案》。此预案针对超标准洪水、工程隐患、地震灾害、地质灾害、溃坝、水质污染、战争或恐怖袭击等因素导致的水库重大安全事件。编制工作历时半年,顺利完成,并及时以电子文档方式报送上级部门审批。

5 月 13 日

辽阳市副市长陈强在辽阳市环保局及灯塔市、辽阳县有关领导的陪同下,到葠窝水库检查水库治理及水污染防治情况。水库管理局党委书记洪加明、副局长孙建华陪同检查。

5 月 21 日

"5 · 12"汶川大地震之后,全局上下发扬"民族情深,血浓于水,一方有难,八方支援"的精神,从 5 月 16 日起积极踊跃为灾区捐款,局工会将筹集到的捐款 43 500 元送到辽阳市慈善总会和辽阳市总工会。至此,捐款数额已达 44 050 元。

5 月 23 日

葠窝水库管理局(含衍水宾馆)视频监控系统工程顺利完成。在衍水宾馆布设 29 个定点、3 个动点,总投资 10 万元,实现了办公楼内外的全面监控,确保办公及宾馆的安全。

△辽阳市人大、市政府在葠窝水库召开关于葠窝水库库区整顿治理的专项工作会议。市人大主任王义信,市政府张洪武、陈强等参加。市人大主任王义信对市政府及两市县、市直相关部门提出了五点建议和要求:一要提高认识,统一思想,重视资源保护;二要加强领导,落实责任;三要突出重点,严格执法,取缔无证开采;四要完善机制,强化监督;五要加大宣传,营造氛围。

5 月 27 日

水库管理局党委召开支部书记会议,贯彻落实上级党组织关于捐赠"特殊党费"的文件精神,号召领导干部和党员充分发挥模范带头作用,为灾区再献爱心,积极捐赠"特殊党费"。会后,各支部积极行动,全局党员、入党积极分子纷纷响应号召,截至 5 月 29 日,共捐赠"特殊党费"41 500 元,其中,大额捐赠党费 10 人,副局长朱洪利捐赠 5 000 元,水电公司、离退办等部分非党员职工也参与了捐款。

6 月 5 日

辽宁省水利厅副厅长王永鹏在省供水局局长赵忠柱、供水局水情调度处处长许海军的陪同下,到葠窝水库检查指导防汛、反恐等工作。水库管理局副局长王远迪、孙建华、朱洪利,纪委书记朱明义,总工程师李道庆等陪同检查。

6 月 27 日

水库管理局举办"迎奥运、庆七一、学习党的十七大综合知识竞赛",省水利厅党组成员、纪检组长杨日桂,厅机关党委专职副书记、工会主席李清照莅临竞赛现场。杨日桂盛赞知识竞赛非常精彩,基本上达到了专业水准,活动充分展现了葠窝人的良好精神风貌和优秀企业文化内涵。

6月30日

烈士陵园经过维修后,葠窝水库管理局举行爱国主义教育基地揭幕仪式。省水利厅党组成员、纪检组长杨日桂,市委宣传部副部长宁全汐,厅机关党委专职副书记、工会主席李清照,市委宣传部国防教育办主任王庭来,弓长岭区常委、区武装部政委贺树林,市委宣传部国防教育办副主任张萍出席了揭幕仪式。

△省水利厅副厅长韩树君,省供水局副局长刘跃、人事处处长张英杰到葠窝水库检查安全生产百日督察、防汛、安全生产月等工作。

7月1日

辽宁省水利厅机关党委副书记、工会主席李清照带领厅机关党委全体党员干部,到葠窝水库爱国主义教育基地参观学习。

7月17日

辽宁省水利厅副巡视员、总工程师邹广岐,供水局副局长于贺海,到葠窝水库检查指导防汛工作。水库管理局党委书记洪加明、副局长王远迪、总工李道庆陪同参加了检查。

7月24日

水库管理局向辽阳市政府提交了《关于葠窝水库周边整顿治理情况的报告》(辽葠水局字〔2008〕14号),7月28日市政府张洪武副市长、陈强副市长批复,环保局要继续加大监管力度,坚决防止排尾反弹现象发生。

8月1日

水库管理局工会在电厂会议室召开了"拜师认徒"活动经验交流暨优秀师徒表彰大会。辽阳市委常委、市总工会主席梅福春,副主席赵贵林,省水利厅机关党委副书记、工会主席李清照,省供水局副局长、工会主席刘跃及市总工会其他领导应邀出席了会议。

8月22日

坝上配电楼维修工程进行竣工验收。此工程于7月2日开工建设,总投资39万元。工程施工单位为葠窝水库大坝工程公司,工程主要内容包括配电楼、电梯楼、电厂启闭机室房檐更换、门窗更换及电厂启闭机室彩钢屋面制作安装等。

8月28日

辽阳市政府下发《关于开展全市铁选矿企业整顿工作的通知》(辽市政办传〔2008〕14号)。为遏制铁选矿企业无序发展,消除安全隐患,市政府决定,从2008年9月1日至11月15日,对全市铁选矿企业进行清理整顿。

9月3日

本溪市人大常委会副主任郑广良率领本溪市环保世纪行采访团及本溪市环保局相关人员,在辽阳市人大常委会副主任田长连等陪同下对葠窝水库进行了考察。

10月20日

葠窝水库库区视频监控系统更新改造工程系统通过验收。可以有效地对水库大坝、输水道、溢洪道、水电站等地实现全方位、全时段的安全监测,并可将视频图像通过网络传输到水利厅信息中心、辽阳办公区,以便于领导及时指挥和观测。

△水库管理局召开学习实践科学发展观动员大会并传达省水利厅会议精神。局党政

班子领导、局副科级以上中层干部、副高以上技术干部参加会议。水库管理局党委书记洪加明主持会议并传达了《辽宁省水利厅开展深入学习实践科学发展观活动实施方案》、《辽宁省水利厅党组开展深入学习实践科学发展观活动安排方案》以及史厅长在厅动员大会上的讲话，要求各党支部认真落实会议要求，把学习实践活动当做当前工作的主要任务，立即组织召开支部会议传达本次会议精神，作好学习实践活动的准备。

10 月 29 日

水库管理局召开深入学习实践科学发展观动员大会，对开展深入学习实践科学发展观活动进行全面部署和动员。辽宁省水利厅副厅长、厅党组成员、厅学习实践活动领导小组副组长韩树君莅临指导。会议的召开拉开了水库管理局开展深入学习实践科学发展观活动的帷幕。

11 月 7 日

水库管理局学习实践活动领导小组召开会议，紧急部署“党员干部走进千家万户”实践活动。会议传达了水利厅学习实践活动领导小组 11 月 6 日召开的会议精神，宣读《关于认真开展“党员干部走进千家万户”实践活动的通知》等三个文件，并讲解走访活动具体要求和相关表格的填报。

11 月 18 日

辽宁省水利厅党组成员、纪检组长杨日桂，监察处处长韩君，供水局副局长刘跃一行到葠窝水库调研党风廉政建设责任制落实情况，葠窝水库管理局党政班子成员出席汇报会议。

11 月 20 日

葠窝水库尾水渠水毁工程进行竣工验收。此工程于 10 月 20 日开工建设，施工单位为葠窝水库大坝工程公司。工程主要内容包括左岸新建混凝土挡土墙，右岸新建混凝土护坡等，工程解除了对大坝安全运行的威胁。辽宁省财政下拨的水毁工程修复资金总投资 60. 6 万元。

11 月 28 日

葠窝水库管理局完成了在职职工的住房货币补贴工作。在职职工 196 人的货币补贴，补贴金额 5 835 744. 38 元。

12 月 30 日

姑葠公路扩建工程完工。此公路的扩建，为葠窝地区防汛的对外交通提供了便利。

2009 年

1 月 21 日

在省直农口老干部迎春茶话会上，省水利厅为茶话会奉献了一场精彩的文艺节目。水库管理局党委书记洪加明、离退休干部马素坤演出京剧《沙家浜》选段《军民鱼水情》，水电公司演出大型舞蹈《黄河之子》，尚尔君担任联欢会节目主持人，受到副省长陈海波，老领导孙奇、肖作福、李军、冯友松、王向民、杨新华、吕炳华、徐文才的好评和热情接见。

1 月

葠窝水库管理局印发了《辽宁省葠窝水库管理局安全生产文件汇编》。

2 月 19 日

由葠窝水库管理局承办的省水利厅深入学习实践科学发展观活动工作汇报会在辽阳召开,厅直各单位学习实践活动领导小组组长、活动办公室主任、党群部长 40 余人参加了会议。厅党组成员、副厅长、厅深入学习实践科学发展观活动领导小组副组长韩树君到会并讲话。

3 月 4 日

水库管理局召开深入学习实践科学发展观活动总结大会,在近半年时间中,葠窝水库管理局严格按照厅学习实践活动领导小组的部署,在厅学习实践指导检查组的悉心指导下,高度重视,精心组织,周密部署,扎实推进,广大党员干部以高度的政治热情,积极参与,保证了学习实践活动各个阶段工作任务的圆满完成。

4 月 24 日

根据辽宁省水利厅《关于深入贯彻〈劳动合同法〉 全面规范劳动用工的通知》(辽水人劳〔2008〕164 号)文件精神,水利厅人事处处长张宝东一行 5 人到葠窝水库核定下属企业情况,并按照厅里的统一安排核查了提高职工收入水平的工资调整情况。

5 月 18 日

辽宁省政府副秘书长周万春等来葠窝水库调研库区周边采选矿企业的情况。研究如何解决葠窝库区周边的保护和发展问题。

6 月 3 日

辽阳市政府下发《辽阳市"三无"船舶整治工作实施方案》(辽市政办电〔2009〕7 号)。市政府决定,从当时起至 2009 年 9 月,利用近 5 个月时间对"三无"船舶进行整顿。

6 月 25 日

葠窝水库管理局在库区开展了防汛、反恐、水上救生联合演练。演练以发现可疑分子携带危险品在坝上,将威胁主体工程和坝上机电设备的安全,水库游船发生火灾,游客惊慌落水及上游连续普降暴雨,水库超汛限水位且暴雨还在持续,必须开启弧门泄洪为背景。参加演练的人数达到 50 余人,整个演练持续 40 min。省水利厅供水局副局长刘跃、人事处处长张英杰、人事处调研员张洪有,辽阳市安监局局长张利传,辽阳市海事局局长张祖标,辽阳市交通局安全科科长代克利,辽阳市弓长岭区武装部作战参谋赵健魁等领导观摩了联合演练。

7 月 5 日

自 6 月 20 日开始,网络管理中心人员在水库管理局主任姜国忠的带领下对机房进行了彻底改造,于 7 月 5 日圆满结束。

7 月 9 日

辽宁省水利厅副巡视员邵质彬、人事处处长张宝东到葠窝水库管理局宣布王玉华不再担任领导职务的决定,由水库管理局党委书记洪加明主持行政工作。

7 月 23 日

辽宁省委巡视组组长陈政夫、副组长孙瑛等一行 4 人在厅纪检组长杨日桂、厅人事处副处长闫功双的陪同下，莅临葠窝水库检查指导工作。

9月8日

葠窝水库管理局辽阳市内办公楼消防改造工程开标。此工程包括地下水池、自动喷淋报警、设施恢复等内容。中标单位为辽阳胜利装潢工程有限公司，中标金额16 124 995元。

9月11日

葠窝水库管理局开展了一次别开生面的警示教育活动——组织副科级以上干部到营口监狱参观。在营口监狱，大家参观了反腐倡廉图片展，听取了在押服刑人员的忏悔发言，观看了反腐倡廉警示教育电教片和营口监狱情况介绍录像。

9月23日

辽阳市公安局、安全生产管理局、交通局、环境保护局、工商行政管理局、葠窝水库管理局联合下发了《关于停止在葠窝水库库区从事非法经营活动的通告》。本通告自公布之日起至10月10日止，库区内的"三无"船舶、非法操作平台等设施必须自行撤离水面；水库周边非法建筑、设施及堆放物必须自行清除。逾期有关部门将依法进行行政处罚，对构成犯罪的追究刑事责任。

9月25日

葠窝水库管理局隆重举行庆祝建国六十周年"和谐之歌"演唱会。

9月29日

水库管理局团委举办了主题为"我为葠窝添光彩"的演讲比赛。14名选手紧紧围绕"狠抓经济、深化改革、强化管理、美化环境、建设和谐葠窝"的总体思路，谈感想、谈认识、讲体会、抒情怀。

10月

葠窝水库管理局被辽宁省人民政府评为"文明单位"。

11月23日

辽宁省水利厅副厅长王永鹏在厅供水局赵忠柱局长、徐海军处长陪同下，来葠窝水库检查工作。重点了解水库2009年经营状况和对2009年集团考核方案的意见。

12月4日

葠窝水库管理局的标准化管理工作正式启动，成立了局标准化管理工作领导小组。

12月8日

葠窝水库管理局打破往年年终评比先进的模式，全体局领导、中层干部、职工代表首先听取了竞争先进生产(工作)者和优秀共产党员的21位同志的演讲。根据公开、公平、公正和择优的原则，对2009年度上报的先进个人和优秀共产党员候选人进行了演讲打分评比。

12月29日

辽宁省水利厅党组以辽水党组〔2009〕20号文，任命洪加明担任葠窝水库管理局局长。

2010年

1月6日

辽宁省水利厅副厅长王永鹏代表厅党组以辽水党组〔2009〕20号文,宣布任命洪加明为葠窝水库管理局局长的决定,厅人事处处长张宝东宣读任命文件。局长洪加明主持葠窝水库行政和党委工作。全局中层以上和具有高级技术职称干部共57人参加了会议。

3月14日

辽宁省水利厅党组以辽水党组〔2010〕5号文决定,任命宋涛为葠窝水库管理局副局长,免去其水利水电工程局副局长职务。

4月2日

水库管理局召开专业技术岗位聘任大会。会议由省水利厅原人事劳资处副处长、现任安全监督处处长李明宇主持,全局已聘任的副高、正高、中层干部正职和局领导共45人参加会议。

4月10日

水库管理局召开辽宁省葠窝镁碳公司职工大会和股东大会,会议通过《辽宁省葠窝镁碳公司董事会会议纪要》和《辽宁省葠窝镁碳公司职工工作调转和股份转让办法》。

4月13日

水库管理局召开中层干部聘任大会,局领导及竞聘干部共49人参加。局长兼党委书记洪加明向竞聘成功的中层干部颁发了聘书。同时下发《关于尚尔君等同志职务任免的通知》(辽葠水局字〔2010〕22号)文件。

4月28日

葠窝水库管理局职工向青海省玉树地震灾区捐款24 700元。

5月24日

水库管理局召开深入开展创先争优活动动员大会。党政领导及全局在职党员干部参加了会议,厅机关党委副书记、工会主席李清照莅临会议现场。

6月6日

在辽阳市市长唐志国的带领下,副市长郝春荣、陈强、韩春军、王树卿及市直有关部门、县(市、区)领导一行20余人到葠窝水库库区视察采选矿企业治理工作。

7月1日

葠窝水库管理局举行"辽阳市公安局内保支队驻葠窝水库警务站"揭牌仪式。市人大副主任田长连,省水利厅副巡视员、总工程师邹广岐,市公安局副局长王书堂,省供水局局长李广波,市人大环资城乡委主任李宏斌和市公安局内保支队金玉敏支队长等应邀出席揭牌仪式。

7月13日

辽宁省水利厅辽水党组〔2010〕34号文,原任大伙房水库管理局副局长王健调入葠窝水库管理局任党委书记。

△省水利厅安监处处长李明宇、调研员程望喜一行到水库管理局检查指导安全生产工作。

8月4日

辽宁省副省长邴志刚在辽阳市市长唐志国一行的陪同下,到葠窝水库检查指导防汛工作。水库管理局局长洪加明,副局长王远迪、宋涛,纪委书记朱明义和总工李道庆陪同检查。

9月14日

葠窝水库管理局"职工之家"建成,辽阳市委常委、市总工会主席梅福春,省水利厅机关党委副书记、工会主席李清照,水库管理局党政领导班子成员与职工们一起参加了剪彩仪式。

10月14日

水库管理局召开重阳节庆祝大会,局领导成员及有关科室负责人同130多位离退休老同志欢聚一堂,共度佳节。局领导还特地为王永新等八位80岁以上老寿星赠送鲜花、颁发节日礼品。

11月15日

葠窝水库管理局对工程技术处、计划财务处、人事劳资处、经营开发处5个中层干部岗位进行公开选拔竞聘。就聘任结果,以辽葠水局字〔2010〕79号文件形式下发。

11月17日

辽阳市委副书记、代市长王正谱,副市长曹颖一行到葠窝水库调研。

△《辽阳日报》头版头条刊登葠窝水库管理局开展创先争优活动纪实文章。文章标题《典型示范带动,人人奋勇争先——辽宁省葠窝水库管理局开展创先争优活动纪实》。

12月30日

葠窝水库管理局召开2010年度厅管领导班子和领导干部述职测评大会。驻厅监察室、厅人事处到会指导。全局中层以上干部和副高级职称以上技术人员参加会议。

△辽宁省水利厅文明单位创建工作考核组一行两人,到葠窝水库对2010年度文明单位创建工作开展情况进行检查考核。

12月31日

2010年12月31日24时,电厂发电量为167 393 700 kWh,是电厂发电有史以来最高的一年。

2011年

1月17日

葠窝水库管理局荣获2010年度"辽宁省安康杯竞赛优胜单位"荣誉称号,这是葠窝水库管理局首次荣获该项省级荣誉。

1月20日

在辽阳市总工会召开的表彰大会上,葠窝水库管理局被授予"辽阳市职代会制度建设先进单位"荣誉称号。

△在辽阳市总工会十八届三次全委(扩大)会议上,葠窝水库管理局被授予"标准化职工之家"荣誉称号。

3月25日

葠窝水库管理局召开辽宁省水利学会葠窝分会第六次会员大会。大会听取了第五届理事会工作报告,选举产生了由14名理事组成的第六届理事会。同时,召开了第六届理事会第一次全体会议,选举产生了葠窝水库水利学会理事长、副理事长、秘书长、秘书。

4月10日

在辽阳市副市长陈强的带领下,市交通局、环保局、交通公安分局及电视台记者一行50余人到葠窝水库库区现场检查指导"三无"船舶治理工作。

4月12日

葠窝水库管理局召开了《葠窝水库志》编纂动员会,会议由总工李道庆主持,局领导班子及水库志编委以上成员参加了会议。

4月21日

辽宁省公安厅与辽宁内保协会联合召开的《保卫干部从业30年表彰大会》上,葠窝水库管理局胡玉清同志被辽宁省公安厅与辽宁内保协会授予"忠诚卫士"荣誉称号,并颁发了奖牌、奖章和荣誉证书。

5月23日

水利部水管司建管总站专家组王文毅等一行五人在省供水局有关领导的陪同下,对葠窝水库运行管理情况进行了督察。

5月24日

辽宁省水利厅以辽水规计〔2011〕153号文,下发了《关于葠窝水库坝基帷幕补强灌浆工程初步设计的批复》。总投资381.39万元,主要建设内容包括坝基帷幕补强灌浆、排水孔清洗和增设纵向扬压力观测点。工期为2011年9月15日至2012年1月17日。帷幕灌浆部位包括左、右岸坝上灌浆,左、右岸坝肩地段观测廊道灌浆、河床段灌浆廊道部位灌浆。

6月29日

葠窝水库管理局举行了"爱党歌曲大家唱"红色经典歌曲演唱活动。

△省水利厅副厅长王永鹏到葠窝水库检查指导库区治理工作。厅副巡视员韩君,省江河局、供水局、河务局有关领导和葠窝水库管理局主要负责同志一起陪同检查。

7月21日

葠窝水库管理局召开"水行政执法监察大队揭牌暨库区保护动员大会"。辽宁省水利厅副巡视员韩君、辽阳市人大副主任田长连,省江河局、厅法规处,辽阳市人大环资委、水务局、交通局、环保局、安监局、交通公安分局、灯塔市政府等单位有关领导应邀出席会议。

8月10日

水库管理局以辽葠水局字〔2011〕66号文,向水利厅提出《关于对葠窝水库大坝进行安全鉴定工作的请示》。副厅长王永鹏和建设处赵志刚于9月2日、供水局局长李广波于10月13日作了批示。主要意见是先进行专家咨询,再作鉴定。

8月18日

辽宁省江河流域管理局副局长程世迎,江河局公安分局刘局长、杨局长等一行深入葠窝水库库区视察水库遭受周边企业破坏情况,水库管理局局长洪加明、副局长朱洪利陪同进入库区。

8 月 25 日

水库管理局同省工程局签订葠窝水库弧门防腐等金属结构改造工程合同,参加人员有洪加明、李道庆、朱明义、赵立伏、朱志友、马庭义等。同时,签字的有安全保证协议(赵立伏)和纪检监察协议(朱明义)。

8 月 26 日

葠窝水库管理局在八楼会议室内召开“拜师认徒”活动经验交流大会。水利厅机关党委专职副书记、工会主席张洪有,辽阳市总工会副主席赫丹,经济技术部部长王英彪、副部长王雪应邀出席了会议。

9 月 17 日

辽阳市市长王正谱率领有关部门负责同志就矿山整治和生态开发工作,到葠窝水库矿区进行调研。副市长吕有宏参加调研。

10 月 16 日

辽阳市市长王正谱率领有关部门负责同志,深入到辽阳县寒岭镇双河矿区调研。副市长吕有宏参加调研。

10 月 25 日

葠窝大坝安全咨询会议在弓长岭假日酒店召开,会议由建设处赵志刚、供水局李广波主持,并形成咨询意见。

10 月 29 日

辽宁省水利厅厅长史会云在省江河局、省供水局和厅办公室主要负责同志陪同下,到葠窝水库检查工程问题及库区采矿情况。同时,强调大坝鉴定与初步设计同步进行。

11 月 1 日

辽阳市人大常委会主任杨立宪、市长王正谱深入葠窝水库周边矿区视察综合整治情况。市人大常委会副主任田长连,副市长吕有宏,市人大有关部门、市直有关单位、相关企业及水库管理局主要领导等 30 余人随行。

△葠窝水库管理局举办了水库管理局第一届“和谐杯”职工篮球赛。

11 月 4 日

辽宁省水利厅厅长办公会在 12 楼召开,研究葠窝工程安全、水质污染、淤积三大问题,明确尽快开始作大坝安全鉴定。

11 月 7 日

水库管理局向水利厅以辽葠水局字〔2011〕83 号文《关于葠窝水库大坝安全鉴定费用的请示》,请示资金 170 万元。

11 月 5 日

辽阳市市长王正谱主持召开打击葠窝水库“三无”船舶调度会。副市长韩春军、吕有宏、邱金,辽阳县政府、灯塔市政府、市交通局等有关市直单位领导及水库管理局局长洪加明参加了会议。

11 月 18 日

水库管理局召开第三届五次职工代表大会。会议由局工会副主席李文来主持,全局职工代表、列席代表共 58 人参加了会议。副局长朱洪利宣读了《葠窝水库库区住房清理及后期管理办法》(草稿),总工程师李道庆传达了厅人事处《关于严格履行专业技术职务聘任程序的通知》,局人事处对水库管理局2011年度职称聘任和岗位晋级作了说明,有四名技术干部进行了职称聘任晋级述职。

△葠窝水库太子河南沙段河道水毁修复工程竣工档案通过了由水利厅办公室、水文局和供水局专家组成的验收组验收。

11月23日

辽宁省水利厅以辽供水〔2011〕360号文决定,《关于葠窝水库大坝安全鉴定费用的批复》批复资金170万元。水科院承担大坝混凝土检测、设计院承担地质和洪水复核、其他项目由南科院承担。共10个报告,3个附件。

11月25日

水利部在京举行2011年中央1号文件知识竞赛颁奖仪式,葠窝水库管理局在此次知识竞赛活动中,被水利部授予优秀组织奖。

12月2日

水库管理局新库容测量结束,并将库容测量新曲线提交给设计院。

12月13日

辽宁省水利厅副巡视员祝建平率文明单位创建工作考核组一行三人来到葠窝水库,对2011年度文明单位创建工作开展情况进行检查考核。

12月20日

水库管理局召开了2011年度中层干部述职述廉和先进竞聘演讲大会。全局38名中层干部对一年来本岗位职责履行情况进行述职,参与竞选年度先进生产(工作)者和优秀共产党员的36位同志进行了精彩的演讲。

2012年

1月

葠窝水库管理局被中华全国总工会、国家安全生产监督管理总局评为全国"安康杯"竞赛优胜单位。

2月17日

辽宁省水利厅厅长助理姜长全在水资源处、水文局、供水局负责同志的陪同下,一行10人到葠窝水库进行库区水质污染调查。

3月2日

葠窝水库管理局召开第三届六次职工代表大会。全局职工代表、特邀代表、列席代表共68人参加了会议。局长洪加明作了《2012年工作报告》,工会副主席李文来宣读了《葠窝水库管理局局务公开实施方案》(讨论稿)。审议通过了《2012年工作报告》和《葠窝水库管理局局务公开实施方案》(讨论稿)。

3月22日

葠窝水库管理局召开了水库库区管理工作座谈会。省水利厅副巡视员韩君出席会议并讲话,厅水资源处、省供水局、省水保局、江河局、江河公安局等部门负责同志,辽阳市人大环资委、市民盟、市水务局、国土局、林业局、交通局以及县、镇地方政府等21个部门负责同志和当地新闻媒体应邀出席会议。

3 月 27 日

中共辽宁省水利厅党组以辽水党组〔2012〕12 号文决定，穆国华任葠窝水库管理局党委书记，免去王健葠窝水库管理局党委书记职务。

4 月 7 日

辽宁省水利厅厅长史会云主持葠窝水库鉴定专题会，13:30，在省水利厅 12 楼会议室讨论葠窝大坝鉴定及加固方案。副厅长邹广岐和王永鹏，设计院，厅计财、供水局等人员参加。最后史厅长决定鉴定暂缓，先要求设计院拿出多个加固方案，比较后确定，再开鉴定会。此工作由邹广岐牵头，供水局、水库局组织协调，设计院拿方案。

4 月 18 日

葠窝水库管理局组织召开了库区周边企业座谈会。会议邀请库区周边企业代表进行了座谈，省江河局副局长程世迎、江河公安局副局长刘勇、辽阳日报社记者应邀出席会议。

4 月 25 日

在省政府召开的 2012 年辽宁省劳动模范和先进集体表彰大会上，葠窝水库管理局被辽宁省人民政府授予“辽宁省先进集体”荣誉称号。

5 月 3 日

辽宁省水利厅纪检组长杨日桂带领安监处负责同志到葠窝水库检查安全生产及党风廉政建设等工作。

5 月 30 日

辽阳市委常委、市总工会主席梅福春等一行 40 余人到葠窝水库开展“进企业、访职工、察实情、办实事、促和谐”为主题的实践活动。

6 月 1 日

由国家防办督察专员李坤刚率队的国家防总防汛抗旱检查组，在省水利厅副厅长于本洋、辽阳市副市长马立阳、省防办副主任康贵春和省发改委农业处副处长王鹏等领导陪同下，来到葠窝水库检查指导防汛工作。

6 月 7 日

辽宁省委、省政府对 2010 ~ 2011 年度精神文明创建工作先进单位进行表彰，葠窝水库管理局被授予辽宁省“文明单位标兵”荣誉称号。

6 月 20 日

辽阳市人大常委会副主任田长连带领市人大环资委部分人大代表组成的视察组，视察了葠窝水库周边矿区整顿及生态治理情况。副市长吕有宏、葠窝水库管理局局长洪加明陪同视察。

6 月 21 日

辽宁省水利厅副厅长邹广岐带领检查组到葠窝水库检查防汛准备工作。

附　录

附录一　葠窝水库历年中层干部任职人员及文件号

一、葠窝水库管理处

1975 年 6 月 16 日，中共辽阳市革命委员会农业组核心小组以辽市革农核发〔1975〕第 10 号文决定，杜平任水管处政工科副科长（副科级），刘沛光任水管处办公室副主任（副科级），任景华任水管处工程科副科长（副科级），苏再清任水管处水情水文科副科长（副科级），郑学玉任水管处工会副主任（副科级），王永新任水管处警卫队副队长（副科级）。

1980 年 2 月 9 日，中共辽宁省葠窝水库管理处委员会以辽葠委字〔1980〕第 2 号文决定，吴庆才任政工科副科长（副科级），赵芳林任保卫科副科长（副科级），贾锐臣任办公室副主任（副科级），耿焰任工程技术科副科长（副科级，列任景华后）。

1980 年 5 月 30 日，中共辽宁省辽阳市首山区人民武装部委员会以辽首武党字〔1980〕第 41 号文批复，何跃顺任武装干事。

1982 年 2 月 13 日，中共辽宁省葠窝水库管理处委员会以辽葠委字〔1982〕第 1 号文决定，吴庆才任技术科副科长（副科级，列耿焰前），免去其综合经营科副科长（副科级）职务。

1982 年 2 月 13 日，中共辽宁省葠窝水库管理处委员会以辽葠委字〔1982〕第 2 号文决定，宋士显任政工科副科长（副科级），张文权任工程科副科长（副科级，列任景华后），顾纯敏任水情水文科副科长（副科长，列苏再清后）。

二、葠窝水库管理局

1984 年 9 月 1 日，辽宁省葠窝水库管理局以辽葠水管局字〔1984〕第 3 号文决定，刘少文任副总工程师（正科级）；耿焰任副总工程师兼总工程师室主任（正科级），李民春任总工程师室副主任（副科级）；任景华任行政办公室主任（正科级），陈书香任副主任（副科级）；魏永文任经营管理科科长（正科级），吴廼田、石振友任副科长（副科级）；吴宝书任工程管理科科长（正科级），顾纯敏、贾福元任副科长（副科级）；赵玉玺任供应科科长（正科级）、王善君任副科长（副科级）；何跃升任保卫科科长（正科级），赵芳林任副科长（副科级）；张明山任发电厂厂长（正科级），刘志杰任副厂长（副科级）；张文权、关中阳任基建工程队副队长（副科级）；夏绍政任劳动服务公司副经理（副科级）。

1984 年 9 月 1 日，中共辽宁省葠窝水库管理局委员会以辽葠党字〔1984〕第 1 号文决定，陈广符任党委办公室主任（正科级）、艾宏佳任副主任（副科级），张启成任团委副书记

(副科级),吴庆才任工会副主席(副科级,主持工作)。

1985 年 3 月 18 日,辽宁省葠窝水库管理局以辽葠水管局字〔1985〕第 12 号文决定,石振友任人事劳资科副科长(副科级);魏友文任经营科科长(正科级),王善君任副科长(副科级);赵玉玺任动力队队长兼支部书记(正科级),彭凯忠任副队长(副科级);吴宝书任发电厂党支部书记(正科级);孙泽增任劳动服务公司党支部书记(正科级);吴庆才任行政办主任兼党支部书记(正科级);任景华任工会副主席兼党群党支部书记(正科级);陈广符兼团委书记(正科级)。

1986 年 2 月 22 日,水库管理局中层干部调整,刘少文任总工办主任(正科级),耿焰、李民春任副主任(副科级);袁世茂、吴廼田、彭凯忠任生技科(加固办)副主任(副科级);吴宝书、李民春任发电厂厂长(正科级),张明山任运行分厂副厂长,刘志杰任检修分厂副厂长(副科级);贾福元、顾纯敏、苏再清任工程管理科副科长(副科级);贾锐臣任劳动服务公司经理(正科级),张文权、夏绍政任副经理(副科级);石振友任人事科副科长(副科级);吴庆才任行政办主任(正科级),关中阳任副主任(副科级);何耀生任保卫科科长(正科级),孙泽增任副科长(副科级);赵玉玺任供应科科长(正科级),王善君任副科长(副科级);赵德丰、徐丙全任大修厂副厂长(副科级);陈淑香任煤矿负责人(副科级);任景华任工会副主席(正科级);陈广符任党办纪检主任(正科级);朱明义任团委副书记(副科级)。

1987 年 3 月 18 日,中共辽宁省葠窝水库管理局委员会以辽葠水党字〔1987〕第 5 号文决定,吴庆才代理局工会副主席(正科级);陈广符任党办主任(正科级);朱明义任局团委副书记(副科级);马洪朋、李民春任局副总工程师(正科级);耿焰任局副总工程师兼生技科科长(正科级);张明山任发电厂运行分厂厂长(正科级);刘志杰任发电厂检修分厂副厂长(副科级);贾福元、顾纯敏任工程管理科副科长(副科级);袁世茂、彭凯忠任生产技术科副科长(副科级);赵玉玺任供应科科长(正科级),王善君任副科长(副科级);祝恩玉任经管科副科长(副科级);石振友任人事科副科长(副科级);李生鹏任保卫科副科长兼派出所所长(副科级);贾锐臣任局行政办公室主任(正科级),关忠阳任副主任(副科级);夏绍政任劳动服务公司副经理(副科级);孙泽增、陈书香暂在煤矿工作(副科级)。

1987 年 5 月 14 日,中共辽宁省葠窝水库管理局委员会以辽葠水党字〔1987〕第 13 号文决定,吴庆才任工会副主席(正科级),免去任景华工会副主席职务。

1987 年 12 月 4 日,中共辽宁省葠窝水库管理局委员会以辽葠水党字〔1987〕第 25 号文决定,吴庆才调入党委办公室任主任(正科级),吴宝书任工会副主席(正科级)。

1987 年 12 月 4 日,中共辽宁省葠窝水库管理局委员会以辽葠水党字〔1987〕第 26 号文决定,吴庆才任党委办公室主任(正科级,免去工会副主席职务);李民春任总工办公室主任(正科级);袁世茂任总工办公室副主任(副科级,兼加固办副主任);贾锐臣任行政办公室主任(正科级);关忠阳任行政办公室副主任(副科级);朱明义任行政办公室副主任(副科级,免去团委副书记职务);石振友任人事劳资科副科长(副科级);任景华任综合经营科科长(正科级);王善君任物资供应科副科长(副科级);祝恩玉、刘志凯任计划财务科副科长(副科级);陈广符任工程管理科科长(正科级,免去党委办公室主任职务);贾福元任工程管理科副科长(副科级);顾纯敏任水情调度科副科长(副科级,免去工管科副科长职务)；苏再清任水情调度科副科长(副科级，免去工管科副科长职务)；赵玉玺任电厂厂长(正科级，免去供应科科长职务)；张明山任运行分场场长(正科级)；刘志杰任检修分场副场长(副科级)；李生鹏、孙泽增任保卫科(派出所)副科长(副科级)；吴宝书任工会副主席(正科级)；夏绍政任劳动服务公司副经理(副科级)；彭德生任碳素厂厂长(副科级)；张文权任史志办公室副主任(副科级)。

1987年12月25日，中共辽宁省葠窝水库管理局委员会以辽葠水党字〔1987〕第28号文决定，朱明义任办公室副主任(副科级)，主持工作，免去其团委副书记职务。

1988年7月9日，中共辽宁省葠窝水库管理局委员会以辽葠水党字〔1988〕第13号文决定，何跃升任局科级调研员(正科级)，韩兆林任纪委秘书(副科级)。

1988年7月16日，中共辽宁省葠窝水库管理局委员会以辽葠水党字〔1988〕第16号文决定，宋庆利兼任派出所所长。

1988年10月8日，中共辽宁省葠窝水库管理局委员会以辽葠水党字〔1988〕第10号文决定，宋庆利兼任水库综合经营处处长。

1988年10月10日，石振友任劳动服务公司经理、碳素厂厂长(正科级)；陈广符任工程管理科科长(正科级)；苏再清任供水管理科科长(正科级)；吴庆才任党办主任(正科级)；贾福元、袁世茂任生产技术科科长(正科级)；石振友任人事科副科长(副科级)；李生鹏任保卫科科长(正科级)，孙泽增任副科长(副科级)；王忠林任发电厂副厂长并主持工作(副科级)，张明山、刘志杰任副厂长(副科级)；郑伟任行政科副科长(副科级)；刘志凯任财务科副科长(副科级)；顾纯敏任水情科副科长(副科级)；朱广彬任工会副主席(副科级)；朱明义任局办副主任(副科级)。

1989年4月5日，中共辽宁省葠窝水库管理局委员会以辽葠水党字〔1989〕第2号文决定，韩兆林任中共水管局纪检委副书记(正科级)；袁世茂任局副总工程师(正科级)；石振友任劳动服务公司经理、碳素厂厂长(正科级)；苏再清任供水管理科科长(正科级)；贾福元任生产技术科科长(正科级)；王忠林聘任发电厂副厂长(在局内享受副科级待遇)；张明山任发电厂副厂长(副科级，列王忠林后)；郑伟任行政科副科长(副科级)；王素华任财务科副科长(副科级，主持局审计工作)。以上人员均免去原行政职务。免去陈书香煤矿工作(副科级)职务；免去刘志杰发电厂检修分厂副厂长(副科级)职务。

1991年2月4日，辽宁省葠窝水库管理局以辽葠水局发〔1991〕第14号文决定，赵玉玺任综合经营处处长(正科级)；吴安和任综合经营处副处长(副科级)；贾福元任计划财务科科长(正科级)，刘志凯任副科长(副科级)；李民春任总工办主任(正科级)；苏再清任供水科科长(正科级)；顾纯敏任水文水情科科长(正科级)；陈广符任工程管理科科长(正科级)，孙宝玉任副科长；李生鹏任保卫科科长(正科级)；朱明义任局办公室副主任(副科级)；郑伟任行政科副科长(副科级)；王善君任物资供应科副科长(副科级)；王素华任审计监察科副科长(副科级)；崔加强任人事劳资科副科长(副科级)；张明山任电厂副厂长(副科级)；陈杰新任电厂副厂长(副科级，兼检修分厂厂长)；付会成任电厂副厂长(副科级，兼运行分厂厂长)；董德禄任劳动服务公司副经理(副科级，兼碳素厂厂长)。

1991年2月4日，辽宁省葠窝水库管理局以辽葠水局字〔1991〕第23号文决定，吴殿洲任葠窝水库派出所指导员(副科级)。

1991 年 2 月 4 日,中共辽宁省葠窝水库管理局委员会以辽葠水党字〔1991〕第 3 号文决定,吴庆才任党委办公室主任,韩兆林任副主任(正科级)。

1991 年 7 月 29 日,中共辽宁省葠窝水库管理局委员会以辽葠水党字〔1991〕第 22 号文决定,李德晋任葠窝水库管理局团委副书记(仍为工人籍),在局内按副科级待遇,其他一切不变。

1991 年 9 月 24 日,辽宁省葠窝水库管理局以辽葠水局字〔1991〕第 58 号文决定,刘志杰任总工办公室副主任(副科级),负责档案科技情报工作。

1992 年 3 月 4 日,辽宁省葠窝水库管理局以辽葠水字〔1992〕第 3 号文决定,组建水政科,成员如下:王玉华任主任、水政监察员(兼);任景华任副主任、水政监察员(正科级,主持工作);陈广符任副主任、水政监察员(兼);苏再清任副主任、水政监察员(兼);王海华任水政监察员。

1992 年 3 月 4 日,中共辽宁省葠窝水库管理局委员会以辽葠水党字〔1992〕第 4 号文决定,赵玉玺任供应科科长(正科级),刘志杰任发电厂副厂长(正科级,主持工作),付会成任发电厂副厂长(副科级,兼运行分厂主任),赵生久任发电厂副厂长(副科级,兼检修分厂主任),贾锐臣任经营处处长(正科级),夏绍政任劳动服务公司副经理(副科级,兼碳素厂副厂长,列董德禄后),郑伟任局办公室副主任(副科级,主持工作),陈书香任行政科负责人(副科级待遇),张文权任档案室负责人(副科级),李道庆任水文水情科副科长(副科级,主持工作),孙百满任水文水情科副科长(副科级)。

1992 年 4 月 27 日,辽宁省葠窝水库管理局以辽葠水局字〔1992〕第 11 号文决定,张文权任总工办公室副主任(副科级,兼档案室负责人)。

1992 年 5 月 25 日,辽宁省葠窝水库管理局以辽葠水水政字〔1992〕第 23 号文决定,成立辽宁省葠窝水库管理局驻本溪地区管理站。王玉华兼任站长,许兆安任副站长,冯超明任副站长;撤销原辽宁省葠窝水库管理局驻本溪林家地区管理站。免去宋庆利站长职务,许兆安副站长职务。

1992 年 9 月 10 日,辽宁省葠窝水库管理局以辽葠水局字〔1992〕第 46 号文决定,夏绍政任劳动服务公司副经理(副科级,主持工作),周丽斌、张维任劳动服务公司副经理(副科级)。

1992 年 10 月 10 日,经局长办公会议研究决定,任命沈国舜为辽阳气动液压机械设计研究所所长。

1993 年 1 月 14 日,辽宁省葠窝水库管理局以辽葠水局字〔1993〕第 11 号文决定,王爱文任葠窝水库发电厂运行分厂负责人(副科级待遇)。免去付会成葠窝发电厂副厂长及运行分厂厂长职务。同时,聘任付会成为葠窝发电厂运行分厂责任工程师(奖金系数享受工程师待遇)。

1993 年 2 月 13 日,辽宁省葠窝水库管理局以辽葠水局字〔1993〕第 13 号文决定,韩兆林任纪检副书记,兼纪检审计监察科科长(正科级);陈书香任行政科副科长(副科级,主持工作);秦维利任人事科副科长(副科级,主持工作);孙建华任团委副书记(副科级,主持团委工作);李振发任经营公司副经理(副科级,列吴安和后);王远迪任计划科副科长(副科级,主持工作);朱玉玲任供水科副科长(副科级)。免去韩兆林党委副主任职务。

1993年3月23日，中共辽宁省葠窝水库管理局委员会以辽葠水党字〔1993〕第2号文决定，李庆贺任辽阳气动液压机械设计研究所所长（正科级）。

1993年4月13日，中共辽宁省葠窝水库管理局委员会以辽葠水党字〔1993〕第5号文决定，王振铎任经营公司副经理（保留正科级）。

1993年6月26日，中共辽宁省葠窝水库管理局委员会以辽葠水党委字〔1993〕第8号文决定，经党委讨论成立离退休办公室。衣明和任离退休办公室主任（正科级），崔加强任离退休办公室副主任（副科级）。免去崔加强人事科副科长职务。

1993年7月19日，辽宁省葠窝水库管理局以辽葠水局字〔1993〕第45号文决定，刘志杰任葠窝发电厂水电安装队队长。

1993年8月6日，中共辽宁省葠窝水库管理局委员会以辽葠水党办字〔1993〕第9号文决定，农场定为科级单位。屈庆允任农场副厂长，主持农场工作（局内副科级）。胡伟胜任农场副厂长（副科级），郑永选任行政科副科长（副科级，主持工作）。

1993年9月30日，辽阳市农委以辽市农团发〔1993〕8号文批复，同意共青团辽宁省葠窝水库管理局第四届委员会由孙建华、方志乾、田洪久、李奎涛、凌贵珍等5名同志组成，孙建华任团委副书记。

1994年2月26日，中共辽宁省葠窝水库管理局委员会以辽葠水党办字〔1994〕第2号文决定，朱明义任党委办公室主任（正科级），郑伟任局办公室主任（正科级），谷凤静任局办公室副主任（副科级），刘志杰任局办档案室主任（正科级），李道庆任工管科科长（正科级），李振发任经营公司副经理（副科级，主持工作），孙百满任经营办公室副主任（副科级，主持工作），王振铎任经营办公室副主任（副科级），陈广符任发电厂厂长（正科级），王爱文任发电厂副厂长（副科级），李祥飞任水文水情科副科长（副科级，主持工作），孙建华任供水科副科长（副科级，列朱玉玲前，兼团委副书记），夏绍政任劳动服务公司经理、旅游公司经理（正科级），董德禄任旅游公司副经理（副科级）。免去吴庆才党委办公室主任、贾锐臣经营公司处长、张文权总工办公室副主任、彭德生碳素厂副厂长、刘志杰发电厂副厂长、孙百满水文水情科副科长、王振铎经营公司副处长、陈广符工管科科长、李道庆水文水情科副科长职务。

1994年4月11日，中共辽宁省葠窝水库管理局委员会以辽葠水党办字〔1994〕第5号文决定，赵立伏任派出所所长（股级）。

1994年5月16日，中共辽宁省葠窝水库管理局委员会以辽葠水党字〔1994〕第8号文决定，崔加强任水库渔场副场长（副科级，主持工作），免去其离退办副主任职务。

1994年9月14日，中共辽宁省葠窝水库管理局委员会以辽葠水党字〔1994〕第13号文决定，孙建华任供水科副科长（副科级，主持工作），同时兼任供水水政党支部副书记。

1994年12月19日，中共辽宁省葠窝水库管理局委员会以辽葠水党字〔1994〕第17号文决定，王庆斌任行政科科长（正科级），郑永选任离退办副主任（副科级）；免去衣明和离退办主任、郑永选行政科副科长职务。

1995年4月24日，中共辽宁省葠窝水库管理局委员会以辽葠水党字〔1994〕第4号文决定，秦维利任人事科科长，赵立伏任渔场副场长兼保卫科副科长（副科级），吴登科任团委副书记（副科级），李光任发电厂厂长助理（局内副科级待遇），王飞任供应科科长助理(局内副科级待遇)。

1995 年 6 月 16 日,经区人民武装部党委研究决定,邵忠发任葠窝水库管理局武装部部长,朱明义任副部长,王海华任干事。

1995 年 9 月 20 日,辽宁省葠窝水库管理局以辽葠水局字〔1995〕第 34 号文决定,成立葠窝水库渔政管理站。站长:贾福元(兼),副站长:崔加强,成员:赵立伏(兼)、冯超明(兼)、赵春林。

1996 年 3 月 20 日,中共辽宁省葠窝水库管理局委员会以辽葠水党字〔1996〕第 23 号文决定,王庆斌任局办公室主任(正科级);李生鹏任行政科科长(正科级);胡伟胜任行政科副科长(副科级);孙建华任供水水政科科长(正科级);刘志凯任局副总会计师(正科级);屈庆允任农场(原农场、渔场)副场长(副科级,主持工作);崔加强任农场副场长(副科级);吴殿洲任保卫科副科长、派出所指导员(副科级,主持保卫科、派出所工作);赵立伏任保卫科副科长、派出所所长(副科级);李永敏任保卫科科长助理(局内副科待遇);王爱文任发电厂副厂长(副科级);赵生久任发电厂副厂长(副科级);李光任发电厂副厂长(副科级);王善君任经贸中心副经理(副科级,主持工作);王飞任供应科副科长(副科级,主持工作);黄柱台任研究所副所长(副科)。

免去王庆斌行政科长、李生鹏保卫科长、胡伟胜农场副场长、任景华水政科长、郑伟局办公室主任、崔加强渔场副场长、赵立伏渔场副场长、王善君供应科副科长职务。

1996 年 7 月 10 日,中共辽宁省葠窝水库管理局委员会以辽葠水党办字〔1996〕第 3 号文决定,慕兵任财务科副科长(副科级,主持工作),免去刘志凯财务科副科长职务。

1997 年 3 月 10 日,中共辽宁省葠窝水库管理局委员会以辽葠水党字〔1997〕第 3 号文决定,袁世茂任副总工程师(正科级),李长久任副总工程师(正科级),李民春任副总工程师(正科级),刘志凯任副总会计师(正科级),王远迪任总工办主任(正科级),刘志杰任总工办副主任(正科级),王庆斌任局办公室主任(正科级),谷风静任局办公室副主任(副科级),秦维利任人事科科长(正科级),慕兵任计财科科长(正科级),李道庆任工管科科长(正科级),孙宝玉任工管科副科长(副科级),孙建华任供水水政科科长(正科级),朱玉玲任供水科副科长(副科级),王爱文任电厂厂长(正科级),赵生久任电厂副厂长(副科级),李光任电厂副厂长(副科级),王素华任审计监察科副科长(副科级),李祥飞任水情科副科长(副科级,主持工作),李生鹏任行政科科长(正科级),陈书香任行政科副科长(副科级),胡伟胜任行政科副科长(副科级),王飞任供应科副科长(副科级,主持工作),吴殿洲任保卫科副科长兼派出所指导员(副科级,主持工作),赵立伏任保卫科副科长兼派出所所长(副科级),李永敏任保卫科副科长兼宾馆经理(副科级),郑永选任离退办副主任(副科级,主持工作),王振铎任经营办主任(正科级),夏绍政任劳动服务公司经理兼旅游公司经理(正科级),郑伟任宾馆总经理(正科级),孙百满任宾馆经理(副科级),马素坤任宾馆经理(副科级),李庆贺任研究所所长(正科级),黄柱台任研究所副所长(副科级),李振发任经营公司经理(正科级),吴安和任经营公司副经理(副科级),关显龙任经营公司副经理(副科级),董德禄任旅游公司副经理(副科级),王善君任经贸中心经理(副科级),屈庆允任农场场长(副科级),崔加强任农场副场长(副科级)。

1998 年 2 月 20 日,中共辽宁省葠窝水库管理局委员会以辽葠水党字〔1998〕第 3 号文决定，袁世茂任副总工程师（正科级）；李长久任副总工程师（正科级）；李民春任副总工程师（正科级）；刘志凯任副总会计师（正科级）；王远迪任总工办主任（正科级）；刘志杰任总工办副主任（正科级）；王庆斌任局办公室主任（正科级），谷凤静任副主任（正科级）；秦维利任人事科科长（正科级）；慕兵任计财科科长（正科级）；李道庆任工管科科长（正科级）；孙建华任供水水政科科长（正科级），朱玉玲任副科长（副科级）；王爱文任电厂厂长（正科级），赵生久任副厂长（兼）（副科级），李光任副厂长（副科级）；韩兆林任审计监察科科长（兼）（正科级），王素华任副科长（副科级）；李祥飞任水情科科长（正科级）；李升鹏任行政科科长（正科级），陈书香任副科长，胡伟胜任副科长（副科级）；王飞任供应科科长（正科级）；吴殿洲任派出所指导员（兼）（副科级）；李永敏任保卫科副科长兼派出所所长（副科级）；赵立伏任保卫科副科长兼宾馆经理（副科级）；郑永选任离退办主任（正科级）；王振铎任政研经营办公室主任（正科级），高丽华任副主任（副科级）；夏绍政任劳动服务公司经理兼旅游公司经理（副科级）；董德禄任旅游公司副经理（副科级）；郑伟任宾馆总经理（正科级）；孙百满任宾馆经理（正科级），马素坤任经理（副科级）；李庆贺任研究所所长（正科级），黄柱台任副所长（副科级）；李振发任经营公司经理（正科级），吴安和任副经理（兼）（副科级），屈庆允任副经理（副科级），关显龙任副经理（副科级）；王善君任经贸中心经理（正科级）。

1998 年 2 月 20 日，中共辽宁省葠窝水库管理局委员会以辽葠水党字〔1998〕第 2 号文决定，韩兆林任纪检委副书记，石振友任工会副主席（正科级），朱明义任党办主任（正科级），吴登科任团委书记兼党群党支部书记（正科级）。

1998 年 2 月 20 日，中共辽宁省葠窝水库管理局委员会以辽葠水党字〔1998〕第 4 号文决定，成立政策研究与综合经营办公室。组成人员如下。主任：齐勇才（兼），成员：王振铎、王庆斌、秦维利、王远迪、慕兵、王爱文、吴登科、高丽华。

1999 年 3 月 11 日，中共辽宁省葠窝水库管理局委员会以辽葠水党字〔1999〕第 1 号文决定，朱明义任纪委副书记兼党群工作部部长（正科级），石振友任工会副主席兼党群工作部副部长（正科级），吴殿洲任党务群团党支部书记兼党群工作部副部长（正科级），吴登科任电力公司党支部书记兼团委书记（正科级）。

1999 年 3 月 12 日，辽宁省葠窝水库管理局以辽葠水人劳字〔1999〕第 1 号文决定，谷凤静任总经理办公室主任（正科级），师晓东任主任助理；李道庆任工管技术部部长（正科级）；李祥飞任水情调度处处长（正科级），尚尔君任处长助理（副科级）；慕兵任副总会计师兼计划财务部部长（正科级）；王庆斌任人事劳资部部长（正科级）；孙建华任供水处处长（正科级），朱玉玲任副处长（副科级）；李永敏任保卫部副部长兼派出所所长（副科级，主持工作），赵立伏任副部长兼派出所指导员（副科级）；郑永选任离退休办公室主任（正科级）；王飞任机关服务中心主任（正科级），胡伟胜任副主任（副科级），高丽华任副主任（副科级）；王远迪任副总工程师，主持工作（正科级）；赵生久任副总工程师（正科级）；王爱文任副总工程师兼电厂厂长（正科级），吴登科任副厂长（副科级），李光任副厂长（副科级）；郑伟任宾馆总经理（正科级），孙百满任经理（副科级），马素坤任经理（副科级）；李振发任经营公司经理（正科级），吴安和任副经理（副科级）；夏绍政任劳动服务公司经理（正科级）；黄柱台任研究所副所长（副科级），主持工作，关显龙任副所长（副科级）；王善君任经贸中心经理(正科级);屈庆允任农场副场长(副科级,主持工作),崔加强任副场长(副科级);董德禄任旅游公司副经理(副科级)。

1999 年 12 月 1 日,辽宁省葠窝水库管理局以辽葠水局字〔1999〕第 18 号文决定,成立辽宁省葠窝水库除险加固工程办公室。主任:贾福元,副主任:陈广符,成员:王远迪、赵生久、慕兵、李道庆、王飞、李永敏。

2001 年 3 月 2 日,辽宁省葠窝水库管理局以辽葠水局字〔2001〕第 2 号文决定,王飞任机关服务中心主任(正科级),胡伟胜任副主任(副科级);屈庆允任机关服务中心驻葠窝地区负责人(副科级待遇);朱明义任党群工作部部长(正科级),吴殿洲任副部长(副科级);孙建华任供水处处长(正科级),朱玉玲任副处长(副科级);谷凤静任总经理办公室主任(正科级),师晓东任主任助理(副科级待遇);李道庆任工程技术部部长(正科级);李祥飞任水情调度处处长(正科级),尚尔君任副处长(副科级);吴安和任经营公司经理(正科级),孔令柱任副经理(副科级);赵立伏任保卫部部长(正科级),李永敏任副部长(副科级);郑永选任离退休办公室主任(正科级);郑伟任宾馆总经理(正科级),孙百满任经理(副科级);崔加强任人事劳资部副部长(副科级,主持工作);黄柱台任研究所所长(正科级),关显龙任副所长(副科级);慕兵任计划财务部部长(正科级)。

2001 年 5 月 28 日,辽宁省葠窝水库管理局以辽葠水字〔2001〕第 19 号文决定,吴登科任发电公司经理(正科级),崔永生任发电公司副经理(副科级),谷凤哲任发电公司副经理(副科级)。

2001 年 8 月 17 日,辽宁省葠窝水库管理局以辽葠水字〔2001〕第 27 号文决定,李道庆任局长助理(正科级,兼工程技术部部长),谷凤静任局长助理(正科级,兼局办公室主任)。

2001 年 8 月 17 日,辽宁省葠窝水库管理局以辽葠水字〔2001〕第 28 号文决定,李振发任局人事劳资部专职安全员,岳峰任局工程技术部部长助理(副科级)。

2002 年 2 月 8 日,辽阳市弓长岭区人民武装部以辽弓武干令字〔2002〕第 1 号文,经部党委研究决定,葠窝水库管理局党委书记马俊任该局人民武装部第一部长,朱明义任部长,王海华任副部长。

2002 年 3 月 1 日,辽宁省葠窝水库管理局以辽葠水局字〔2002〕第 12 号文决定,胡伟胜任葠窝水库管理局旅游公司经理(正科级)。

2002 年 5 月 25 日,辽宁省葠窝水库管理局以辽葠水局字〔2003〕第 10 号文决定,刘海涛任总经理办公室主任助理(副科级)。免去李道庆、谷凤静局长助理职务,免去王远迪副总工程师、慕兵副总会计师职务。

2003 年 3 月 3 日,辽宁省葠窝水库管理局以辽葠水局字〔2003〕第 1 号文决定,孔令柱任经营公司副经理(副科级,主持工作)。

2003 年 3 月 5 日,辽宁省葠窝水库管理局以辽葠水局字〔2003〕第 2 号文决定,郑伟任副总经济师(正科级);刘海涛任总经理办公室副主任(副科级,主持工作);师晓东任总经理办公室副主任(副科级);岳峰任工程技术部副部长(副科级);于程一任人事劳资部助理(享受副科级待遇);冯超明任供水处处长助理,协助处长分管库区管理(享受副科级待遇)。

2003年3月27日,辽宁省葠窝水库管理局以辽葠水局字〔2003〕第5号文决定,郑伟任旅游开发公司经理(兼),同时免去其宾馆总经理职务;赵立伏任旅游开发公司副经理(兼);胡伟胜任旅游开发公司副经理,同时免去服务中心副主任职务;富丽英任衍水宾馆总经理(副科级,主持工作)。

2004年2月25日,中共辽宁省葠窝水库管理局委员会以辽葠水党字〔2004〕第1号文决定,凌贵珍任团委副书记(副科级)。

2004年2月27日,辽宁省葠窝水库管理局以辽葠水局字〔2004〕第3号文决定,朱明义任党群工作部部长(正科级),李祥飞任水情调度处处长(正科级),孙建华任供水水政处处长(正科级),王飞任物业管理中心主任(正科级),赵立伏任公安保卫部部长(正科级),岳峰任工程技术部部长(正科级),刘海涛任局办公室主任(正科级),孔令柱任大坝公司经理(正科级),胡伟胜任离退休办主任(正科级),关显龙任液压件研究所所长(正科级),于程一任人事劳资处副处长(副科级,主持工作),尚尔君任党群工作部副部长(副科级),师晓东任局办公室副主任(副科级),张晓梅任计划财务处副处长(副科级),顾晓东任旅游开发公司副经理(副科级),周文祥任工程技术部副部长(副科级)。

2004年2月27日,辽宁省葠窝水库管理局以辽葠水局字〔2004〕第4号文决定,吴登科任水电公司经理(正科级),富丽英任衍水宾馆总经理(正科级),崔永生、谷凤哲任水电公司副经理(副科级),李永敏任公安保卫部副部长(副科级),叶书华任大坝公司副经理(副科级),时劲峰任大坝公司技术负责人(副科级待遇)。

2004年6月7日,辽宁省葠窝水库管理局以辽葠水局字〔2004〕第15号文决定,成立葠窝水库河道整治工程建设管理办公室。主任:王远迪,副主任:岳峰,成员:王飞、吴登科、赵立伏、孙忠文、姬长虹。

2004年7月1日,辽宁省葠窝水库管理局以辽葠水局字〔2004〕第20号文决定,成立葠窝水库供水计量监察科。科长由计划财务部副部长张晓梅兼任,成员:刘伟、田洪静。

2004年11月4日,辽宁省葠窝水库管理局以辽葠水局字〔2004〕第32号文决定,王爱文任局副总工程师(电气责任工程师),孙忠文任局副总工程师(水工机械责任工程师)。

2005年2月25日,中共辽宁省葠窝水库管理局委员会以辽葠水党字〔2005〕第2号文决定,李文来任工会秘书(副科级待遇)。

2005年2月27日,辽宁省葠窝水库管理局以辽葠水局字〔2005〕第7号文决定,于程一任人事劳资处处长(正科级),尚尔君任党群工作部部长(正科级),冯超明任供水水政处副处长(副科级),董连鹏任供水计量监察科科长(副科级),黄剑任党群工作部副部长(副科级)。

2006年2月14日,辽宁省葠窝水库管理局以辽葠水局字〔2006〕第5号文决定,李祥飞任局副总工程师(水情调度责任工程师、正科级),王飞任供水水政处处长(正科级),胡伟胜任物业管理中心主任(正科级),刘海涛任衍水宾馆经理(正科级),师晓东任局办公室副主任(副科级,主持工作),应宝荣任离退休办公室副主任(副科级,主持工作),白子岩任水情调度处副处长(副科级,主持工作),姜国忠任局计算机网络管理中心主任(副科级)。

2006 年 6 月 7 日,辽宁省葠窝水库管理局以辽葠水局字〔2006〕第 15 号文决定,师晓东任局办公室主任(正科级),尚尔君任党群工作部部长(正科级),于程一任人事劳资处处长(正科级),王飞任供水水政处处长(正科级),岳峰任工程技术部部长(正科级),白子岩任水情调度处处长(正科级),赵立伏任保卫处处长(正科级),胡伟胜任物业管理中心主任(正科级),应宝荣任离退休办公室主任(正科级),吴登科任水电公司经理(正科级),孔令柱任大坝工程公司经理(正科级),关显龙任液压件研究所所长(正科级),汪慧颖任局办公室副主任(副科级),黄剑任党群工作部副部长(副科级),凌贵珍任人事劳资处副处长(副科级),张晓梅任计划财务处副处长(副科级),冯超明任供水水政处副处长(副科级),董连鹏任计量监察科科长(副科级),周文祥任工程技术部副部长(副科级),姜国忠任水情调度处副处长兼任计算机网络管理中心主任(副科级),李永敏任保卫处副处长(副科级),刘坤任物业管理中心副主任(副科级),贾文志任离退休办公室副主任(副科级),崔永生、李海军任水电公司副经理(副科级),时劲峰任大坝工程公司副经理(副科级),顾晓东任旅游开发公司副经理(副科级)。

2006 年 6 月 7 日,辽宁省葠窝水库管理局以辽葠水局字〔2006〕第 16 号文决定,慕兵任计划财务处处长(兼总会计师),刘海涛任衍水宾馆经理(正科级),郑伟任旅游开发公司经理(兼副总经济师、正科级),王爱文任副总工程师(电气责任工程师、正科级),孙忠文任副总工程师(机械责任工程师、正科级),李祥飞任副总工程师(水情调度责任工程师、正科级),李振发任专责安全员(正科级)。

2006 年 11 月 7 日,辽宁省葠窝水库管理局以辽葠水局字〔2006〕第 29 号文决定,叶书华任大坝工程公司主任工程师(副科级),赵丽英任衍水宾馆副总经理(副科级)。

2006 年 11 月 22 日,中共辽宁省葠窝水库管理局委员会以辽葠水党字〔2006〕第 6 号文决定,郑伟任局工会副主席。同时,局决定其仍兼旅游公司经理,免去其副总经济师职务。

2007 年 4 月 20 日,辽宁省葠窝水库管理局以辽葠水局字〔2007〕第 7 号文决定,成立库区管理科,库区管理科隶属供水水政处。科长:冯超明(兼任),副科长:赵春林,成员:李德晋、崔连久。

2007 年 6 月 13 日,中共辽宁省葠窝水库管理局委员会以辽葠水党字〔2007〕第 6 号文决定,李文来任局工会副主席(正科级待遇,主持工作)。

2007 年 8 月 6 日,辽宁省葠窝水库管理局以辽葠水局字〔2007〕第 16 号文决定,郑伟任局副总经济师,代行总经济师职责,兼旅游公司经理。

2007 年 8 月 20 日,辽宁省葠窝水库管理局以辽葠水局字〔2007〕第 18 号文决定,张元增任葠窝水库发电厂主任工程师(副科级)。

2007 年 12 月 19 日,辽宁省葠窝水库管理局以辽葠水局字〔2007〕第 28 号文决定,顾晓东任旅游公司副经理(副科级,主持工作),孙艳芬任旅游公司经理助理(享受副科级待遇)。

2007 年 12 月 19 日,辽宁省葠窝水库管理局以辽葠水局字〔2007〕第 27 号文决定,成立局水政处,原供水水政处更名为供水处。冯超明任水政处副处长(副科级,主持工作),李光任水政处副处长(副科级)。

2009年3月18日,辽宁省葠窝水库管理局以辽葠水党字〔2009〕第3号文决定,李文来任工会副主席(主持工作,正科级)。

2009年3月18日,辽宁省葠窝水库管理局以辽葠水局字〔2009〕第8号文决定,冯超明任水政监察处处长(正科级),顾晓东任旅游公司经理(正科级),孙艳芬任旅游公司副经理(副科级)。

2009年3月18日,辽宁省葠窝水库管理局以辽葠水局字〔2009〕第9号文决定,成立经营开发处,郑伟兼任经营开发处处长(正科级)。

2010年4月13日,辽宁省葠窝水库管理局以辽葠水局字〔2010〕第22号文决定,尚尔君任局办公室主任(正科级),黄剑任党群工作部部长(正科级),岳峰任工程技术处处长(正科级),白子岩任水情调度处处长(正科级),于程一任人事劳资处处长(正科级),李永敏任保卫处处长(正科级),王飞任供水处处长(正科级),时劲峰任水政处处长(正科级),郑伟任经营开发处处长(正科级),胡伟胜任机关服务中心主任(正科级),应宝荣任离退休办公室主任(正科级),吴登科任水电公司经理(正科级),孙忠文任大坝工程公司经理(正科级),冯超明任旅游公司经理(正科级),顾晓东任渔场筹建处处长(正科级),赵立伏任保卫处副处长(正科级待遇),凌贵珍任党群工作部副部长(正科级待遇),汪慧颖任局办公室副主任(副科级),王淑敏任工程技术处副处长(副科级),姜国忠任水情调度处副处长(副科级),张晓梅任计划财务处副处长(副科级),田洪静任计划财务处副处长(副科级),李光任人事劳资处副处长(副科级),董连鹏任供水处副处长(副科级),李德晋任水政处副处长(副科级),周文祥任经营开发处副处长(副科级),刘坤任机关服务中心副主任(副科级),金福强任离退休办公室副主任(副科级),李海军任水电公司副经理(副科级),张元增任水电公司副经理(副科级),崔永生任水电公司总工程师(副科级),胡孝军任大坝工程公司副经理(副科级),李奎涛任大坝工程公司总工程师(副科级),孙艳芬任旅游公司副经理(副科级),赵春林任渔场筹建处副处长(副科级)。

2010年4月13日,辽宁省葠窝水库管理局以辽葠水局字〔2010〕第25号文决定,慕兵任计划财务处处长(兼)。

2010年9月15日,辽宁省葠窝水库管理局以辽葠水局字〔2010〕第74号文决定,李振发任局专职安全员(享受正科级奖金待遇),李祥飞任局专职水情调度责任工程师(享受正科级奖金待遇),关显龙任局专职计划员(享受正科级奖金待遇),叶书华任局金属结构改造项目领导小组办公室责任工程师(享受副科级奖金待遇),刘伟任局专职审计监督员(享受副科级奖金待遇)。

2010年9月20日,中共辽宁省葠窝水库管理局委员会以辽葠水党字〔2010〕第13号文决定,王海华任葠窝水库管理局武装部干事(享受正科级奖金待遇)。

2010年11月19日,辽宁省葠窝水库管理局以辽葠水局字〔2010〕第79号文决定,周文祥任工程技术处处长(正科级),张晓梅任计划财务处处长(正科级),黄剑任人事劳资处处长(正科级),朱月华任人事劳资处副处长(副科级),褚乃夫任经营开发处副处长(副科级)。

附录二　葠窝水库历年党支部书记任职人员及文件号

1984年9月1日,中共辽宁省葠窝水库管理局委员会以辽葠水党字〔1984〕第1号文决定,苏再清任工程管理科党支部副书记,杨彬芳任劳动服务公司党支部书记,贾锐臣任基建工程队党支部副书记,孙泽增任发电厂党支部副书记,任景华任行政办公室党支部书记(兼),赵玉玺任供应科党支部书记(兼)。

1986年5月30日,中共辽宁省葠窝水库管理局委员会以辽葠水党字〔1986〕第9号文决定,吴庆才任行政办公室党支部书记,何跃生任保卫科党支部书记,贾锐臣任服务公司党支部书记,石振友任机关(人事、经管、生技)党支部书记,赵玉玺任供应科党支部书记。

1987年5月11日,中共辽宁省葠窝水库管理局委员会以辽葠水党字〔1987〕第6号文决定,贾锐臣任行政办公室党支部书记(正科级)。

1987年5月11日,中共辽宁省葠窝水库管理局委员会以辽葠水党字〔1987〕第7号文决定,吴宝书任发电厂党支部书记(正科级)。

1987年5月11日,中共辽宁省葠窝水库管理局委员会以辽葠水党字〔1987〕第8号文决定,赵玉玺任供应科党支部书记(正科级)。

1987年5月11日,中共辽宁省葠窝水库管理局委员会以辽葠水党字〔1987〕第9号文决定,苏再清任工程管理科党支部副书记(副科级)。

1987年5月11日,中共辽宁省葠窝水库管理局委员会以辽葠水党字〔1987〕第10号文决定,何跃生任保卫科党支部书记(正科级)。

1987年5月11日,中共辽宁省葠窝水库管理局委员会以辽葠水党字〔1987〕第11号文决定,石振友任机关党支部副书记(副科级)。

1987年5月11日,中共辽宁省葠窝水库管理局委员会以辽葠水党字〔1987〕第12号文决定,任景华任劳动服务公司党支部书记(正科级)。

1987年7月11日,中共辽宁省葠窝水库管理局委员会以辽葠水党字〔1987〕第20号文决定,吴庆才任党群党支部书记。

1987年12月21日,中共辽宁省葠窝水库管理局委员会以辽葠水党字〔1987〕第30号文决定,吴宝书任党群党支部书记,赵玉玺任发电厂党支部书记,陈广符任工程管理科党支部书记,贾锐臣任行政办公室党支部书记,刘志凯任计财、供应党支部书记(副科级),任景华任经营科党支部书记,石振友任人事总办党支部书记(副科级),何跃生任保卫科党支部书记,苏再清任水情科党支部书记(副科级),夏绍政任服务公司党支部书记(副科级),安朝举任离退休党支部书记。

1988年7月16日,中共辽宁省葠窝水库管理局委员会以辽葠水党字〔1988〕第15号文决定,李生鹏任保卫科党支部副书记职务(主持工作)。

1991年3月26日,中共辽宁省葠窝水库管理局委员会以辽葠水党字〔1991〕第4号文决定,安朝举任市离退休党支部书记,崔加强任人事、总工办党支部书记(副科级),陈广符任工程管理科党支部书记(正科级),李生鹏任保卫科党支部书记(正科级),沈国舜任发电厂党支部书记(副处级),郑伟任行政科党支部书记(副科级),韩兆林任党群党支部书记(正科级),贾锐臣任综合经营处党支部专职书记(正科级),赵玉玺任综合经营处党支部副书记(正科级),朱明义任办公室党支部书记(副科级),焦景喜任葠退休党支部书记,董德禄任劳动服务公司党支部书记(副科级),苏再清任供水、水情党支部书记(正科级),贾福元任计财、审计党支部书记(正科级)。

1991年8月23日,中共辽宁省葠窝水库管理局委员会以辽葠水党字〔1991〕第24号文决定,吴宝书任发电厂党支部书记(正科级)。

1992年3月4日,中共辽宁省葠窝水库管理局委员会以辽葠水党字〔1992〕第2号文决定,朱明义任发电厂党支部书记(正科级)。

1994年3月21日,中共辽宁省葠窝水库管理局委员会以辽葠水党字〔1994〕第1号文决定,韩兆林任党群党支部书记;郑伟任局办党支部书记;秦维利任人事、财务、生技党支部副书记;郑永选任行政科党支部副书记;吴殿洲任保卫党支部副书记;孙宝玉任工管水情党支部副书记;贾锐臣任经营公司党支部专职书记;孙百满任经营、离退办党支部副书记,免去水文水情党支部副书记;陈广符任发电厂党支部书记,免去工程管理科党支部书记;苏再清任供水、水政党支部书记;赵玉玺任供应党支部书记;夏绍政任劳服党支部书记;李庆贺任研究所党支部书记;安朝举任离退西关党支部书记;陈庆厚任离退金银库党支部书记;顾宝库任离退葠窝党支部书记。

1994年9月14日,中共辽宁省葠窝水库管理局委员会以辽葠水党字〔1994〕第13号文决定,孙建华任供水科副科长,主持工作,同时兼任供水、水政党支部副书记。

1996年4月26日,中共辽宁省葠窝水库管理局委员会以辽葠水党字〔1996〕第34号文决定,吴登科任党群党支部书记(副科级),王庆斌任局办党支部书记(正科级),赵生久任发电厂党支部书记(副科级),任景华任水事党支部书记(正科级),郑伟任经营公司党支部书记(正科级),孙宝玉任工管水情党支部书记(副科级),夏绍政任劳动服务公司党支部书记(正科级),吴殿洲任保卫党支部书记(副科级),孙百满任辽阳党支部书记(副科级),郑永选任离退办党支部书记(副科级),李生鹏任行政科党支部书记(正科级),王飞任供应党支部书记(副科级),王远迪任计财党支部书记(副科级),秦维利任人事党支部书记(正科级),李庆贺任研究所党支部书记(正科级),崔加强任农场党支部书记(副科级)。

1997年1月10日,中共辽宁省葠窝水库管理局委员会以辽葠水党字〔1997〕第2号文决定,郑伟任经营公司党支部书记。

1998年3月12日,中共辽宁省葠窝水库管理局委员会以辽葠水党字〔1998〕第2号文决定,吴登科任团委书记兼党群党支部书记(正科级),王庆斌任局办党支部书记(兼)(正科级),赵生久任发电厂党支部书记(正科级),崔加强任工管水情党支部书记(副科级),吴殿洲任保卫党支部书记(正科级),任景华任供水水政科党支部书记(正科级),郑永选任离退办党支部书记(兼)(正科级),李生鹏任行政科党支部书记(兼)(正科级),王振铎任联合党支部书记(兼)(正科级),夏绍政任劳动服务公司党支部书记(兼)(正科级),吴安和任经营公司党支部书记(正科级),郑伟任宾馆党支部书记(兼)(正科级),王远迪任总办计财党支部书记(兼)(正科级),秦维利任人事科党支部书记(兼)(正科级),王飞任供应科党支部书记(兼)(正科级)。

1999年3月15日,中共辽宁省葠窝水库管理局委员会以辽葠水党字〔1999〕第1号文决定,吴殿洲任党务群团党支部书记兼党群工作部副部长(正科级),吴登科任电力公司党支部书记兼团委书记(正科级),王庆彬任人劳计财党支部书记(正科级),夏绍政任劳服农场党支部书记(正科级),吴安和任经营旅游党支部书记(正科级),郑永选任离退休办党支部书记(正科级),谷凤静任总经理办党支部书记(正科级),郑伟任宾馆经所党支部书记(正科级),李道庆任工管技术党支部书记(正科级),孙建华任供水水政党支部书记(正科级),王飞任服务中心党支部书记(正科级),赵立伏任公安保卫党支部书记(副科级),尚尔君任水情调度党支部书记。

2001年5月16日,中共辽宁省葠窝水库管理局委员会以辽葠水党字〔2001〕第7号文决定,郑永选任离退休办党支部书记,孙广达任离休党支部书记,衣明和任退休党支部书记;董德禄任葠窝党支部书记;吴殿洲任党务群团党支部书记;谷凤静任总经理办党支部书记;孙建华任供水水政党支部书记;王飞任服务中心党支部书记;慕兵任人劳计财党支部书记;李永敏任公安保卫党支部书记;李道庆任工程技术党支部书记;尚尔君任水情调度党支部书记;吴登科任水电公司党支部书记;吴安和任大坝工程公司党支部书记;郑伟任衍水宾馆党支部书记;夏绍政任镁碳公司党支部书记。

2003年3月5日,中共辽宁省葠窝水库管理局委员会以辽葠水党字〔2003〕第1号文决定,孔令柱任经营公司党支部副书记(主持工作)。

2003年4月2日,中共辽宁省葠窝水库管理局委员会以辽葠水党字〔2003〕第3号文决定,郑伟任局旅游公司党支部书记,同时免去其衍水宾馆党支部书记职务;富丽英任局衍水宾馆党支部副书记(主持工作)。

2004年3月1日,中共辽宁省葠窝水库管理局委员会以辽葠水党字〔2004〕第1号文决定,尚尔君任党务群团党支部书记,刘海涛任总经理办党支部书记,胡伟胜任离退休办党总支书记,王海华任大坝工程公司党支部书记,岳峰任工程技术党支部书记,孙建华任供水水情党支部书记,富丽英任衍水宾馆党支部书记,凌桂珍任团委副书记。同时,免去谷凤静总经理办党支部书记、李道庆工程技术党支部书记、郑永选离退休办党总支书记、吴殿洲党务群团党支部书记、尚尔君水情调度党支部书记、孔令柱大坝公司党支部副书记、王海华团委副书记职务。

2006年2月14日,中共辽宁省葠窝水库管理局委员会以辽葠水党字〔2006〕第2号文决定,刘海涛任衍水宾馆党支部书记;于程一任人劳计财党支部书记;王飞任供水水政党支部书记;胡伟胜任物业中心党支部书记;富丽英任纪委专职审计监察员(正科级);师晓东任总经理办党支部副书记,主持工作;应宝荣任离退休办总支部副书记,主持工作;姜国忠任水情调度党支部副书记,主持工作。

2006年6月7日,中共辽宁省葠窝水库管理局委员会以辽葠水党字〔2006〕第5号文决定,尚尔君任党务群团党支部书记,师晓东任局办公室党支部书记,于程一任人劳计财党支部书记,王飞任供水水政党支部书记,岳峰任工程技术党支部书记,姜国忠任水情调度党支部书记,李永敏任公安保卫党支部书记,胡伟胜任物业中心党支部书记,应宝荣任离退休办党总支部书记，吴登科任水电公司党支部书记，郑伟任旅游公司党支部书记，刘海涛任衍水宾馆党支部书记，王海华任大坝工程公司党支部书记。

2009 年 3 月 18 日，中共辽宁省葠窝水库管理局委员会以辽葠水党字〔2009〕第 3 号文决定，郑伟任经营旅游党支部书记，王海华任党务群团党支部书记，董连鹏任供水水政党支部书记，孔令柱代理大坝工程公司党支部书记。

2010 年 5 月 17 日，中共辽宁省葠窝水库管理局委员会以辽葠水党字〔2010〕第 5 号文决定，汪慧颖任机关第一（含党群工作部、办公室）党支部书记，张晓梅任机关第二（含人事劳资处、计划财务处）党支部书记，姜国忠任机关第三（含工程技术处、水情调度处）党支部书记，董连鹏任机关第四（含供水处、水政处）党支部书记，师晓东任机关第五（含机关服务中心）党支部书记，赵立伏任保卫渔场（含保卫处、渔场筹建处）党支部书记，周文祥任经营旅游（含经营开发处、旅游公司）党支部书记，贾文志任离退休办（含离退休办公室）党总支书记，富丽英任水电公司（含水电公司）党总支书记，王爱文任大坝工程公司（含大坝工程公司）党支部书记，刘海涛任衍水宾馆（含衍水宾馆）党支部书记。撤销党务群团支部委员会、总经理办支部委员会、物业中心支部委员会、人劳计财支部委员会、公安保卫支部委员会、工程技术支部委员会、供水水政支部委员会、水情调度支部委员会、水电公司支部委员会、旅游公司支部委员会、大坝工程公司支部委员会、衍水宾馆支部委员会、镁碳公司支部委员会、离退休办总支委员会，同时免去原支委成员职务。

2010 年 6 月 4 日，中共辽宁省葠窝水库管理局委员会以辽葠水党字〔2010〕第 9 号文决定，汪慧颖任机关第一党支部书记（正科级待遇），张晓梅任机关第二党支部书记（正科级待遇），姜国忠任机关第三党支部书记（正科级待遇），董连鹏任机关第四党支部书记（正科级待遇），师晓东任机关第五党支部书记（正科级待遇），赵立伏任保卫渔场党支部书记，周文祥任经营旅游党支部书记（正科级待遇），贾文志任离退休办党总支书记（正科级待遇），富丽英任水电公司党总支书记（正科级待遇），王爱文任大坝工程公司党支部书记（正科级待遇），刘海涛任衍水宾馆党支部书记。

附录三　水利电力部关于葠窝水库初步设计的批复

水电水设字〔1963〕第177号

辽宁省水利电力厅：

葠窝水库初步设计经我部审查，基本同意该设计，将审查意见下发，希遵照执行。本工程上游为本溪市，下游为鞍山市，因此对上游回水和浸没影响、对鞍山供水问题的可能影响，必须细致研究，谨慎处理，在技术设计中，对上述两个问题提出确切的资料和保证，在技术设计批准前，本工程不应动工。

附件：水利电力部对葠窝水库初步设计的审查意见

中华人民共和国水利电力部
一九六三年九月二十六日

抄送：辽宁省建委、辽宁省水利电力厅勘测设计院

附件：

水利电力部对葠窝水库初步设计的审查意见

一、工程等级。同意大坝按Ⅰ级建筑物标准设计，近期观音阁水库未建时，按百年一遇洪水设计、五千年一遇洪水校核；远景（观音阁水库修建后）按千年一遇洪水设计，万年一遇洪水校核。水库最高水位同意定为103.2 m。

二、设计洪水。葠窝的设计洪水成果，曾经我部水利水电科学研究院和水利水电建设总局共同进行了审查。在初步设计阶段，可以采用此次所审查的成果。但对历史洪水的重现期及第列代表性，希结合我部东北勘测设计院对东北南部地区的历史洪水问题研究，作进一步论证，并对设计洪水成果进行修正。

三、水库水位。葠窝水库的正常高水位和拦洪水位，必须考虑水库回水对本溪市的影响，且由于葠窝水库近期灌溉面积较小，原设计的正常水位96.6 m水量有多余。因此，本工程初期正常高水位可改为90.0 m高程附近。将来视下游灌溉发展及水库淤积和回水对本溪市影响的观测成果，逐步抬高到正常高水位。

原设计中，一般洪水与百年或五千年洪水库水位相近，这样运用对本溪市的防洪与市区的内水排放是不利的，因此建议降低一般洪水的水库水位，并希结合下游河段的防洪标准与安全泄量等问题，做进一步研究，提出专题报告，经省人委审查后送部审批。

四、原设计对水库调节水量的分配和使用，未考虑目前鞍钢抽用地下水与太子河河道渗漏水量的补给关系，在下一步设计中，必须对鞍钢当前供水与长远供水的要求，水库建成后对供水的有利与不利影响等问题认真研究，谨慎处理，并多从坏的方面考虑。

五、水库运用方式。坝址以上降雨预报和水文预报的预见期很短，故在设计中，不宜考虑预报作为水库洪水调度的依据，可按五年、十年、百年及五千年一遇洪水时的水库水位和入库流量，并考虑下游防洪要求分级控制运用。为了满足下游防洪要求进行错峰的需要，在调洪中，可以应用水库以下区间流量的预报，但下一步设计中，应对区间洪水预报方案进行研究。

六、移民和征地标准。原设计库区移民按水位 103.0 m 高程迁移，征地标准则以正常高水位 96.6 m 为准，现因水库运用方式需要改变，水库水位也需作相应修正，因此移民与征地界限也需重新研究，经审查后确定移民标准应不低于五十年一遇水库洪水位，土地按五年一遇水位征购。

七、坝型。同意采用混凝土宽缝重力坝方案。

八、坝轴线。大坝上游面底脚位于坝轴线平行的 F_{20}、F_{24} 断层之上，为了减少断层处理工程量，坝轴线拟应由Ⅳ坝线向下游方向移动 10 m 左右为宜。但因移动坝轴线所牵涉的因素很多，应在下阶段设计中结合 F_{20}、F_{24} 等断层以及左岸风化层的具体情况，详细了解。

附录四　国家计划革命委员会关于下达一九七一年直属和第一批建议地方安排的水利基层项目的通知

计新字〔1970〕123 号

水利电力部：

遵照伟大领袖毛主席“备战、备荒、为人民”的伟大战略方针，一九七一年水利建设要继续贯彻小型为主、配套为主、社队自办为主的方针，并认真抓好海河、淮河、黄河流域及三线地区的水利建设，尽快扭转南粮北调，在建设过程中要更高地举起毛泽东思想伟大红旗，突击无产阶级政治，依靠群众，发扬自力更生、艰苦奋斗精神，多快好省地完成水利建设任务。为了便于安排今年的水利工作，除地方自行安排的水利投资外，同意你部先下达一九七一年部直属及第一批建议地方安排的水利基建项目（详见附表一），请通知有关省、市、区抓紧时间组织施工；另有一批项目需报设计方案，经你部审查即行下达（详见附表二）现在可进行施工准备。此外，湖北、河南引丹灌溉工程及江苏入江水道工程需将原设计执行情况及修改规划，报你部审核后列入国家计划，统一下达附件。

附件：1. 一九七一年部直属及第一批建议地方安排的水利基建项目表

2. 一九七一年工程设计方案审批后再下达的项目表（略）

国家计划革命委员会

一九七〇年十月二十四日

抄送：国家建委、财政部、本委计划组、生产组、物资组

抄报：国务院值班室

附表一

一九七一年部直属及第一批建议地方安排的水利基建项目表

项目	地点	建设进度	性质	建设规模	总投资	1971 年计划
辽宁省 葠窝水库	辽阳县	1971～ 1973 年	新建	总库容 7.9 亿 m^3 灌溉 70 万亩 装机 3.72 万 kW	9 000 万元	投资:2 800 万元 内容:施工准备、 开挖基础、 浇筑大坝

注:抄录地点:水利部档案室;

抄录时间:1994 年 4 月 19 日;

抄录者:冯国治。

附录五　辽宁省革命委员会关于修建葠窝水库有关问题的通知

辽发字〔1970〕179号

各市、地、盟、沈铁、锦铁革命委员会：

太子河葠窝水库是我省重要建设项目之一，业经国家计委批准列入1971年国家计划，修建这项工程是落实毛主席关于“备战、备荒、为人民”的伟大战略方针，根治太子河，打胜我省农业翻身仗，促进工农业生产的一项重大措施，为了多快好省地完成葠窝水库建设任务，对有关问题通知如下：

一、成立葠窝水库会战指挥部，为省革委会的直属工程单位。由汪应中同志兼任总指挥、邓光月同志兼任政治委员，设副总指挥、副政委若干人，并组成领导小组，负责此项工程任务，地区性党、政工作受辽阳市革委会领导。

二、葠窝水库工程建设所需要的资金、材料、设备、配件及生产、生活物资，列入辽阳市计划，专项编报，由省有关部门专项下拨辽阳市，由辽阳市革委会负责做好物资供应的组织工作和各项保证工作。

三、施工用劳动力，先由沈阳市、营口市、辽阳市各出四千名民兵（行政管理及后勤人员除外）组成民兵团，配备各级干部，根据施工需要，陆续进入工地。

参加施工民兵的待遇参照省革委会辽发字〔1970〕137号文通知精神执行。

修建葠窝水库是全省人民的一件大事，望会战指挥部、辽阳市革委会高举毛泽东思想伟大红旗，突出无产阶级政治，坚持“自力更生、艰苦奋斗、勤俭建国”的方针，大搞群众运动，开展技术革新和技术革命运动，各有关单位要大力协作，以实际行动为葠窝水库的建设作出贡献。

“辽宁省革命委员会葠窝水库会战指挥部”印章，于一九七〇年十一月十六日启用（印模附后）（略）。

辽宁省革命委员会
一九七〇年十一月十六日

附录六　葠窝水库竣工报告(摘录)

中央于一九七〇年十月十六日批准兴建葠窝水库,省接到通知后,立即组织了会战指挥部,调集水利工人、民兵、解放军、工程技术人员等近两万人进行大会战……仅经一个月准备即于一九七〇年十一月十八日正式开工,历经两年,于一九七二年十月主体工程基本建成,十一月一日落闸蓄水,开始发挥效益。相继进行了设备和电厂机组安装工程,经试运行先后于一九七四年七月和十一月将电厂和水库移交给管理单位——葠窝电厂和葠窝水库管理处。

葠窝水库是防洪、灌溉、发电和供给工业用水的综合利用工程。它位于太子河中游,控制流域面积6 175 km^2。最大库容7.91亿 m^3,兴利库容5.43亿 m^3。混凝土重力坝按百年设计,千年校核,坝长532 m,最大坝高50.3 m,坝内有6个高8 m、宽3.5 m的泄流底孔,溢流坝段有14个溢流孔,每孔安有12 m×12 m弧形闸门;有灌浆、排水、观测三条廊道。坝后设有电站,装有三台机组,总装机容量为3.72万kW。总工程量:土石方135万 m^3,混凝土51万 m^3,使用水泥12.31万t,钢材1.17万t,木材3.15万 m^3,概算投资9 000万元,初步决算实际完成国家投资8 999.2万元。

工程效益:保护农田164万亩,灌溉水田70万亩;年发电8 000万kWh;供给下游辽阳、鞍山、营口等城市工业用水。

一、施工概况(略)

二、工程质量

……

(甲)拦河坝工程

(1)基础处理(包括水电站工程)。

基础开挖全部达到设计要求,基础部位的变粒岩都挖到弱风化岩面,遇断层破碎带进行了深挖,有绿泥石片岩都比其他部位深挖2 m,混凝土浇筑前都清除活石,进行清洗,并验收,签发合格证。

(2)混凝土浇筑(包括水电站工程)。

各种原料都符合设计标准,水泥品种单一,性能稳定,质量良好,大部分是辽阳小屯水泥厂生产的500号矿渣硅酸盐水泥,少部分是本溪水泥厂的400号矿渣硅酸盐水泥。

砂石骨料都是太子河下游英守料场的天然骨料,级配良好,质地坚硬,抗风化能力强,各种有害物质均低于国家规范要求。

在混凝土浇筑前,所有砂石骨料及钢筋等都经过试验和检查验收。在浇筑过程中每班都有专职试验人员取样检查,拦河坝混凝土按设计共分五种不同标号,在已浇筑的51万 m^3 混凝土中,除1971年浇筑的混凝土28天强度200号有15%保证率为74%(应大于85%)、离差系数为0.262(应小于0.2),稍低于设计标准外,其余各种标号的混凝土均达到和超过设计要求。

(3)温度控制。

拦河坝混凝土施工采用通仓浇筑的方法,虽然采取了一些温度控制措施,但效果不显著。由于坝身混凝土温度较高,温度应力较大,产生了一些温度裂缝,大部分属于表面裂缝,部分裂缝已进行了处理。

(4)闸门及启闭机安装。

水库共有闸门 27 扇及闸门启闭机 24 台。除坝顶 100 t 检修门机由于本溪重型机械厂制造质量较差,尚未进行满负荷运转外,其余各种闸门及启闭机,经过两年多时间的运转,证明安装质量合格,基本上达到设计要求,可交付使用。

(乙)水电站工程

水电站共有三台水轮发电机组,由天津发电设备厂生产。装机容量为 3.72 万 W。二号机组已于 1973 年 12 月安装完毕并并网发电。三号和一号机组于 1974 年 7 月 1 日前夕并网发电。

电站机组经过几个月的发电运转正常,我们认为机组及变电站的安装质量符合设计要求。

电站厂房混凝土屋架在安装前经过荷载试验,厂房吊车梁经过 100 t 的荷载试验,均满足设计要求。我们认为:葠窝水库拦河坝及水电站工程,经过两年多时间的运用和洪水考验,完全达到了设计要求,质量是好的,经验收合格可以交付使用。

三、尚存在问题及处理意见

在施工中由于我们缺乏经验及设备到货的影响,工程尚存在以下问题。

(甲)拦河坝工程

大坝共出现了 455 条裂缝,绝大部分是温度缝,其中 393 条是表面裂缝,不需进行处理,有 62 条需要处理,其中 23 号坝段的裂缝较为严重。还有 413 m 钻孔要进行灌浆。将库存灌浆材料交管理处继续进行处理。

电器安装尚有部分未完,由辽建二团继续完成。

基础帷幕灌浆处理及排水孔,尚有钻孔 2 826 m,经由水利局批准,1975 年由水库管理处和地勘二队继续施工。

(乙)水电站工程

水电站试验仪表、励磁盘、天车平衡梁、特大轴承等尚没到货的设备,将合同全部移交电厂;尚没订到货的,由电厂继续申请订货,按设备订价将用款留给电厂。

(丙)对拦河坝和电厂需说明的问题

电站坝段进口拦污栅、闸门、启闭机和引水管等金属结构,由电厂共同管理。

(丁)1974 年增加的 13 项水库附属土建未完工程,将资金和材料移交水库管理处进行施工……

辽宁省革命委员会葠窝水库会战指挥部

一九七四年十月二十日

抄报:水电部、省计委、建委、农业组、建行、水利局、东北电力局、辽阳市革委会

抄送:水电部东北勘测设计院、辽宁省水利勘测设计院、辽阳市计委、建委、建行、水利局、辽阳市葠窝水库管理处、辽阳市葠窝发电厂

附录七　东北电业管理局关于葠窝发电厂划由省水电厅统一管理的通知

东电劳字〔1984〕第468号

葠窝发电厂：

根据辽宁省人民政府辽政函〔84〕16号文,《关于葠窝发电厂由省水利电力厅统一管理》的批复,经与省水利电力厅具体协商,从一九八四年五月一日起,葠窝发电厂改由省水利电力厅管理,特此通知。

附件:辽政函〔1984〕16号文

葠窝发电厂交接纪要(略)

东北电业管理局

一九八四年五月七日

抄报:水利电力部、辽宁省人民政府、辽宁省计委、辽宁省经委

抄报:省委办公厅、省水电厅、省财政厅、劳动局、统计局,辽阳市委、市政府、辽阳电业局

附件:辽宁省人民政府辽政函〔1984〕16号文

附件：

关于葠窝电厂由省水利电力厅统一管理的批复

辽宁省人民政府辽政函〔1984〕16号文

省水利电力厅：

辽水电劳字〔1983〕82号《关于接管葠窝发电厂的报告》收悉,现批复如下：

从文到之日起,葠窝发电厂由原东北电业管理局代管改为由省水利电力厅统一管理。同意成立葠窝水库管理局,下设葠窝水库管理处和葠窝电厂,人员编制只能逐步减少,不准增加,水库管理处为事业单位,电厂为企业,两个单位职工的福利待遇,按原规定不变。

辽宁省人民政府

一九八四年二月二十七日

附录八　辽宁省人民政府关于同意组建辽宁供水(集团)有限责任公司并授权经营国有资产的批复

辽政〔1998〕4号

省水利厅:

你厅《关于申请国有资产授权经营组建辽宁供水(集团)有限责任公司的请示》(辽水利供字〔1997〕310号)收悉。现就有关问题批复如下:

一、原则同意《关于组建辽宁供水(集团)有限责任公司并授权经营国有资产的方案》、《辽宁供水(集团)有限责任公司章程》,同意组建辽宁供水(集团)有限责任公司(以下简称集团公司),并授权其为国有资产投资主体,公司性质为国有独资公司。

二、原则同意将集团公司核心企业及所属全资子公司(名单附后)所占有的国有资产授权集团公司经营,并承担国有资产保值增值的责任。集团公司占有国有资产的界定、核实、登记、发证等工作由省国有资产管理局具体负责办理;授权经营的土地资产的评估确认和处置工作,由省土地管理局具体负责办理。

三、集团公司不设股东会,应按照《中华人民共和国公司法》、中共辽宁省委组织部《印发〈关于辽宁省公司制国有企业领导人员任用的暂行办法〉的通知》(辽组发〔1996〕10号)的要求,组建集团公司董事会,确定董事会人选,指定董事长和副董事长。

四、按照《国有企业财产监督管理条例》的要求,指定省水利厅为集团公司国有资产的监督机构,负责向集团公司派出监事会,并报省政府备案。

五、集团公司被确立为国有资产投资主体后,要按照《中华人民共和国公司法》及国家和省有关规定,进一步规范母子公司体制,建立和健全国有资产经营管理体系,正确行使国有资产出资者职能,规范出资者行为,认真履行和承担《辽宁供水(集团)有限责任公司章程》中规定的权利和义务,搞好资本经营,不断提高核心企业和所属全资子公司的经营管理水平与国有资产运营效益,充分发挥其社会效益、经济效益和生态效益,为振兴辽宁经济作出贡献。

辽宁省人民政府

一九九八年一月十四日

集团公司核心企业及所属全资子公司名单

核心企业：

辽宁供水(集团)有限责任公司

全资子公司：

辽宁大伙房供水有限责任公司

辽宁清河供水有限责任公司

辽宁葠窝供水有限责任公司

辽宁汤河供水有限责任公司

辽宁观音阁供水有限责任公司

辽宁柴河供水有限责任公司

附录九　关于葠窝水库加固设计工程概算的审查意见

省水利水电勘测设计院、葠窝水库管理局：

据松辽〔1985〕基字第4号《葠窝水库加固设计审查意见》。现对审查设计后的概算部分核定如下。

一、审查设计后的概算为1 266万元，预测材料差为137万元。总投资为1 403万元（详见葠窝水库加固工程概算表）。概算中不包括工资政策性变化而增加的投资。该工程属于抢险加固性质工作，请免除税金。

二、闸门加固及启闭机更换要尽量利用现有设备，首先施工闸门加固和止水设备等项。关于坝顶布置变动、修建启闭机室与更换启闭机问题，要经过调研并对原有启闭机进行测验鉴定，然后再提出单项设计进行审定。

三、今年应即抓紧加固施工，要保证施工质量，以尽早发挥工程效益。

四、其他永久工程所列的重点工程项目，需经逐项落实设计，报厅审批后施工。

附：葠窝水库加固设计工程概算（略）

水利部松辽水利委员会
一九八五年四月二十五日

抄报：水利部、水电部松辽委、水利水电规划设计院、省计委

抄送：省财政厅、建行、水利工程局、辽阳市政府、市水利局、建行

附录十　葠窝水库加固工程竣工验收委员会名单

委员会职务	姓名	工作单位	职务	职称	备注
主任委员	李克竹	辽宁省水利电力厅	副厅长		
副主任委员	王鉴成	辽宁省水利电力厅	副厅长		
副主任委员	王庆华	水利部松辽水利委员会	副总工	教授级高级工程师	
副主任委员	林家骅	辽宁省水利电力厅	副总工	副高级工程师	
副主任委员	蒋颂涛	辽宁省水利电力厅	副总工	副高级工程师	
委员	张中午	辽宁省水利电力厅	副总工	工程师	
委员	黄旭晴	辽宁省水利电力厅	副总工	工程师	
委员	李明	水利部松辽水利委员会	副处长	工程师	
委员	周宗岐	辽宁省水利水电勘测设计院	副院长	副高级工程师	
委员	王永存	辽宁省水利水电勘测设计院	副总工	教授级高级工程师	
委员	周光深	辽宁省水利水电工程局	副总工	副高级工程师	
委员	续振嘉	辽宁省水电科学研究院	副所长	副高级工程师	
委员	刘忠仁	辽阳市建设银行	科长		
委员	陈保国	辽阳市水利局	局长	工程师	
委员	高天星	辽阳市档案局	科长		
委员	陈锦范	辽宁省水利电力厅	处长	工程师	
委员	林春欣	辽宁省水利电力厅	副处长	工程师	
委员	李忠定	辽宁省水利电力厅	处长	副高级工程师	
委员	刘永新	辽宁省水利工程质量监督站		副高级工程师	
委员	杨志文	辽宁省葠窝水库管理局	局长		

辽宁省水利电力厅
一九九二年五月二十一日

附录十一　关于辽宁省葠窝水库除险加固工程初步设计报告的批复

松辽规计〔1999〕152 号

辽宁省水利厅：

你厅《关于报送葠窝水库除险加固工程初步设计的函》（辽水利建函字〔1999〕35 号）及辽宁省水利水电勘测设计研究院编制的《葠窝水库除险加固工程初步设计报告》收悉。1999 年 4 月 1 日松辽委在辽宁省辽阳市主持召开了葠窝水库除险加固工程初步设计审查会，参加单位有辽宁省水利厅、辽宁省水利水电勘测设计研究院、葠窝水库管理局等单位，有关专家踏勘了水库现场，经讨论研究，原则同意该初步设计报告，具体批复如下。

一、除险加固的必要性

葠窝水库位于辽宁省辽阳市东约 40 km 的太子河干流上，是一座以防洪、灌溉、工业供水为主并结合发电等综合利用的大（Ⅱ）型水利枢纽。工程始建于 1960 年，1970 年续建，1974 年竣工，1985 年进行加固工程施工，1992 年竣工。控制流域面积 6 175 km^2，总库容 7.9 亿 m^3。

1992 年 5 月，葠窝水库加固工程验收时，在尚需解决的主要问题里，列有“溢洪道混凝土冻融冲蚀破坏已相当严重，有的已出露钢筋，应在适当时候进行处理”。水库溢流坝由于原设计混凝土抗冻标号偏低，再加上坝体水平施工缝漏水，致使溢流堰面冻融破坏严重。1998 年，辽宁省水利水电科学研究院和葠窝水库管理局共同进行了大坝溢流面破坏现状的检测分析，认为溢流面存在表面露钢筋、露小石和大石等不同程度的破坏，破坏最大深度为 30 cm，总破坏面积达 65%；1993 年，辽宁省水利厅组织有关专家对水库大坝进行了安全鉴定。因此，为保证大坝安全，及时对水库除险加固是十分必要的。

由于上游观音阁水库的修建，水库防汛限制水位由原来的 77.8 m 抬高到目前的 86.2 m，水库蓄水到正常蓄水位的几率明显增大，使溢流坝弧形闸门常年处于挡水状态，无开启检修时间，因此增设一扇溢流坝弧形闸门的检修门是必要的。

二、水工

（一）同意对溢流坝段水平施工缝进行灌浆处理。采用水溶性聚氨酯灌浆材料，分别在观测廊道及溢流坝面上用钻机或风钻钻斜交孔进行灌浆堵漏。

（二）基本同意溢流堰面的加固方案选择及设计，在 81 ~ 62.4 m，溢流堰面采用深层处理，凿除深度 50 cm，浇筑混凝土为 C30、F300；在 84.8 ~ 81 m 采用薄层处理，凿除深度为 5 cm，用 SPC 聚合物砂浆补强。基本同意堰面受力网筋和锚筋的布置，建议锚筋的长度适当加长。

（三）基本同意坝下右岸护岸的加固设计方案，建议在技施阶段，根据实际地形资料，进一步优化挡土墙的形式、尺寸及上部边坡的护砌形式。

三、金属结构

同意增设溢流坝检修闸门一扇。

对溢流坝增设检修闸门，报告提出两种方案，平板滑动钢闸门配双向门机的大门机方案和浮箱式闸门配拖船方案。大门机方案具有不影响溢流坝水流流态，闸门运行灵活可靠，双向门机工作范围大、功能多等优点，因此原则同意报告推荐的大门机方案，建议在技施设计中研究减小双向门机轨距的可能性。

四、施工和概算

（一）同意工期为2年零3个月。

（二）基本同意施工组织设计，审定主要工程量为：土石方1.5万m^3，混凝土1.06万m^3，灌浆5 176 m。

（三）基本同意概算的编制原则、依据、取费标准和编制方法。核定工程总投资为2 829.07万元，其中检修闸门工程投资1 212.24万元。

附件：1. 葠窝水库除险加固工程初步设计概算审定表（略）

2. 大坝安全鉴定报告书（略）

水利部松辽水利委员会
一九九九年四月二十三日

附录十二　关于对辽宁省葠窝水库除险加固工程补充初步设计报告的批复

松辽规计〔2001〕112 号

辽宁省水利厅：

你厅《关于申请审批〈葠窝水库除险加固工程初步设计补充报告〉的函》(辽水利计财字〔2000〕201 号)收悉。我委于 2001 年 4 月 2 ~ 4 日在辽宁省辽阳市主持召开了葠窝水库除险加固工程补充初步设计报告审查会，参加会议的有辽宁省水利厅、水利水电勘测设计研究院、水利水电科学研究院、水文水资源勘察局及葠窝水库管理局等单位。与会代表查勘了水库现场，听取了设计及有关单位的汇报，并进行了认真讨论。经研究，基本同意修改后的补充初步设计报告。现批复如下。

一、补充初步设计的必要性

1999 年松辽委以松辽规计〔1999〕152 号文对葠窝水库除险加固工程初步设计进行了批复，当时针对葠窝水库大坝安全鉴定结论对水库存在的主要问题进行了处理，但由于历史等原因，葠窝水库仍存在一些遗留问题，因此对水库进行除险加固补充设计是十分必要的。

二、水工

(一)同意挡水坝段和电站坝段采用接缝灌浆进行防渗堵漏的设计方案。基本同意设计选用的灌浆材料和工艺。下阶段应在分析不同坝体部位可灌性和经济指标的前提下，进一步优化选用的灌浆材料。

(二)同意左岸防汛上坝公路改造设计。

(三)同意右岸防护工程的设计方案。喷锚支护范围应进一步现场勘察后确定。

(四)基本同意坝顶结构恢复的设计方案，下阶段应按经济、美观的原则，优化选用。

(五)基本同意坝顶门机的改造方案，门机轨距由 24 m 优化为 16 m，工作范围包括溢流坝、底孔的检修闸门及工作闸门。

三、工程管理

(一)基本同意大坝自动控制系统方案，实施时应注意 PLC 尽量选择性能价格比较高的美国产 PLC，服务器参照计算机网络工程中所列设备。监控网络结构应采用分布开放式。

(二)基本同意电视监控系统和计算机网络补充方案，其中个别设备概算已调整，应用软件费用也相应调整。工程安装调试费和管理费取费基费应为设备费。应用软件应为设备费的 20%。

（三）基本同意备用电源的设计方案。

（四）微波通信工程设计中提出采用微波电路来组建的电路方案技术上可行，微波电路路由选择合理，电路容量考虑全面，组网方式设计合理。下阶段需对各条电路做电路剖面图，进行电路传播指标核算，特别是336中继站采用天线无源中继，应对全电路指标进行核算。

四、施工

（一）同意设计提出的施工条件、方法以及总布置、施工总工期安排。

（二）同意补充设计增加的施工围堰、施工排水、施工道路等临时工程的布置和设计方案。

五、工程量及概算

（一）经核定，补充初步设计总工程量28.59万m^3，其中：土石方28.27万m^3，混凝土0.32万m^3。

（二）基本同意概算编制的原则及依据，核定补充初步设计工程总投资2 714.23万元。

（三）核减松辽规计〔1999〕152号批复文件中价差预备费242.55万元，葠窝水库除险加固工程总投资5 300.75万元。

附件：辽宁省葠窝水库除险加固工程补充初步设计报告概算审定表（略）

水利部松辽水利委员会
二〇〇一年四月十五日

附录十三　葠窝水库除险加固工程竣工验收验收委员会委员名单

序号	验收委员会职务	姓名	单位(全称)	职务	职称
1	主任委员	于本洋	辽宁省水利厅	副厅长	教高
2	副主任委员	邹广岐	辽宁省水利厅	总工	教高
3	副主任委员	金志功	水利部松辽水利委员会建管处	处长	教高
4	副主任委员	何万杰	辽宁省发展改革委员会农经处	副处长	
5	成员	张文学	辽宁省审计厅投资处	处长	
6	成员	何素君	辽宁省档案局经科处	处长	
7	成员	贾福元	辽宁省水利厅计划财务处	处长	教高
8	成员	朴钟德	辽宁省水利厅建设与管理处	处长	
9	成员	刘大军	辽宁省水利工程质量监督中心站	主任	教高
10	成员	李国学	辽宁省水利工程技术审核中心	主任	教高
11	成员	赵忠柱	辽宁省供水局	局长	教高
12	成员	陈锦范	辽宁省水利厅专家组	组长	教高
13	成员	李贵智	特邀专家		教高
14	成员	李忠定	特邀专家		教高
15	成员	王传师	特邀专家		教高

辽宁省水利厅

二〇〇五年十一月二十五日

附录十四　《葠窝水库志》分工及进度安排

2011 年 4 月 9 日

分工内容	初稿提供科室	责任人	科室参编人员（含负责人）	截稿时间 2011 年
1. 提供八组主题照片； 2. 工会小节； 3. 水库荣誉典范与库区文化景观（第一章水库荣誉、第三章库区文化（部分））	工会	李文来	4 人	第 1 项 11 月末前，第 2、3 项 7 月 1 日前
党务工作章节	党办	李海军	2 人	10 月 1 日前
共青团小节	青工委	凌贵珍	1 人	7 月 1 日前
1. 水库功能与职责章节； 2. 制度与规范章节； 3. 档案管理与开发利用章节	局办公室	尚尔君	3 人	第 1 项 4 月末，第 2、3 项 5 月末
1. 组织沿革（行政管理）（第二节水库内设机构演变与干部任职）； 2. 人事管理与安全防范（第一节干部聘任与使用、第二节水库编制与岗位管理、第三节劳动纪律）； 3. 科技管理与学会建设（第一节科技队伍构成与发展、第二节职工教育与培训）； 4. 职工福利待遇（第二节社会保险与就业安置）	人事劳资处	黄　剑	4 人	第 1 项 11 月末前，第 2 项 6 月 1 日前，第 3 项 7 月 1 日前，第 4 项 7 月末前
1. 计划与财务管理（第一节计划管理、第二节财务管理、第三节固定资产）； 2. 研究所（关显龙负责）	计财处	张晓梅	4 人，固定资产由刘伟完成	第 1 项 7 月 1 日前，第 2、3 项 8 月 25 日前

续表

分工内容	初稿提供科室	责任人	科室参编人员（含负责人）	截稿时间 2011 年
职工福利待遇（第一节劳动保护与用品发放、第二节职工住宅与生活服务、第二节物资管理）	机关服务中心	胡伟胜	4 人	7 月末前
1. 水库确权与水政监察章节； 2. 淹没处理与移民安置章节； 3. 原水库志录入与校对（武雪梅负责）	水政处	时劲峰	3 人	第 1 项 8 月 1 日前， 第 2 项 6 月 1 日前 第 3 项已完成
大坝工程保卫与治安管理（第一节大坝工程保卫、第二节水库治安管理）	保卫科	李永敏	1 人	7 月末前
职工福利待遇（第四节离退休人员管理）	老干部科	应宝荣	2 人	7 月末前
1. 供水管理章节； 2. 供水效益； 3. 智能化管理（水量自动测量远程传输系统）	供水处	王　飞	4 人	第 1 项 9 月 1 日前， 第 2 项 8 月 25 日前， 第 3 项 7 月 20 日前
1. 发电生产章节； 2. 水库设计（第二节水库电站）； 3. 水库施工（第三节水库电站）； 4. 发电效益	发电厂	吴登科 李海军	5 人	第 1 项 9 月 1 日前， 第 2 项 6 月末前， 第 3 项 9 月 1 日前， 第 4 项 8 月 25 日前
旅游发展	旅游公司	冯超明	1 人	8 月 25 日前
实体单位（宾馆）	宾馆	刘海涛	1 人	8 月 25 日前
实体单位（经营开发处、综合经营章节）	经营开发处	郑　伟	1 人	8 月 25 日前

续表

分工内容	初稿提供科室	责任人	科室参编人员（含负责人）	截稿时间 2011 年
1. 帷幕灌浆小节； 2. 大坝监测与养护章节（第一节大坝工程养护修理）	大坝公司	孙忠文	4 人	第 1 项 8 月 25 日前，第 2 项 8 月 1 日前
人事管理与安全防范（第四节安全生产与管理）	安监处	谷凤喆	3 人	7 月 1 日前
1. 水库运行管理章节； 2. 水库流域自然地理状况章节； 3. 水库智能化管理（第一节水情自动测报系统、第二节远程视频监控系统、第三节大坝安全自动化系统、第四节办公自动化系统、第五节局域网建设）； 4. 社会效益； 5. 大坝监测与养护章节（第二节大坝人工观测、第三节淤积测量、第四节大坝裂缝普查）	水情科	白子岩	5 人	第 1 项 6 月 20 日前，第 2 项 10 月 1 日前，第 3 项 7 月 20 日前，第 4 项 8 月 25 日前，第 5 项 10 月 1 日前
1. 水库规划查勘章节； 2. 水库设计（电站除外，工程图）； 3. 水库施工章节（电站除外，选自老水库志）； 4. 工程验收与移交章节（原始档案）； 5. 典型建筑章节； 6. 一次除险加固（选自老水库志）； 7. 第二次除险加固； 8. 水毁工程与文件附录录入	工程技术部	周文祥	5 人	第 1 项 4 月底，第 2 项 6 月底，第 3 项 9 月 1 日前，第 4 项 9 月 15 日前，第 5 项 10 月 15 日前，第 6、7、8 项 8 月初
1. 金属结构改造小节； 2. 闸门及启闭机械维修	金结组	孔令柱	1 人	第 1、2 项 8 月初

续表

分工内容	初稿提供科室	责任人	科室参编人员（含负责人）	截稿时间 2011 年
1. 制定水库志编写大纲； 2. 5 篇 29 章稿件组稿、审稿； 3. 通篇合稿并修订内容和文字的准确性； 4. 撰写凡例、概述、章前概述、篇前引言和编后记； 5. 补充、修订、校对大事记； 6. 查阅原始档案并编写水库隶属关系与历届领导任职、党委换届、团委换届、工会换届、纪委换届、个人先进与历年中层干部、党支部书记任职文件附录； 7. 负责工程技术核心把握与工程管理审核； 8. 学会建设与学术成果； 9. 选择照片图组主题并编写注释； 10. 库区地域历史文化（胡立策负责）； 11. 做好对各科室的组织协调与工作安排	史志办	李道庆 刘桂丽		

注：1. 统计数据截至 2010 年年底，少部分数据可适当有所下延。

2. 科室参编人员均为《葠窝水库志》参编人员。根据各科室撰稿任务量和科室负责人所负的责任，设置副主编和编委。副主编负责科室内章、节稿件审核。没有副主编的科室，编委负总责。

3. 工作流程：科室参编人员撰写分工内稿件—科室负责人审查合格—提交打印稿件（负责人签字）—史志办审查合格—提交电子版稿件—办理截稿手续（期间如果稿件不合格，返还修改完善，直至达到要求）。

4. 截稿时间指通过科室负责人审查合格，送到史志办的最晚时间。

5. 此项工作按照物质文明考核生产任务，编写工作作为科室月生产任务纳入局“双文明”考核。

6. 第一次核稿与修订时间：2011 年 12 月末。稿件收集齐全完整，史志办按节、章、篇串稿。

7. 第二次核稿与修订时间：2012 年 4 月 10 日。史志办对形成的初稿按内容和大纲对内容与数据准确性、平衡关系进行校对，并进行文字加工。此间还需要各科室配合。

8. 第三次核稿与修订时间：2012 年 4 月 15 日。请专家鉴审。

9. 第四次核稿与修订时间：2012 年 5 月 15 日。史志办根据专家鉴审意见进行调整和修订。

10. 6 月 20 日全局公示，聘请水库退休老同志和局领导审查，史志办进行第五次核稿与修订。

11. 定稿、出版时间：2012 年 7 月初。

12. 志书出版期间，如有需要解决的问题，除史志办负责外，按照以上任务所属科室继续负责解决问题，以便尽快出版。

13. 志书出版后，如有总结表彰，以上各部门完成的工作量、进度、稿件质量和工作态度将作为重要依据和考核标准。

附录十五　《葠窝水库志(1960～1994年)》编撰委员会

主任委员:邵忠友　贾福元

主　　编:曹汝贤　冯国治　刘志杰

责任编辑:刘志杰

编　　委:(按姓氏笔画排列)

王远迪　任景华　刘桂丽　朱月华　谷凤静

杜廷君　张文权　张吉英　秦维利　凌贵珍

校　　对:刘志杰　刘桂丽　刘春妍

图片编辑:杜廷君

图片供稿:杜廷君

封面设计:杜廷君

插图绘制:刘桂丽　刘春妍

顾　问

王玉华　王宝龙　齐勇才　刘占清

沈国舜　吴世吉　袁世茂

编后记

《葠窝水库志》无论是编撰目的，还是编撰成员的构成都具有它的特殊性。基于以下几个原因重新编撰（1960～2010年）水库志：一是更加全面地综述葠窝水库工程规划、设计、施工、管理的历史与现状、得与失，以便从水库实际出发，因地制宜，发挥优势，提高水库综合运用效益；二是为以后水库管理工作提供比较系统的史实资料，辅以资政治事、再创佳绩；三是水库志还将作为葠窝水库运行四十周年（1972～2012年）的一个献礼，感谢四十年来为水库的建设和发展作出贡献的水利工作者们，同时向建库牺牲的英雄们致敬！

2011年3月15日，成立史志编写办公室和《葠窝水库志》编撰委员会，水库管理局局长洪加明亲自担任组长兼总编，领导小组下设办公室，并指定现任总工程师李道庆专门负责志书的编撰组织工作兼主编，研究馆员、史志办副主任刘桂丽任本志书专职主编。由于时间紧、任务重，主编李道庆当日就展开了对志书总体筹划和安排工作。4月10日，史志办完成了志书的工作规划、编撰大纲及任务分工，并召开由局长亲自主持、局领导和编委以上参编人员全部参加的第一次工作会议，部署志书编撰内容和具体要求。由于志书要求2012年9月前出版，会后参编人员及时地投入到各自的分担任务中。

《葠窝水库志》（1960～2010年）的编撰工作采取各部门按任务分工撰稿，史志办统一组稿和修订的办法。参编人员的副主编和编委基本上都是葠窝水库管理局各部门的科长或副科长，其他参编人员均为各科室承担此项任务的员工。撰写过程中，各科室严格按照大纲要求撰写初稿，按规定的时间提交到史志办，经过史志办初审，如有问题再返回各部门补充、修改，本着认真负责的态度，有的稿件在两个部门之间经过十余次修订。很多部门提供了大量有价值的实时资料，特别是水库运行管理过程中的经验和治库经典史实，为主编减轻了资料收集的负担。为此感谢这个才华横溢、精诚合作的团体！感谢他们的无私奉献和辛勤劳动！

《葠窝水库志》（1960～2010年）以1994年编撰的《葠窝水库志》为参考，特别是水库前期规划和建设部分。编撰过程中，编者以原始档案资料为依据，以事件发生史实为基础，客观、准确，尊重事实、丰富翔实地记录了葠窝水库勘察、规划、设计、建设、管理和发展的历程。本志书分为彩色组图、序、凡例、概述、正文、大事记、附录、编后记八部分，其中正文分为5篇29章。全书约60万字。

史志办于2012年1月资料收集结束，初稿基本完成。经水库管理局领导审阅，2012年3月5日，主编对水库志内容第二稿进行内容调整、补充和全篇统稿，增加了概述和章前概述。2012年4月11日，聘请原辽宁省水利厅史志办主编、《辽宁水利》杂志主编王英华为审修顾问，对志书第三稿进行审改把关，使志书从章节安排、结构体例到文字应用和标准规范上都有了很大的提高。2012年5月22日，主编按照审修意见和建议对志书第四稿进行了全面修订，增加了篇前引言和编后记，并校对内容的准确性和完整性。2012年6月21日，志书终稿基本完成，通过局域网在全局范围内征求意见，并要求副主编和编委校对各自负责的内容,同时聘请水库管理局原副局长冯国治、原副总工程师袁世茂审核志书的内容。2012年6月26日主编对志书进行出版前的第五稿修订、审核、校对,完成照片组图的选定和图、表对接,在此次修订过程中总编洪加明局长亲自审阅志书内容,并针对志书完整性和精练程度提出了几点重要的补充与完善意见。史志办于2012年7月23日将志书定稿送与黄河水利出版社。

在本志书的编写过程中,得到了葠窝水库管理局领导的高度重视和全力支持,同时也得到了上级领导的关心、有关单位和个人的帮助与合作,使志书能够撰写成功并且顺利出版。在此,我们向所有支持过、关心过此项工作的人们致以最诚挚的谢意。感谢水库管理局局长洪加明作序;原《葠窝水库志》中,原辽宁省军区副司令员、葠窝水库会战指挥部总指挥汪应中,原辽宁省水利厅厅长仲刚题词;原辽宁省副省长肖作福、原辽宁省人大常委会副主任冯友松为本志书题词。感谢辽宁省水利厅史志办、辽宁省档案局、辽宁省档案馆、辽阳市档案馆、辽宁省水利厅办公室、汤河水库管理局、柴河水库管理局、大伙房水库管理局、黄河水利出版社等单位。感谢原水库管理局书记刘洪庄、党支部书记任景华提供有关当时部分干部任免、科室设立的工作日记。感谢葠窝水库管理局退休工程师胡立策,在此志书编撰过程中给予的大力支持和帮助,为志书的水库与库区地域历史文化篇提供了近3万字的历史文献资料。对水库管理局工会副主席李文来和孙旭、王涛、王魁元提供经典照片的同志也深表感谢!

本志书历经一年半的辛勤耕耘,终于付诸出版。由于时间有限,志书时间跨度太大,加之水库前期资料不十分齐全,有的原始档案难以查证,以及编者阅历、能力和水平有限,没能做到广集博采、巨细毕收,纰漏和不妥难免,敬请提出宝贵意见,以便后人再版时补充。

《葠窝水库志》编撰委员会
2012年7月5日